"十二五"全国高校动漫游戏专业骨干课程权威教材

1 DVD 全彩印刷

中文版

Premiere Pro CC 完全自学手册

编著/郭发明　尹小港

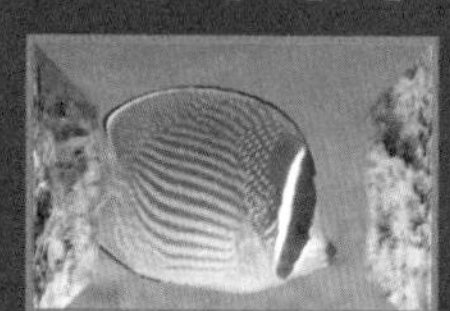

海洋出版社

内 容 简 介

这是一部全面、系统、准确、详细地讲解影视后期编辑软件 Premiere Pro CC 的使用方法与技巧及其应用的工具书。

全书共分成 15 章。主要介绍了影视编辑的基础知识；Premiere Pro CC 工作界面介绍；Premiere Pro CC 工作流程；菜单命令；工作窗口应用；工作面板应用；首选项设置和素材编辑；关键帧动画；视频过渡应用；视频效果应用；编辑字幕；音频编辑；影片的输出设置。最后通过范例“视频电子相册—夏天乡村里的快乐童年”、“宣传片片头—安仁古镇”介绍了 Premiere Pro CC 影视编辑的方法与技巧。本书范例精彩、内容全面、图文并茂、结构清晰、通俗易懂、活学实用、学习轻松，是每一位有志于影视后期工作的读者不可多得的经典实用手册。

读者对象：电脑初学者、高等院校影视编辑专业师生和社会影视编辑培训班人员，影视广告设计、影视后期特效与编辑等广大从业人员。

光盘内容：28 个综合实例全过程动画演示文件、范例素材文件和效果文件。

图书在版编目(CIP)数据

中文版 Premiere Pro CC 完全自学手册/ 郭发明，尹小港编著. -- 北京 ：海洋出版社, 2013.12
ISBN 978-7-5027-8705-9

Ⅰ. ①中… Ⅱ. ①郭… ②尹… Ⅲ. ①视频编辑软件－手册 Ⅳ. ①TN94-62

中国版本图书馆 CIP 数据核字(2013)第 253329 号

总 策 划：刘斌
责任编辑：刘斌
责任校对：肖新民
责任印制：赵麟苏
排　　版：海洋计算机图书输出中心　申彪
出版发行：海洋出版社
地　　址：北京市海淀区大慧寺路 8 号（707 房间）
100081
经　　销：新华书店
技术支持：010-62100059

发 行 部：（010）62174379（传真）（010）62132549
（010）62100075（邮购）（010）62173651
网　　址：http://www.oceanpress.com.cn/
承　　印：北京朝阳印刷厂有限责任公司
版　　次：2018 年 5 月第 5 次印刷
开　　本：787mm×1092mm　1/16
印　　张：25　全彩印刷
字　　数：600 千字
印　　数：6500~8600 册
定　　价：78.00 元（1DVD）

Premiere Pro CC工作流程（P30）

ADOBE
UNIVERSAL
LEADER

PICTURE
START

创建与设置倒计时片头（P109）

创建和调整位移动画（P173）

创建与编辑缩放动画（P177）

创建与编辑旋转动画（P178）

编辑不透明度动画（P180）

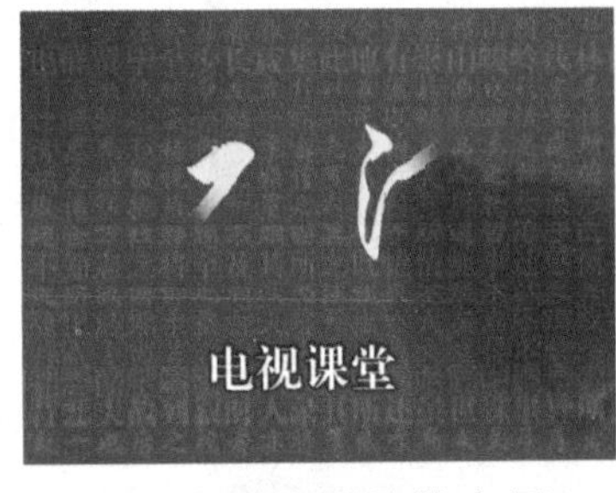

渐变擦除过渡效果的应用——手写书法（P205）

视频过渡效果综合运用——海洋水族馆（P231）

Warp Stabilizer特效的应用——修复视频抖动（P243）

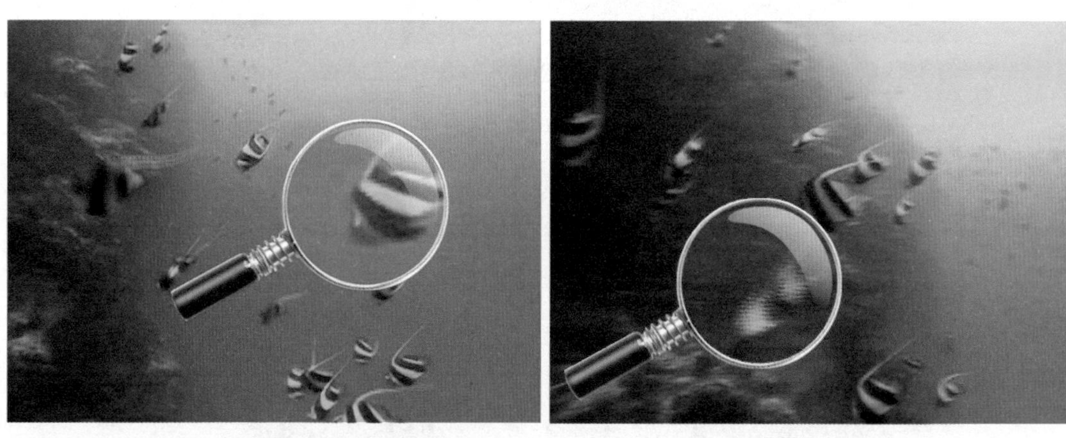

放大特效的应用——海底潜望镜（P248）

边角定位特效的应用——五画同映（P253）

残影特效的应用——运动残影（P262）

颜色键特效的应用——绿屏抠像（P300）

复制特效的应用——动态电视墙（P311）

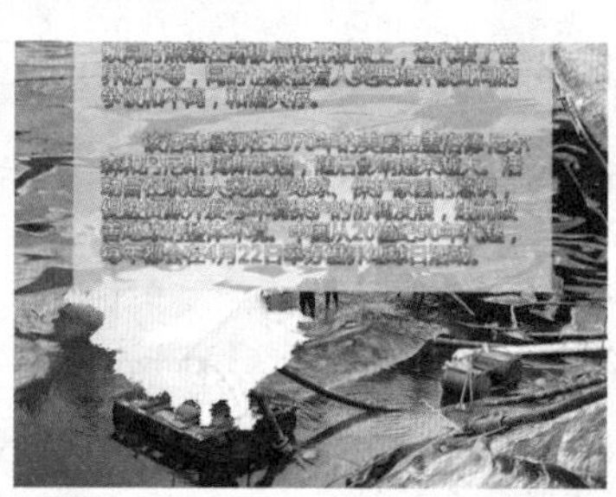

滚动字幕——世界地球日（P341）

游动字幕——认识火山（P344）

视频电子相册——夏天乡村里的快乐童年（P368）

宣传片片头——安仁古镇（P378）

前言 Preface

Premiere是Adobe公司开发的一款功能强大的非线性视频编辑软件，以其在非线性影视编辑领域中出色的专业性能，被广泛地应用在视频内容编辑和影视特效制作领域。

本书用简洁易懂的语言，丰富实用的范例，带领读者从认识了解非线性编辑与专业影视编辑合成的基础知识开始，循序渐进地学习并掌握使用Premiere Pro CC进行视频影片编辑的完整工作流程以及各种编辑工具、视频切换、视频特效、字幕编辑、音频编辑等专业视频编辑特色功能的应用知识；在每个部分的软件功能了解与学习后，及时安排典型的操作实例，对该部分的编辑功能进行实践练习，使读者逐步掌握影视后期特效编辑的全部工作技能。

本书内容包括15章，内容结构如下。

第1章：主要介绍了影视编辑的基础知识，以及了解Premiere Pro CC的新功能并练习软件与辅助程序的安装。

第2章：主要介绍了Premiere Pro CC的启动设置和工作界面中各主要组成部分的功能。

第3章：主要介绍了影视项目编辑工作流程中各个环节的主要内容，并通过一个典型的影视编辑实例，带领读者快速体验使用Premiere Pro CC进行影视项目编辑的完整实践流程。

第4章：详细介绍了Premiere Pro CC所有命令菜单中各个命令的功能和使用方法。

第5章：主要介绍了Premiere Pro CC中项目窗口、监视器窗口、时间轴窗口等各主要工作窗口的功能和各种操作使用技能。

第6章：主要介绍了效果面板、效果控件面板、工具面板、音轨混合器面板、音频剪辑混合器面板、历史记录面板等主要工作面板的用途和使用方法。

第7章：详细介绍了Premiere Pro CC中程序的首选项参数设置方法，以及对媒体素材进行捕捉、管理与编辑的各种操作技能。

第8章：主要介绍了Premiere Pro CC中关键帧动画的创建与设置方法，并通过典型的实例，对位移动画、缩放动画、旋转动画、不透明度动画的编辑技能进行实践练习。

第9章：主要介绍了在Premiere Pro CC中进行视频过渡效果的添加和设置方法，并详细介绍了所有视频过渡效果的功能和设置方法。

第10章：主要介绍了在Premiere Pro CC中进行视频效果的添加和设置方法，并详细介绍了所有视频效果的功能和设置方法。

第11章：主要介绍了在Premiere Pro CC中进行字幕内容的创建、设置与编辑的操作方法。

第12章：主要介绍了音频内容的编辑方法，以及应用各种音频过渡效果、音频特效的操作方法。

第13章：主要介绍了对影片项目进行输出的设置方法和操作流程。

第14章和第15章：安排典型的视频电子相册和片头影片实例，对在Premiere Pro CC中综合应用多种编辑功能和操作技巧，进行常见影视编辑项目、商业影片项目的编辑制作实践，并详细进行设计创作的分析说明，让读者可以触类旁通，掌握并理解影视编辑的实用技能。

在本书的配套光盘中提供了本书所有实例的源文件、素材和输出文件，以及包含全书所有实践练习实例的多媒体教学视频，方便读者在学习中参考。

本书由郭发明、尹小港编写，参与本书编写与整理的设计人员有：穆香、张善军、骆德军、林玲、刘彦君、李英、张喜欣、赵璐、郝秀杰、孙晓梅、李瑶、何玲、刘丽娜、刘燕、孙立春、高镜、袁杰、刘远东、马昌松、颜磊、黄飞、崔现伟、杨健、林建忠、丁丽欣、曾庆安、罗锦、田维会、李伯忠等。对于本书中的疏漏之处，敬请读者批评指正。

本书适合作为广大对视频编辑感兴趣的初、中级读者的自学参考图书，也适合各大中专院校相关专业作为教学教材。

编　者

第1章 Premiere Pro CC基础知识

第2章 Premiere Pro CC工作界面

第3章 Premiere Pro CC工作流程

第4章 菜单命令

第5章 工作窗口应用

第6章 工作面板应用

第7章 首选项设置和素材编辑

第8章 关键帧动画

第9章 视频过渡应用

第10章 视频效果应用

第11章 编辑字幕

第12章 音频编辑

第13章 影片的输出设置

第14章 视频电子相册——夏天乡村里的快乐童年

第15章 宣传片片头——安仁古镇

第1章 Premiere Pro CC 基础知识

本章主要介绍视频处理的基础知识，包括帧速率、视频制式、压缩格式、SMPTE时间码等，这些概念在使用Premiere Pro CC编辑影视项目的过程中反复应用。

1.1 非线性编辑与Premiere Pro CC

从电影、电视媒体诞生以来，影视编辑技术就伴随着影视工业的发展不断地革新，技术越来越完善，功能效果的实现、编辑应用的操作也越来越简便。在对视频内容进行编辑的工作方式上，就经历了从线性编辑到非线性编辑的重要发展过程。

1.1.1 线性编辑

传统的线性编辑是指在摄像机、录像机、编辑机、特技机等设备上，以原始的录像带作为素材，以线性搜索的方法找到想要的视频片段，然后将所有需要的片断按照顺序录制到另一盘录像带中。在这个过程中，需要工作人员通过使用播放、暂停、录制等功能来完成基本的剪辑。如果在剪辑时出现失误，或者需要在已经编辑好的录像带上插入或删除视频片段，那么在插入点或删除点以后的所有视频片段都要重新移动一次，因此编辑操作很不方便，工作效率也很低，并且录像带是易受损的物理介质，在经过了反复的录制、剪辑、添加特效等操作后，画面质量也会变得越来越差。

1.1.2 非线性编辑

非线性编辑（Digital Non-Linear Editing，DNLE）是随着计算机图像处理技术发展而诞生的视频内容处理技术。它将传统的视频模拟信号数字化，以编辑文件对象的方式在电脑上进行操作。非线性编辑技术融入了计算机和多媒体这两个领域的前端技术，集录像、编辑、特技、动画、字幕、同步、切换、调音、播出等多种功能于一体，克服了线性编辑的缺点，提高了视频编辑的工作效率。

相对于线性编辑的制作途径，非线性编辑可以在电脑中利用数字信息进行视频/音频编辑，只需使用鼠标和键盘就可以完成视频编辑的操作。数字视频素材的取得主要有两种方式，一种是先将录像带上的片段采集下来，即把模拟信号转换为数字信号，然后存储到硬盘中再进行编辑。现在的电影、电视中很多特技效果的制作，就是采用这种方式取得数字视频，在电脑中进行特效处理后再输出影片；另一种是用数码视频摄像机（即通常所的DV摄像机）直接拍摄得到数字视频。数码摄像机通过CCD（Charged Coupled Device，电荷耦合器）器件，将从镜头中传来的光线转换成模拟信号，再经过模拟/数字转换器，将模拟信号转换成数字信号并传送到存储单元保存起来。在拍摄完成后，只要将摄像机中的视频文件输入到电脑中即可获得数字视频素材，然后可以在专业的非线性编辑软件中进行素材的剪辑、合成、添加特效以及输出等编辑操作，制作各种类型的视频影片。

Premiere是Adobe公司开发的一款优秀的非线性视频编辑处理软件，具有强大的视频和音频内容实时编辑合成功能。它的编辑操作简便直观，同时功能丰富，因此广泛应用于家庭视频内容编辑处理、电视广告制作、片头动画编辑制作等领域，倍受影视编辑从业人员和家庭用户的青睐。最新版本的Premiere Pro CC除了在软件功能的多个方面进行了提升，还带来了全新的云端处理技术，为影视项目编辑的跨网络协同合作和分享作品提供了更多的方便。

1.2 影视编辑的基础概念

下面介绍视频处理方面的基础知识，理解相关的概念、术语的含义，以方便在后面的学习中快速理解和掌握各种视频编辑操作的实用技能。

1.2.1 帧和帧速率

在电视、电影以及网络中Flash动画影片中的影像，其实都是由一系列连续的静态图像组成，这些连续的静态图像在单位时间内以一定的速度不断地快速切换显示时，人眼所具有的视觉残像生理特性，就会产生“看见了运动的画面”的“感觉”，这些单独的静态图像就称为帧；而这些静态图像在单位时间内切换显示的速度，就是帧速率（也称作“帧频”），单位为帧/秒（fps）。帧速率的数值决定了视频播放的平滑程度，帧速率越高，动画效果越顺畅；反之就会有阻塞、卡顿的现象。在影视后期编辑中也常常利用这个特点，通过改变一段视频的帧速率，实现快动作与慢动作的表现效果。

1.2.2 电视制式

最常见的视频内容，就是在电视中播放的电视节目，它们都是经过视频编辑处理后得到的。由于各个国家对电视影像制定的标准不同，其制式也有一定的区别。制式的区别主要表现在帧速率、宽高比、分辨率、信号带宽等方面。传统电影的帧速率为24fps，英国、中国、澳大利亚、新西兰等国家或地区的电视制式，都是采用这个扫描速率，称之为PAL制式；美国、加拿大等大部分西半球国家以及日本、韩国等国家或地区的电视视频内容，主要采用帧速率约为30fps（实际为29.7fps）的NTSC制式；法国和东欧、中东等地区，则采用帧速率为25fps的SECAM（Séquential Couleur Avec Mémoire，顺序传送彩色信号与存储恢复彩色信号）制式。

除了帧速率方面的不同，图像画面中像素的高宽比也是这些视频制式的重要区别。在进行影视项目的编辑、素材的选择、影片的输出等工作时，要注意选择符合编辑应用需求的视频制式进行操作。

1.2.3 压缩编码

通过电脑或相关设备对胶片媒体中的模拟视频进行数字化后，得到的数据文件会非常大，为了节省空间和方便应用、处理，需要使用特定的方法对其进行压缩。

视频压缩也称为视频编码。视频压缩的方式主要分为两种：无损压缩和有损压缩。无损压缩是利用数据之间的相关性，将相同或相似的数据特征归类成一类数据，以减少数据量；有损压缩则是在压缩的过程中去掉一些人眼和人耳所不易察觉的图像或音频信息，这样既大幅度地减小了文件尺寸，又不影响展现视频内容。不过，有损压缩中丢失的信息是不可恢复的。丢失的数据量与压缩比有关，压缩比越大，丢失的数据越多，一般解压缩后得到的影像效果越差。此外，某些有损压缩算法采用多次重复压缩的方式，这样还会引起额外的数据丢失。

有损压缩又分为帧内压缩和帧间压缩。帧内压缩也称为空间压缩（Spatial compression），当压缩一帧图像时，它仅考虑本帧的数据而不考虑相邻帧之间的冗余信息。由于帧内压缩时各个帧之间没有相互关系，所以压缩后的视频数据仍可以以帧为单位进行编辑。帧内压缩一般得不到很高的压缩率。帧间压缩也称为时间压缩（Temporal compression），是基于许多视频或动画的连续前后两帧具有很大的相关性，或者说前后两帧信息变化很小（即连续的视频其相邻帧之间具有冗余信息）这一特性，压缩相邻帧之间的冗余量就可以进一步提高压缩量，减小压缩比，对帧图像的影响非常小，所以帧间压缩一般是无损的。帧差值（Frame differencing）算法是一种典型的时间压缩法，它通过比较本帧与相邻帧之间的差异，仅记录本帧与其相邻帧的差值，这样可以大大减少数据量。

1.2.4 视频格式

在使用了某种方法对视频内容进行压缩后，就需要用对应的方法对其进行解压缩来得到动画播放效果。使用的压缩方法不同，得到的视频编码格式也不同。目前视频压缩编码的方法有很多，下面了解几种常用的视频文件格式。

- AVI格式（Audio/Video Interleave）：专门为微软Windows环境设计的数字式视频文件格式，这种视频格式的优点是兼容性好、调用方便、图像质量好，缺点是占用空间大。
- MPEG格式（Motion Picture Experts Group）：该格式包括了MPEG-1、MPEG-2、MPEG-4。MPEG-1被广泛应用于VCD的制作和一些视频片段下载的网络上，使用MPEG-1的压缩算法可以将一部120分钟长的非视频文件的电影压缩到1.2GB左右。MPEG-2则应用在DVD的制作方面，同时在一些HDTV（高清晰电视广播）和一些高要求视频编辑、处理上也有一定的应用空间。MPEG-4是一种新的压缩算法，可以将一部120分钟长的非视频文件的电影压缩到300MB左右，以供网络播放。
- QuickTime格式（MOV）：是苹果公司创立的一种视频格式，在图像质量和文件大小的处理上具有很好的平衡性，既可以得到更加清晰的画面，又可以很好地控制视频文件的大小。
- REAL VIDEO格式（RA、RAM）：主要定位于视频流应用方面，用于网络传输与播放。它可以在56K MODEM的拨号上网条件下实现不间断的视频播放，因此也必须通过损耗图像质量的方式来控制文件的体积，图像质量通常很低。
- ASF格式（Advanced Streaming Format）：是微软为了和Real Player竞争而发展出来的一种可以直接在网上观看视频节目的流媒体文件压缩格式，可以实现一边下载一边播放，不用存储到本地硬盘。由于它使用了MPEG-4的压缩算法，所以在压缩率和图像的质量方面都很好。
- DIVX格式：这种视频编码技术使用MPEG-4压缩算法，通过对文件尺寸进行高度压缩的方式，保留非常清晰的图像质量。用该技术制作的VCD，可以得到与DVD画质差不多的视频，而制作成本却低廉得多。

1.2.5 SMPTE时间码

在视频编辑中，通常用时间码来识别和记录视频数据流中的每一个帧画面，从一段视频的起始帧到终止帧，其间的每一帧都有一个唯一的时间码地址。根据动画和电视工程师协会SMPTE（Society of Motion Picture and Television Engineers）使用的时间码标准，其格式是“小时：分钟：秒：帧”。

电影、录像和电视工业中使用不同帧速率，各有其对应的SMPTE标准。由于技术的原因，NTSC制式实际使用的帧率是29.97帧/秒而不是30帧/秒，因此在时间码与实际播放时间之间有0.1%的误差。为了解决这个误差问题，设计出丢帧格式，即在播放时每分钟要丢2帧（实际上是有两帧不显示，而不是从文件中删除），这样可以保证时间码与实际播放时间的一致。与丢帧格式对应的是不丢帧格式，它会忽略时间码与实际播放帧之间的误差。

提 示

为了方便用户区分视频素材的制式，在对视频素材时间长度的表示上也做了区分。

非丢帧格式的PAL制式视频，其时间码中的分隔符号为冒号，例如0:00:30:00。而丢帧格式的NTSC制式视频，其时间码中的分隔符号为分号，例如0;00;30;00。在实际编辑工作中，可以据此快速分辨出视频素材的制式以及画面比例等。

1.2.6 数字音频

数字音频是一个用来表示声音振动频率强弱的数据序列，由模拟声音经采样、量化和编码后得到。数字音频的编码方式也就是数字音频格式，不同数字音频设备一般对应不同的音频格式文件。数字音频的常见格式有WAV、MIDI、MP3、WMA、VQF、RealAudio、AAC等。

- WAV格式：是微软公司开发的一种声音文件格式，也叫波形声音文件格式，是最早的数字音频格式，Windows平台及其应用程序都支持这种格式。这种格式支持MSADPCM、CCITT A LAW等多种压缩算法。标准的WAV格式和CD一样，也是44.1kHz的采样频率，速率为88kbit/s，16位量化位数，因此WAV的音质和CD差不多，也是目前广为流行的声音文件格式，几乎所有的音频编辑软件都能识别WAV格式。
- MP3格式：Layer-3是Layer-1、 Layer-2以后的升级版产品。与其前身相比，Layer-3 具有很高的压缩率（1：10～1：12），并被命名为MP3，具有文件小、音质好的特点。
- MIDI格式：又称为乐器数字接口，是数字音乐电子合成乐器的国际统一标准。它定义了计算机音乐程序、数字合成器及其他电子设备交换音乐信号的方式，规定了不同厂家的电子乐器与计算机连接的电缆、硬件及设备之间进行数据传输的协议。
- WMA格式：微软公司开发的用于因特网音频领域的一种音频格式。音质要强于

MP3格式，以减少数据流量但保持音质的方法来达到比MP3压缩率更高的目的。WMA的压缩率一般都可以达到1：18左右，WMA还支持音频流（Stream）技术，适合在线播放，更方便的是不用像MP3那样需要安装额外的播放器，只要安装了Windows操作系统就可以直接播放WMA音乐。

- VQF格式：VQF格式也是以减少数据流量但保持音质的方法来获取更高的压缩比，压缩率可达到1：18。对同一文件而言，压缩后的VQF文件要比MP3的小30%~50%，因而VQF文件更利于在网上传播，而且其音质极佳，接近CD音质（16位44.1kHz立体声）。
- Real Audio格式：Real Audio是由Real Networks公司推出的一种文件格式，其特点是可以实时地传输音频信息，尤其是在网速较慢的情况下，仍然可以较为流畅地传送数据，因此主要适用于网络上的在线播放。现在的RealAudio文件格式主要有RA（RealAudio）、RM（RealMedia，RealAudio G2）、RMX（RealAudio Secured）3种，它们的共同特点在于随着网络带宽的不同而改变声音的质量，在保证大多数人听到流畅声音的前提下，让拥有较大带宽的听众获得较好的音质。

1.3 Premiere Pro CC新特性

最新版的Adobe Premiere Pro CC在Premiere Pro CS6的基础上进行了重要的改进，对一些编辑功能进行了完善并增加了多项新功能，下面介绍Premiere Pro CC中主要的新特性。

1. 全新的Adobe Creative Cloud同步设置

创新的Adobe Creative Cloud云端同步功能，允许用户将在Premiere Pro中的首选项、预设项目、资源库、键盘快捷键等设置，利用同步设置功能上传到云端服务器的用户Creative Cloud账户中，然后在其他电脑上下载并直接应用。同时，Creative Cloud云端同步功能也可以让多个用户应用同一设置，方便工作团队在不同时间、地点协同工作。

另外，在Premiere Pro CC中还加入了Adobe Anywhere私有云服务，如图1-1所示。可与Adobe Creative Cloud互补应用，可以使不同地方的工作成员使用各自Adobe的专业视频编辑软件（如Premiere Pro、Prelude、After Effects等）通过登录网络协同工作，并可以在云端服务器上生成高码率的作品文件，与其他工作伙伴实现更便捷的协作与共享。

2. 时间轴窗口的改进

Premiere Pro CC中的时间轴窗口可以实现更多的自定义设置。可以自定义轨道面板中要显示的功能按钮选项，如图1-2所示。通过鼠标中间滑轮的滚动，即可快速缩放轨道的高度；允许用户对应用在一个素材剪辑上的效果进行复制，并粘贴到其他素材剪辑上，可以将批量化的影像效果统一处理。

3. 改进的链接媒体功能

在项目文件中使用的媒体素材文件，在改变了存放路径或移动、更名后，在Premiere Pro中打开项目文件时就需要重新链接这些媒体文件。在以往的版本中，都是通过弹出的

“打开文件”对话框来查找目标文件。在Premiere Pro CC中新增了一个“链接媒体”对话框，在其中罗列了所有需要重新链接的对象，并且可以设置匹配属性，利用查找功能快速定位目标位置并执行链接，如图1-3所示。

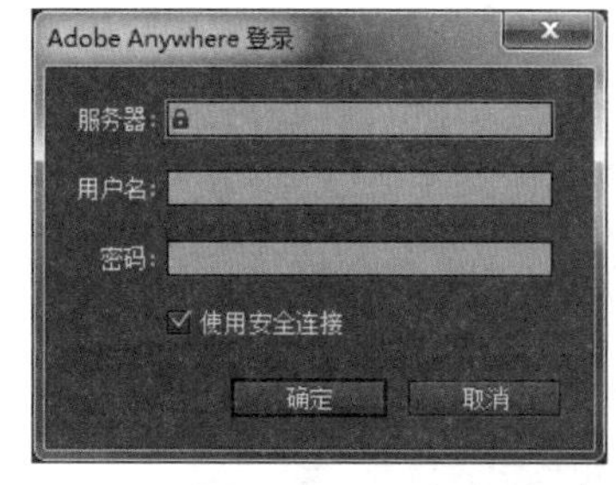

图1-1　登录 Adobe Anywhere

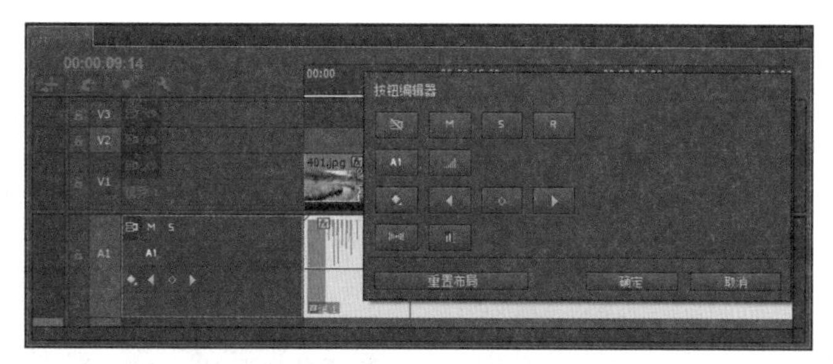

图1-2　自定义轨道面板中的功能按钮

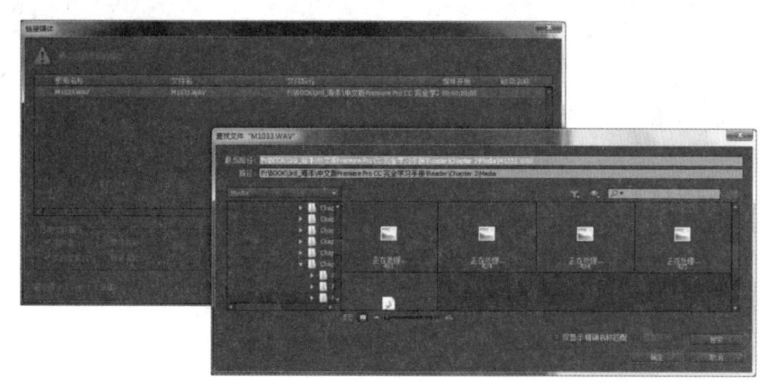

图1-3　增强的链接媒体功能

4. 音频编辑功能的改进

新增的音频剪辑混合器面板，可以配合音轨混合器面板来对音频内容的编辑进行更完善的处理。音轨混合器面板主要用于对时间轴窗口的音频内容进行查看和调整处理，以及进行录制音频等操作；音频剪辑混合器面板则主要用于监视和调整音频内容，不能录制音频。如果当前处于关注状态的是时间轴窗口，那么在音轨混合器面板和音频剪辑混合器面板中，都可以对所选择的音频对象进行监视和处理；如果是在源监视器窗口查看素材剪辑的原始内容，将只有音频剪辑混合器面板可以工作，查看和调整素材剪辑本身的音频内容，如图1-4所示。

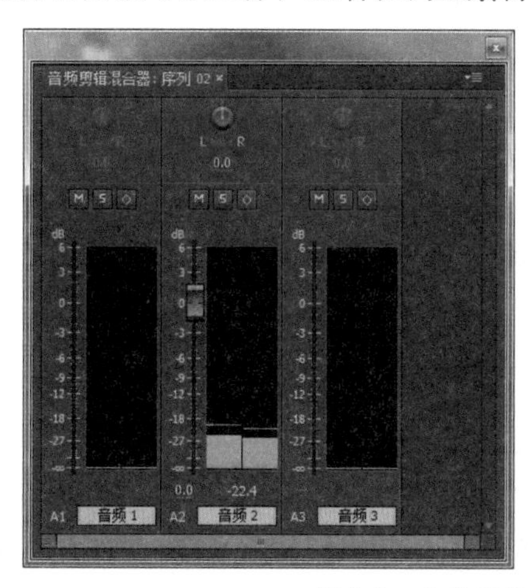

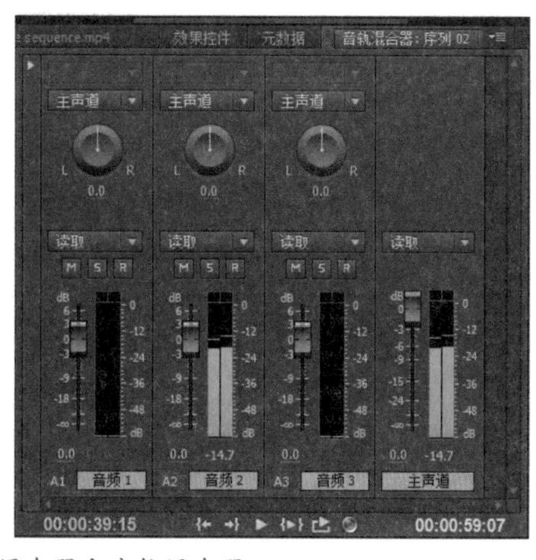

图1-4　音频剪辑混合器和音轨混合器

5. 集成Lumetri色彩校正引擎

Premiere Pro CC在效果面板中集成了Lumetri Looks色彩校正特效，并且为所有特效都提供了应用效果预览，可以很方便地为序列中的图像应用需要的颜色调整，快速制作具有特殊风格化的视觉影片，如图1-5所示。

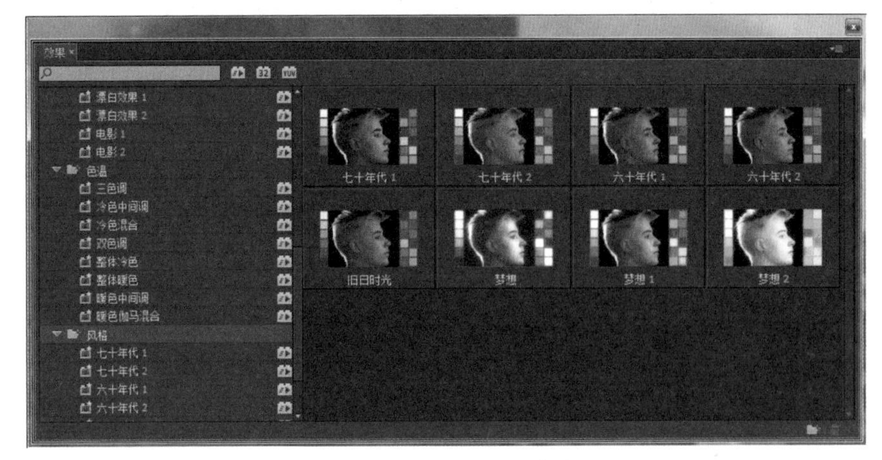

图1-5　Lumetri Looks特效

除了以上介绍的新特性，在Premiere Pro CC中还有其他多项功能的改进。例如，可以自定义的时间轴轨道头、新增音频增效工具管理器、允许用户利用多核GPU进行多任务排队渲染、新增隐藏字幕功能、多机位自动同步等功能。

1.4 Premiere Pro CC的安装

软件的发展总是伴随着计算机技术的进步在同步提高。要在电脑中顺利安装Premiere Pro CC，就需要先准备好满足Premiere Pro CC工作需求的硬件设备和软件系统、辅助程序等。

1.4.1 安装Premiere Pro CC的系统要求

最新的Premiere Pro CC在之前版本的基础上，实现了大量工作体验的完善与强大功能的创新。同时对电脑系统运行环境的要求也提出了更高的要求，只有在电脑系统满足这些最低的性能需求时，才能安装Premiere Pro CC。

- 英特尔® Core™2 Duo或AMD Phantom® II处理器；需要64位系统支持。
- 64位的Microsoft® Windows® 7（苹果系统为Mac OS X v10.6.8 or v10.7）。
- 4G内存（推荐8G以上）。7200转速或更快的硬盘。
- 4GB以上可用硬盘空间用于安装；10G以上用来缓存的硬盘空间。
- 支持1280×900及以上分辨率的显示器。
- 支持OpenGL 2.0的显卡。为了配合GPU加速的光线追踪3D渲染器，可以选择

Adobe认证的显卡。
- 符合 ASIO 协议或 Microsoft Windows Driver Model 的声卡。
- 如果从DVD安装，则需要DVD光驱。如果要创建蓝光光盘，需要蓝光刻录机。
- 为了支持QuickTime功能，需要安装QuickTime 7.6.6版本以上软件。
- 在线服务需要宽带 Internet 连接。

1.4.2 处理DV视频的硬件准备

如果需要应用DV摄像机中拍摄的视频内容进行视频影片的编辑，首先需要将DV摄像机中的数据转移到电脑中，这个过程称为“DV视频的采集”，这个过程要求电脑系统满足更多的性能要求，主要体现在视频采集硬件和硬盘性能两个方面。

视频采集卡专门用于采集外部设备中的视频数据，通过硬件压缩、获取的方式，得到高质量的视频影像。现在市场上视频采集卡根据性能、品质和专业程度的不同，价格从100元左右到上万元不等，可以根据实际需要选购。

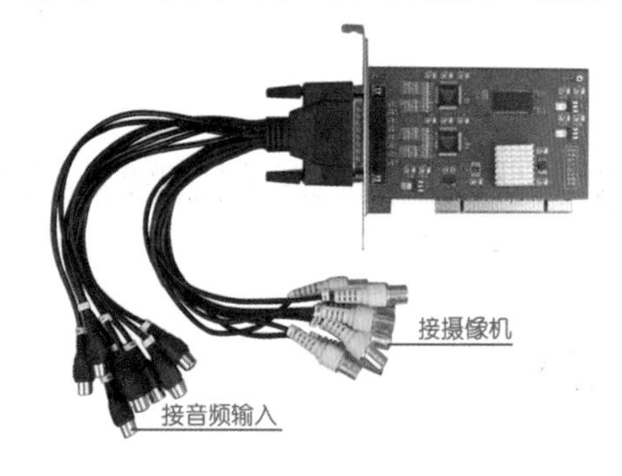

图1-6 内置视频采集卡

图1-7 外置视频采集卡

将视频采集卡安装到电脑主机以后，可以通过专门的数据线，将DV摄像机和视频采集卡上专用的IEEE 1394接口连接起来（也有外置的采集卡装置，不用安装，只需要连接好数据线即可使用），即可在电脑中通过相关软件进行视频内容的采集操作。如图1-8所示为IEEE 1394数据线。

现在的DV摄像机都提供了USB数据连接的接口，即使电脑上没有安装视频采集卡，也可以通过USB数据线连接电脑进行视频采集，只是这样获取的视频影像画面质量较低，适合在对视频内容质量要求不高的时候使用。

要得到高质量的视频内容，除了在采集卡方面有要求外，对硬盘的性能同样有严格的要求。在进行视频内容采集的时候，采集获得的数据流通常比较大，这就要求硬盘要具有较高的写入速度。

目前主流的硬盘都具有7200转/秒的转速，能够应付大部分视频采集的工作。如果要求更高质量的视频采集，可以选用转速更高、写入速度更快的高性能硬盘。如果硬盘转速、写入速度过低，就会出现因为写入速度不及采集速度而造成丢帧的情况，得到的视频就会不流畅或者画质较差。另一方面，在采集视频时，为获取最好质量的视频素材，通常都采取无损压缩的方式进行采集，一段1分钟的视频文件就会达到1GB甚至更高的大小。所以，如果要进行大量DV内容的采集、编辑等操作，配备一个大容量、高转速的硬盘是非常必要的。

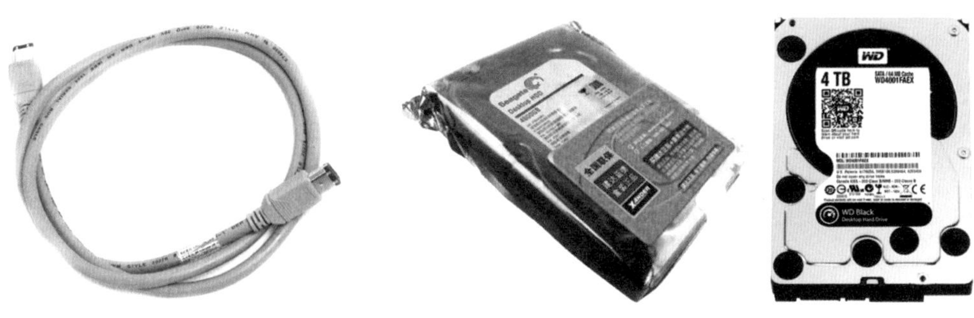

图1-8　IEEE 1394数据线　　　　图1-9　大容量高速硬盘

1.4.3　安装Adobe Premiere Pro CC

上机实战　安装Premiere Pro CC

01 将Premiere Pro CC的安装光盘插入DVD-ROM中，安装程序将自动运行，或者可以进入光盘目录并双击setup.exe进行安装，如图1-10所示。

02 安装程序初始化完成后，在“欢迎”画面根据需要选择安装方式，如图1-11所示。

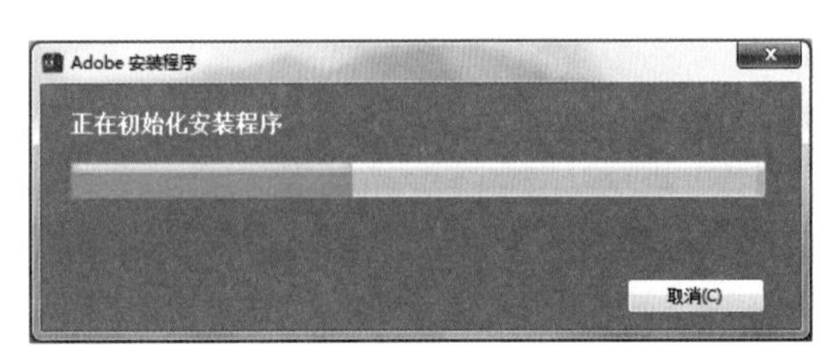

图1-10　安装程序启动画面

图1-11　选择安装方式

03 进入“许可协议”画面，显示的是软件安装的相关协议信息，单击 “接受”按钮，如图1-12所示。

04 进入安装画面后，在序列号一栏中填入在光盘包装附件或光盘中相关文件所列出的序列号，如图1-13所示。

05 在“安装选项”画面中，选择要安装的程序和组件，如图1-14所示。

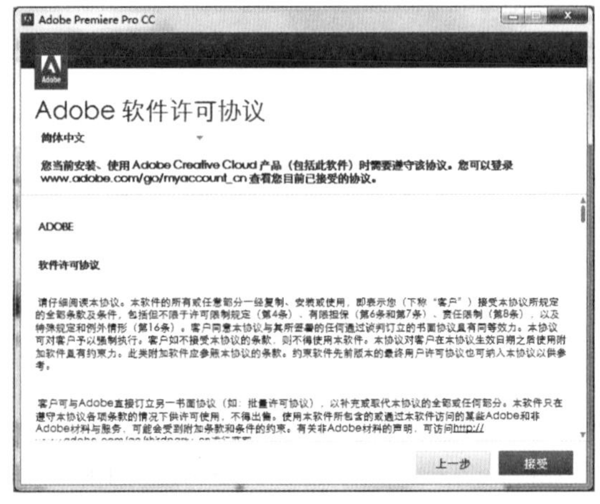

图1-12　阅读软件许可协议

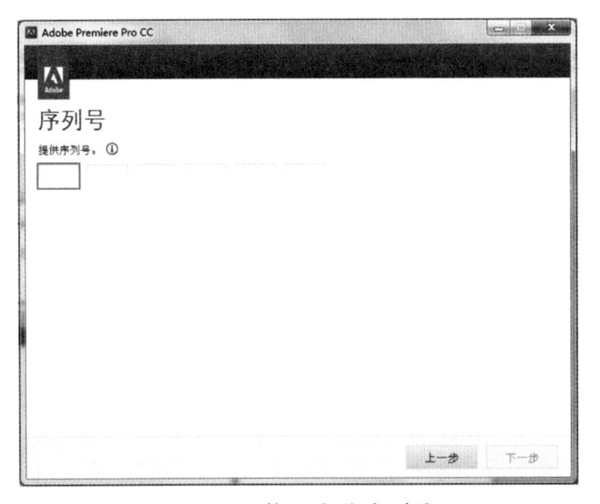

图1-13　输入安装序列号

图1-14　选择要安装的组件

06 在“安装选项”画面中单击“位置”后面的“浏览”按钮，可以在打开的对话框中为程序另外选择需要的安装位置。

07 设置好需要的安装组件和安装位置后，单击“安装”按钮，开始安装进程，如图1-15所示。

08 完成所有组件的安装后，在出现的“安装完成”画面中，单击“关闭”按钮，完成Premiere Pro CC的安装，如图1-16所示。

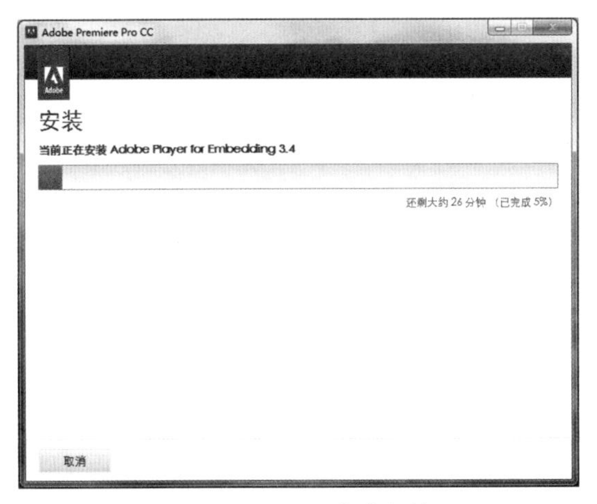

图1-15　开始安装组件

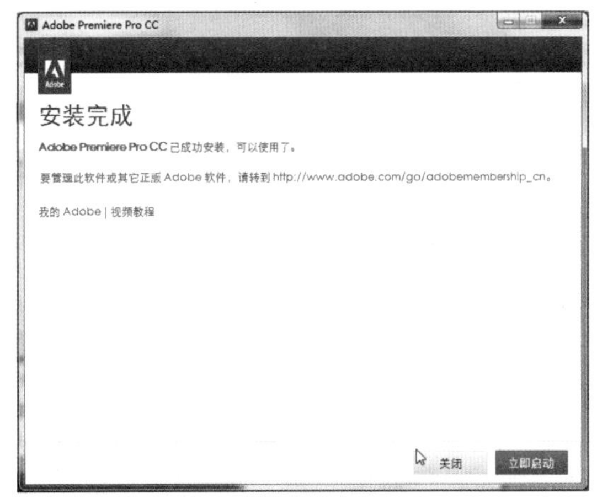

图1-16　完成软件的安装

1.4.4 安装辅助软件和视频解码

在Premiere Pro CC中进行影视内容的编辑时，需要使用大量不同格式的视频、音频素材内容。对于不同格式的视频、音频素材，首先要在电脑中安装有对应解码格式的程序文件，才能正常地播放和使用这些素材。所以，为了尽可能地保证数字视频编辑工作的顺利完成，需要安装一些相应的辅助程序及所需要的视频解码程序。

- Windows Media Player：Microsoft公司出品的多媒体播放软件，可播放多种格式的多媒体文件，本书实例编辑中会用到的*.avi、*.mpeg和*.wmv格式的文件都可以通过它来播放，如图1-17所示。可以在Microsoft的官方网站下载其最新版本。

- 视频解码集成软件：要应用各种文件格式的视频素材，就需要在系统中提前安装好播放不同格式视频文件需要的视频解码器。可以选择安装集成了主流视频解码器的软件包，如K-Lite Codec Pack，它集合了目前绝大部分的视频解码器；在安装了该软件包之后，视频解码文件即可安装到系统中，绝大部分的视频文件都可以被顺利播放。如图1-18所示为该软件包的安装界面。

图1-17　Windows Media Player播放器界面

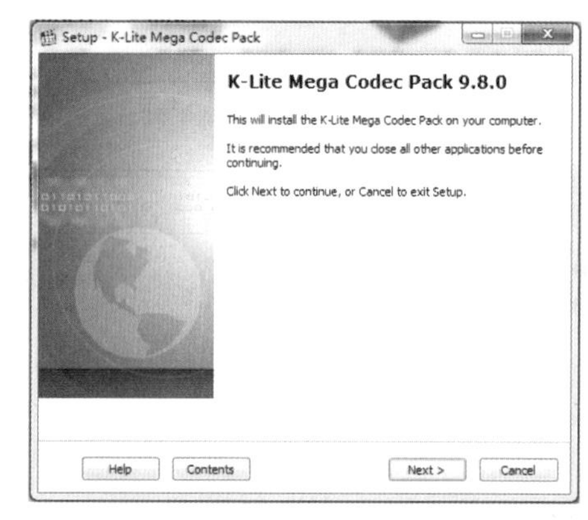

图1-18　K-Lite Codec Pack安装界面

- QuickTime：QuickTime是Macintosh公司（2007年1月改名为苹果公司）在Apple电脑系统中应用的一种跨平台视频媒体格式，具有支持互动、高压缩比、高画质等特点。很多视频素材都采用QuickTime的格式进行压缩保存。为了在Premiere Pro中进行视频编辑时可以应用QuickTime的视频素材（*.mov文件），就需要先安装好QuickTime播放器程序（或其视频解码程序）。在Apple的官方网站（http://www.apple.com）下载最新版本的QuickTime播放器程序进行安装即可。如图1-19所示为QuickTime界面。
- Adobe Photoshop：Photoshop是一款非常出色的图像处理软件，它支持多种格式图片的编辑处理，本书中部分实例的图像素材就是先通过它进行处理后得到的。Adobe Photoshop CC启动画面如图1-20所示。

图1-19　QuickTime播放器

图1-20　Adobe Photoshop CC启动画面

第2章

Premiere Pro CC 工作界面

本章介绍Premiere Pro CC工作界面中各组成部分及其功能。

2.1 启动Premiere Pro CC

正确地完成Premiere Pro CC的安装后，可以通过两种方式来启动程序：选择“开始”→“所有程序”→“Adobe Premiere Pro CC”命令，便可启动Premiere Pro CC；如果在桌面上有Premiere Pro CC的快捷方式，则用鼠标双击桌面上的Premiere Pro CC快捷图标，也可以启动该程序，如图2-1所示。

图2-1　启动Premiere Pro CC

2.1.1　欢迎屏幕中的操作

启动Premiere Pro CC后，将显示欢迎界面，可以选择执行新建项目、打开项目和开启帮助的操作。如果已经在Premiere中打开过项目文件，则在该界面中会显示最近编辑过的这些影片项目文件，如图2-2所示。

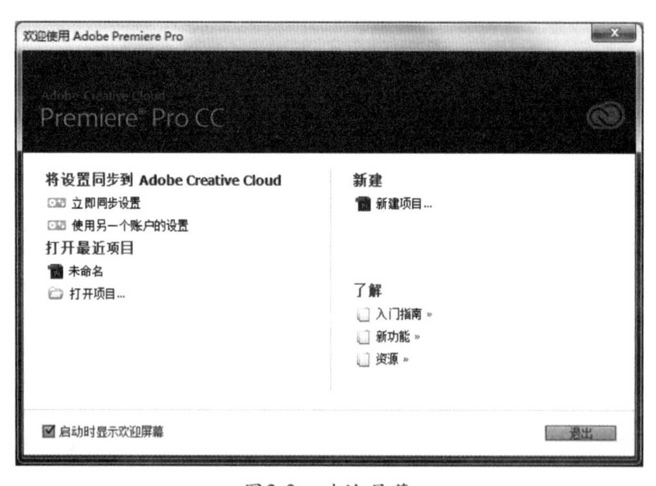

图2-2　欢迎屏幕

- 将设置同步到Adobe Creative Cloud：将用户在Premiere中的首选项设置及其他系统设置，同步上传到用户的Adobe ID在Adobe Creative Cloud云端服务器的账户空间中，方便以后在其他电脑上以用户的Adobe ID登录账户后，同步下载在云端服务器的选项设置进行应用。
- 打开最近的项目：在该列表中将显示最近几次在Premiere Pro CC中打开过的项目

文件，方便用户快速选择并打开，继续之前的编辑操作。

- 打开项目：按下该按钮，可以打开“打开项目”对话框，选择一个在计算机中已有的项目文件，单击“打开”按钮，可以将其在Premiere Pro CC中打开，进行查看或编辑操作，如图2-3所示。

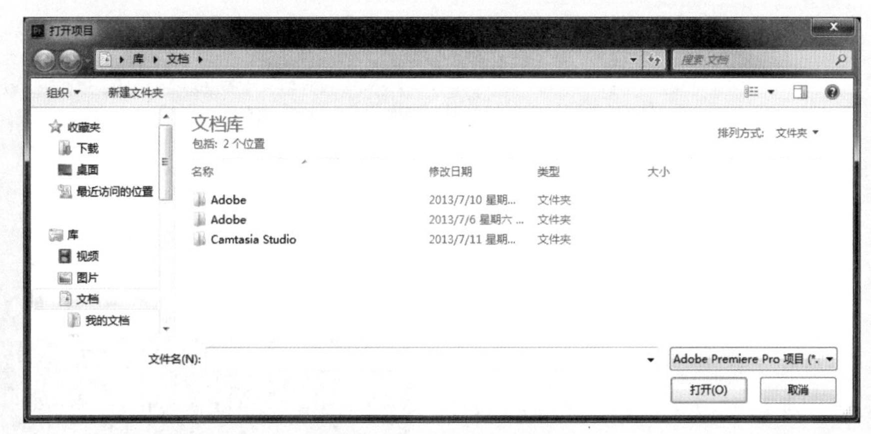

图2-3 “打开项目”对话框

- 新建项目：按下该按钮，可以打开“新建项目”对话框，在其中可以设置需要的各种参数选项，创建一个新的项目文件进行视频编辑。
- 了解：在该列表中，可以选择开启帮助系统，其中显示了Premiere Pro CC的入门指南、新功能介绍、随附素材与项目资源等内容，还可以查阅需要的软件功能介绍信息。
- 启动时显示欢迎屏幕：勾选该选项，每次启动都显示欢迎屏幕；取消勾选，启动后直接打开最近一次打开过的项目文件。
- 退出：单击该按钮，将退出程序。

2.1.2 “新建项目”对话框

在欢迎界面中单击“新建项目”按钮，可以在打开的“新建项目”对话框中创建一个新的项目文件，如图2-4所示。

图2-4 “新建项目”对话框

- 名称：为新建项目输入文件名称。
- 位置：用于设置新创建项目文件的保存位置，单击后面的“浏览”按钮，可以在打开的对话框中，设置存放项目文件的目标位置。
- 常规：该选项卡中的选项，用于设置新建项目文件的基本属性，包括选择执行视频渲染和播放所使用的渲染器程序、视频与音频在显示时间长度与时间定位时所使用的格式、采集捕获磁带中的视频后保存为数字视频时的文件格式等选项。
- 暂存盘：该选项卡中的选项，用于设置捕获与预览播放时，系统所生成临时文件的暂存磁盘位置。可以分别设置视频捕捉、音频捕捉、视频预览、音频预览以及项目自动保存的暂存位置。单击各选项后面的“浏览”按钮，可以在打开的对话框中自行指定需要的临时暂存文件存放位置，如图2-5所示。

图2-5 “暂存盘”选项卡

在“新建项目”对话框中，通常只需要设置好项目的保存位置与文件名称即可，如果没有特别需求，其他选项保持默认即可。设置好后，单击“确定”按钮，可以创建项目文件，进入Premiere Pro CC的工作界面，如图2-6所示。

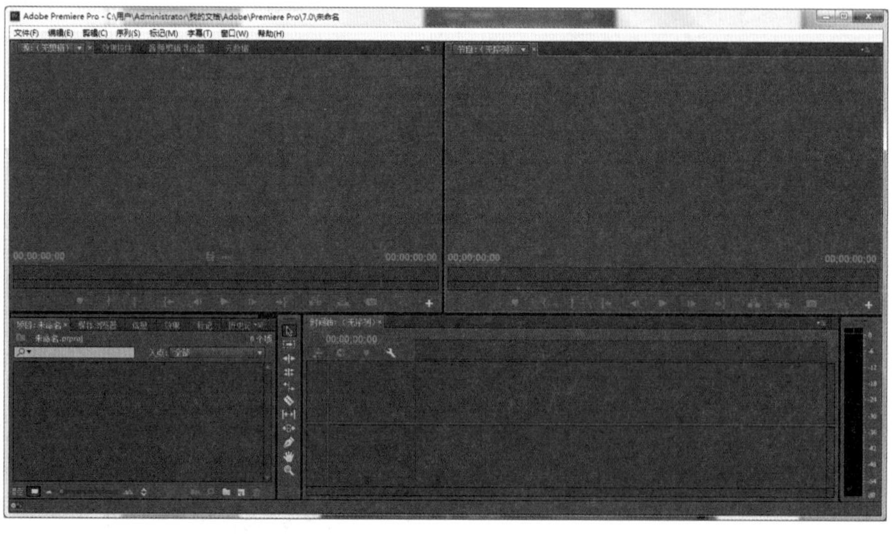

图2-6 Premiere Pro CC的工作界面

2.1.3 “新建序列”对话框

序列是指包含具体影像内容的合成，对素材的剪辑、添加特效等操作，都需要在序列中完成。在Premiere Pro中，可以将项目文件看作是一个容器，一个项目文件中可以包含多个合成序列；一个序列也可以被作为一个包含了影像内容的素材，也可以被加入到其他序列中进行编排剪辑。

在创建了新的项目文件后，还需要新建一个合成序列，才能将导入的各种素材加入到序列的时间轴窗口中进行编排处理，进行影片内容的编辑。执行“文件→新建→序列”命令或按下“Ctrl+N”快捷键，可以打开“新建序列”对话框，如图2-7所示。

1.“序列预设”选项卡

该选项卡提供了已经定义好项目设置的多种文件类型供用户选择；在“可用预设”列表中展开根据视频制式划分的文件夹，选择一个预设类型，可以在右边的“预设描述”窗格中查看到该文件类型的项目设置信息。

2.“设置”选项卡

该选项卡显示了在“序列预设”选项卡中所选择预设类型的具体参数设置，可以对各项参数进行修改调整，如图2-8所示。

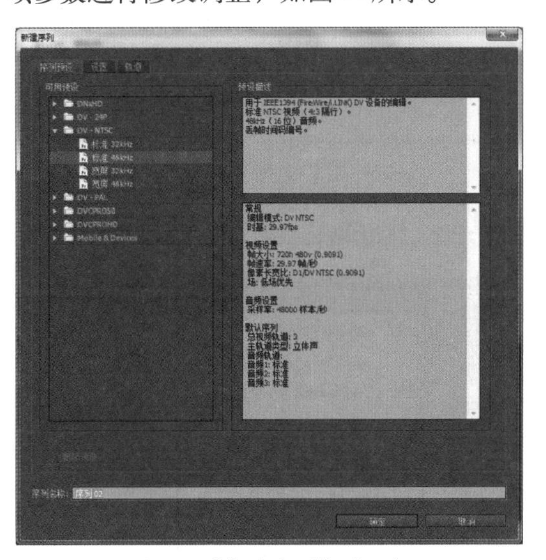

图2-7 “新建序列”对话框

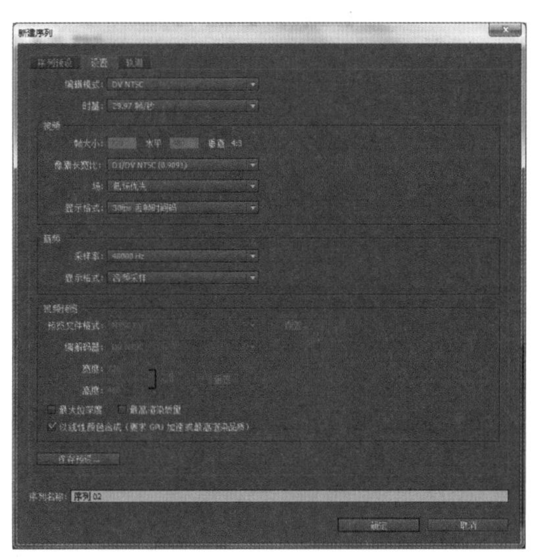

图2-8 “设置”选项卡

- 编辑模式：用于确定合成序列的视频模式，在该下拉列表中包含了9种基本的视频模式，如图2-9所示。默认情况下，该选项为与“序列预设”中所选的预设类型的视频制式相同。选择了不同的编辑模式，下面的其他选项也会显示对应的参数内容。
- 时基：时间基数，也就是帧速率，决定1秒由多少帧构成。基本的DV、PAL、NTSC等制式的视频都只有一个对应的帧速率，其他高清视频（如1080P、720P）可以选择不同的帧速率。
- 帧大小：以像素为单位，显示视频内容播放窗口的尺寸。

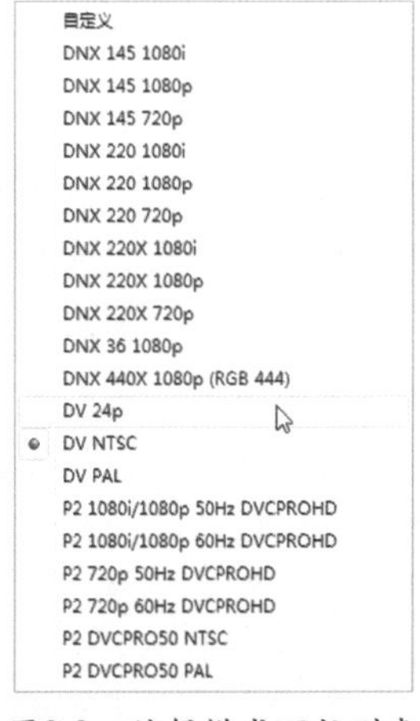

图2-9 编辑模式下拉列表

- 像素纵横比：像素在水平方向与垂直方向的长度比例。计算机图像的像素是1∶1的正方形，而电视、电影中使用的图像像素通常是长方形的。该选项用于设置所编辑视频项目的画面宽高比，可以根据编辑影片的实际应用类型选择；如果是在电脑上播放，则可以选择方形像素。
- 场：该下拉列表中包括无场、高场优先、低场优先3个选项。无场相当于逐行扫描，通常用于在电脑上预演或编辑高清视频；在PAL或NTSL制式的电视机上预演，则要选择高场优先或低场优先。

提 示

场的概念来自电视机的工作原理。电视机在扫描模拟信号时，在画面的第一行像素中从左边扫描到右边，然后快速另起一行继续扫描。当完成从屏幕左上角到右下角的扫描后，即得到一幅完整的图像；接下来扫描点又返回左上角向右下角进行下一帧的扫描。在扫描时，先扫描画面中的奇数行，再返回画面左上角开始扫描偶数行，称为高场优先（或上场优先）；先扫描偶数行再扫描奇数行的，称为低场优先（或下场优先）；直接从左上角向右下角扫描每一行的，称为逐行扫描。

- 显示格式：选择在项目编辑中显示时间的方式，在“编辑模式”中选择不同的视频制式，这里的时间显示格式也不同，如图2-10、图2-11所示。

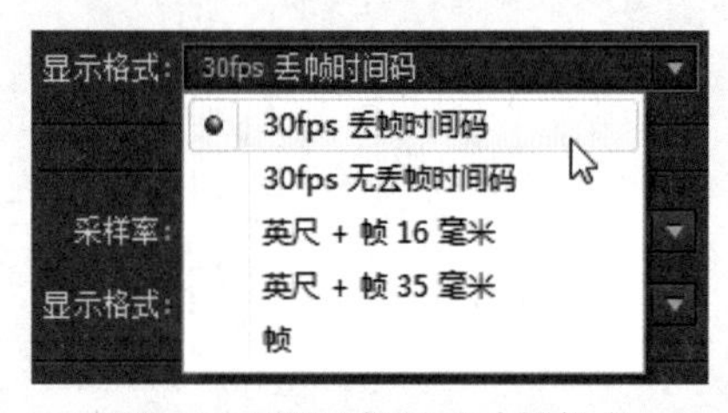

图2-10　NTSC视频的时间格式

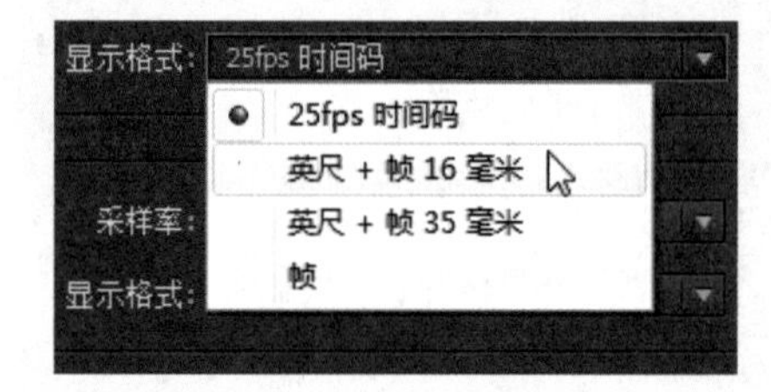

图2-11　PAL视频的时间格式

- 采样率：设置新建影片项目的音频内容采样速率。数值越大则音质越好，系统处理时间也越长，需要相当大的存储空间。
- 显示格式：设置音频数据在时间轴窗口中时间单位的显示方式。
- 视频预览：在“编辑模式”中选择“自定义”时，可以在这里设置需要的视频预览文件格式、编解码格式、画面尺寸参数。
- 最大位深度：勾选此选项，将使用系统显卡支持的最大色彩位数渲染影像色彩，但会占用大量内存。
- 最高渲染品质：勾选此选项，将使用最高画面品质渲染影片序列，同样会占用大量内存；适合硬件配置高、性能强大的电脑使用。
- 以线性颜色合成：对于配备了高性能GPU的电脑，可以勾选该选项来优化影像色彩的渲染效果。
- 保存预设：在对默认选项进行了自定义修改后，可以单击该按钮，将自行设置的序列参数保存为预设文件类型，方便在以后直接选择来创建序列。

3. “轨道”选项卡

该选项卡中的选项用于设置新建序列所包含的视频轨道数量、主音轨的声道类型、其他音轨的数量及各条音轨的声道类型，如图2-12所示。

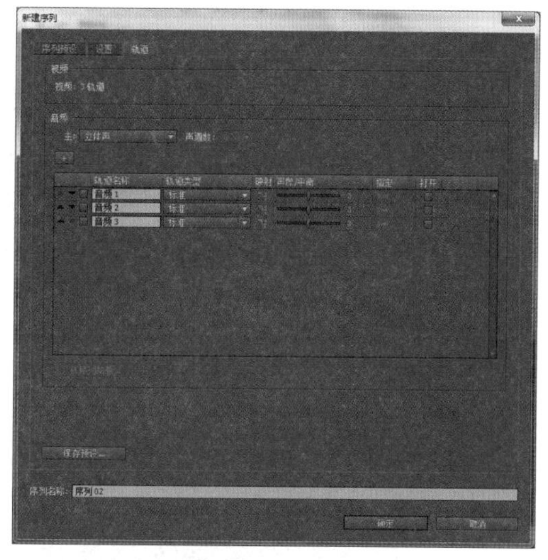

图2-12 “轨道”选项卡

2.1.4 工作界面的设置

默认情况下，在新建的空白项目中是没有任何内容的，为了方便了解Premiere Pro CC工作界面，可以打开准备的演示项目文件。执行“文件→打开项目”命令，在打开的对话框中，选择本书配套光盘中本章实例文件夹下准备的“示例.prproj”文件，然后单击“打开”按钮，如图2-13所示。

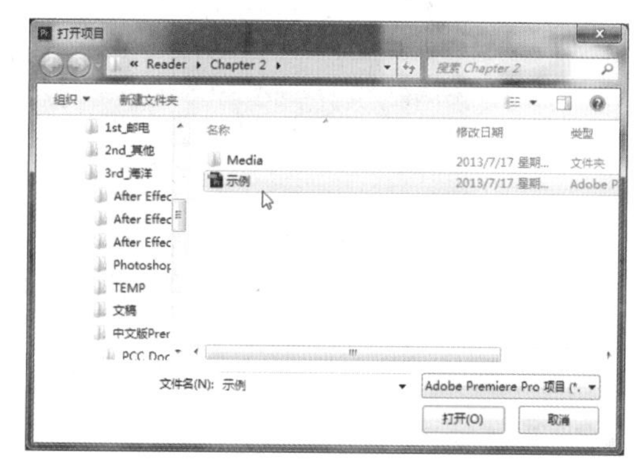

图2-13 “打开项目”对话框

打开选择的项目文件后，进入Premiere Pro CC的编辑工作界面，如图2-14所示。

图2-14 Premiere Pro CC的工作界面

为了满足不同的工作需要，Premiere Pro CC提供了7种不同功能布局的界面模式，方便用户根据编辑内容的不同需要，选择最方便的界面布局。执行“窗口→工作区”命令，即可在弹出的子菜单中选择工作空间布局模式，如图2-15所示。

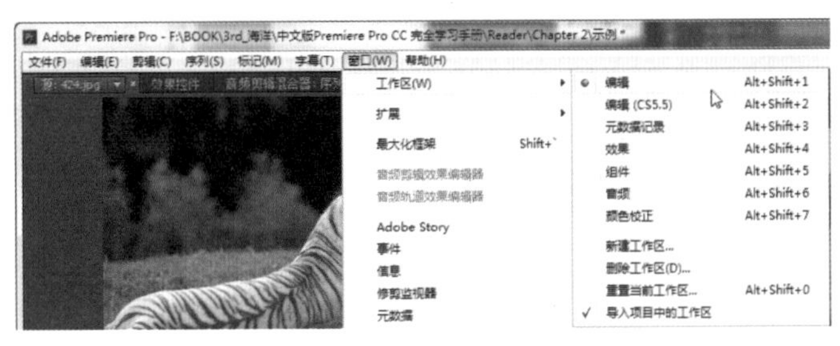

图2-15　选择工作区模式

- 编辑（CS5.5）：Premiere Pro CS5.5的布局模式，方便习惯使用之前版本的用户使用，如图2-16所示。

图2-16　编辑（CS5.5）模式

- 元数据记录：该界面模式可以处理使用录像机从磁带中捕捉素材的操作，如图2-17所示。

图2-17　元数据记录模式

- 效果：即特效编辑模式，在界面中显示“效果”面板和“效果控件”面板，可以为素材添加特效并进行特效参数设置，如图2-18所示。

图2-18 效果编辑模式

- 组件：如果在程序中安装了具有特殊特性处理功能的外挂组件程序，可以在此编辑模式下启用这些组件并在界面中打开其设置面板，快速实现复杂的编辑效果，如图2-19所示。

图2-19 组件编辑模式

- 音频：可以显示“音频剪辑混合器”面板和“音轨混合器”面板，方便对序列中的音频素材进行编辑处理，以及选择需要的音频特效进行应用，如图2-20所示。

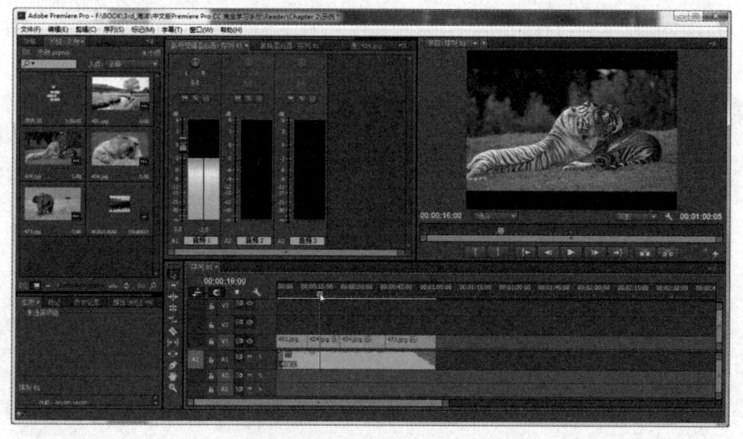

图2-20 音频编辑模式

- 颜色较正：该模式可以显示参考监视器，在其中可以选择显示影片当前位置的色彩通道变化，并将“效果控件”面板最大化，方便对颜色校正特效进行参数设置，如图2-21所示。

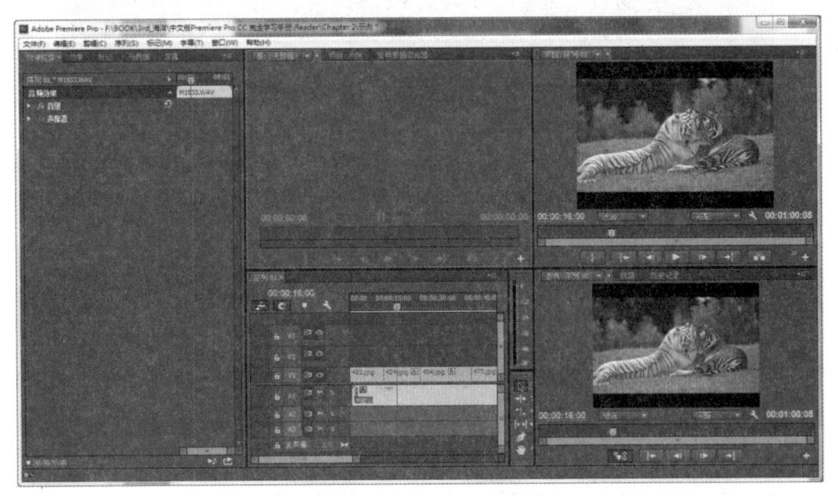

图2-21　颜色较正模式

Premiere Pro CC 的工作界面采用“可拖放区域管理模式”，允许用户根据编辑需要或使用习惯，对工作面板组进行自由的组合。将鼠标移动到工作窗口或面板的名称标签上，然后按下鼠标左键并向需要集成的工作窗口或面板拖动，移动到目标窗口后，该窗口会显示出6个部分区域，包括环绕窗口四周的4个区域、中心区域以及标签区域；将鼠标移动到需要停靠的区域后释放鼠标，即可将其集成到目标窗口所在面板组中，如图2-22所示。

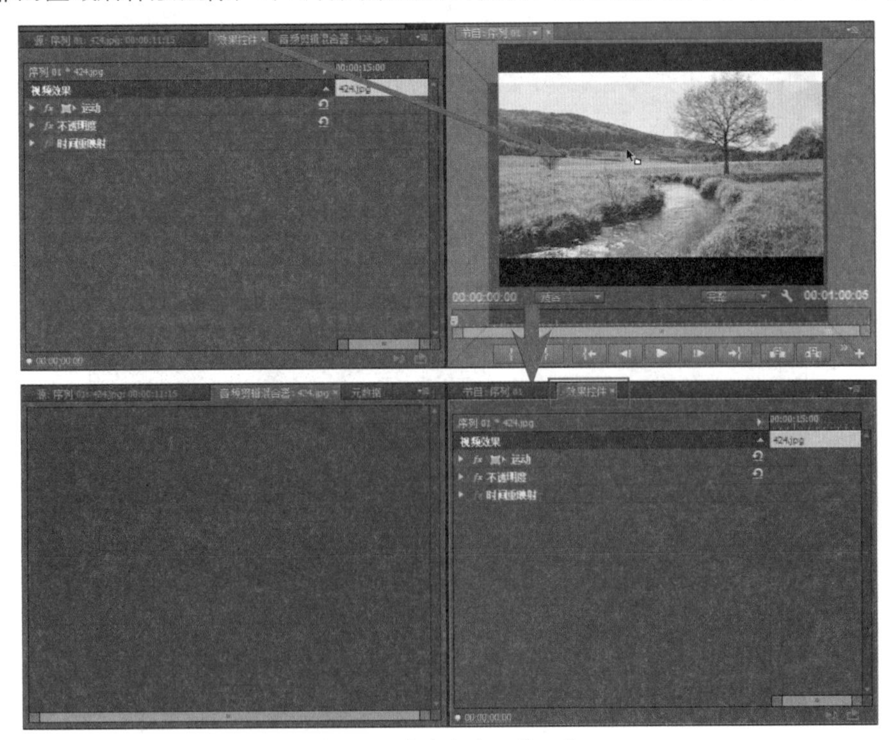

图2-22　自由组合工作面板

图2-23　将工作面板拖放为浮动面板

按住工作面板名称标签前面的▒图标并拖动，或者在拖动工作面板的过程中按下"Ctrl"键，可以在释放鼠标后将其变为浮动面板，将其停放在软件工作界面的任意位置，如图2-23所示。

将鼠标移动到工作面板之间的空隙上时，鼠标光标会变为双箭头形状⬌（或⬍），此时按住鼠标并左右（或上下）拖动，即可调整相邻面板的宽度（或高度），如图2-24所示。

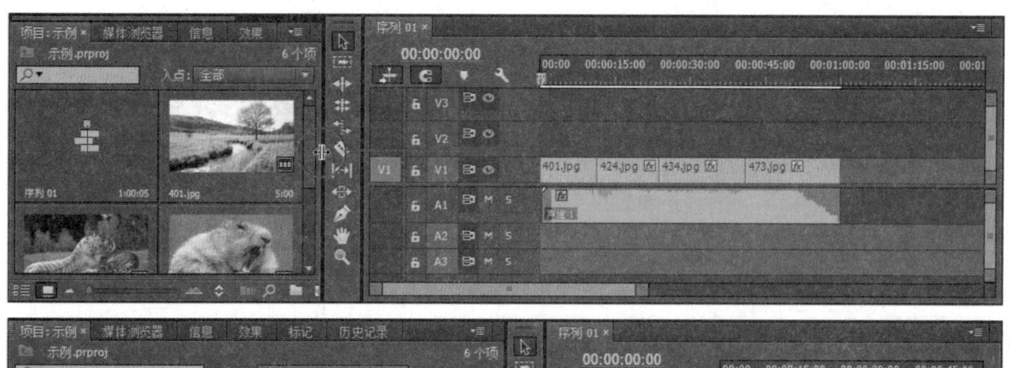

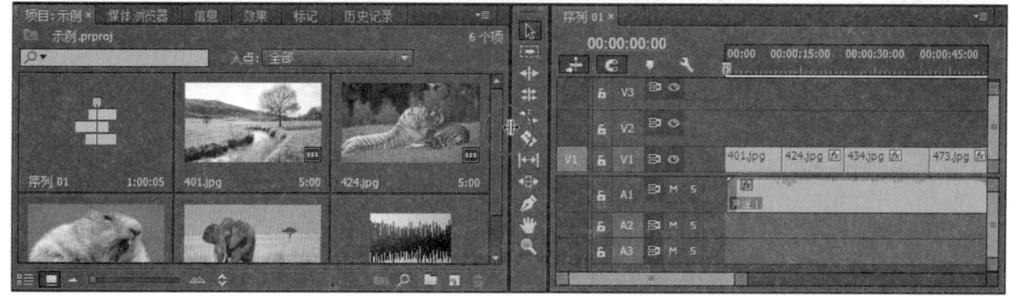

图2-24　调整工作面板宽度

在需要将调整了面板布局的工作空间恢复到初始状态时，可以执行"窗口→工作区→重置当前工作区"命令，如图2-25所示。

在调整好适合自己使用习惯的工作空间布局后，可以执行"窗口→工作空间→新建工作区"命令，在弹出的对话框中输入需要的工作区名称并按下"确定"按钮，将其创建为一个新的界面布局，方便以后能够快速将程序界面调整为需要的布局模式，如图2-26所示。

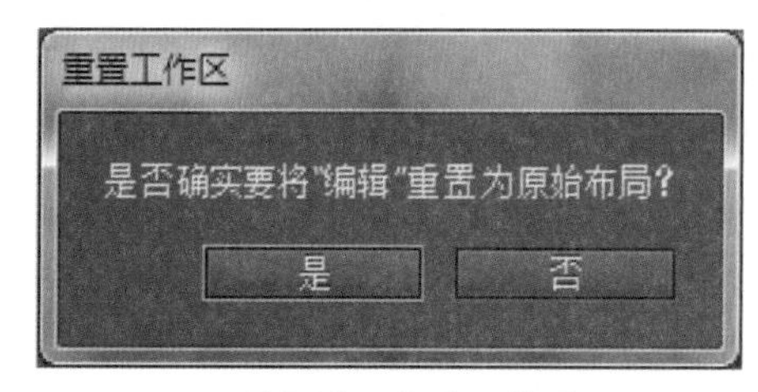

图2-25　重置工作区

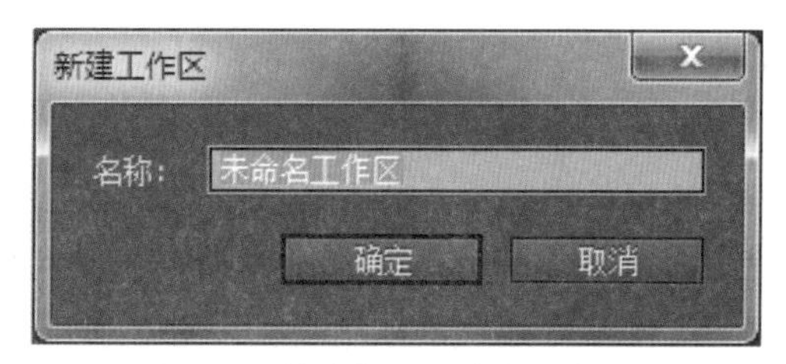

图2-26　创建新的工作空间布局

提 示

在实际的编辑操作中，按下键盘上的“~”键，可以快速将当前处于关注状态的面板（面板边框为高亮的橙色）放大到铺满整个工作窗口，方便对编辑对象进行细致的操作；再次按下“~”键，可以切换回到之前的布局状态，如图2-27所示。

图2-27 切换窗口最大化显示

2.2 命令菜单栏

命令菜单栏位于Premiere Pro CC工作窗口的顶部、标题栏的下面，主菜单分为文件、编辑、剪辑、序列、标记、字幕、窗口和帮助菜单等8个选项。

- 文件：主要包括新建、打开项目、关闭、保存文件，以及采集、导入、导出、退出等项目文件操作的基本命令。
- 编辑：主要包括还原、重做、剪切、复制、粘贴、查找等文件编辑的基本操作命令，以及定制键盘快捷方式、首选项参数设置等对编辑操作的相关应用进行设置的命令。
- 剪辑：主要用于对素材剪辑进行常用的编辑操作，例如重命名、插入、覆盖、编组以及素材播放速度、持续时间的设置等。
- 序列：主要用于在时间轴窗口中对素材片段进行编辑、管理、设置轨道属性等常用操作。
- 标记：主要包括了标记入点/出点、标记素材、跳转入点/出点、清除入点/出点等针对编辑标记的命令。在没有进行时间线内容的编辑时，该菜单中的命令不可用。
- 字幕：在未开启字幕设计的编辑窗口时，字幕菜单为不可用状态；只有进行字幕设计编辑后，该菜单中的命令才可用，该菜单主要用于设置文字对象的字体、大小、位置等。

- 窗口：主要用于控制工作界面中各个窗口或面板的显示，以及切换和管理工作区布局。
- 帮助：通过帮助菜单，可以打开软件的帮助系统，获得需要的帮助信息。

在打开的菜单列表中，命令后面带有省略号的，表示执行该命令后，将会打开对应的设置对话框，可以进一步设置；在编辑过程中，按下与各命令行末尾显示的对应快捷键，即可快速执行该编辑命令，如图2-28示。

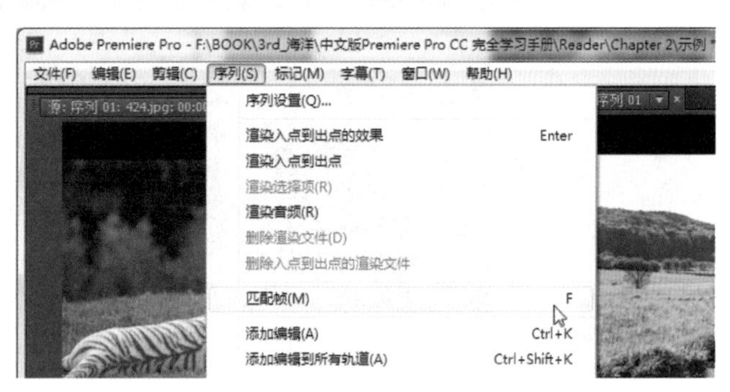

图2-28 菜单命令列表

2.3 工作窗口

在Premiere Pro CC默认打开的工作窗口布局中，可以查看项目窗口、源监视器窗口、节目监视器窗口及时间轴窗口，它们是在Premiere Pro CC中进行影视内容编辑最常用的基础工作窗口。

1. 项目窗口

项目窗口用于存放创建的序列、素材和导入的外部素材，可以对素材片段进行插入到序列、组织管理等操作，并可以切换以图标或列表来显示所有对象，以及预览播放素材片段、查看素材详细属性等，如图2-29所示。

图2-29 项目窗口

2. 源监视器窗口

源监视器窗口用于查看或播放预览素材的原始内容，以观察对素材进行效果编辑前后的对比变化。可以直接将项目窗口中的素材拖动到源监视器窗口中，或双击加入到时间轴窗口中的素材，将该素材在源监视器窗口中显示，如图2-30所示。

图2-30　显示素材

3. 节目监视器窗口

通过节目监视器窗口，可以对合成序列的编辑效果进行实时预览，也可以在窗口中对应用的素材进行移动、变形、缩放等操作，如图2-31所示。

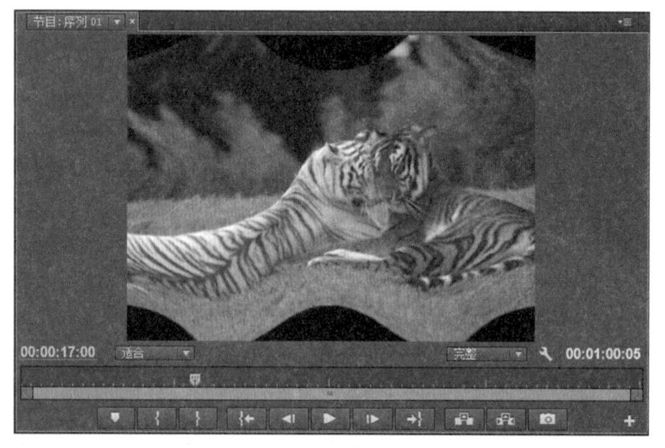

图2-31　节目监视器窗口

4. 时间轴窗口

时间轴窗口是视频编辑工作中最常用的工作窗口，用于按时间前后、上下层次来编排合成序列中的所有素材片段，以及为素材对象添加特效等操作（在新建的空白项目中，时间轴窗口中是没有内容的，需要创建合成序列后，才能显示序列中对应的内容）。它包括了时间标尺、视频轨道、音频轨道及各种功能按钮，如图2-32所示。

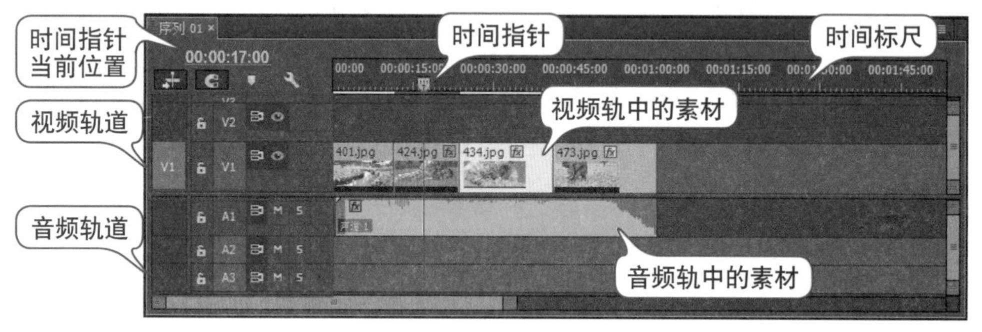

图2-32　时间轴窗口

2.4 工作面板

在Premiere Pro CC中，常用的工作面板主要包括工具、效果、效果控件、音轨混合器、历史操作和信息等。

1. 工具面板

Premiere Pro CC的工具面板包含了一些视频编辑操作时常用的工具，如图2-33所示。

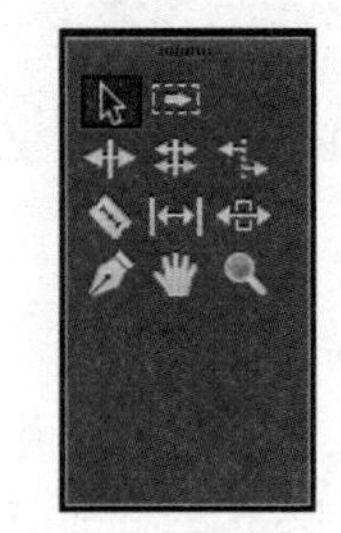

图2-33 工具面板

- 选择工具：用于对素材进行选择、移动，以及调节素材关键帧、为素材设置入点和出点等操作。
- 轨道选择工具：使用该工具可以选中所有轨道中在鼠标单击位置及以后的所有轨道中的素材剪辑。
- 波纹编辑工具：使用该工具可以拖动素材的出点以改变素材的长度，而相邻素材的长度不变，项目片段的总长度改变。
- 滚动编辑工具：使用该工具在需要修剪的素材边缘拖动，可以将增加到该素材的帧数从相邻的素材中减去，也就是说项目片段的总长度不发生改变。
- 比率伸缩工具：使用该工具可以对素材剪辑的播放速率进行相应的调整，以改变素材的长度。
- 剃刀工具：选择剃刀工具后，在素材上需要分割的位置单击，可以将素材分为两段。
- 外滑工具：用于改变一段素材的入点和出点，保持其总长度不变，并且不影响相邻的其他素材。
- 内滑工具：使用该工具可以保持当前所操作素材剪辑的入点与出点不变，改变其在时间线窗口中的位置，同时调整相邻素材的入点和出点。
- 钢笔工具：主要用来设置素材的关键帧。
- 手形工具：用于改变时间轴窗口的可视区域，有助于编辑一些较长的素材。
- 缩放工具：用来调整时间轴窗口显示的单位比例。按下Alt键，可以在放大和缩小模式间进行切换。

2. 效果面板

在效果面板中集合了预设动画特效、音频效果、音频过渡、视频效果和视频过渡类特效，以及新增的用于图像色彩调整的Lumetri Looks类特效命令，可以方便地为时间轴窗口中的各种素材添加特效，如图2-34所示。

3. 效果控件面板

效果控件面板用于对添加到时间轴中素材剪辑上的效果进行选项参数的设置。在选中图像素材剪辑时，会默认显示“运动”、“不透明度”和“时间重映射”等3个基本属性。在添加了转换特效、视频/音频特效后，会在其中显示对应的具体设置选项，如图2-35所示。

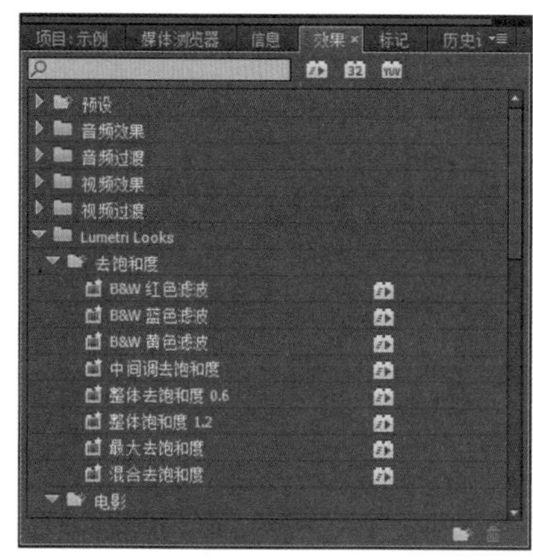

图2-34　效果面板

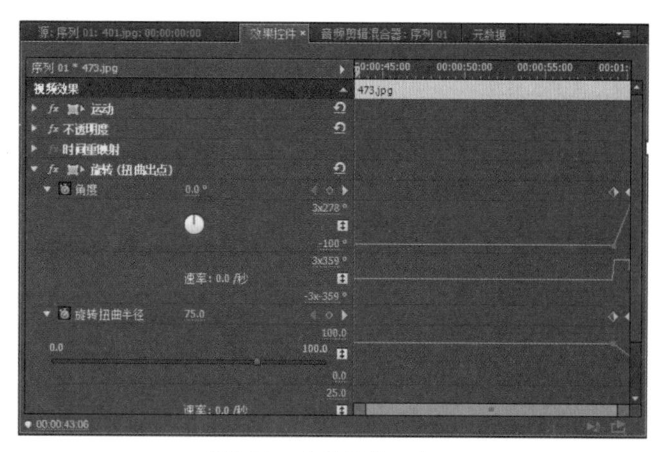

图2-35　效果控件面板

4. 元数据面板

在元数据面板中可以查看所选择素材剪辑的详细文件信息以及嵌入到剪辑中的Adobe Story脚本内容，如图2-36所示。

5. 音轨混合器面板

音轨混合器面板用于对序列中素材剪辑的音频内容进行各项处理，实现混合多个音频、调整增益等多种针对音频的编辑操作，如图2-37所示。

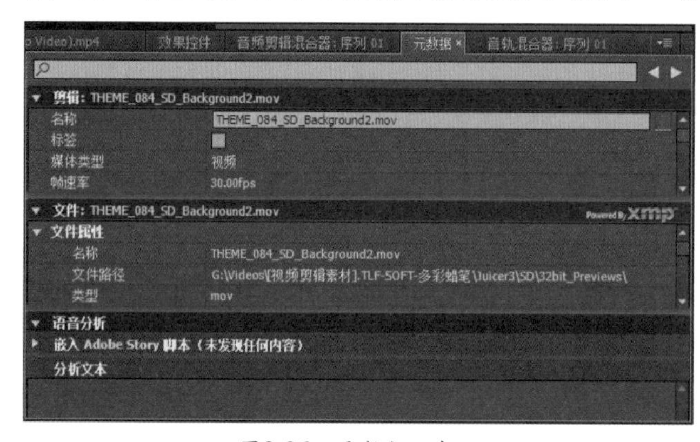

图2-36　元数据面板

图2-37　音轨混合器面板

6. 媒体浏览器面板

使用媒体浏览器面板，可以不必打开操作系统的资源管理器，直接在Premiere中查看电脑磁盘中指定目录下的素材媒体文件，并可以将素材加入到当前编辑项目的序列中使用，如图2-38所示。

7. 信息面板

信息面板用于显示目前所选择素材剪辑的文件名、类型、入点与出点、持续时间等信息，以及当前序列的时间轴窗口中时间指针的位置、各视频或音频轨道中素材的时间状态等信息，如图2-39所示。

8. 标记面板

标记面板用于查看在当前序列中添加的标记点所在时间位置的图像画面，并可以调整标记区域的时间范围，如图2-40所示。

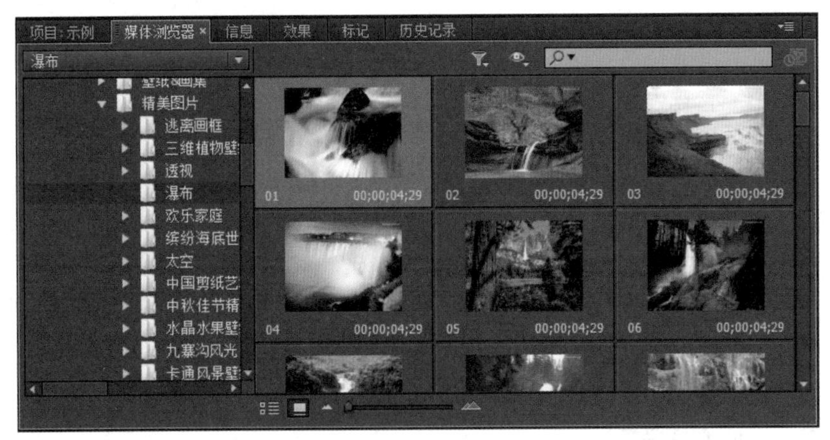

图2-38　媒体浏览器面板

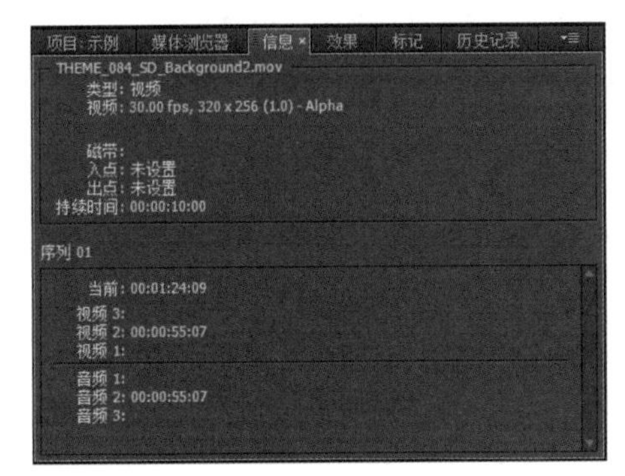

图2-39　信息面板

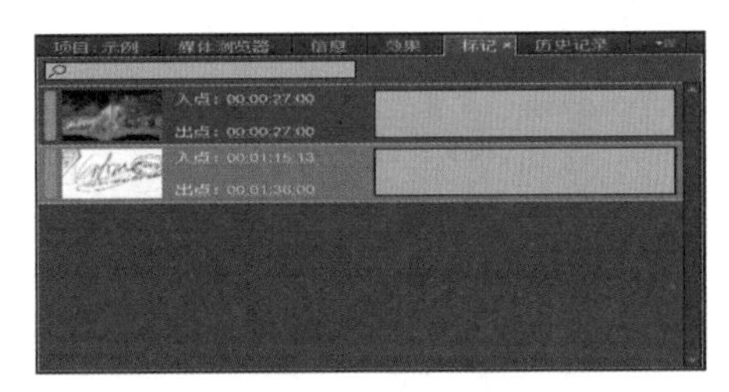

图2-40　标记面板

9. 历史记录面板

历史记录面板记录了从建立项目以来所进行的所有操作，如图2-41所示。如果在操作中执行了错误的操作，或需要回复到多个操作步骤之前的状态，就可以单击历史面板中记录的相应操作名称，返回之前的编辑状态。

10. 音频仪表面板

音频仪表面板不具备编辑功能，主要用于实时显示时间轴中时间指针当前位置的音频音量，作为声音内容编辑的查看辅助，如图2-42所示。

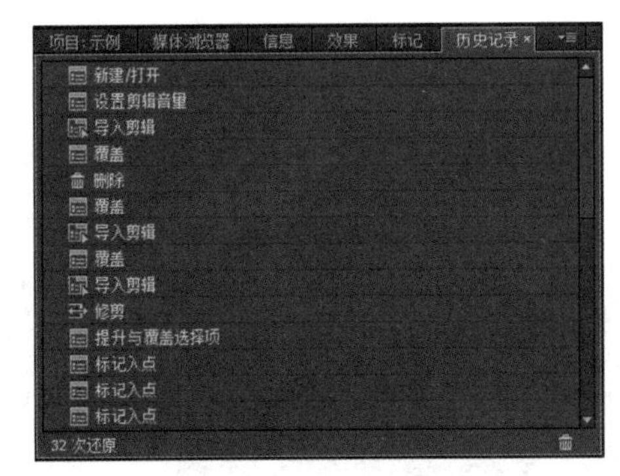

图2-41　历史记录面板

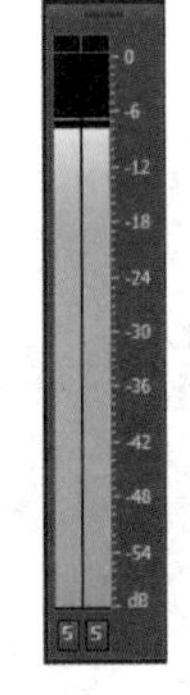

图2-42　音频仪表面板

第3章 Premiere Pro CC 工作流程

在Premiere Pro中进行影视项目的编辑工作时，应遵循基本的工作流程。本章通过一个内容简单但结构完整的影片实例，带领读者进行一次独立的影片编辑工作实践，对在Premiere Pro CC中进行各类主要编辑工作的操作方法进行学习和体验。

3.1 了解影视编辑的基本工作流程

在Premiere Pro CC中进行影视编辑的基本工作流程，包括如下工作环节：确定主题，规划制作方案→收集整理素材，并对素材进行适合编辑需要的处理→创建影片项目，新建指定格式的合成序列→导入准备好的素材文件→对素材进行编辑处理→在序列的时间轴窗口中编排素材的时间位置、层次关系→为时间轴中的素材添加并设置过渡、特效→编辑影片标题文字、字幕→加入需要的音频素材并编辑音频效果→预览检查编辑好的影片效果，对需要的部分进行修改调整→渲染输出影片。

3.2 编辑第一个影片——发现地球之美

下面通过一个音乐风光短片的制作，对使用Premiere Pro CC进行影片编辑的工作流程进行完整的体验。在播放器程序中打开本书配套光盘中\Chapter 3\发现地球之美\Export目录下的“发现地球之美.avi”文件，先欣赏影片实例的完成效果，如图3-1所示。

图3-1 观看影片完成效果

3.2.1 项目编辑的准备工作

在Premiere Pro CC中进行影视编辑的准备工作，主要包括制定编辑方案和准备素材两个方面。制作方案最好形成文字或草稿，可以罗列出影片的主题、主要的编辑环节、需要实现的目标效果、准备应用的特殊效果、需要准备的素材资源、各种素材文件和项目文件的保存路径设置等，尽量详细地在动手制作前将编辑流程和可能遇到的问题考虑全面，并提前确定实现目标效果和解决问题的办法，作为进行编辑操作时的参考指导，可以为更顺利地完成影片的编辑制作提供帮助。

素材的准备工作，主要包括图片、视频、音频以及其他相关资源的收集，并对需要的素材做好前期处理，以方便适合影片项目的编辑需要。例如，修改图像文件的尺寸、裁切视频或音频素材中需要的片段、转换素材文件格式以方便导入到Premiere Pro CC中使用、在Photoshop中提前制作好需要的图像效果等，并将它们存放到电脑中指定的文件夹，以便管理和使用。

本实例所需要的素材已准备好，并存放在本书配套光盘中\Chapter 3\发现地球之美\Media目录下，包括所有需要的图像素材和作为背景音乐的音频素材，如图3-2所示。

图3-2　准备好的素材文件

3.2.2　创建影片项目和序列

准备好需要的素材文件后，接下来在Premiere Pro CC中开始编辑操作，首先是创建项目文件和合成序列。

01 启动Premiere Pro CC，在欢迎屏幕中单击“新建项目”按钮，打开“新建项目”对话框，在“名称”文本框中输入“发现地球之美”，然后单击“位置”后面的“浏览”按钮，在打开的对话框中为新创建的项目选择保存路径，如图3-3所示。

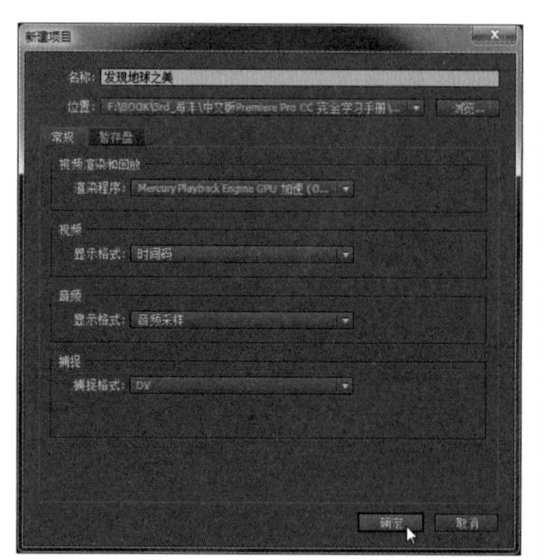

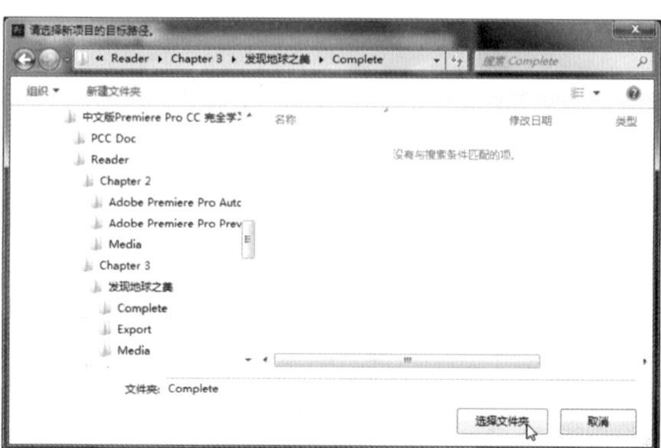

图3-3　新建项目并保存

02 在“新建项目”对话框单击“确定”按钮，进入Premiere Pro CC的工作界面。执行“文件→新建→序列”命令或按下“Ctrl+N”快捷键，打开“新建序列”对话框，在“可用预设”列表中展开DV-NTSC文件夹并选择“标准 48kHz”类型，如图3-4所示。

提 示

在项目窗口中单击鼠标右键并选择“新建项目→序列”命令，也可以打开“新建序列”对话框。

03 展开“设置”选项卡，在“编辑模式”下拉列表中选择“自定义”选项，然后设置“时基”参数为25.00帧/秒，如图3-5所示。

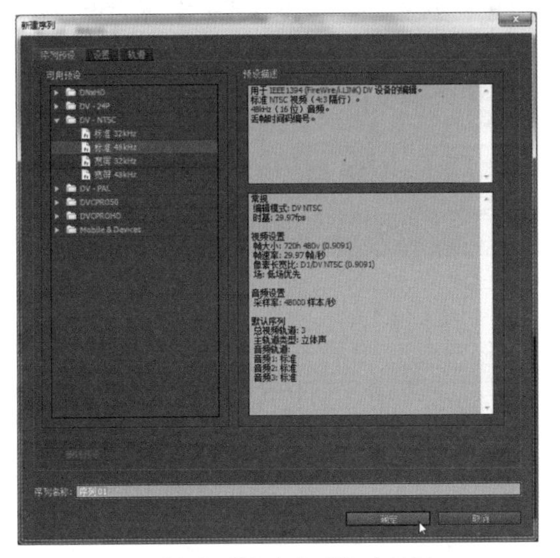

图3-4 “新建序列”对话框

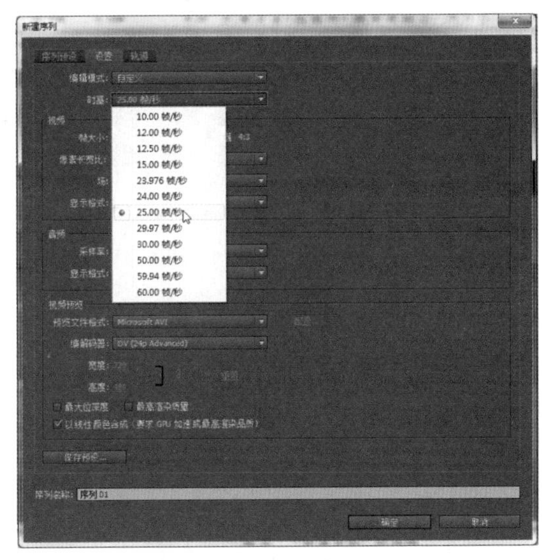

图3-5 设置序列帧频

提 示

本实例中的影像素材全部为图像文件，因为静态图像素材被作为剪辑使用时，其默认的帧速率为25.00帧/秒，所以为了方便编辑操作时的时间长度匹配，在这里为新建的序列设置同样的帧速率。在实际工作中，可根据编辑需要进行设置。

04 在“新建序列”对话框中单击“确定”按钮后，即可在项目窗口查看到新建的序列对象，如图3-6所示。

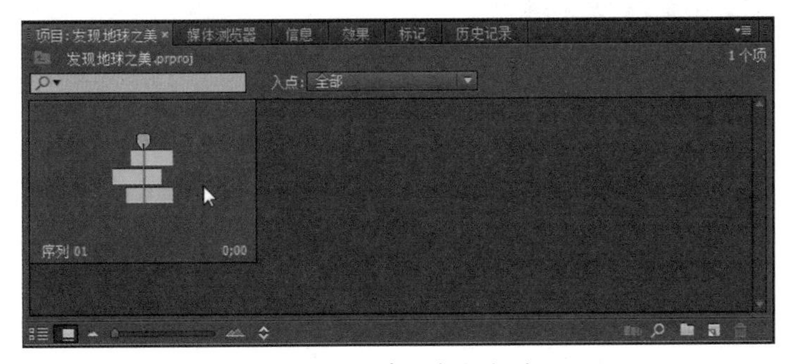

图3-6 新建的合成序列

3.2.3 导入准备好的素材

Premiere Pro CC支持图像、视频、音频等多种类型和文件格式的素材导入，它们的导入方法都基本相同。将准备好的素材导入到项目窗口中，可以通过多种操作方法来完成。

方法1 通过命令导入。执行“文件→导入”命令，或在项目窗口中的空白位置单击鼠标右键并选择“导入”命令，在弹出的“导入”对话框中展开素材的保存目录，选择需要导入的素材，然后单击“打开”按钮，即可将选择的素材导入到项目窗口中，如图3-7所示。

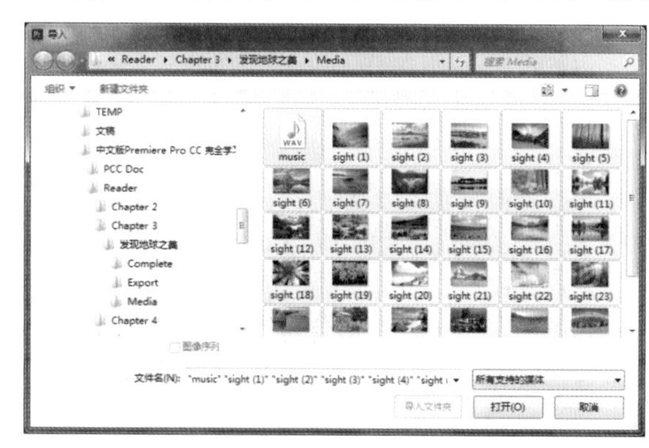

图3-7 导入素材文件

提 示

在项目窗口文件列表区的空白位置双击鼠标左键，可以快速地打开“导入”对话框，进行文件的导入操作。

方法2 从媒体浏览器导入素材。在媒体浏览器面板中展开素材的保存文件夹，将需要导入的一个或多个文件选中，然后单击鼠标右键并选择“导入”命令，即可完成指定素材的导入，如图3-8所示。

图3-8 媒体浏览器面板

方法3 拖入外部素材。在文件夹中将需要导入的一个或多个文件选中，然后按住并拖动到项目窗口中，即可快速完成指定素材的导入，如图3-9所示。

本实例所需要的素材文件保存在本书配套光盘中\Chapter 3\发现地球之美\Media目录下，将它们全部导入到项目窗口中后，可以在其中对素材文件进行预览查看。单击项目窗口左下角的“列表视图”按钮，可以将素材文件以列表方式显示，同时可以方便查看素材的帧速率、持续时间、尺寸大小等信息；单击项目窗口右上角的按钮，在弹出的命令菜单中选择“预览区域”命令，可以在项目窗口的顶部显示预览区域，方便查看所选择素材的内容以及其他文件信息，如图3-10所示。

图3-9　拖入素材文件

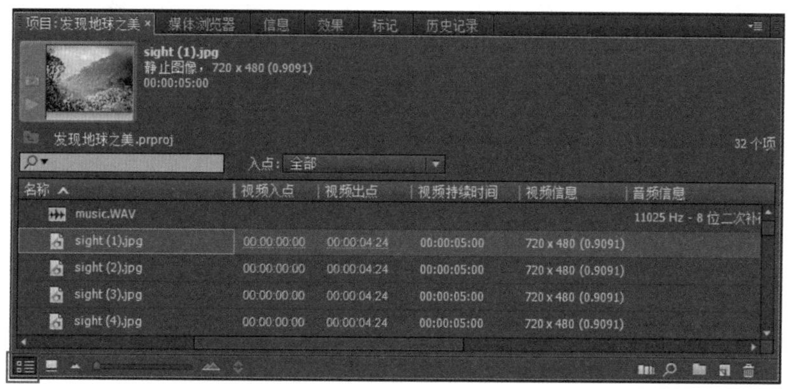

图3-10　在项目窗口中显示预览区域

3.2.4　对素材进行编辑处理

对于导入到项目窗口中的素材，通常需要对其进行一些修改编辑，以达到符合影片制作要求的效果。例如，可以通过修改视频的入点和出点，去掉视频素材开始或结束位置多余的片段，使其在加入到序列中后刚好显示需要的部分；还可以调整视频素材的播放速度，以及修改视频、音频、图像素材的持续时间等。

在将静态的图像文件加入到Premiere Pro中时，默认的持续时间为5秒。本实例中需要将所有图像素材的持续时间修改为4秒，下面对素材进行编辑处理。

01 在项目窗口中用鼠标选择所有的图像素材，然后执行“剪辑→速度/持续时间”命令，或者在单击鼠标右键弹出的命令选单中选择“速度/持续时间”命令，如图3-11所示。

02 在打开的“剪辑速度/持续时间”对话框中，将所选图像素材的持续时间改为“00:00:04:00”，如图3-12所示。

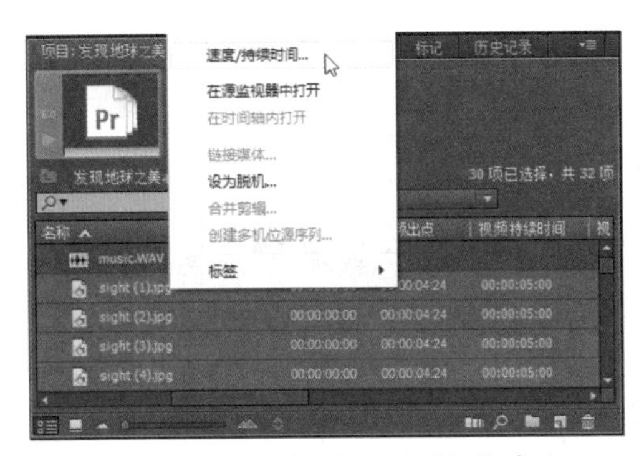

图3-11 选择“速度/持续时间”命令

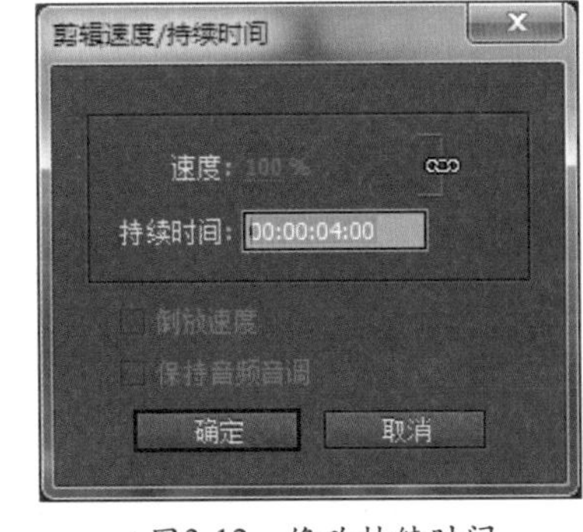

图3-12 修改持续时间

03 单击“确定”按钮，回到项目窗口中，拖动素材文件列表下面的滑块到显示出“视频持续时间”信息栏，即可查看到所有选择的图像素材持续时间已经变成4秒，如图3-13所示。

04 执行“文件→保存”命令或按下“Ctrl+S”快捷键，对编辑项目进行保存。

图3-13 更新的持续时间

提 示

在影片项目的编辑过程中，完成一个阶段的编辑工作后，应及时保存项目文件，以避免因为误操作、程序故障、突然断电等意外的发生带来的损失。另外，对于操作复杂的大型编辑项目，还应养成阶段性地保存副本的工作习惯，以方便在后续的操作中，查看或恢复到之前的编辑状态。

3.2.5 在时间轴中编排素材

完成上述准备工作后，接下来开始进行合成序列的内容编辑，将素材剪辑加入到序列的时间轴窗口中，对它们在影片出现的时间及出现位置进行编排，这是影片编辑工作的主要环节。

01 在项目窗口中将图像素材“sight (01).jpg”拖动到时间轴窗口中的视频1轨道上的开始位置，在释放鼠标后，即可将其入点对齐在00:00:00:00的位置，如图3-14所示。

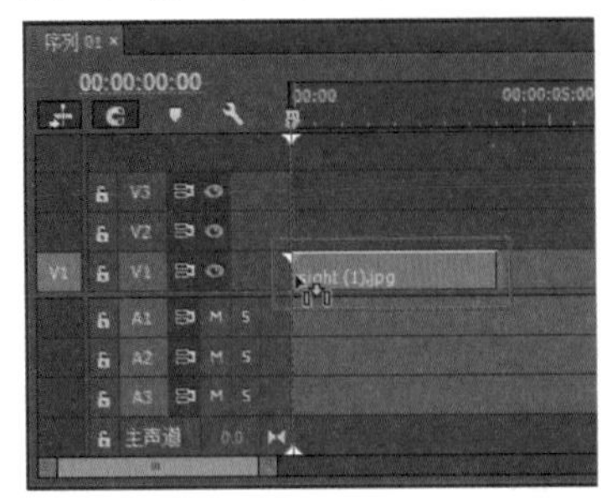

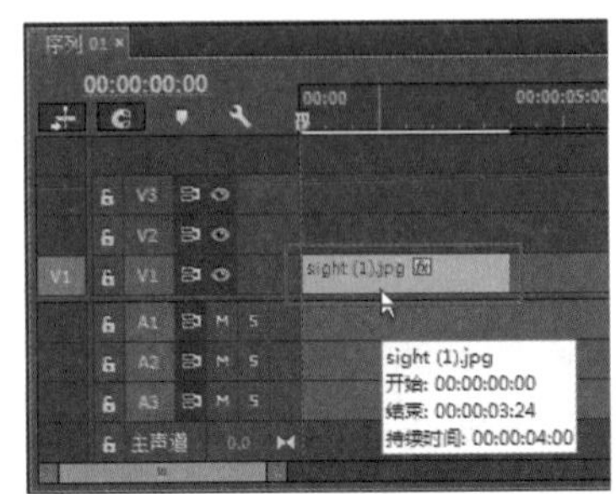

图3-14 加入素材

提 示

素材在时间轴窗口中的持续时间是指在轨道中的入点（即开始位置）到出点（即结束位置）之间的长度。但它不完全等同于在项目窗口中素材本身的持续时间，素材在被加入到时间轴窗口中时，默认的持续时间与在项目中素材本身的持续时间相同。在对时间轴窗口中的素材持续时间进行调整时，不会影响项目窗口中素材本身的持续时间。对项目窗口中素材的持续时间进行修改后，将在新加入到时间轴窗口中时应用新的持续时间，并且在修改之前加入到时间轴窗口中的素材不受影响，在编辑操作中需要注意区别。

02 为方便查看素材剪辑的内容与持续时间，可以将鼠标移动到视频1的轨道头上，向前滑动鼠标的中键，即可增加轨道的显示高度，显示出素材剪辑的预览图像；拖动窗口下边的显示比例滑块头，可以调整时间标尺的显示比例，以方便清楚地显示出详细的时间位置，如图3-15所示。

图3-15 加入素材

03 配合使用Shift键，在项目窗口中依次选中“sight (02).jpg~sight(30).jpg”，然后将它们拖入到时间轴窗口中的视频1轨道上并对齐到“sight(01).jpg”的出点，如图3-16所示。

图3-16 加入所有图像素材

04 执行“文件→保存”命令或按下“Ctrl+S”快捷键，对编辑项目进行保存。

3.2.6 为素材应用视频过渡

在序列中的素材剪辑之间添加视频过渡效果，可以使素材间的播放切换更加流畅、自然。在效果面板中展开“视频过渡”文件夹并打开需要的视频过渡类型文件夹，然后将选择的视频过渡效果拖动到时间轴窗口中相邻的素材之间即可。

01 执行“窗口→效果”命令或按下“Shift+7”快捷键，打开效果面板，单击“视频过渡”文件夹前面的三角形按钮▶，将其展开，如图3-17所示。

02 单击“划像”文件夹前的三角形按钮，将其展开并选择“交叉划像”效果，如图3-18所示。

图3-17 打开“视频过渡”文件夹

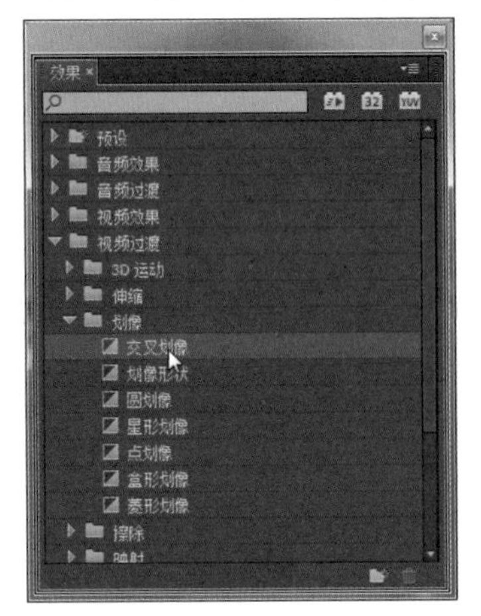

图3-18 选择过渡效果

03 按下“+”键放大时间轴窗口中时间标尺的单位比例，将“交叉划像”过渡效果拖动到时间轴窗口中素材“sight(01).jpg”和“sight(02).jpg”相交的位置，在释放鼠标后，即可在它们之间添加过渡效果，如图3-19所示。

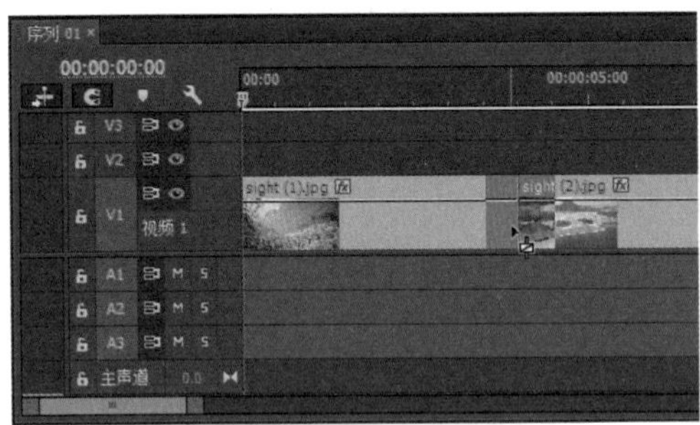

图3-19 添加过渡效果

04 执行“窗口→效果控件”命令或按下“Shift+5”快捷键，打开效果控件面板，设置过渡效果发生在素材之间的对齐方式为“中心切入”，如图3-20所示。

提 示

过渡效果的“中心切入”对齐方式是指过渡动画的持续时间在两个素材之间各占一半。“起点切入”是指在前一素材中没有过渡动画，在后一素材的入点位置开始。“终点切入”则是指过渡动画全部在前一素材的末尾。

05 在时间轴窗口中添加了过渡效果的时间位置拖动时间指针，即可在节目监视器窗口中查看到应用的画面过渡切换效果，如图3-21所示。

06 使用同样的方法，为视频1轨道中的其余素材的相邻位置添加不同的切换效果，并将所有过渡动画的对齐方式设置为“中心切入”，完成效果如图3-22所示。

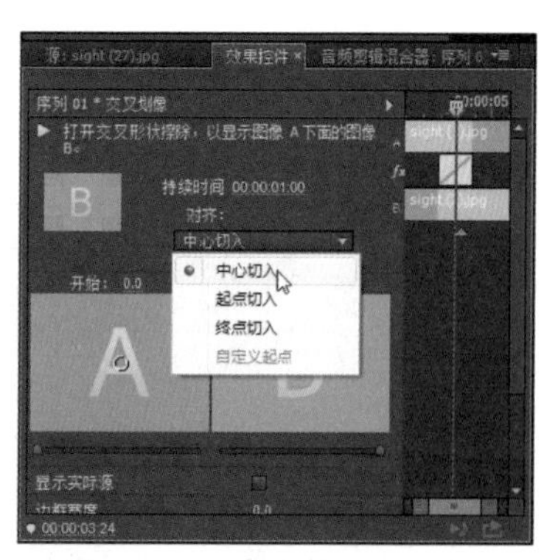

图3-20 设置过渡效果对齐方式

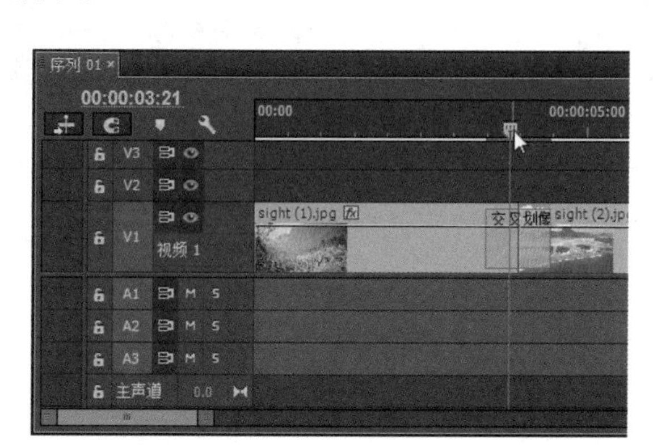

图3-21 预览过渡效果

图3-22 完成过渡效果的添加

07 执行“文件→保存”命令或按下“Ctrl+S”快捷键，对编辑项目进行保存。

3.2.7 编辑影片字幕

在Premiere Pro CC中，可以通过创建字幕剪辑制作需要添加到影片画面中的文字信息。本实例将为影片添加标题文字。

01 执行“字幕→新建字幕→默认静态字幕”命令，打开“新建字幕”对话框，在该对话框中可以对将要新建的字幕剪辑的视频属性进行设置，默认情况下与当前合成序列保持一致，如图3-23所示。

02 在“名称”文本框中可以输入需要的字幕剪辑名称，单击“确定”按钮，打开字幕设计器窗口，在窗口左边的工具栏中单击“文字工具”按钮T，然后在文字编辑区单击并输入文字：发现地球之美，设置字体为Adobe楷体，字号大小为50，并移动到画面左下角的字幕安全区域内，如图3-24所示。

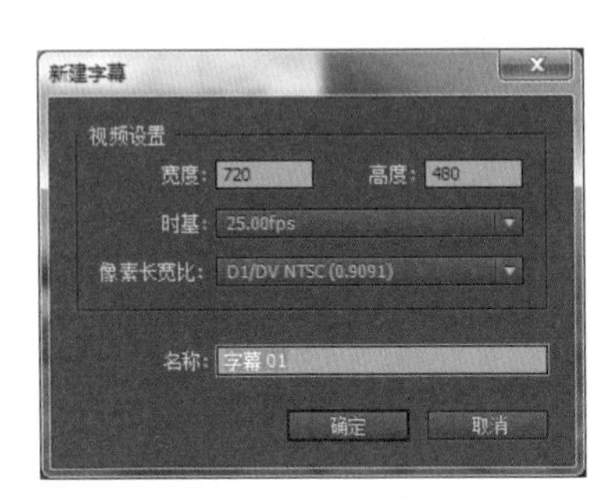

图3-23 “新建字幕”对话框

图3-24 编辑字幕文字

提 示

在字幕设计器窗口中显示了两个实线框，内部实线框是字幕安全区，外部实线框是动作安全区。早期的显像管电视机屏幕边缘是弯曲的，投射到屏幕上的画面边缘就会看不见或模糊，所以设计了安全区域，提示在制作影视内容时，将字幕或人物动作与画面边缘保持一定距离，以确保字幕、动作都可以在屏幕的正面清楚地显示。现在的液晶电视已经不存在这个问题，但安全区域同样可以作为画面构图的参考，避免需要突出表现的内容太靠近边缘。

03 勾选窗口右边“字幕属性”窗格中的“填充”复选框，单击“颜色”选项后面的色块，在弹出的拾色器窗口中，将字幕的颜色设置为水蓝色，如图3-25所示。

图3-25 设置字幕颜色

04 展开“描边”选项，单击“外描边”后面的“添加”文字按钮，为文字添加一层外描边，设置大小为20.0，描边颜色为深蓝色，如图3-26所示。

图3-26 设置文字描边颜色

05 关闭字幕设计器窗口，回到项目窗口中，即可查看到创建完成的字幕剪辑，如图3-27所示。

06 将字幕剪辑添加到时间轴窗口的视频2轨道中的开始位置，然后将鼠标移动到字幕剪辑的后面，在鼠标光标改变形状为状态时，按住鼠标左键并向右拖动，延迟字幕剪辑的持续时间到与视频1轨道中的图像结束位置对齐，如图3-28所示。

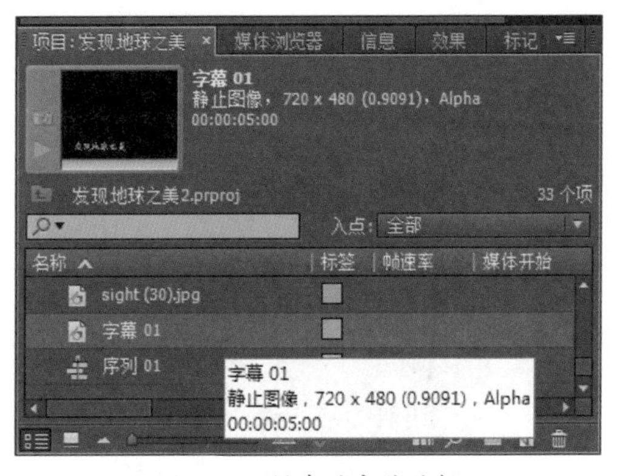

图3-27 创建的字幕剪辑

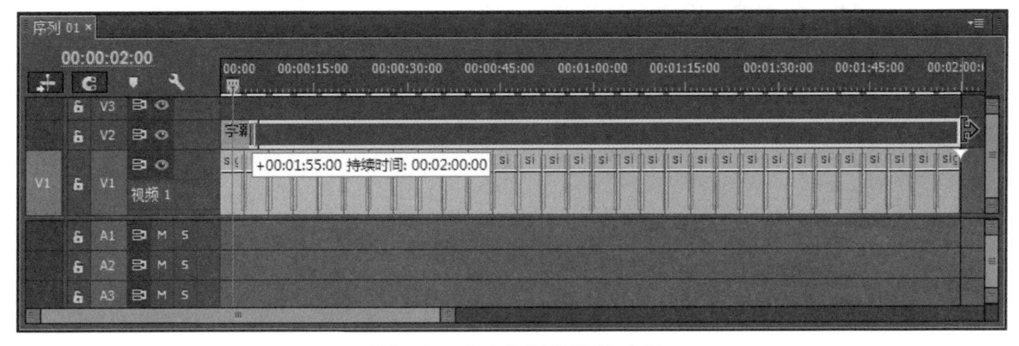

图3-28 延迟剪辑的持续时间

07 执行“文件→保存”命令或按下“Ctrl+S”快捷键，对编辑项目进行保存。

3.2.8 添加视频效果

在Premiere Pro CC中提供了类别丰富、效果多样的视频特效命令，可以为影像画面编辑出各种变化效果。本例将为添加的影片标题文字应用投影效果。

01 在效果面板中展开“视频效果”文件夹，打开“透视”文件夹并选择“投影”效果，将其按住并拖动到时间轴窗口中的字幕剪辑上，为其应用该特效，如图3-29所示。

02 打开效果控件面板，在“投影”效果的参数选项中，将“阴影颜色”设置为深蓝色，“距离”设置为8.0，保持其他选项的默认参数，如图3-30所示。

图3-29 选择“投影”效果

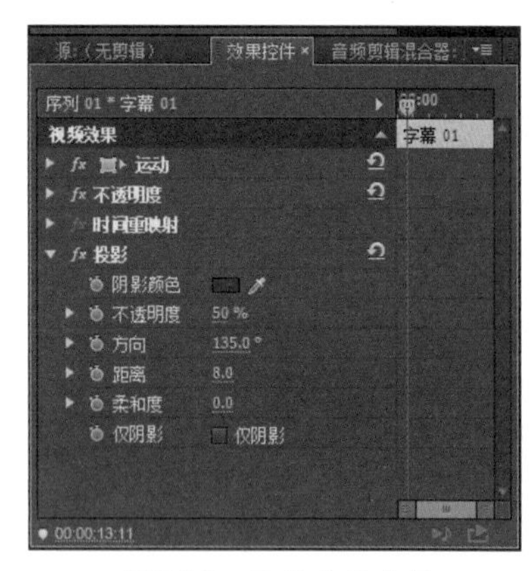

图3-30 设置效果参数

03 执行“文件→保存”命令或按下“Ctrl+S”快捷键，对编辑项目进行保存。在时间轴或节目监视器窗口中拖动时间指针，预览编辑完成的文字投影效果，如图3-31所示。

图3-31 文字投影效果

3.2.9 添加音频内容

下面为影片添加背景音乐，提升影片的整体表现力。音频素材的添加与编辑方法，与图像素材的应用基本相同。

01 在项目窗口中双击导入的音频素材：music.mav，将其在源监视器窗口中打开，如图3-32所示。

02 在源监视器窗口中拖动时间指针，或单击播放控制栏中的“播放-停止切换”按钮▶，可以播放预览音频的内容，如图3-33所示。

03 在播放预览音频素材的时候可以发现，在音频素材开始的1秒左右的时间里是没有音乐的（即音频波谱为水平线的部分），这里可以调整其入点时间，使其在加入到时间轴窗口中时，从1秒以后有音乐的位置开始播放：拖动时间指针到00:00:01:09的位置，然后单击播放控制栏中的“标记入点”按钮{，将音频素材的入点调整到从该位置开始，如图3-34所示。

图3-32 双击音频素材

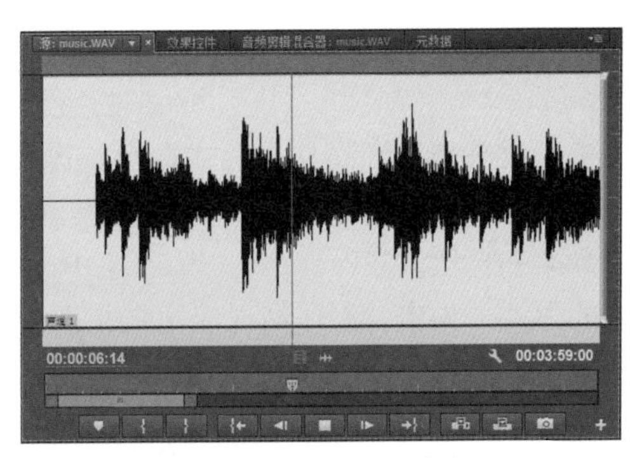

图3-33 预览音频内容

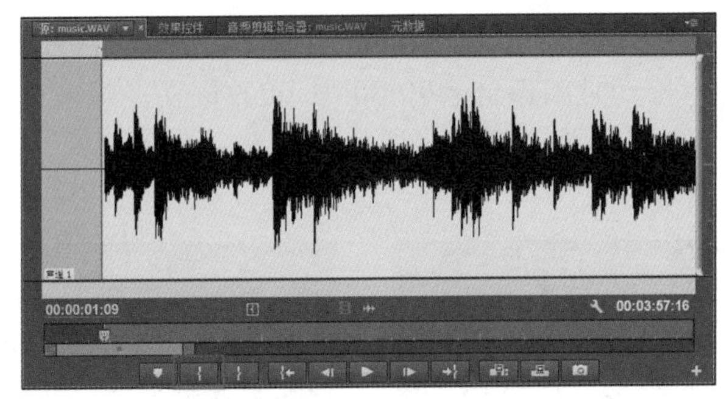

图3-34 设置音频素材的入点

04 将时间轴窗口中的时间指针定位在开始的位置，然后按下源监视器窗口中播放控制栏中的“覆盖”按钮，将其加入到时间轴窗口的音频1轨道中，或者直接从项目窗口中将处理好了的音频素材拖入需要的音频轨道中即可，如图3-35所示。

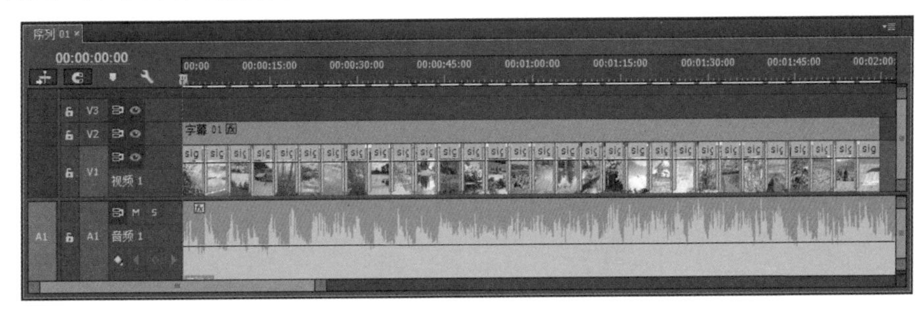

图3-35 加入音频素材

05 在工具面板中选择“剃刀工具”，在音频轨道上对齐视频轨道中的结束位置按下鼠标左键，将音频素材切割为两段，然后将后面的多余部分选择并删除，如图3-36所示。

06 执行“文件→保存”命令或按下“Ctrl+S”快捷键，对编辑项目进行保存。

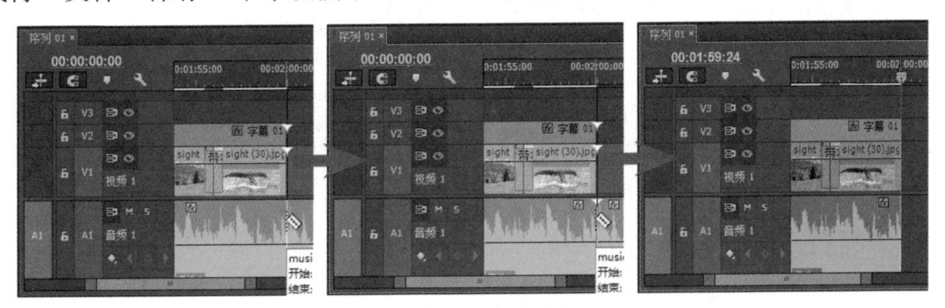

图3-36 剪除多余的音频部分

3.2.10 编辑淡入淡出效果

淡入效果是指画面从黑色或白色逐渐显示出来；淡出效果是指画面逐渐消失并过渡到白色或黑色。在影片的开始和结尾位置，分别应用淡入和淡出效果，可以使影像内容的展示更加柔和自然。在Premiere Pro CC中，可以通过为素材剪辑的不透明度属性编辑关键帧动画的方法，为素材制作淡入淡出效果。

01 在时间轴窗口中选择视频1轨道中的“sight (01).jpg”素材，在效果控件面板中展开该素材的“不透明度”属性选项，将时间指针移动到时间轴的开始位置，然后单击“不透明度”选项前面的“切换动画”按钮，在该位置创建一个关键帧，并将其参数值修改为0%，如图3-37所示。

02 在效果控件面板中移动时间指针到00:00:01:00的位置，单击“不透明度”选项后面的“添加/移除关键帧”按钮，在该位置添加一个关键帧，并将其参数值修改为100%，如图3-38所示。

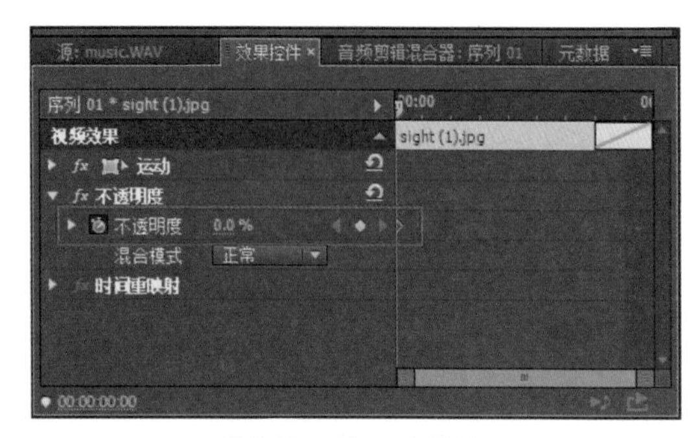

图3-37 添加关键帧

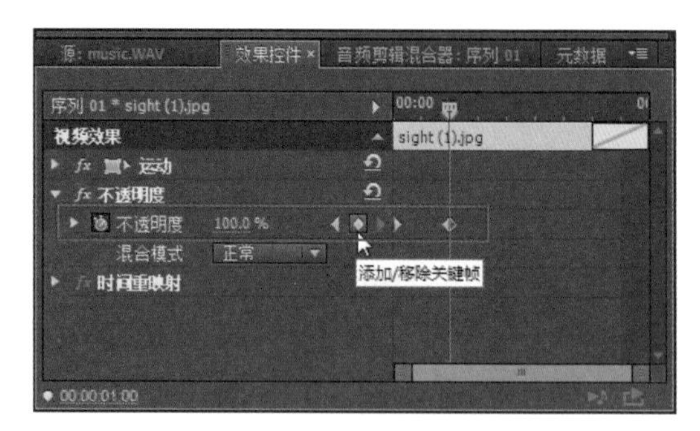

图3-38 添加关键帧

03 在时间轴窗口中移动时间指针到00:01:59:00的位置并选择素材“sight (30).jpg”，在效果控件面板中展开该素材的“不透明度”属性选项，然后单击“不透明度”选项前面的“切换动画”按钮，在该位置创建一个关键帧，如图3-39所示。

04 在效果控件面板中移动时间指针到00:02:00:00的位置，单击“不透明度”选项后面的“添加/移除关键帧”按钮，在该位置添加一个关键帧并修改其参数值为0%，如图3-40所示。

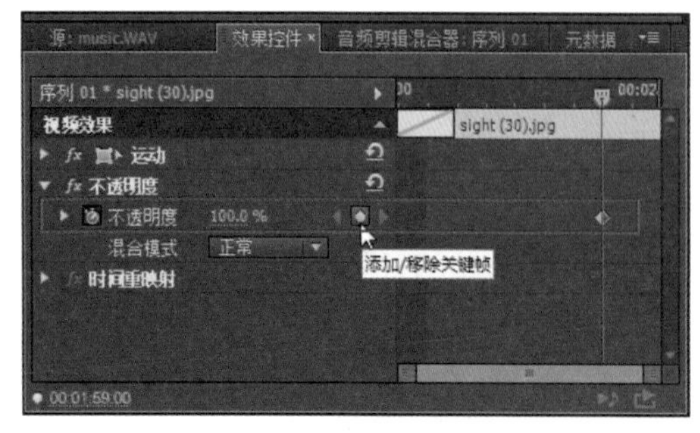

图3-39 添加关键帧

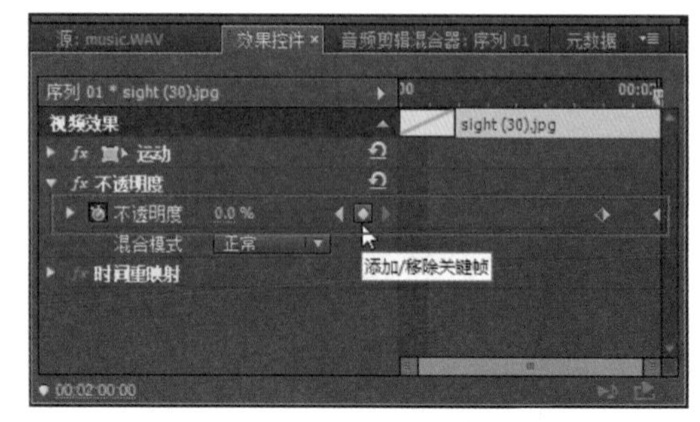

图3-40 添加关键帧

05 使用相同的方法，为视频2轨道中的字幕剪辑制作在开始的1秒淡入、在最后1秒淡出的效果，如图3-41所示。

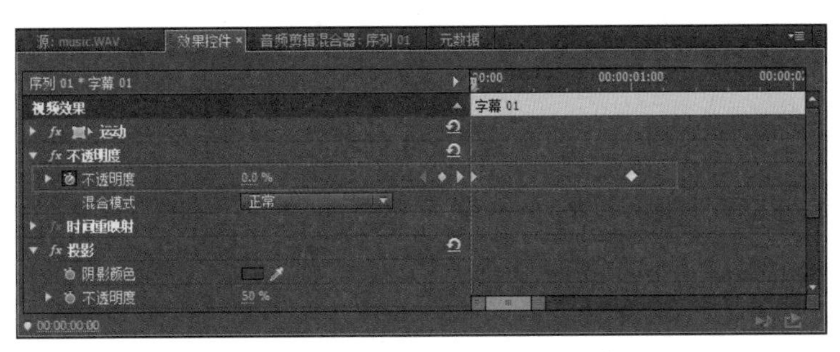

图3-41　为字幕剪辑编辑淡入淡出效果

06 在时间轴窗口中选择音频素材，在效果控件面板中展开其“音量”属性选项，为“级别”选项创建同样时间位置的关键帧，为影片编辑背景音乐的淡入和淡出效果，如图3-42所示。

		00:00:00:00	00:00:01:00	00:01:59:00	00:02:00:00
⏱	级别	-15.0 dB	0.0 dB	0.0 dB	-15.0 dB

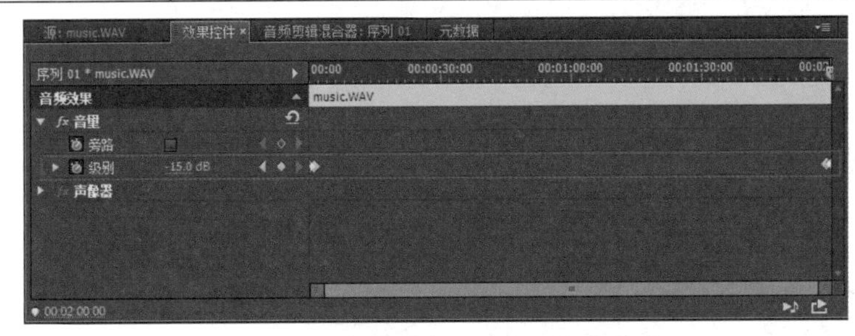

图3-42　编辑背景音乐的淡入淡出效果

07 执行“文件→保存”命令或按下“Ctrl+S”快捷键，对编辑项目进行保存。

3.2.11　预览编辑好的影片

完成对所有素材剪辑的编辑工作后，需要对影片进行预览播放，对编辑效果进行检查，及时处理发现的问题，或者对不满意的效果根据实际情况进行修改调整。

01 在时间轴窗口或节目监视器窗口中，将时间指针定位在需要开始预览的位置，然后单击节目监视器窗口中的“播放-停止切换”按钮▶或按下键盘上的空格键，对编辑完成的影片进行播放预览，如图3-43所示。

图3-43　播放预览

02 执行“文件”→“保存”命令或按下“Ctrl+S”快捷键，对编辑好的项目文件进行保存。

3.2.12 输出影片文件

影片的输出是指将编辑好的项目文件渲染输出成视频文件的过程。

01 在项目窗口中选择编辑好的序列，执行“文件”→“导出”→“媒体”命令，打开“导出设置”对话框，在预览窗口下面的“源范围”下拉列表中选择“整个序列”。

02 在“导出设置”选项中勾选“与序列设置匹配”复选框，应用序列的视频属性输出影片。单击“输出名称”后面的文字按钮，打开“另存为”对话框，在对话框中为输出的影片设置文件名和保持位置，单击“保存”按钮，如图3-44所示。

图3-44 设置影片导出选项

03 保持其他选项的默认参数，单击“导出”按钮，Premiere Pro CC将打开导出视频的编码进度窗口，开始导出视频内容，如图3-45所示。

04 影片输出完成后，使用视频播放器播放影片的完成效果，如图3-46所示。

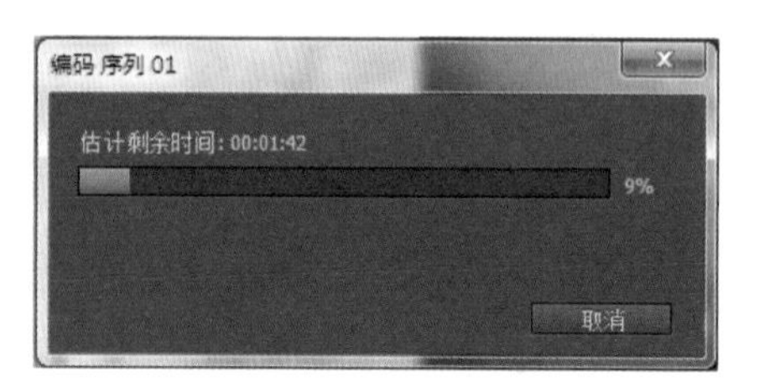

图3-45 影片输出进程

图3-46 欣赏影片完成效果

第4章
菜单命令

在Premiere Pro CC中，大部分的编辑操作都可以在各个工作窗口和功能面板中完成。菜单命令主要用于完成对象操作以外的一些必要工作，例如创建项目、设置首选项参数、执行影片渲染、开启需要的功能面板等。本章将对Premiere Pro CC中所有菜单命令的功能进行详细的介绍。

4.1 文件菜单

“文件”菜单中的命令主要用于新建需要的对象内容、执行保存、启动视频捕捉以及渲染输出影片等操作，如图4-1所示。

- 新建：执行“新建”命令子菜单中的命令，可以新建相应的对象内容，如图4-2所示。

图4-1 “文件”菜单

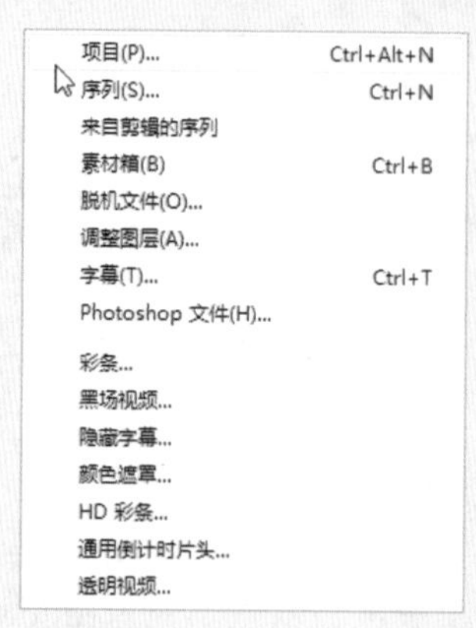

图4-2 “新建”命令子菜单

- 项目：新建一个项目文件。
- 序列：新建一个合成序列。
- 来自剪辑的序列：在项目窗口中选择一个素材剪辑后，执行该命令将会以该素材剪辑的视频属性，创建一个序列，如图4-3所示。

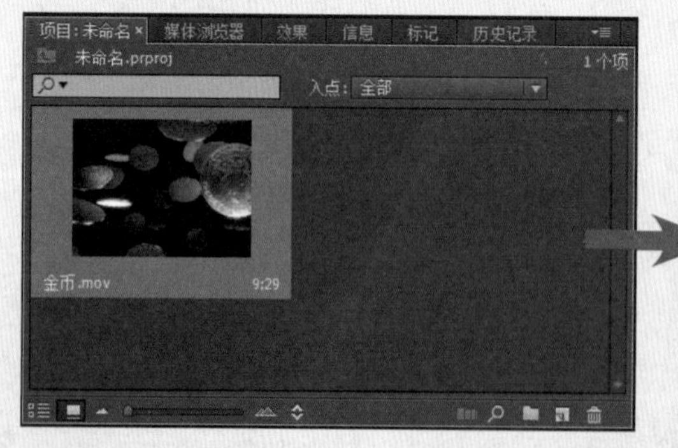

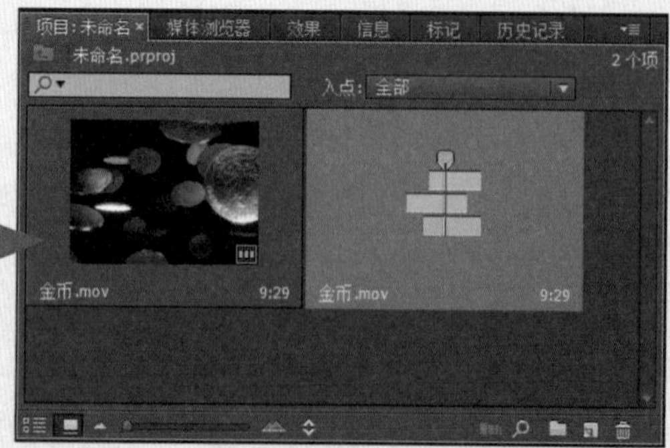

图4-3 应用“来自剪辑的序列”命令

- 素材箱：在项目窗口中新建一个素材文件夹，一个素材箱中可以放置多个素材、序列或素材箱，也可以在其中执行导入素材等操作；用于在使用大量素材的编辑项目中，对素材剪辑进行规范的分类管理，如图4-4所示。

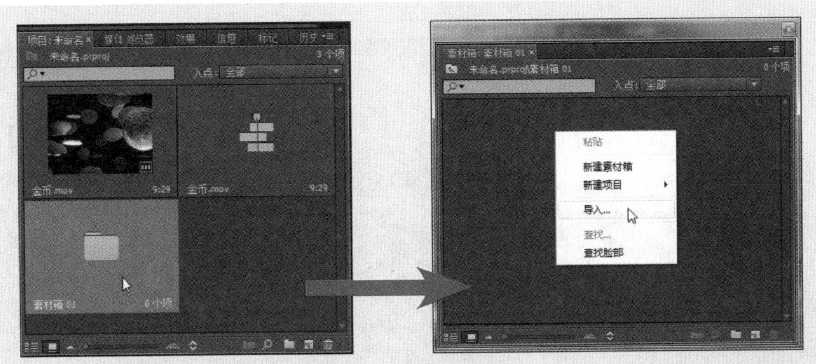

图4-4　新建素材箱

- 脱机文件：新建一个脱机文件，用于代替丢失的素材或在编辑时作为序列中的临时占位素材。执行该命令，将打开“新建脱机文件”对话框，在其中可以对脱机文件的媒体属性进行设置，如图4-5所示。

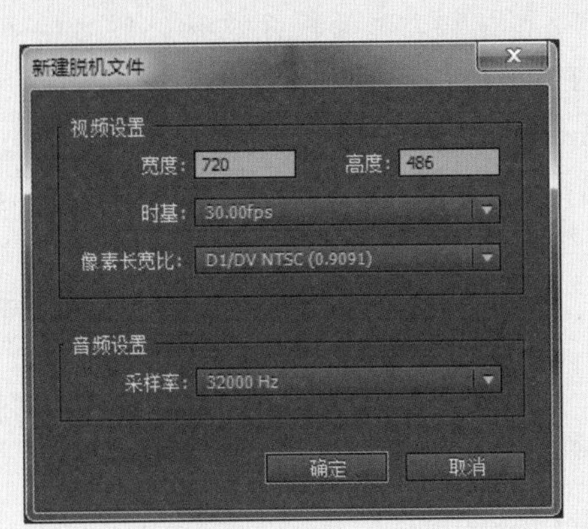

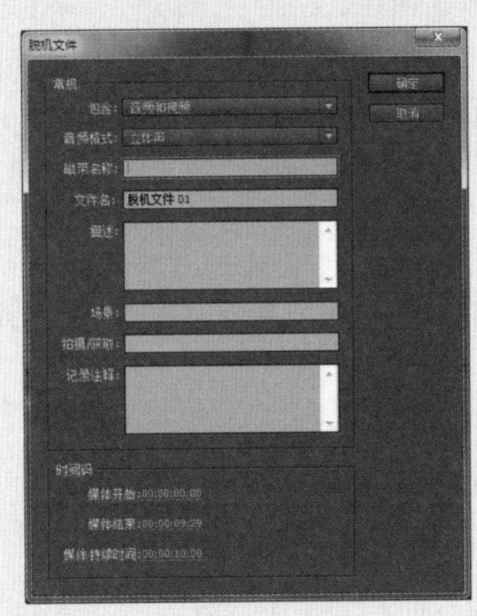

图4-5　新建脱机文件

- 调整图层：新建一个调整图层。为视频轨道中的单个剪辑对象应用特效，只能影响该剪辑。调整图层是Premiere Pro中特殊的功能图层，自身并没有图像内容，其功能相当于一个特效透镜，可以同时对位于其图像范围下层的所有图像应用添加在调整图层上的所有视频效果，可以快速完成对多个轨道中所有剪辑的统一特效设置，大大提高工作效率，如图4-6所示。

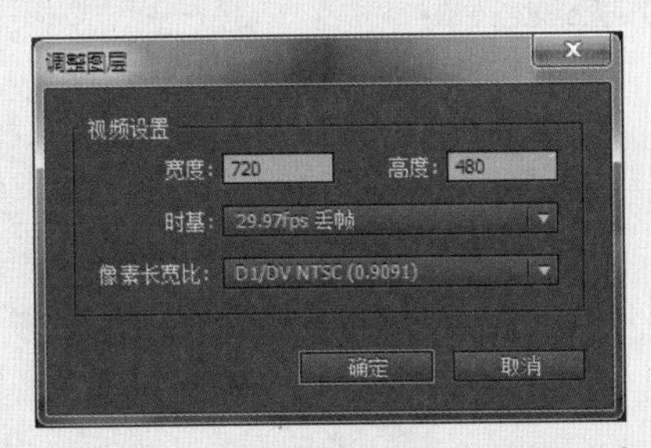

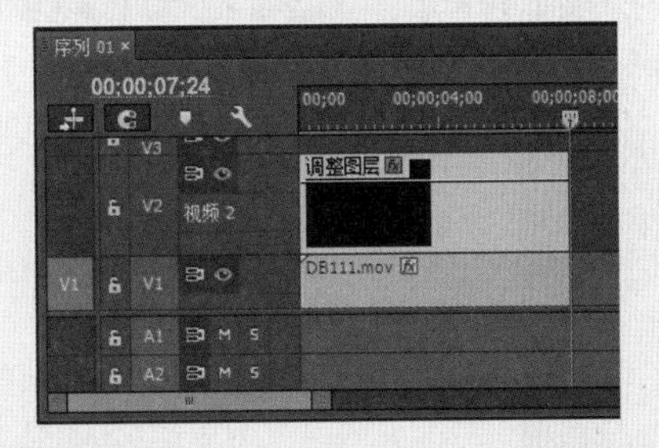

图4-6　新建调整图层

- 字幕：新建一个字幕剪辑。执行该命令后，在弹出的“新建字幕”对话框中设置好所需的字幕剪辑的名称，然后按下“确定”按钮，可以开启字幕设计器窗口，利用各种工具和样式制作需要的字幕效果，如图4-7所示。

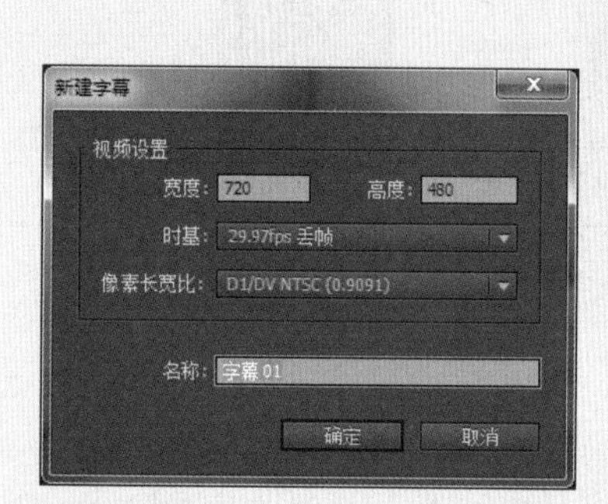

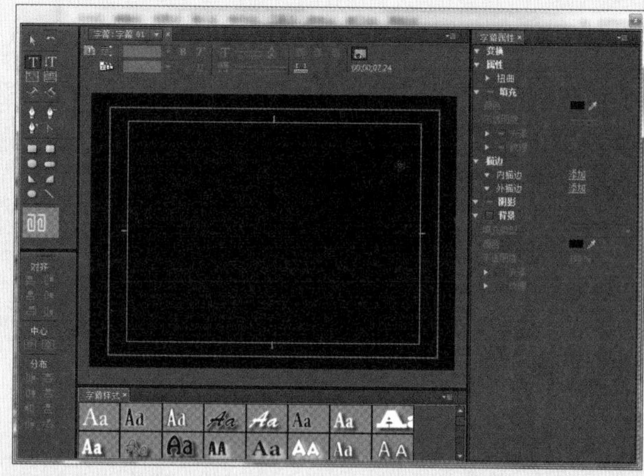

图4-7 新建字幕剪辑

- Photoshop文件：新建一个PSD图像文件。执行该命令后，在弹出的“新建Photoshop文件”对话框中设置好所需图像文件的视频属性，然后按下“确定”按钮，在弹出的对话框中为新建的PSD文件设置好保存目录及文件名，单击“保存”按钮，程序会自动启动Photoshop并打开创建的空白图像文件，即可进行需要的图像内容编辑。编辑完成后，执行保存并退出，即可在Premiere Pro CC的项目窗口中查看到编辑完成的PSD文件，如图4-8所示。

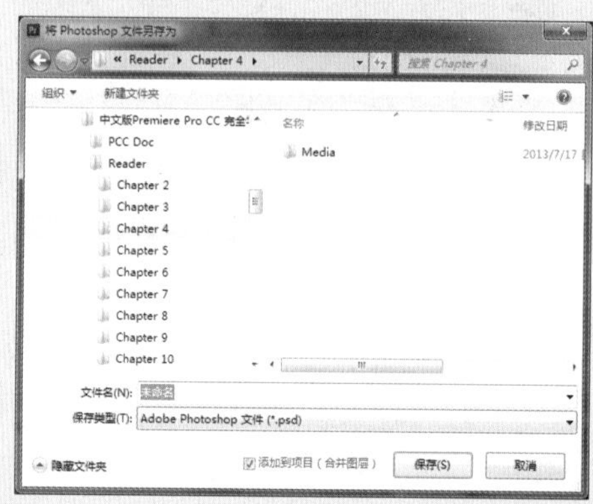

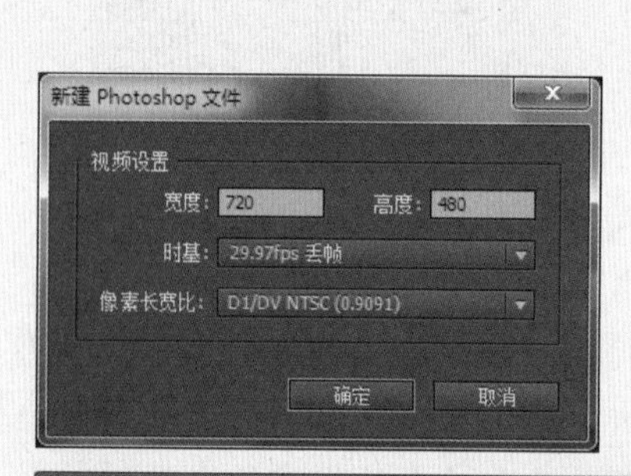

图4-8 新建Photoshop文件

- 彩条：新建一段带音频的彩条视频图像，也就是电视机上在正式转播节目之前显示的彩虹条，多用于颜色的校对，其声音波形是持续的“嘟”的音调，如图4-9所示。

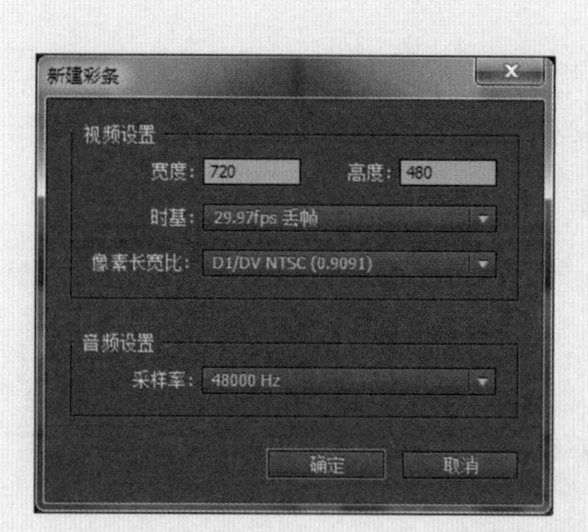

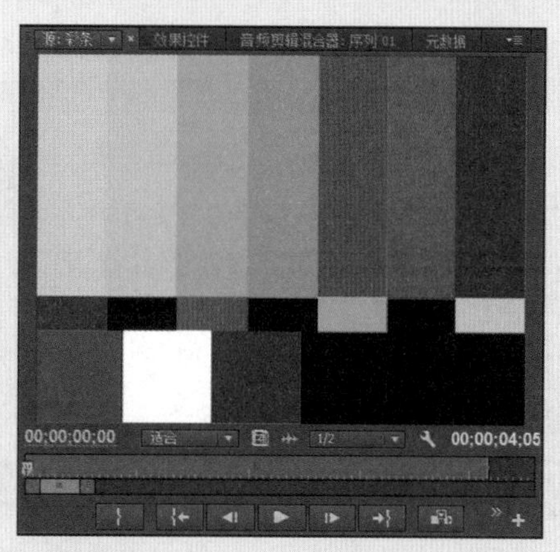

图4-9　新建彩条视频

- 黑场视频：新建一段黑屏画面的视频素材，默认的时间长度与默认的静止图像持续时间相同，如图4-10所示。

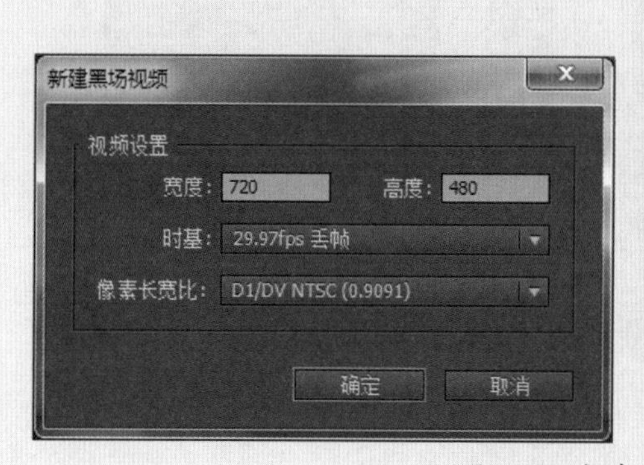

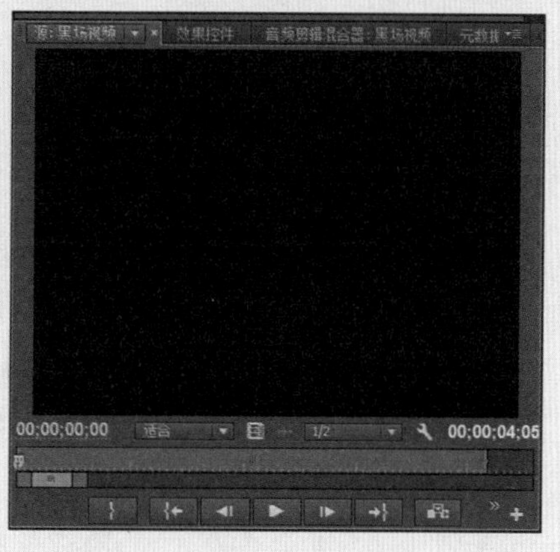

图4-10　新建黑场视频

- 隐藏字幕：新建一个隐藏字幕视频。这是Premiere Pro CC中的新增功能，在新建隐藏字幕视频后，将其加入到时间轴中需要隐藏字幕的视频轨道上层，然后导入外部的Scenarist隐藏字幕文件，将其链接到视频轨道中的隐藏字幕视频上，可以实现对下层视频中字幕图像的隐藏，如图4-11所示。

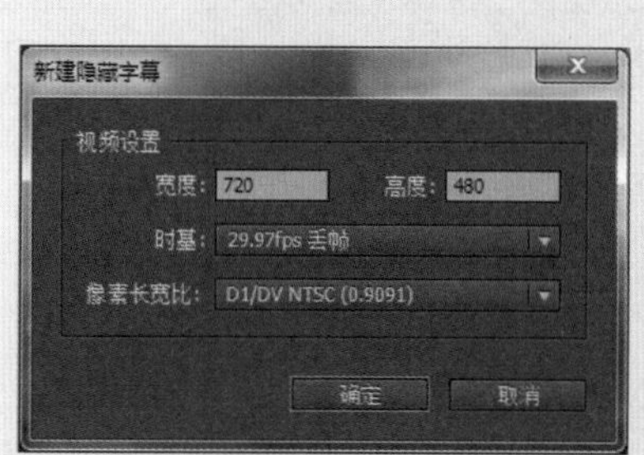

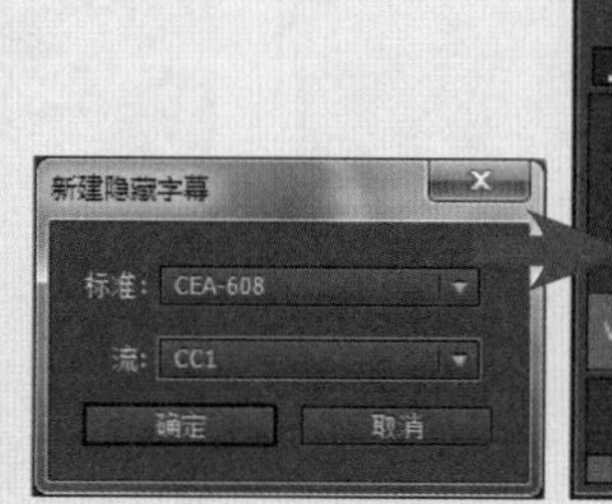

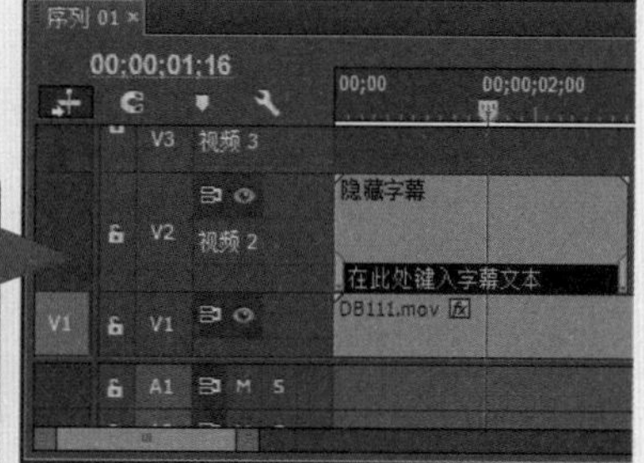

图4-11　新建隐藏字幕视频

- 颜色遮罩：新建一个颜色遮罩，相当于一个单一颜色的图像素材，可以用作背景色彩图像，或通过为其设置不透明度参数及图像混合模式，对下层视频轨道中的图像应用色彩调整效果，如图4-12所示。

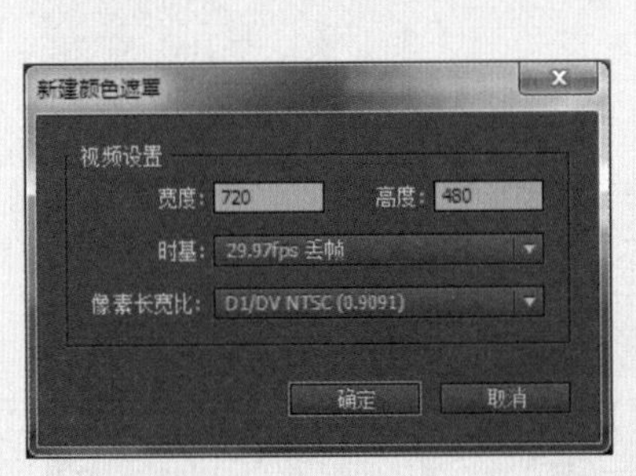

图4-12　新建颜色遮罩

- HD彩条：新建一个高清彩条视频，画面效果与彩条视频略有不同，用于高清视频标准的影视项目，如图4-13所示。

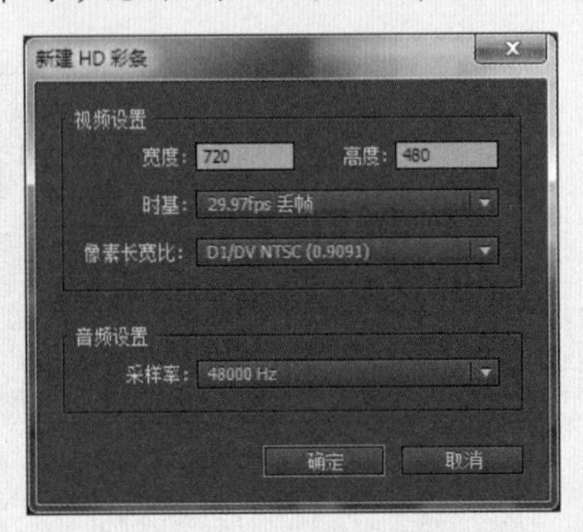

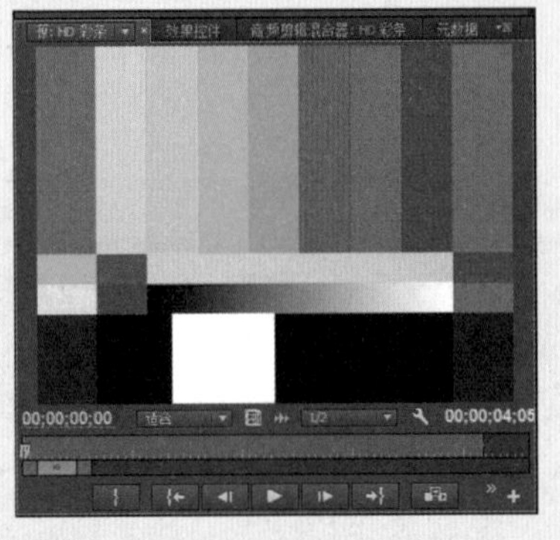

图4-13　新建HD彩条

- 通用倒计时片头：新建一个倒计时的视频素材，常用于影片的开头。
- 透明视频：新建一个不包含音频的透明画面的视频，相当于一个透明的图像文件，可用于时间占位或为其添加视频效果，生成具有透明背景的图像内容，或者编辑需要的动画效果，如图4-14所示。

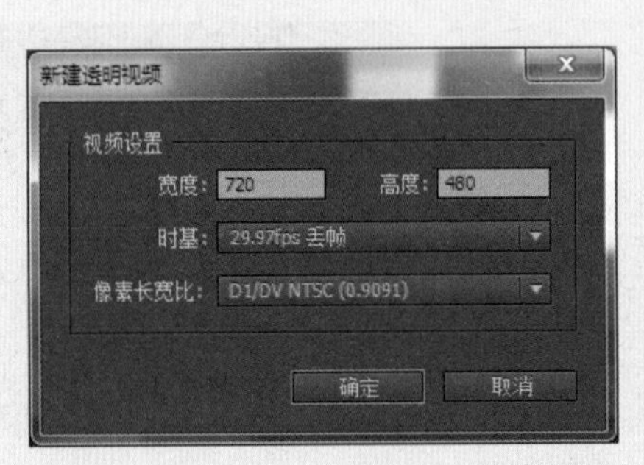

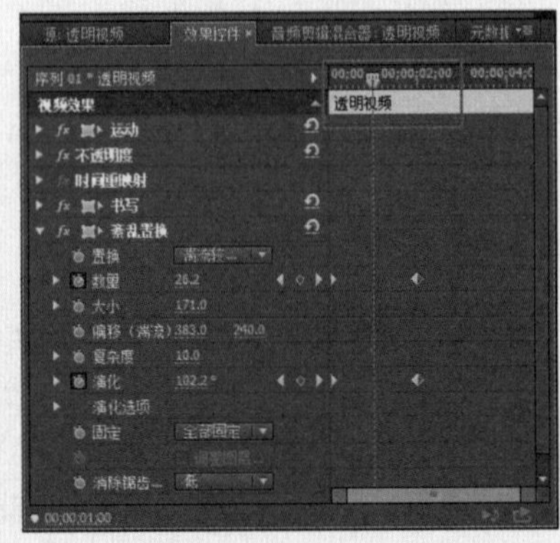

图4-14　新建透明视频，应用特效

- 打开项目：执行该命令后，在打开的“打开项目”对话框可以选择需要的项目文件并将其在Premiere Pro中打开，如图4-15所示。
- 打开最近使用的内容：该命令为级联菜单，在其子菜单中显示了最近打开过的几个项目文件，方便用户快速打开近期使用过的项目文件，继续之前的编辑工作。
- 在Adobe Bridge中浏览：打开Adobe Bridge窗口，在其中可以对电脑上的各种媒体素材进行浏览，并可以显示所选媒体文件的详细信息。双击一个媒体文件，程序将启动与之匹配的工具软件将其打开进行编辑和预览，如图4-16所示。

图4-15 “打开项目”对话框

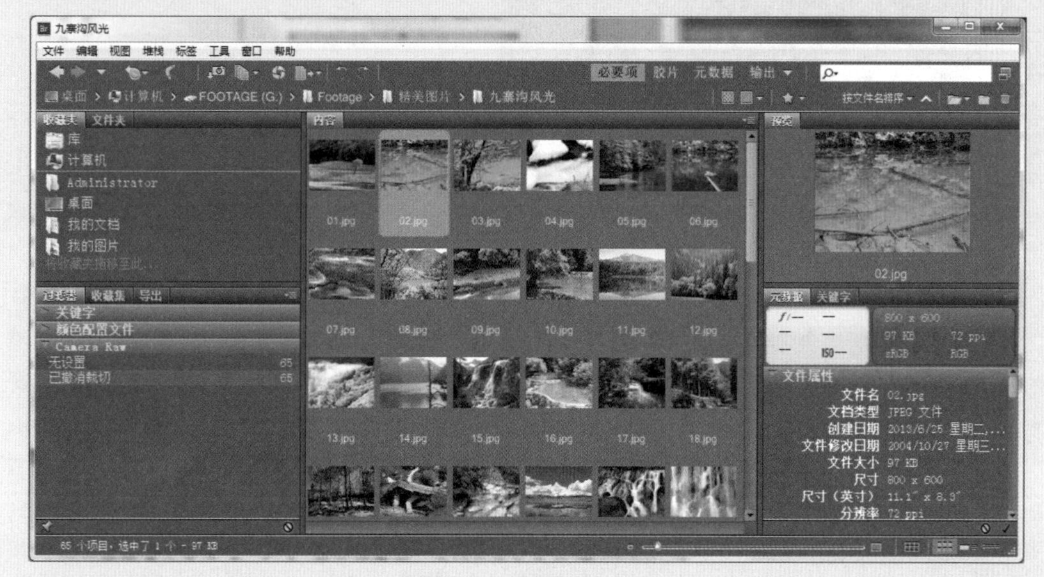

图4-16 Adobe Bridge窗口

- 关闭项目：关闭当前的工作项目。如果在关闭项目前没有对项目文件进行保存，程序将打开Adobe Premiere Pro 提示对话框，提醒用户是否对项目文件进行保存，如图4-17所示。
- 关闭：关闭当期处于关注状态的窗口或工作面板（边框为高亮的橙色），不会关闭项目。
- 保存：保存当前编辑的项目。执行该命令将弹出“保存项目”提示框，显示保存项目的进度状态，如图4-18所示。
- 另存为：执行该命令将弹出“保存项目”对话框，可以将当前编辑的项目文件重新命名保存或另存到其他文件夹中。

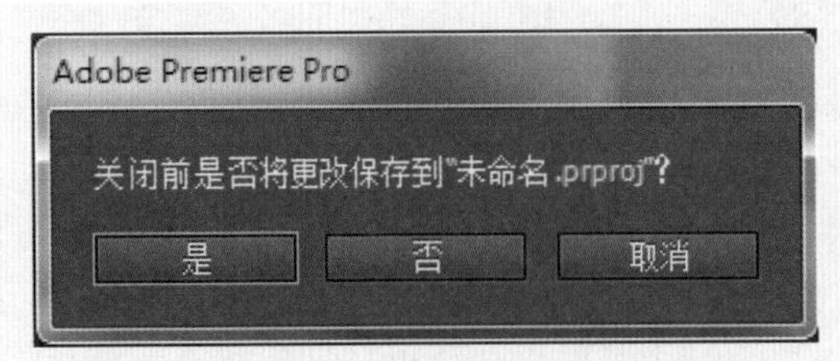

图4-17　Adobe Premiere Pro 提示对话框

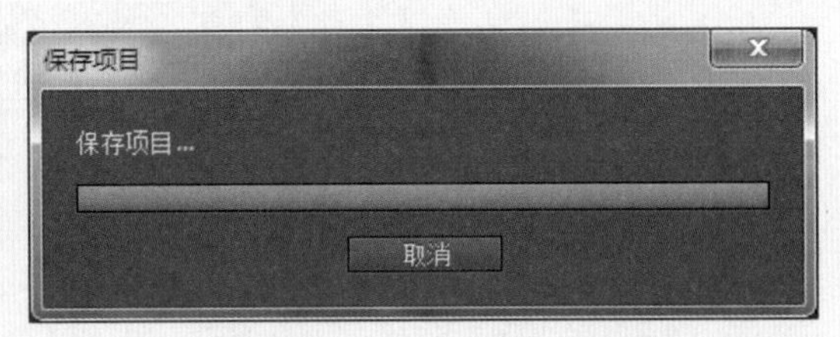

图4-18　"保存项目"提示框

- 保存副本：在不改变当前所打开项目的工作状态下，为当前编辑的项目保存一个备份文件。
- 还原：取消对当前项目所做的修改并还原到最近一次保存时的状态。执行该命令将弹出还原提示框，提醒用户是否放弃已经完成的编辑修改，如图4-19所示。
- 同步设置："同步设置"子菜单中的命令用于执行当前程序设置在用户的云端服务器账户中对应的同步功能，如图4-20所示。

图4-19　"还原"提示框

图4-20　"同步设置"子菜单

◆ 立即同步设置：打开"Adobe Creative Cloud身份验证"对话框，输入Adobe ID用户名和密码，如图4-21所示，登录云端服务器的账户，然后选择上传或下载需要同步的相关设置。

◆ 上次同步：执行与上次同步相同的同步操作。

◆ 使用另一个账户的设置：在多个用户共用一台电脑，或用户拥有多个账户并存储了不同的同步设置时，可以执行该命令来重新以新的Adobe ID登录，再选择需要的同步操作。执行该命令后，程序将关闭当前项目，然后再打开"Adobe Creative Cloud身份验证"对话框；在"同步设置"对话框中勾选"重新打开当前项目"选项，可以在以新账户登录后，重新打开当前工作项目，方便应用新的同步设置，如图4-22所示。

图4-21　"Adobe Creative Cloud身份验证"对话框

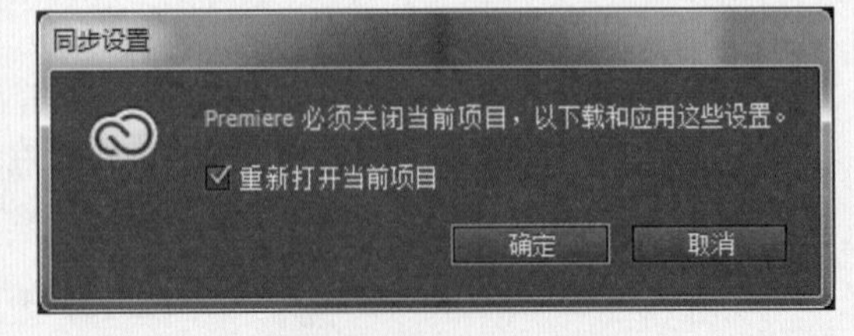

图4-22　提示重新登录

◆ 清除设置：清除当前的同步设置，恢复为默认的状态。

◆ 管理同步设置：执行该命令，可以打开"首选项"对话框并显示"同步设置"选项，可以根据需要对是否要执行同步的设置项目进行选择或取消，如图4-23所示。

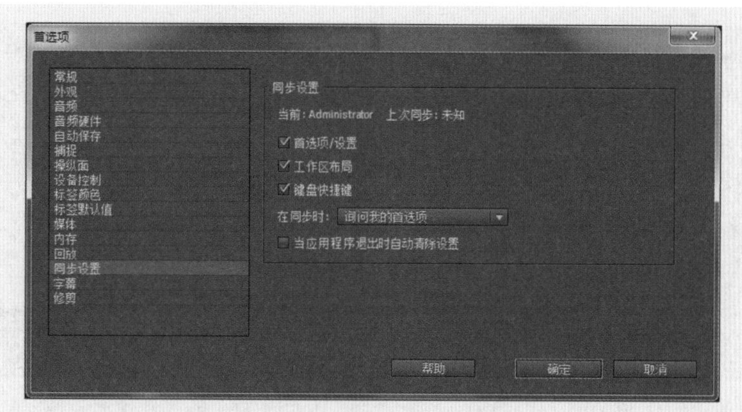

图4-23 “同步设置”选项

◆ 管理Creative Cloud账户：执行该命令将打开IE浏览器并使用Adobe ID登录用户账户，对Creative Cloud同步账户进行管理操作。

- 捕捉：执行该命令将打开“捕捉”窗口，如图4-24所示，可以利用安装到电脑主机上的视频采集设备捕捉视频素材。
- 批量捕捉：自动通过指定的模拟视频设备或DV设备捕捉视频素材，进行多段视频剪辑的采集。
- Adobe 动态链接：该命令在系统中安装了相同版本的After Effects CC时可用，如图4-25所示。

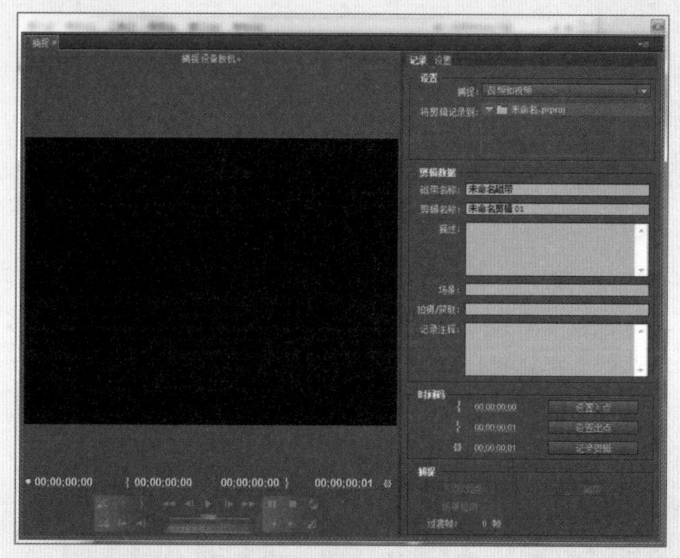

图4-24 “捕捉”窗口

替换为 After Effects 合成图像(R)
新建 After Effects 合成图像(N)...
导入 After Effects 合成图像(I)...

图4-25 “Adobe 动态链接”子菜单

◆ 替换为After Effects合成图像：在序列的时间轴中选择一个素材剪辑后，选择该命令，可以启动After Effects CC，如图4-26所示。将所选的素材剪辑置入到After Effects的合成项目中并保存为项目文件，在对其进行编辑并保存后，可以在Premiere Pro CC更新并应用新的After Effects合成图像，如图4-27所示。在编辑过程中，还可以随时通过该动态链接文件，启动After Effects对其进行新的效果编辑。

图4-26　启动After Effects CC

图4-27　链接的合成图像

◆ 新建After Effects合成图像：执行该命令，在打开的对话框中设置好新建合成图像的视频属性，如图4-28所示。然后单击“确定”按钮，即可启动After Effects CC，在打开的“另存为”对话框中保存好新建的合成项目文件，如图4-29所示。在After Effects CC中编辑好需要的合成图像后，保存并退出，即可在Premiere Pro CC中使用该合成图像素材。

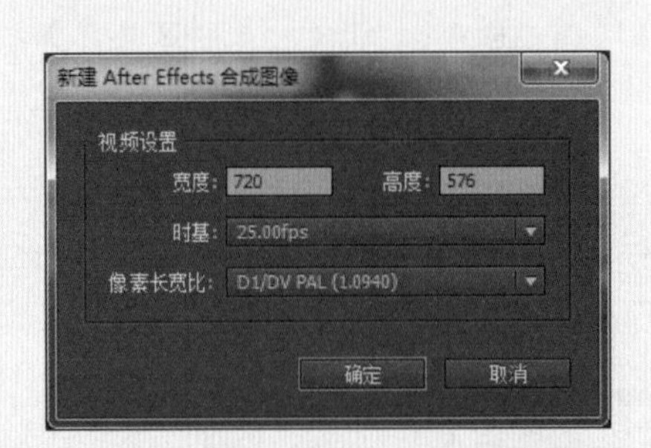

图4-28　“新建After Effects合成图像”对话框

图4-29　“另存为”对话框

◆ 导入After Effects合成图像：执行该命令，在打开的“导入After Effects合成”对话框中选择需要导入的合成项目文件并单击“确定”按钮，可以将其导入到项目文件窗口中，作为素材剪辑使用，如图4-30所示。

图4-30　导入After Effects合成图像

- Adobe Story：在该命令子菜单下选择“附加脚本文件”命令，可以导入外部的Adobe Story故事脚本，如图4-31所示。通过在 Adobe Story 面板中打开脚本文件，可以在对大型影视项目的编辑过程中，快速导航到需要的特定场景、位置、对话或人物对象。执行“清除脚本数据”命令，可以清除当前项目中的脚本数据。
- Adobe Anywhere：执行该命令，可以启动Adobe Anywhere私有云服务的登录对话框，选择用户账户的云端服务器并登录，如图4-32所示。可与不同地方的工作成员通过网络协同工作，并可以在云端服务器上生成高码率的作品文件，与其他工作伙伴实现更便捷的协作与共享。

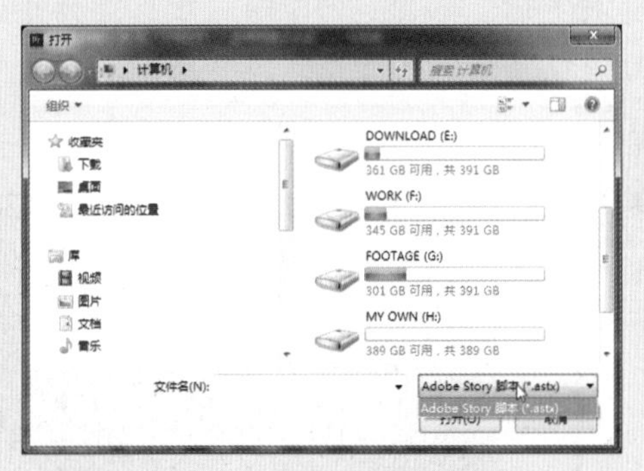

图4-31 导入Adobe Story脚本

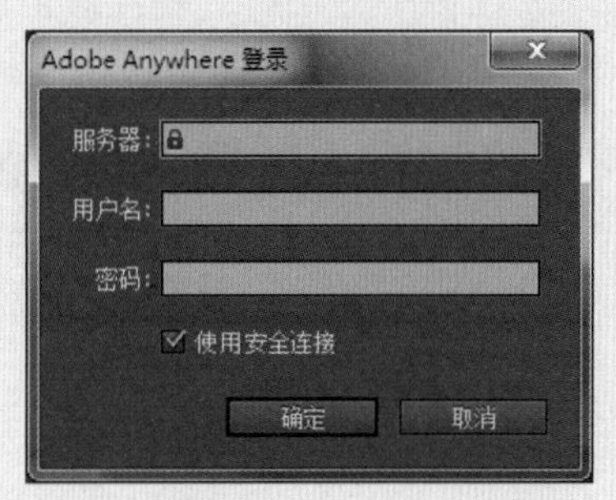

图4-32 登录 Adobe Anywhere

- 发送到Adobe SpeedGrade：执行该命令，可以将项目窗口中选择的序列或素材剪辑保存为.ircp文件和拆分开的音频、dpx图像数据文件并发送到Adobe SpeedGrade，如图4-33所示。

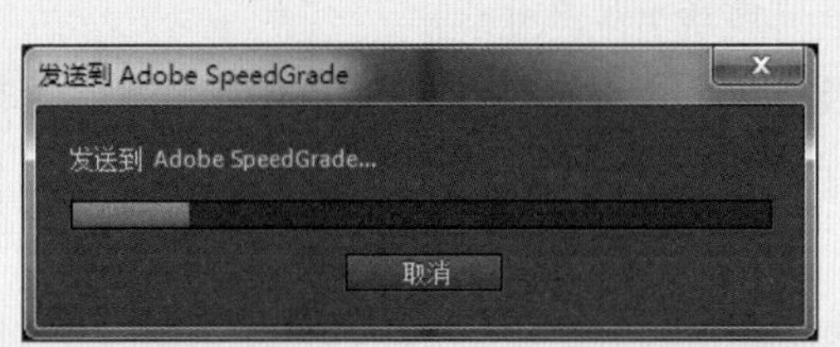

图4-33 发送到 Adobe SpeedGrade

- 从媒体浏览器导入：打开媒体浏览器面板并选择需要导入的素材文件后，执行该命令可以将其导入到项目窗口中。
- 导入：执行该命令将打开“导入”对话框，在该对话框中可以为当前项目导入所需的各种素材文件，如图4-34所示。在文件类型下拉列表中选择需要导入文件的文件类型，可以在当前打开的文件夹中只显示该类型的文件，方便快速查找。

图4-34 “导入”对话框

提 示

只有在Premiere Pro中通过新建命令创建的素材剪辑，才是集成在项目文件中的，通过导入命令添加到项目窗口中的素材，只是在项目文件与外部素材文件之间建立了一个链接关系，并不是将其复制到了编辑的项目中；如果该素材文件在原路径位置被删除、移动或修改了文件名，使用了该素材的项目就不能再正确显示该素材的应用内容，需要重新链接该文件来进行更新。

- 导入批处理列表：执行该命令，可以在打开的“导入批处理列表”对话框中，选择需要的批处理列表文件（*.csv）进行导入，如图4-35所示；然后在打开的“批处理列表设置”对话框中对导入项目的视频属性进行设置，将批处理文件中定义的链接媒体，导入到项目窗口中，如图4-36所示。

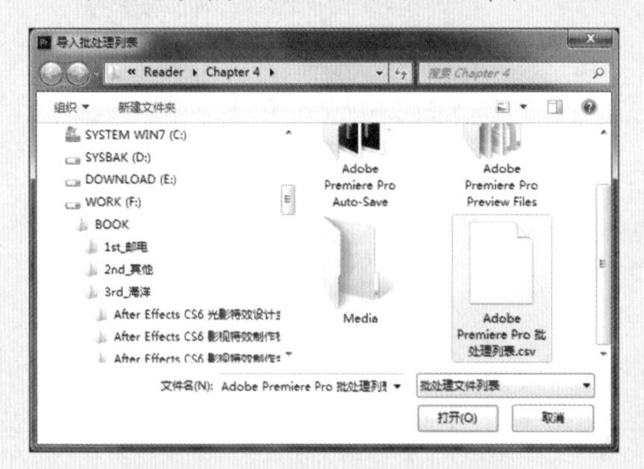

图4-35 “导入批处理列表”对话框

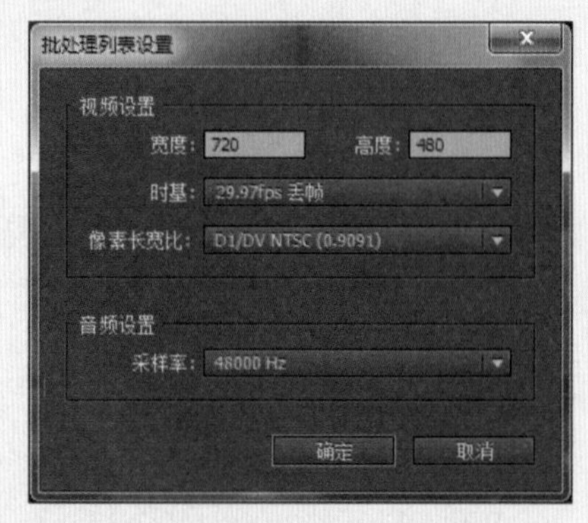

图4-36 “批处理列表设置”对话框

- 导入最近使的用文件：在其子菜单中，显示了最近几次导入过的素材，方便用户快速选择并导入使用。
- 导出：执行该命令的子菜单中对应的命令，可以将编辑完成的项目输出成指定的文件内容，如图4-37所示。

媒体(M)... Ctrl+M
批处理列表(B)...
字幕(I)...
磁带 (DV/HDV)(T)...
磁带（串行设备）(S)...
EDL...
OMF...
AAF...
Final Cut Pro XML...

图4-37 “导出”命令子菜单

  - 媒体：将编辑好的项目输出成指定格式的媒体文件（包括图像、音频、视频等）。
  - 批处理列表：将在项目中的一个或多个素材剪辑添加到批处理列表中，导出生成批处理列表文件，方便在编辑其他项目时快速导入使用同样的素材文件。
  - 字幕：在项目窗口中选择创建的字幕剪辑，将其输出为字幕文件（*.prtl），可以在编辑其他项目时导入使用。
  - 磁带：将项目文件直接渲染输出到磁带。需要先连接相应的DV/HDV等外部设备。
  - EDL：将项目文件中的视频、音频输出为编辑菜单。
  - OMF：输出带有音频的OMF格式文件。
  - AAF：输出AAF格式文件。AAF比EDL包含更多的编辑数据，方便进行跨平台的编辑。

◆ Final Cut Pro XML：输出为Apple Final Cut Pro（苹果电脑系统中的一款影视编辑软件）中可读取的XML格式。

● 获取属性：该命令用于查看所选对象的原始文件属性，包括文件名、文件类型、大小、存放路径、图像属性等信息，其子菜单中包含“文件”和“选择”两个命令。

◆ 文件：在打开的“获取属性”对话框中选择需要的文件并按下“打开”按钮，在弹出的对话框中可以查看该文件的详细媒体属性，如图4-38所示。

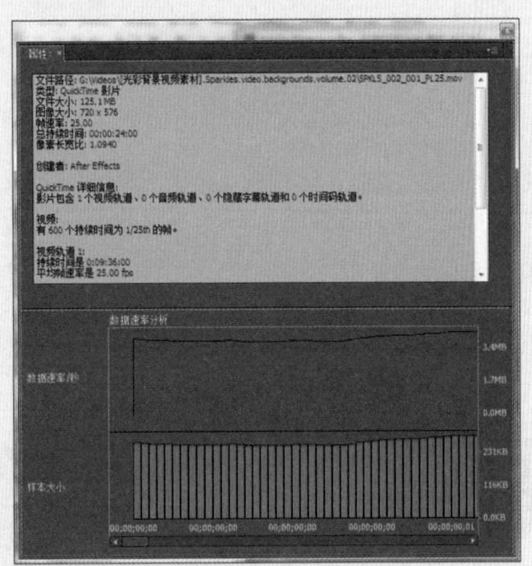

图4-38 获取文件属性

◆ 选择：在项目窗口中选择需要查看属性的对象，可以选择并执行该命令获取该对象的媒体属性。

● 在Adobe Bridge中显示：在项目窗口中选择从外部导入的素材剪辑后，执行该命令可以启动Adobe Bridge并显示出该文件所在目录位置，查看相关文件属性。

● 项目设置：执行该命令子菜单中的“常规”、“暂存盘”命令，可以打开“项目设置”对话框并显示出对应的选项卡，方便在编辑过程中根据需要修改项目设置详细，如图4-39所示。

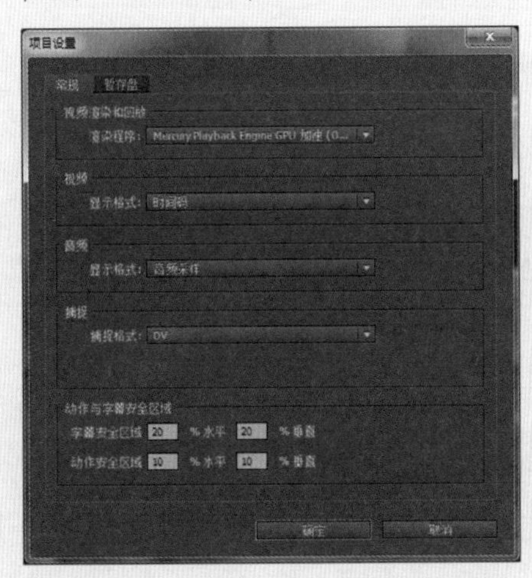

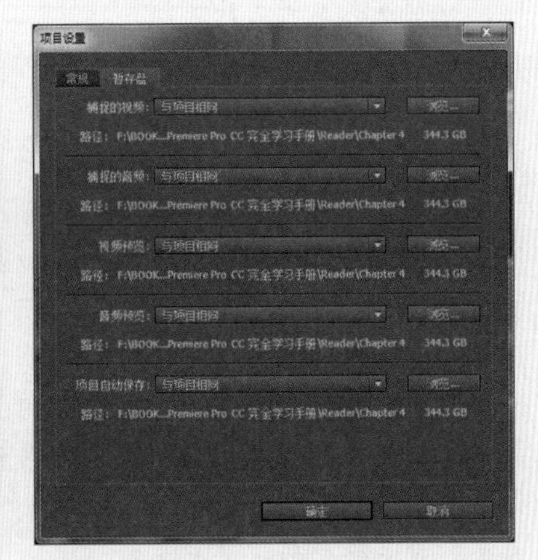

图4-39 “项目设置”对话框

- 项目管理：执行该命令可以打开“项目管理器”对话框，对当前项目中所包含序列的相关属性进行设置，并可以选择指定的序列生成新的项目文件，另存到其他文件目录位置，如图4-40所示。
- 退出：退出Premiere Pro CC编辑程序。

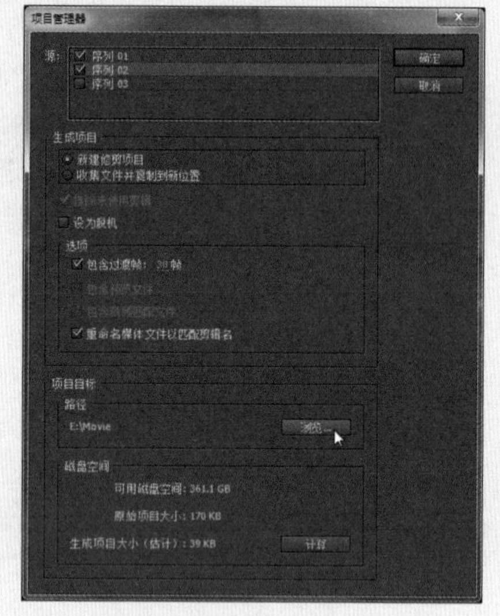

图4-40 “项目管理器”对话框

4.2 编辑菜单

“编辑”菜单中的命令主要用于对所选素材对象执行剪切、复制、粘贴，撤消或重做、设置首选项参数等操作，如图4-41所示。

- 撤消：撤消上一步操作，返回上一步时的编辑状态。可撤消的次数可以是无限的，取决于电脑的内存可以存储的操作步骤数量。
- 重做：重复执行上一步操作。
- 剪切/复制/粘贴：用于为对象执行剪切、复制、粘贴等基本的文件操作。
- 粘贴插入：将执行了剪切或复制的对象，粘贴到指定区域。
- 粘贴属性：执行该命令，将把原素材的效果、透明度设置、运动设置及转场效果等属性，传递复制给另一个素材，方便快速完成在不同剪辑上应用统一效果的操作。
- 清除：清除所选的内容。
- 波纹删除：在时间轴窗口中，选择同一轨道中两个素材剪辑之间的空白区域，执行该命令可以删除该空白区域，使后一个素材向前移动，与前一个素材首尾相连，如图4-42所示。对于锁定的轨道无效。

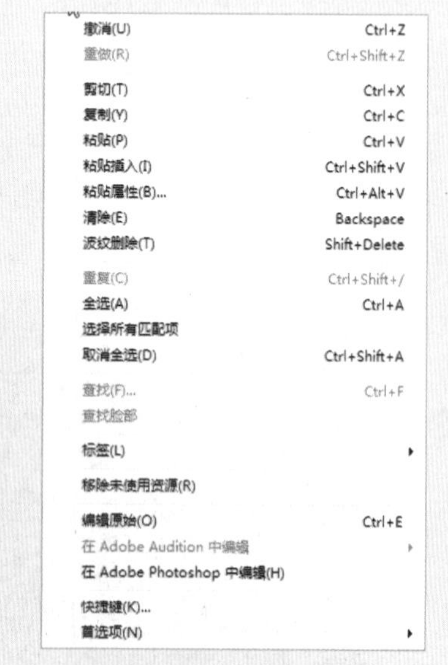

图4-41 “编辑”菜单

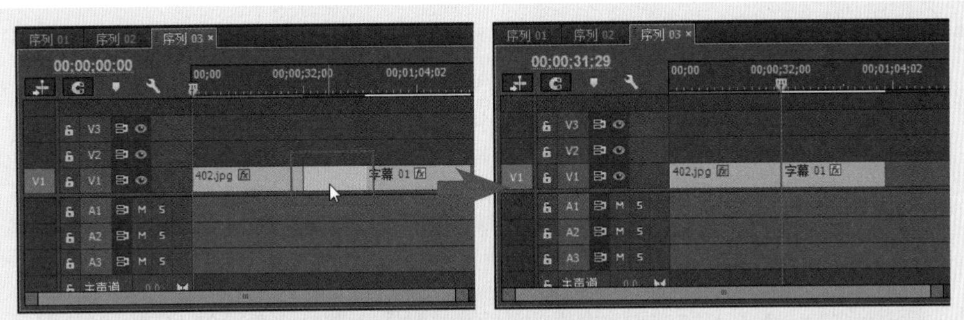

图4-42 执行波纹删除

- 重复：对项目窗口中所选对象进行复制，生成副本，如图4-43所示。

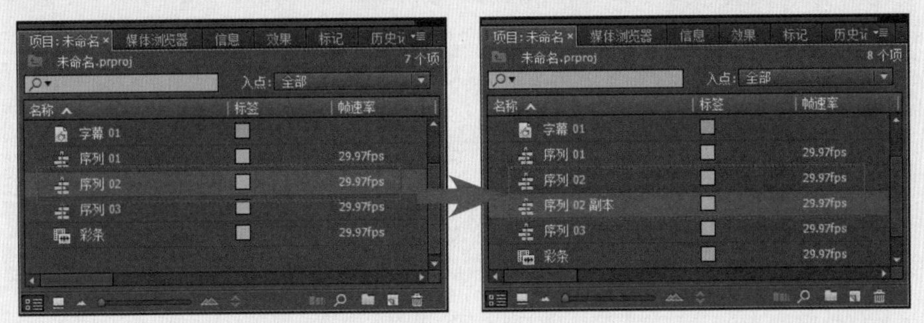

图4-43 复制出副本

- 全选、取消全选：对项目窗口或时间轴窗口中的对象执行全选或取消全选。
- 查找：执行该命令将打开“查找”对话框，如图4-44所示，在其中可以设置相关选项或输入需要查找的对象相关信息，在项目窗口中进行搜索。

图4-44 “查找”对话框

- 查找脸部：按文件名或字符串进行快速查找。
- 标签：在项目窗口中的对象，按剪辑类型的不同预设了对应的标签颜色，方便用户区分剪辑的类型。选择一个或多个剪辑对象后，可以通过该命令的子菜单自定义所选对象的标签颜色，如图4-45所示。
- 移除未使用资源：执行该命令可以将项目窗口中没有被使用过的素材剪辑删除，方便整理项目内容。
- 编辑原始：在项目窗口中选中一个从外部导入的媒体素材后，执行该命令可以启动系统中与该类型文件相关联的默认程序进行浏览或编辑。

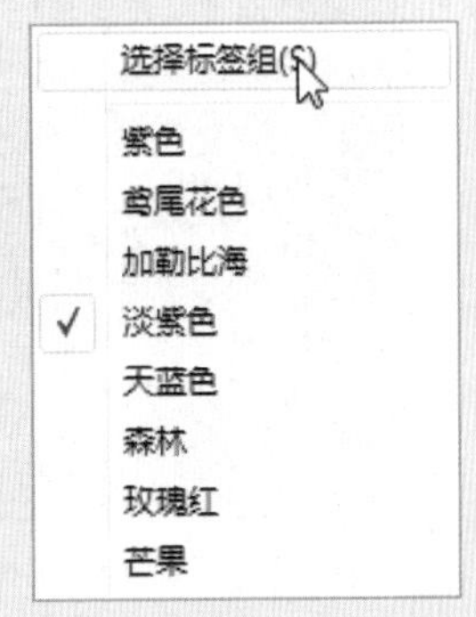

图4-45 “标签”命令子菜单

- 在Adobe Audition中编辑：在项目窗口中选中一个音频剪辑或包含音频内容的序列时，执行对应的命令可以启动Adobe Audition程序，对音频内容进行编辑处理，在保存后应用到Premiere Pro中，如图4-46所示。

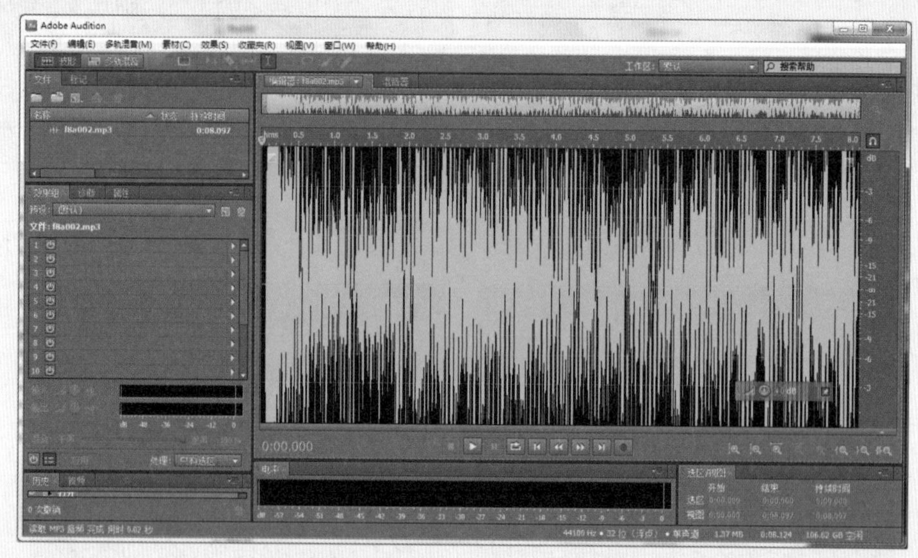

图4-46　在Adobe Audition中编辑音频

- 在Adobe Photoshop中编辑：在项目窗口中选中一个图像素材时，执行该命令可以打开Adobe Photoshop程序，对其进行编辑修改，在保存后应用到Premiere Pro中。
- 快捷键：执行该命令可以在打开的“键盘快捷键”对话框中，分别为应用程序、窗口面板和工具等进行键盘快捷键设置，如图4-47所示。
  - ◆ 键盘布局预设：在该下拉列表中可以选择在程序中应用的键盘快捷键预设模式，方便不同操作习惯的用户选择，如图4-48所示。

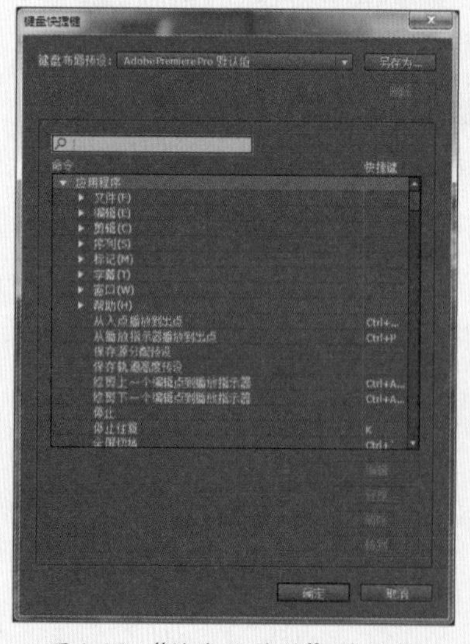

图4-47　“键盘快捷键”对话框

图4-48　“键盘布局预设”下拉列表

  - ◆ 编辑：在“命令”列表中选择需要自定义快捷键的命令对象后，单击“编辑”按钮，该命令的快捷键变成可编辑状态，此时在键盘上按下新的按键，即可将该命令的快捷键定义为新的设置，如图4-49所示。如果用户自定义的快捷键已经被其他命令预设使用，则原来使用该快捷键的命令将没有快捷键。

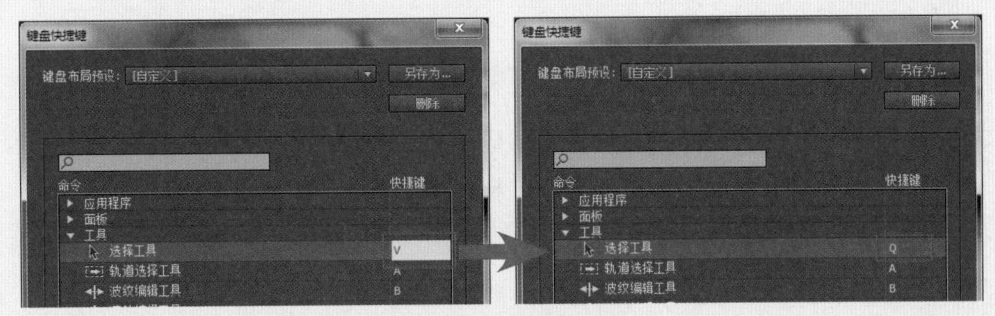

图4-49　自定义快捷键

- ◆ 还原/重做：在修改了命令对象的预设快捷键后，可以单击“还原”按钮，恢复为预设状态；执行“还原”后，又可以单击“重做”按钮，修改为自定义状态。
- ◆ 清除：清除所选命令对象的快捷键设置。
- ◆ 另存为：自定义快捷键设置后，可以单击该按钮将用户的自定义设置保存为预设的键盘布局，方便在以后调用，并且可以同步到用户Adobe ID的云端服务器中，如图4-50所示。
- ◆ 删除：删除当前所选的自定义键盘布局。

- ● 首选项：执行其子菜单中的命令可以打开“首选项”对话框并显示对应的选项，对程序工作运行中的属性选项进行设置，如图4-51所示。

图4-50　新建自定义键盘布局

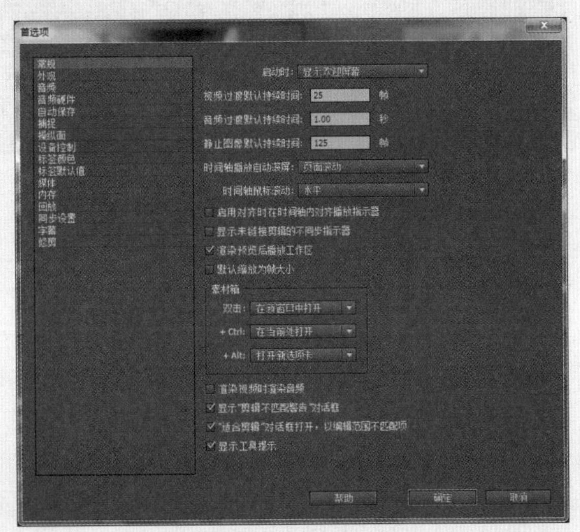

图4-51　“首选项”对话框

4.3 剪辑菜单

“剪辑”菜单中的命令主要用于对素材剪辑进行常用的编辑操作，包括重命名、插入、覆盖、编组、修改素材的速度/持续时间等设置，如图4-52所示。

图4-52 “剪辑”菜单

- 重命名：对项目窗口中或时间轴窗口的轨道中选择的素材剪辑进行重命名，不会影响素材原本的文件名称，只是方便在操作管理中进行识别。
- 制作子剪辑：子剪辑可以看作是在时间范围上小于或等于原剪辑的副本，主要用于提取视频、音频等素材剪辑中需要的片段。

在时间轴窗口的轨道中选择需要制作子剪辑的动态素材剪辑，然后执行此命令，在弹出的“制作子剪辑”对话框中为其命名，如图4-53所示。勾选“将修剪限制为子剪辑边界”选项，将使新生成的子剪辑不能向前或向后扩展持续时间，单击“确定”按钮，即以素材剪辑在轨道中当前的时间长度生成新的子剪辑，在每次加入到时间轴中时，都在创建时的时间区间显示，如图4-54所示。

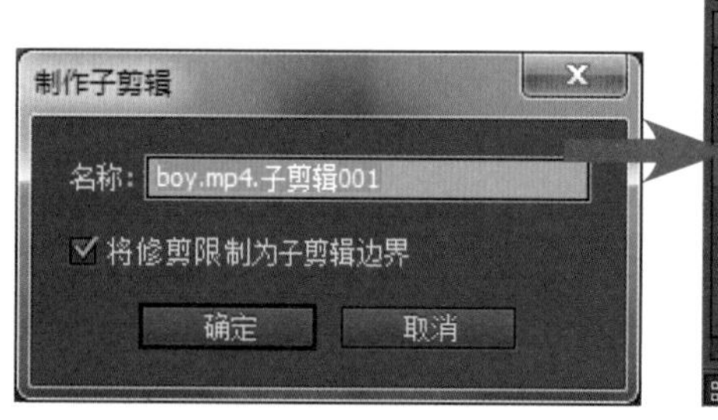

图4-53 “制作子剪辑”对话框

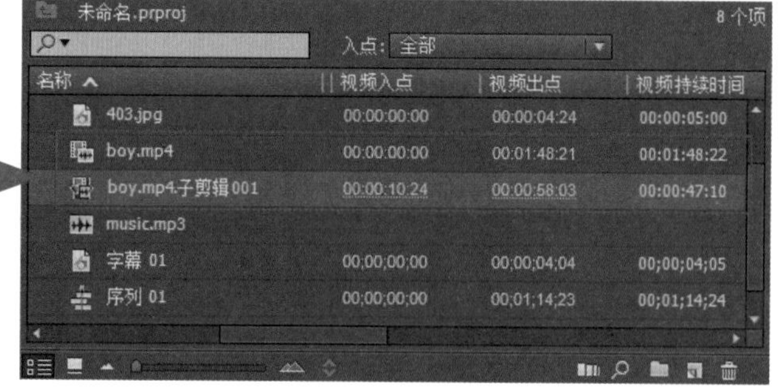

图4-54 生成的子剪辑

提 示

选择时间轴窗口的轨道中调整了持续时间的子剪辑，再执行“制作子剪辑”命令，可以在该子剪辑的当前持续时间基础上再生成子剪辑。

- 编辑子剪辑：选择项目窗口中的子剪辑对象，执行此命令可以打开“编辑子剪辑”对话框，如图4-55所示。
  - 主剪辑：显示了原素材剪辑的入点、出点及持续时间。
  - 子剪辑：显示子剪辑当前的入点、出点及持续时间，可以通过修改入点、出点的时间位置，修改子剪辑的持续时间。

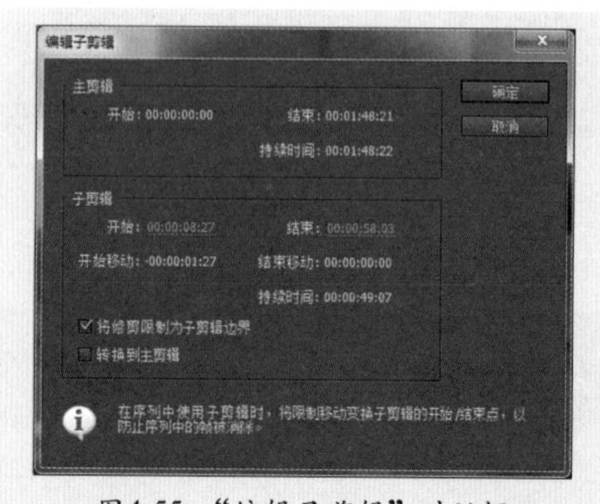

图4-55 “编辑子剪辑”对话框

◆ 将修剪限制为子剪辑边界：使子剪辑不能向前或向后扩展持续时间。
◆ 转换到主剪辑：将子剪辑的持续时间调整到与原素材剪辑相同。

提 示

如果在项目窗口中选择的不是子剪辑对象的素材剪辑来执行“编辑子剪辑”命令，将会直接把该素材转换为子剪辑对象，不会生成新的对象。

- 编辑脱机：选择项目窗口中的脱机素材，执行此命令将打开“编辑脱机文件”对话框，可以对脱机素材的相关进行注释，方便其他用户在打开项目时了解相关信息，如图4-56所示。
- 源设置：在项目窗口中选择一个从外部程序（如Photoshop、After Effects等）中创建的素材剪辑，执行此命令将打开对应的导入选项设置窗口，可以对该素材在Premiere Pro中的应用属性进行查看或调整，如图4-57所示为PSD格式素材的源设置。

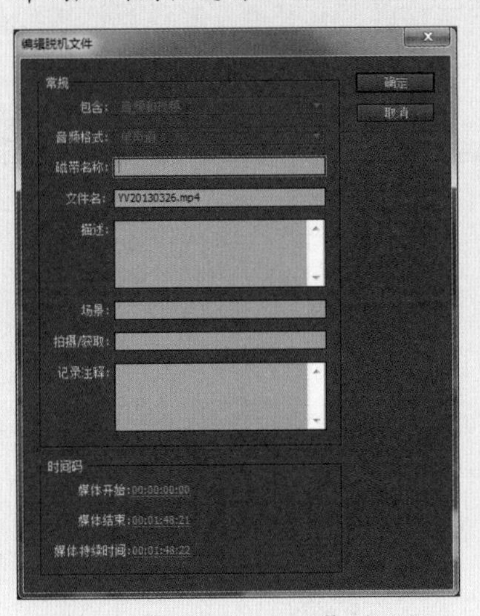

图4-56 “编辑脱机文件”对话框

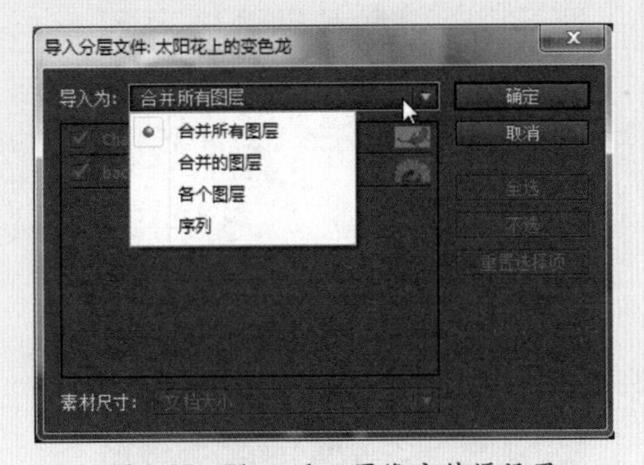

图4-57 Photoshop图像文件源设置

- 修改：用于对源素材的视频参数、音频声道、时间码等属性进行修改，如图4-58所示。

图4-58 “修改”命令子菜单

  ◆ 音频声道：在打开的“修改剪辑”对话框中，可以在“预设”下拉列表中选择需要的声道类型进行应用。在“音频轨道数”中可以输入新的轨道数，并在“声道格式”下拉列表中选择声道格式；在“源声道”列表中可以为各声道指定声音场位，如图4-59所示。
  ◆ 解释素材：在“帧速率”选项中可以选择使用素材原本的帧速率，或者自定义新的帧速率。在“像素长宽比”选项中可以设置视频的像素长宽比类型。在“场序”选项中可以重新设置视频图像的扫描场序。在“Alpha通道”选项中可以选择忽略或反转视频素材中包含的Alpha通道，如图4-60所示。

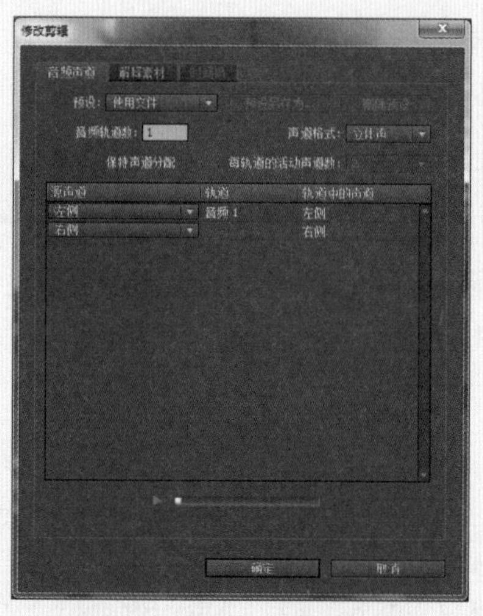

图4-59 “音频声道”选项

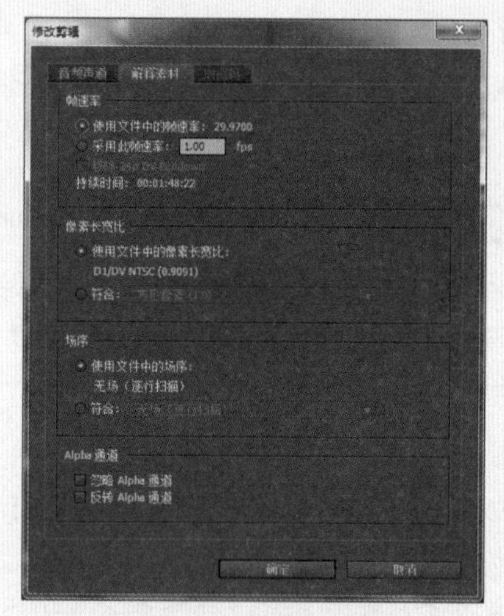

图4-60 “解释素材”选项

◆ 时间码：选择“设置于起点”，则保持视频素材的默认入点；选择“设置于当前帧”，则以该素材在源监视器窗口中当前时间指针的位置设置视频入点，如图4-61所示。

● 视频选项：执行此命令子菜单中的命令，可以对所选择的视频素材执行对应的选项设置，如图4-62所示。

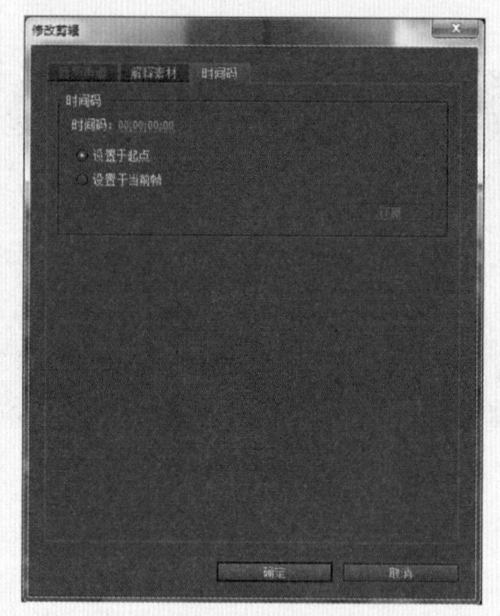

图4-61 “时间码”选项

帧定格(F)...
场选项(O)...
帧混合(B)
缩放为帧大小(S)

图4-62 “视频选项”子菜单

◆ 帧定格：选择时间轴视频轨道中的视频剪辑，执行此命令将打开“帧定格选项”对话框，如图4-63所示。勾选“定格位置”选项，然后在后面的下拉列表中可以选择定格视频画面的时间位置；勾选“定格滤镜”选项，则在视频剪辑上应用的视频效果动画特效也会定格；定格后的视频剪辑将在其整个区间范围内都只显示定格画面，素材剪辑中的音频不受影响。

◆ 场选项：执行此命令将打开“场选项”对话框，如图4-64所示。勾选“交换场序”选项，可以替换视频素材中原本的场序，对于逐行扫描的视频无影响；在“处理选项”中选择对应的选项，可以对视频画面的隔行扫描进行对应的优化。

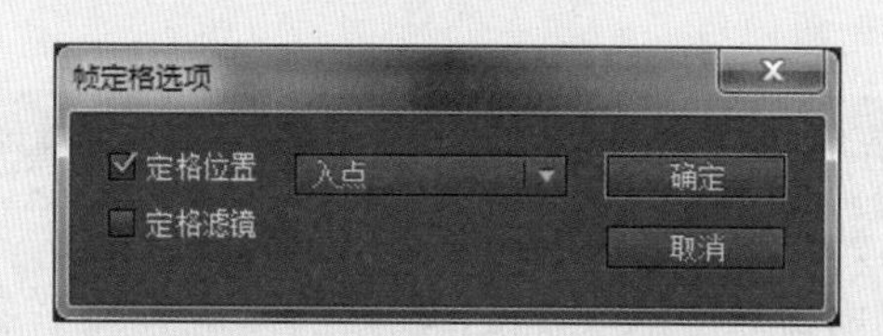

图4-63 “帧定格选项”对话框

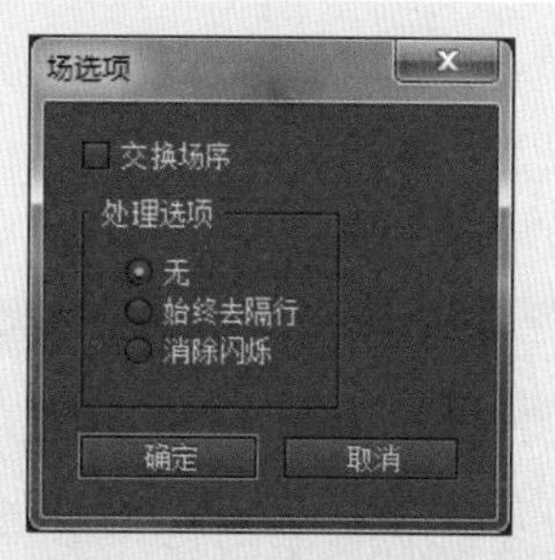

图4-64 “场选项”对话框

◆ 帧混合：选择该命令后，可以开启对视频素材在加入到序列中播放时的帧混合效果，使视频画面变得平滑流畅。

◆ 缩放为帧大小：选择该命令后，在将视频素材加入到画面尺寸不一致的序列中时，依据序列画面的尺寸缩放视频素材的画面尺寸，调整到宽度或高度对齐，使视频画面完整地显示在序列的画面中。

- 音频选项：执行此命令子菜单中的命令，可以对所选音频素材或包含音频的视频素材执行对应的选项设置，如图4-65所示。

◆ 音频增益：在打开的“音频增益”对话框中，可以对所选素材的音量进行调整，如图4-66所示。选择“将增益设置为”选项，可以将素材的音量指定为一个固定值；选择“调整增益值”选项并输入数值，可以提高（正值）或降低（负值）素材的音量；选择“标准化最大峰值为”选项并输入数值，可以为素材中音频频谱的最大峰值设定音量；选择“标准化所有峰值为”选项并输入数值，可以为素材中音频频谱的所有峰值设定音量。

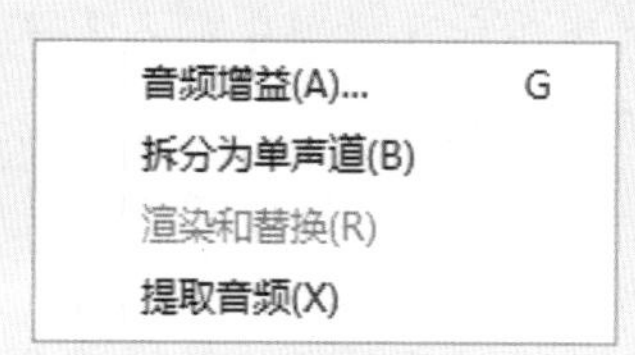

图4-65 “音频选项”子菜单

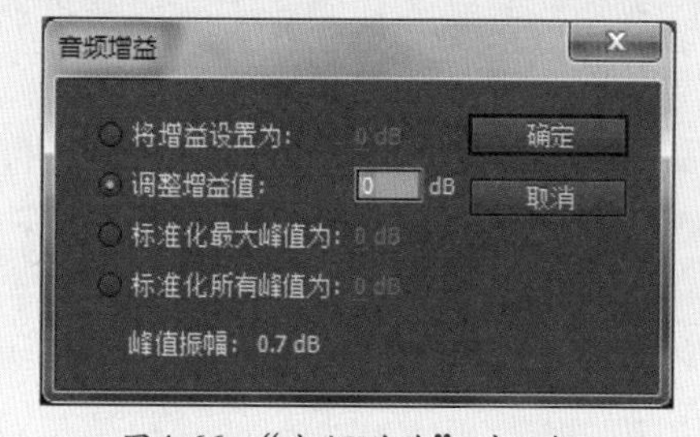

图4-66 “音频增益”对话框

◆ 拆分为单声道：将所选立体声音频素材或视频中的立体声音频内容进行拆分，生成两个单声道音频素材，如图4-67所示。

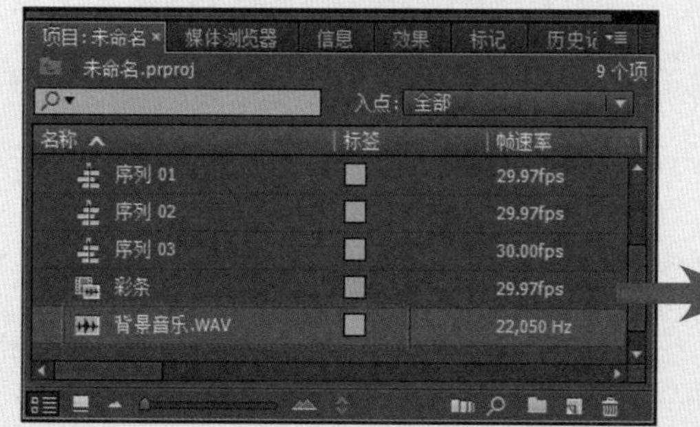

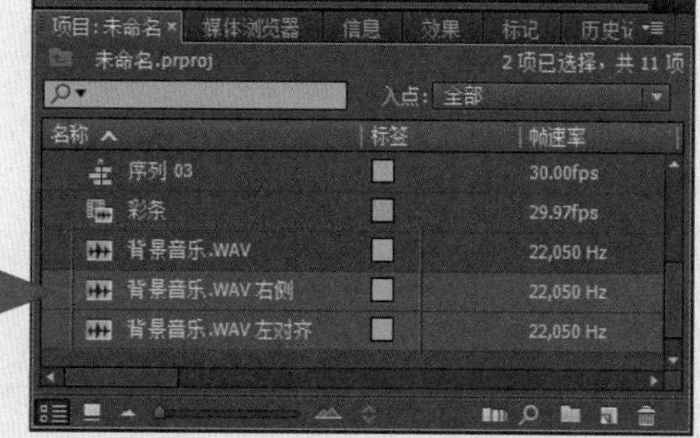

图4-67 拆分立体声为单声道

◆ 渲染和替换：选择时间轴中的音频或包含音频的视频剪辑，执行此命令，将以剪辑对象当前的时间区间范围，渲染音频内容并生成新的独立音频素材，同时用新的音频替换轨道中原来的音频内容，如图4-68所示。

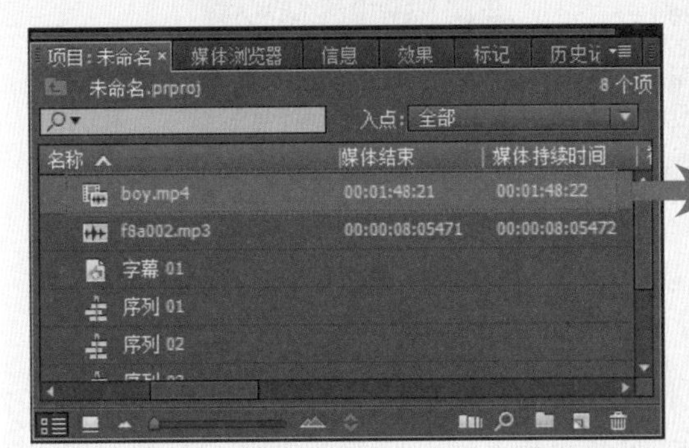

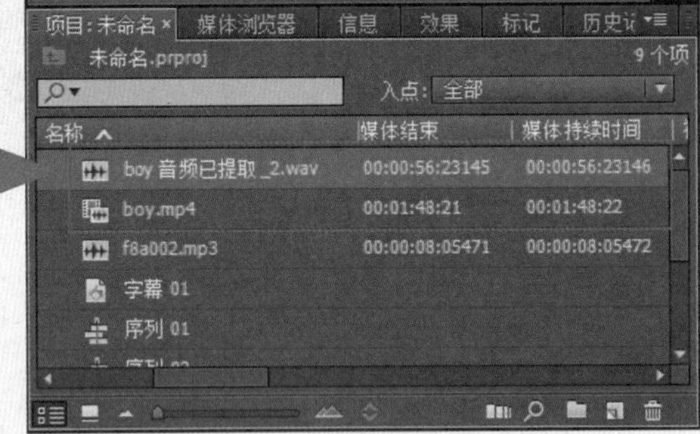

图4-68　渲染和替换音频

◆ 提取音频：选择项目窗口中的音频或包含音频的视频剪辑，执行此命令，将提取其完整的音频内容并生成新的独立音频素材，相当于创建音频副本。

提 示

执行拆分、渲染、提取等操作生成的音频文件，将自动保存在与当前项目文件相同的文件目录。

● 分析内容：选择项目窗口中的音频或包含音频的视频剪辑，执行此命令，在打开的"分析内容"对话框中设置好需要的分析选项，然后单击"确定"按钮，将启动Adobe Media Encoder CC，可以应用设置的选项对所选素材中的人声语音进行分析并生成文本，方便作为影片字幕的参考，如图4-69所示。

● 剪辑速度/持续时间：在项目窗口或时间轴窗口中选择需要修改播放速度或持续时间的素材后，执行此命令，在打开的"剪辑速度/持续时间"对话框中，可以通过输入百分比数值或调整持续时间数值，修改所选对象的素材默认持续时间或在时间轴轨道中的持续时间，如图4-70所示。

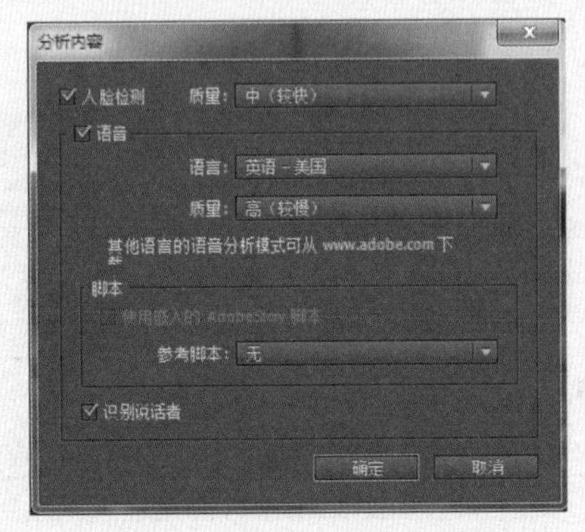

图4-69　"分析内容"对话框

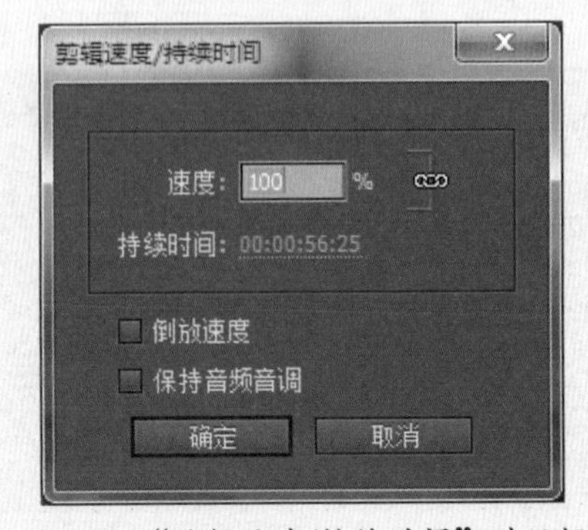

图4-70　"剪辑速度/持续时间"对话框

- 移除效果：在时间轴窗口的轨道中选择应用了视频效果或音频效果的素材剪辑后，执行此命令，可以在弹出的“移除效果”对话框中勾选需要移除的效果类型，然后单击“确定”按钮，即可将在该素材剪辑上对应的效果清除，或移除关键帧动画并重置位置运动、不透明度、音量大小的默认参数，如图4-71所示。
- 捕捉设置：该命令包含“捕捉设置”和“清除捕捉设置”两个子命令。执行“捕捉设置”命令将打开“捕捉”窗口并展开“设置”选项卡，对进行视频捕捉的相关选项参数进行设置，如图4-72所示。

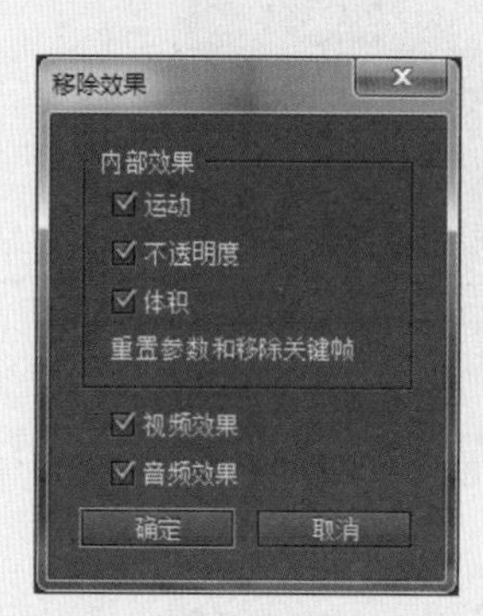

图4-71 “移除效果”对话框

图4-72 “捕捉”窗口

- 插入：将项目窗口中选择的素材插入到时间轴窗口当前工作轨道中时间指针停靠的位置。如果时间指针当前位置有素材剪辑，则将该剪辑分割开并将素材插入其中，轨道中的内容增加相应长度，如图4-73所示。

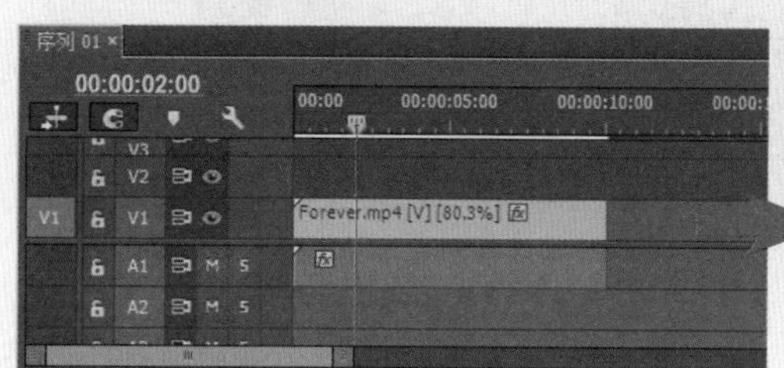

图4-73 插入素材

- 覆盖：将项目窗口中选择的素材添加到时间轴窗口当前工作轨道中时间指针停靠的位置。如果时间指针当前位置有素材剪辑，则覆盖该剪辑的相应长度，轨道中的内容长度不变，如图4-74所示。

图4-74 覆盖素材

- 链接媒体：在项目中有处于脱机状态的素材剪辑时，执行此命令，在打开的“链接媒体”对话框中可以查看到所有处于脱机状态的素材，如图4-75所示。在对话框下面可以勾选要进行查找的文件匹配属性，然后单击“查找”按钮，可以打开“查找文件”对话框并展开所选素材条目的原始路径，查找该素材文件。在找到需要链接的素材文件后，选择该文件并单击“确定”按钮，即可将其重新链接，恢复该素材在影片项目中的正常显示，如图4-76所示。

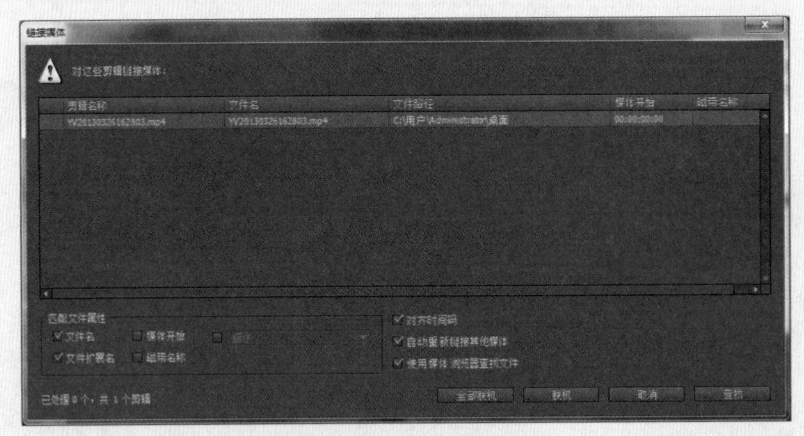

图4-75 “链接媒体”对话框

图4-76 “查找文件”对话框

- 造成脱机：选择项目窗口中需要造成脱机的素材，执行此命令，在弹出的“设为脱机”对话框中选择对应的选项，可以将所选素材设为脱机，如图4-77所示。
    - ◆ 在磁盘上保留媒体文件：断开当前项目中的素材与磁盘上该文件的链接关系，在磁盘上的原文件不受影响。
    - ◆ 媒体文件已删除：选择该选项，单击“确定”按钮，在弹出的询问对话框中单击“确定”按钮，如图4-78所示，将会删除磁盘上的原文件，在其他使用了该文件的项目中对应的剪辑也将变成脱机状态。

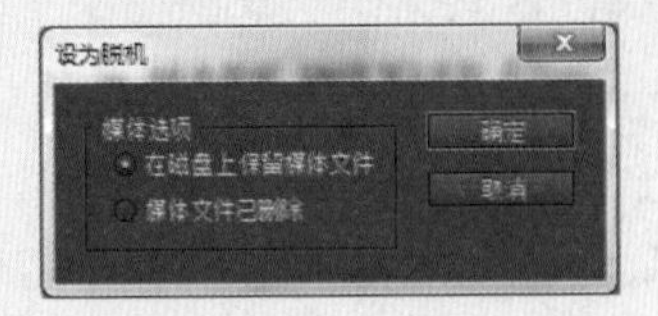

图4-77 “设为脱机”对话框

图4-78 询问是否确定删除文件

● 替换素材：选择项目窗口中要被替换的素材A，执行此命令，在弹出的“替换*素材”对话框中选择用以替换该素材的文件B，按下“选择”按钮，即可完成素材的替换，如图4-79所示；勾选“重命名剪辑为文件名”选项，则在替换后将以文件B的文件名在项目窗口中显示。替换素材后，项目中各序列所有使用了原素材A的剪辑也将同步更新为新的素材B。

● 替换为剪辑：在时间轴窗口的轨道中选择需要被替换的素材剪辑，可以在此命令的子菜单中选择需要的命令，执行对应的替换操作，如图4-80所示。

图4-79 “替换*素材”对话框

从源监视器(S)
从源监视器，匹配帧(M)
从素材箱(B)

图4-80 “替换为剪辑”子菜单

◆ 从源监视器：将轨道中所选的素材A替换为源监视器窗口中当前打开的素材B。

◆ 从源监视器，匹配帧：将轨道中所选的素材A替换为源监视器窗口中当前打开的素材B，并自动调整素材B的画面尺寸到与序列的画面大小匹配。

◆ 从素材箱：将轨道中所选的素材A替换为项目窗口中当前所选中的素材B。

● 自动匹配序列：在项目窗口中选择要加入到序列中的一个或多个素材、素材箱，执行此命令，在打开的“序列自动化”对话框中设置需要的选项，可以将所选对象全部加入到目前打开的工作序列中所选轨道对应的位置，如图4-81所示。

◆ 顺序：设置所选素材在加入到序列中时的排列顺序，是以在项目窗口中选择素材时的顺序（即“选择顺序”），还是以项目窗口中当前所设置素材的默认排序方式，如文件名。

◆ 放置：设置素材加入到轨道中的时间位置。选择“按顺序”，则加入到时间指针当前的位置开始排列；在时间轴窗口的时间标尺中设置了标记后，选择“未编号标记”选项，则会加入到时间轴窗口中第一个未编号标记的位置开始排列。

◆ 方法：设置素材加入到轨道中的方式是插入还是覆盖。

◆ 剪辑重叠：设置在依次排列的前后素材间重叠的时间长度，同时作为应用过渡效果的持续时间长度。

◆ 转换：勾选对应的选项，可以设置是否在素材之间应用默认的视频过渡效果（即“交叉溶解”）或音频过渡效果（即“恒定功率”），如图4-82所示。

◆ 忽略选项：勾选对应的选项，可以使选择的媒体素材在加入到序列中时，不显示视频或不显示音频。

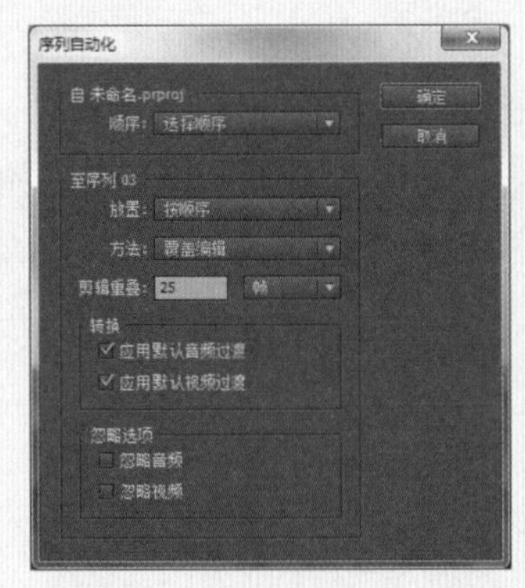

图4-81 “序列自动化”对话框

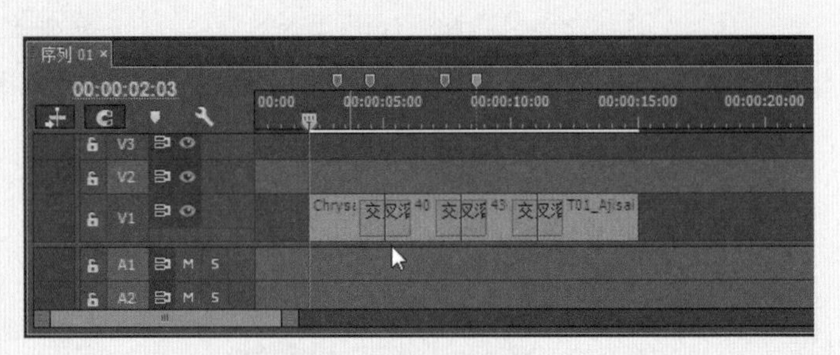

图4-82 应用的过渡效果

● 启用：用于切换时间轴窗口中所选择素材剪辑的激活状态，如图4-83所示。处于未启用状态的素材剪辑将不会在影片序列中显示出来，在节目监视器窗口中变为透明，显示出下层轨道中的图像。

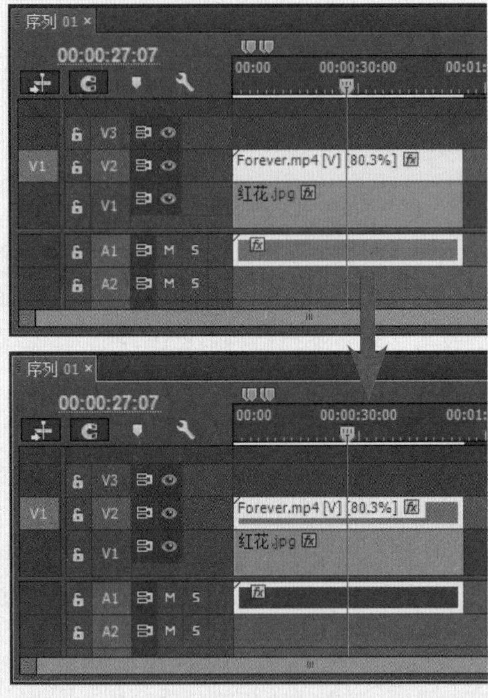

图4-83 切换素材剪辑的激活状态

● 取消链接/链接：此命令用于为时间轴窗口中处于不同轨道中的多个素材对象建立或取消链接关系（每个轨道中只能选择一个素材剪辑）。处于链接状态的素材，可以在时间轴窗口中被整体移动或删除。为其中一个添加效果或调整持续时间，将同时影响其他链接在一起的素材，但仍可以通过效果控件面板单独设置其中某个素材的基本属性（位置、缩放、旋转、不透明度等），如图4-84所示。在选择包含音频的视频剪辑时，执行“取消链接”命令，可以断开该素材剪辑中视频与音频的链接同步关系，可以单独对其中的视频、音频进行编辑或只保留其中一个，如图4-85所示。

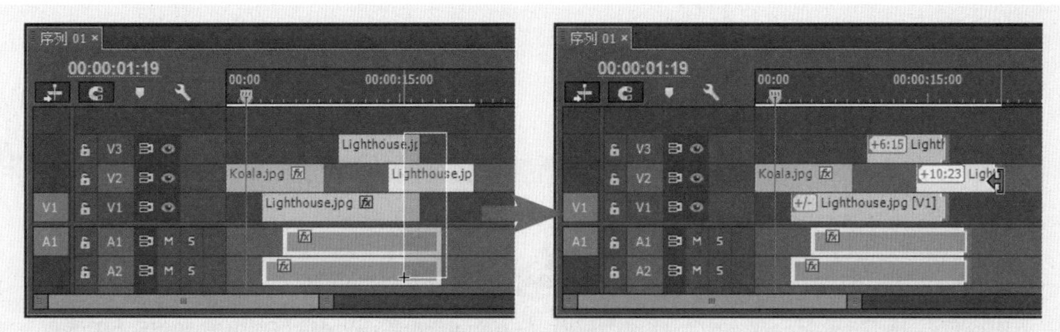

图4-84　选择并链接素材剪辑

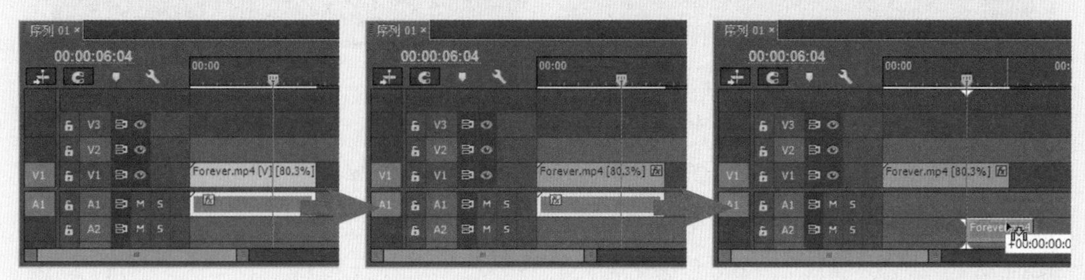

图4-85　取消素材中视频与音频的链接

- 编组：编组关系与链接关系相似，编组后也可以被同时应用添加的效果或被整体移动、删除等，如图4-86所示。其区别在于编组对象不受数量和轨道位置的限制，处于编组中的素材不能单独修改其基本属性，但可以单独调整其中一个素材的持续时间。

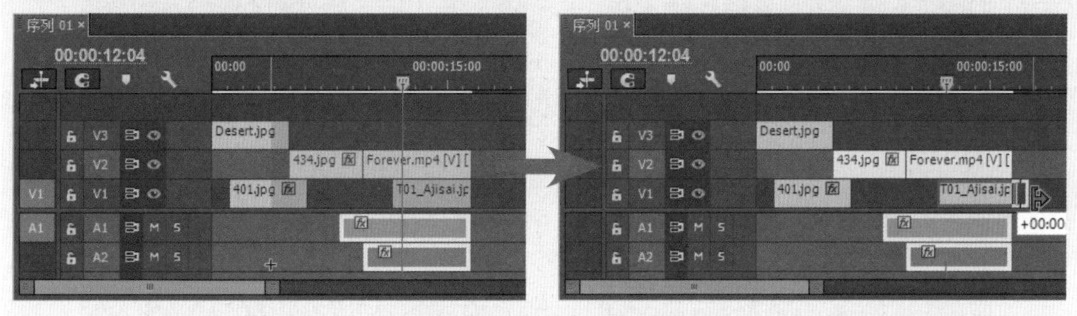

图4-86　编组素材剪辑

- 取消编组：执行该命令可以取消所选编组的组合状态。与取消链接一样，在取消编组后，在编组状态时为组合对象应用的效果动画，也将继续保留在各个素材剪辑上。与取消链接不同，取消编组不能断开视频素材与其音频内容的同步关系。
- 同步：在时间轴窗口的不同轨道中分别选择一个素材剪辑后，执行此命令，可以在打开的“同步剪辑”对话框中选择需要的选项，将这些素材剪辑以指定方式快速调整到同步对齐，如图4-87所示。

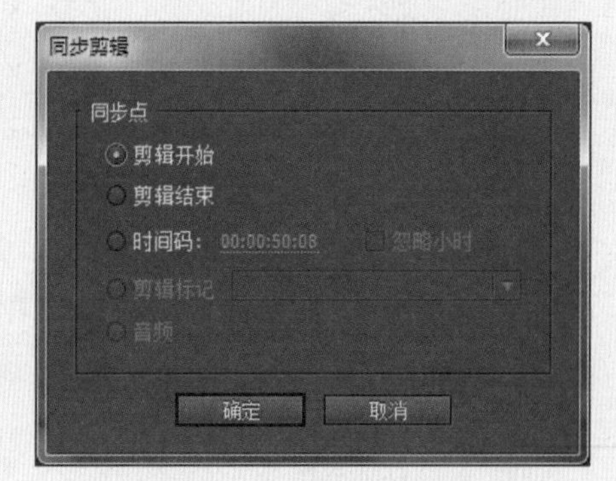

图4-87　“同步剪辑”对话框

◆ 剪辑开始/剪辑结束：以处于最上层轨道中剪辑的入点或出点，执行多个素材的开始或结束位置对齐，如图4-88所示。

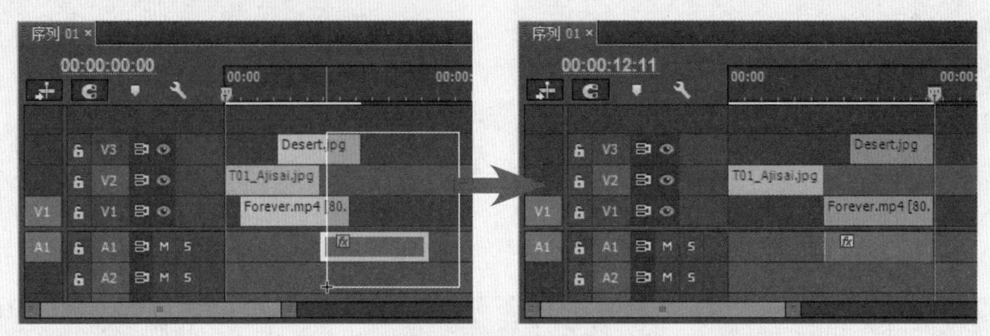

图4-88　执行剪辑结束点同步对齐

◆ 时间码：设置一个时间位置，从该位置作为开始点进行对齐。

◆ 剪辑标记：以指定的剪辑编辑点作为开始点进行对齐。

◆ 音频：以指定音频对象的开始点进行对齐。

● 合并剪辑：在时间轴窗口中选择一个视频轨中的图像素材和一个音频轨道中的音频素材后，执行此命令，在弹出的“合并剪辑”对话框中为合并生成的新剪辑命名，并设置好两个素材的持续时间同步对齐方式，单击“确定”按钮，即可在项目窗口中生成新的素材剪辑，如图4-89所示。

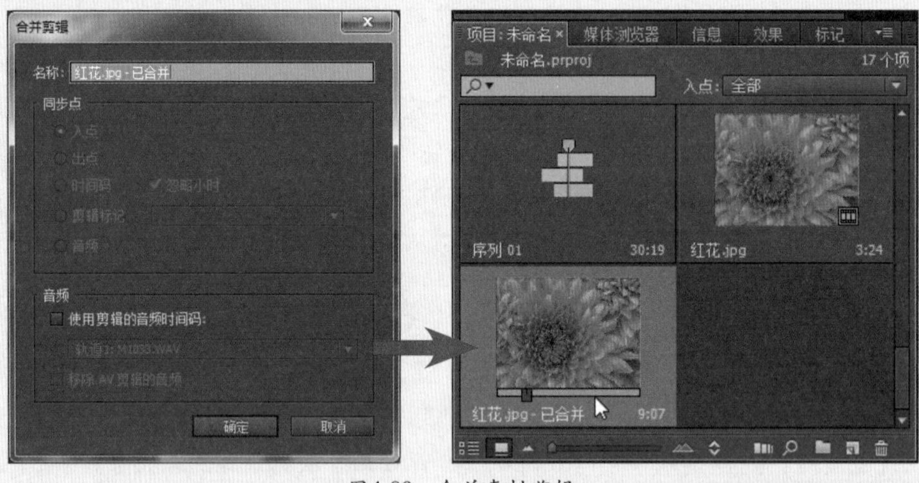

图4-89　合并素材剪辑

● 嵌套：在时间轴窗口中选择建立嵌套序列的一个或多个素材剪辑，执行此命令，在弹出的“嵌套序列名称”对话框中为新建的嵌套序列命名，然后单击“确定”按钮，即可将选择的素材合并为一个嵌套序列，如图4-90所示。

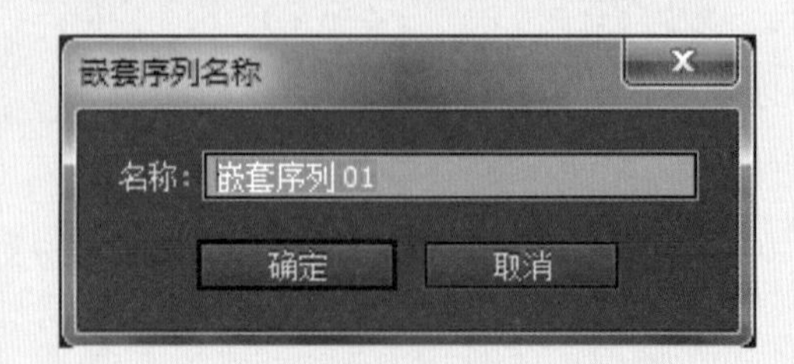

图4-90　“嵌套序列名称”对话框

生成的嵌套序列将作为一个剪辑对象添加在项目窗口中，同时在原位置替换之前选择的素材，如图4-91所示。

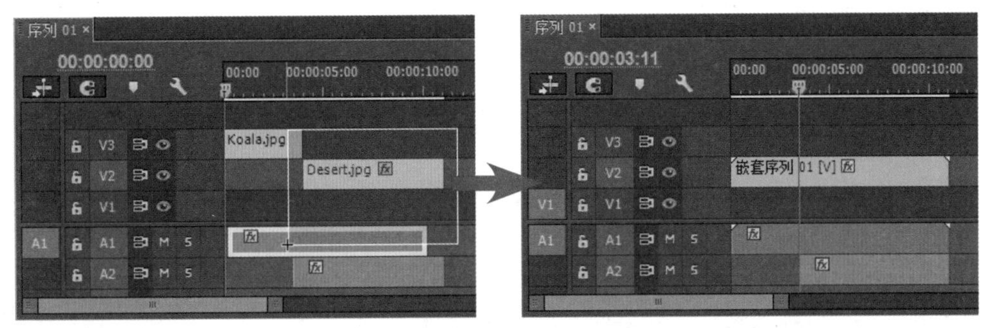

图4-91 创建嵌套序列

在项目窗口或时间轴窗口中双击该嵌套序列，打开其时间轴窗口，可以查看或编辑其中的素材剪辑，如图4-92所示。

图4-92 查看嵌套序列内容

- 创建多机位源序列：在导入了使用多机位摄像机拍摄的视频素材时，可以在项目窗口中同时选择这些素材，创建一个多机位源序列，在其中可以很方便地对各个素材剪辑进行剪切操作。

提 示

所谓多机位拍摄就是指多台摄像机在不同角度同时拍摄同一目标对象或场景，各台拍摄到的视频画面虽然角度不同，但具有相同的音频。利用这个特点，可以在将这些素材的音频内容设置为同步的状态下，很方便地对各个视频轨道中的内容进行剪切，在完整地播放时仍然保持连贯流畅的影音效果。常用于电影、电视作品处理，尤其是快节奏的MTV视频制作，可以拍摄不同场景的歌唱表演，只要保持背景音乐内容统一，就可以实现音频同步，创建多机位序列来剪切影片。

执行该命令后，在打开的“创建多机位源序列”对话框中可以为新建序列命名（命名方式为所选视频剪辑或音频的名称加上输入的名称，或者自定义的名称）并设置所选素材的同步对齐方式、音频的偏移时间位置、是否将所选素材剪辑添加到“处理的剪辑”素材箱、在“序列设置”下拉列表中选择要采用的音频的方式、音频的声道属性等选项，然后单击“确定”按钮，即可依据设置的选项创建对应的多机位源序列，如图4-93所示。

在项目窗口中双击创建的多机位源序列，可以在打开的源监视器窗口中同时查看所有机位的剪辑内容，如图4-94所示。在编辑工作中，可以在源监视器窗口中选择其中需要的剪辑画面后，为其设置好需要在影片序列中显示的时间范围，然后将其按住并拖入序列的时间轴窗口中，即可在序列中添加该机位的剪辑图像，如图4-95所示。

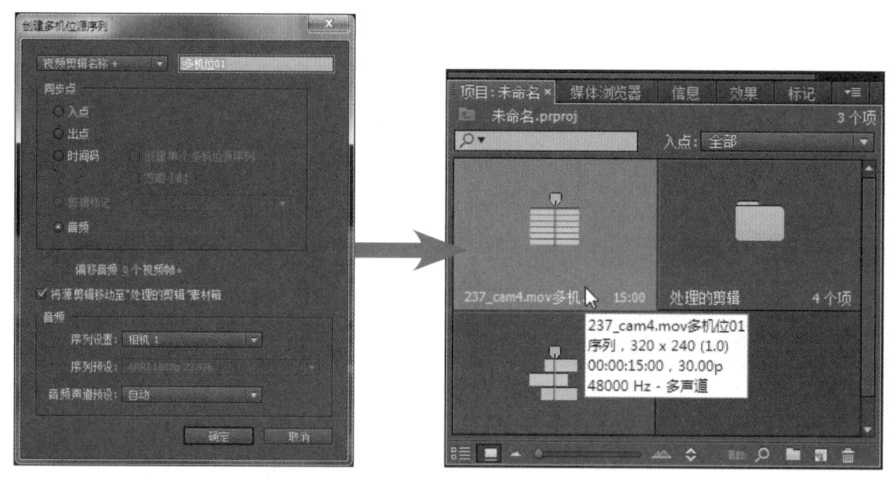

图4-93　创建多机位源序列

图4-94　查看多机位源序列

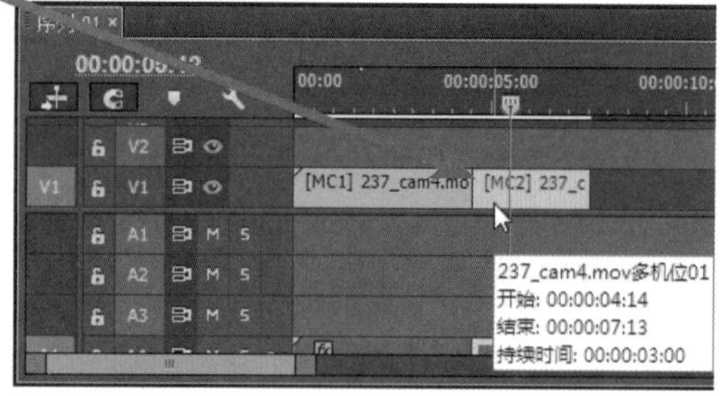

图4-95　加入需要的片段到序列中

- 多机位：在该命令的子菜单中选择“启用”命令后，可以启用多机位选择命令选项，如图4-96所示。在时间轴窗口中选择多机位源序列对象后，在此选择需要在该对象中显示的机位角度；选择“拼合”命令，则将时间轴窗口中所选的多机位源序列对象转换成一般素材剪辑，并只显示当前的机位角度。

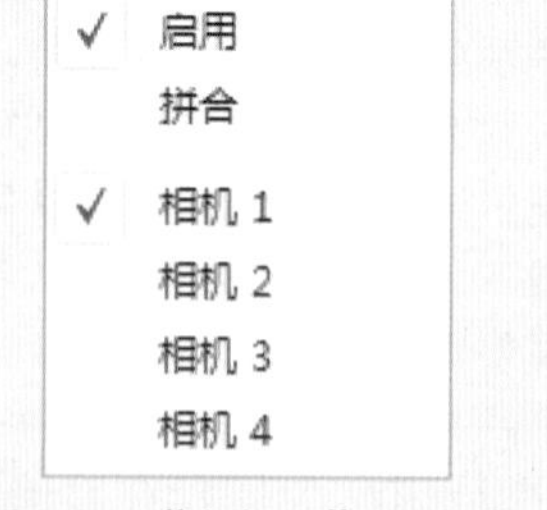

图4-96　“多机位”子菜单

4.4 序列菜单

“序列”菜单中的命令主要用于对项目中的序列进行编辑、管理、渲染片段、增删轨道、修改序列内容等操作，如图4-97所示。

- 序列设置：打开“序列设置”对话框，可以查看当前工作序列的选项参数设置，如图4-98所示。

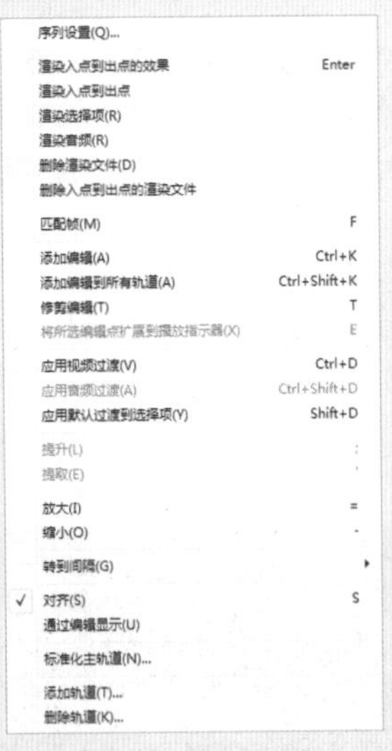

图4-97 “序列”菜单

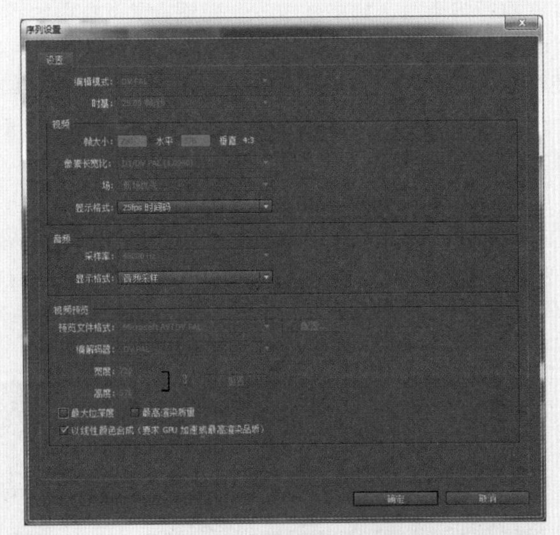

图4-98 “序列设置”对话框

- 渲染入点到出点的效果：只渲染当前工作时间轴窗口中，序列的入点到出点范围内添加的所有视频效果，包括视频过渡和视频效果；如果序列中的素材没有应用效果，则只对序列执行一次播放预览，不进行渲染。执行该命令后将弹出渲染进度对话框，显示将要渲染的视频数量和进度，如图4-99所示。

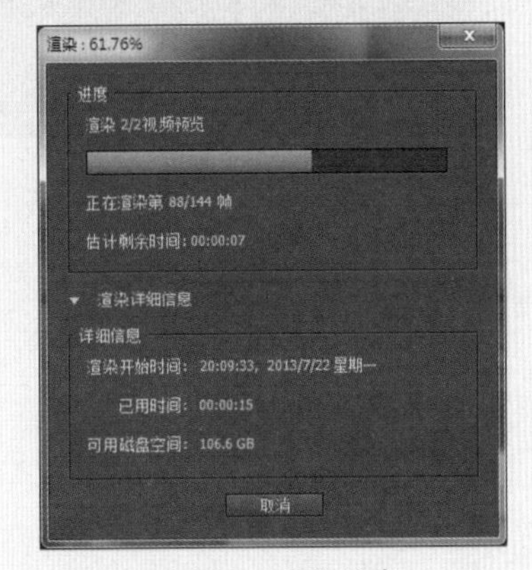

图4-99 渲染进度

每一段视频效果都将被渲染生成一个视频文件；渲染完成后，在项目文件的保存目录中，将自动生成名为Adobe Premiere Pro Preview Files的文件夹并存放渲染得到的视频文件，如图4-100所示。

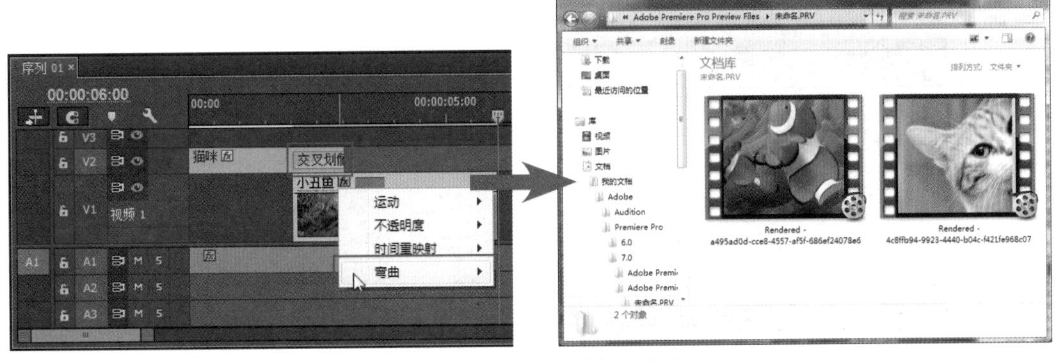

图4-100 渲染生成的视频文件

提 示

在执行渲染时，如果其中一个视频轨道上应用的视频效果，与其他视频轨道中的素材剪辑在时间范围上有重叠，那么该重叠时间范围内的节目画面也将渲染生成对应的一个视频文件，如图4-101所示的序列，将生成2个视频文件；如图4-102所示的序列，将生成3个视频文件。如果不想要其中某个轨道的内容被渲染，可以单击轨道前面的“切换轨道输出”图标，将其设置为关闭状态即可。

如果在时间轴窗口的时间标尺中显示了工作区域栏，那么“序列”菜单中在此关于渲染的几个命令将由“入点到出点”变成“工作区域”，在编辑中要注意区分，如图4-103所示。工作区域是可以自由设置的影片预览区间，可以在渲染输出时作为输出源范围的依据。单击时间轴窗口右上角的按钮，可以在弹出的命令菜单中选择“工作区域栏”命令，将其在时间轴窗口的时间标尺中显示出来，如图4-104所示。

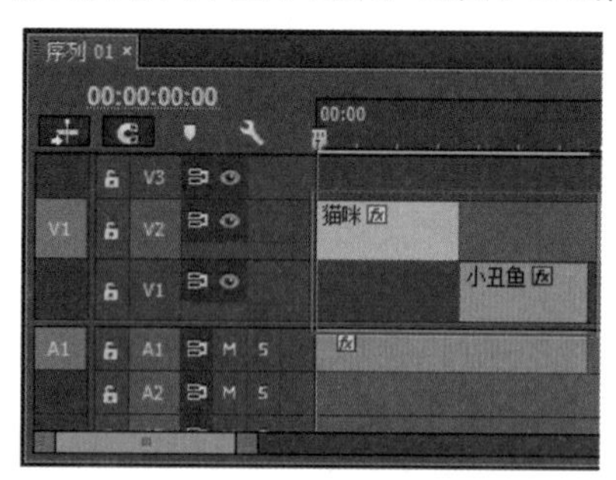

图4-101 轨道无重叠

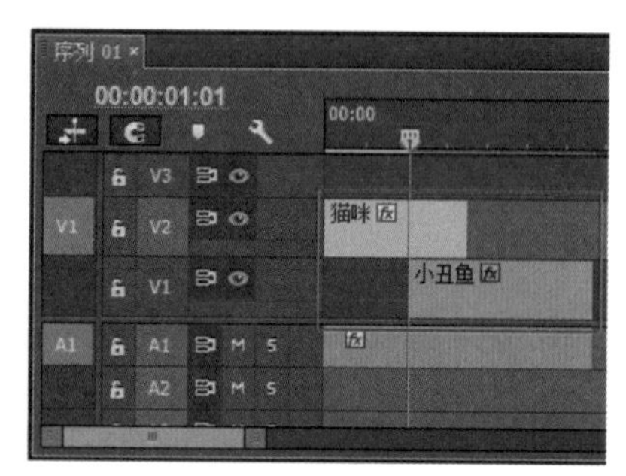

图4-102 轨道有重叠

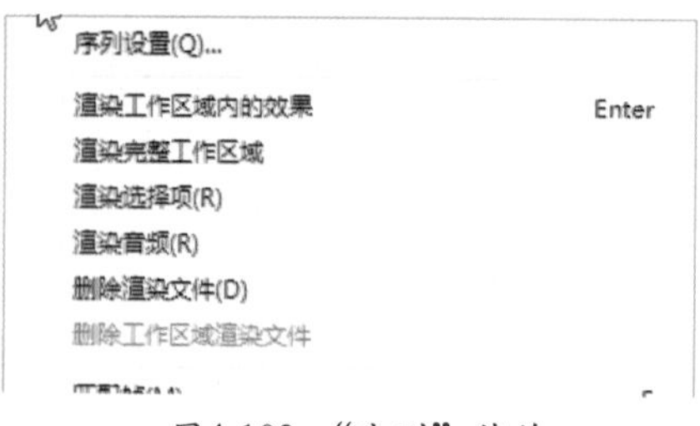

图4-103 “序列”菜单

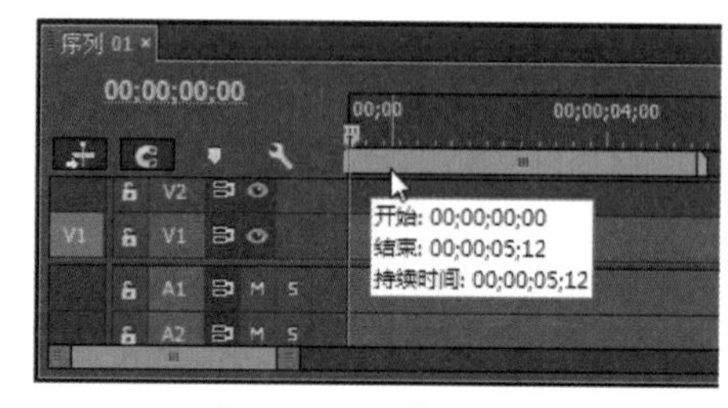

图4-104 工作区域栏

- 渲染入点到出点：渲染当前序列中各视频、图像剪辑持续时间范围内以及重叠部分的影片画面，都将单独生成一个对应内容的视频文件，如图4-105所示。

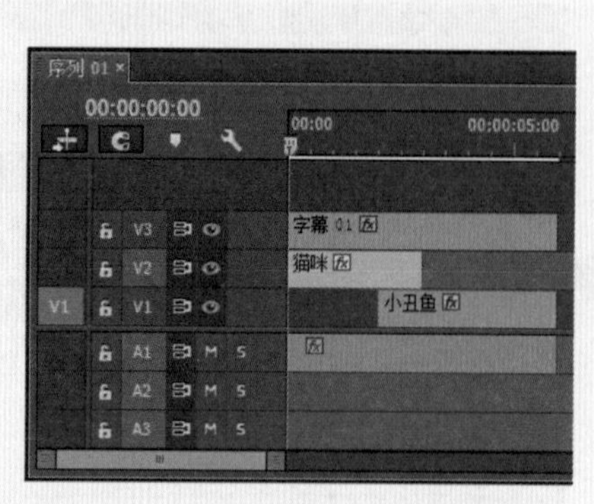

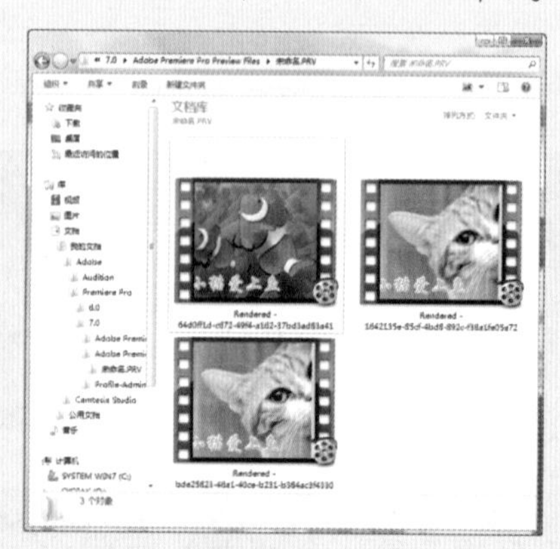

图4-105 渲染序列入点到出点中的视频剪辑

- 渲染选择项：渲染在序列中当前选中的包含动画内容的素材剪辑，也就是视频素材剪辑，或应用了视频效果和视频过渡的剪辑；如果选中的是没有动画效果的图像素材或音频素材，那么将至少执行一次该素材持续时间范围内的预览播放。
- 渲染音频：渲染当前序列中的音频内容，包括单独的音频素材剪辑和视频文件中包含的音频内容，每个音频内容将渲染生成对应的*.CFA和*.PEK文件，如图4-106所示。

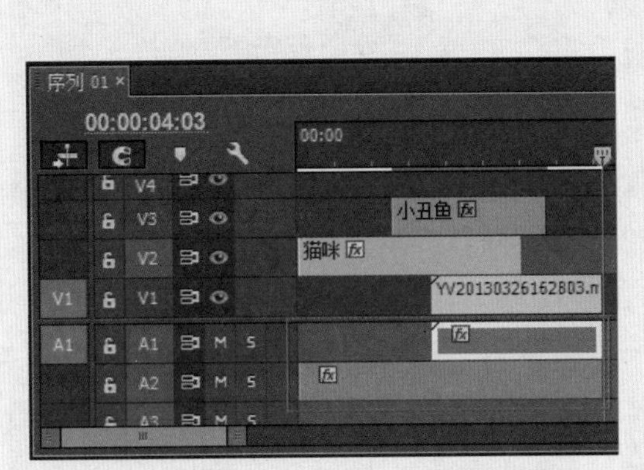

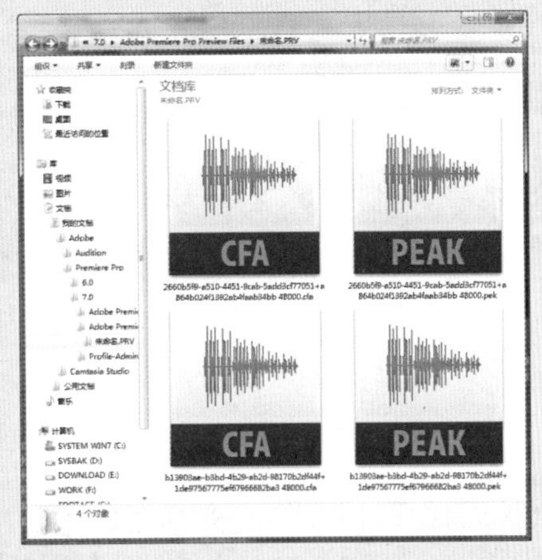

图4-106 渲染音频

- 删除渲染文件：执行此命令，在弹出的“确认删除”对话框中按下“确定”按钮，可以删除与当前项目关联的所有渲染文件，如图4-107所示。
- 删除入点到出点的渲染文件：执行此命令，在弹出的“确认删除”对话框中按下“确定”按钮，可以删除执行从入点到出点渲染生成的视频文件，但不删除渲染音频生成的文件，如图4-108所示。

图4-107 删除所有渲染文件

图4-108 删除从入点到出点的渲染文件

- 匹配帧：选择序列中的素材剪辑后，执行此命令，可以在源监视器窗口中查看到该素材剪辑的大小匹配序列画面尺寸时的效果（不同于双击素材打开源监视器时的原始大小效果），作为调整素材剪辑大小的参考，如图4-109所示。

图4-109 素材剪辑匹配帧

- 添加编辑：执行此命令，可以将序列中选中的素材剪辑以时间指针当前的位置进行分割，以方便进一步的编辑，其功能相当于工具面板中的剃刀工具，如图4-110所示。

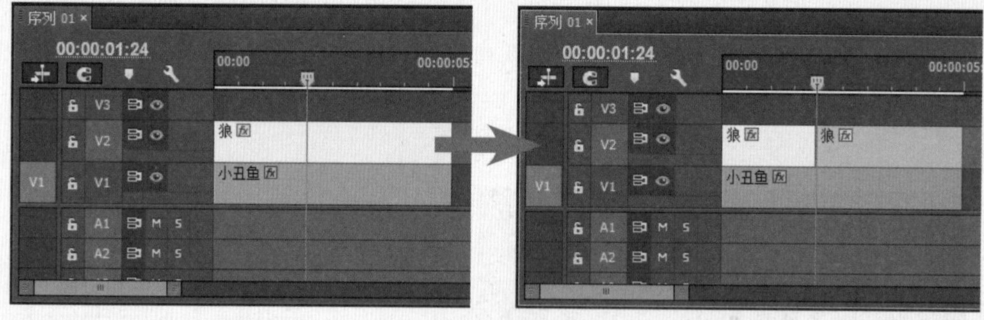

图4-110　添加编辑

- 添加编辑到所有轨道：执行此命令，可以对序列中时间指针当前位置的所有轨道中的素材剪辑进行分割，以方便进一步的编辑，如图4-111所示。

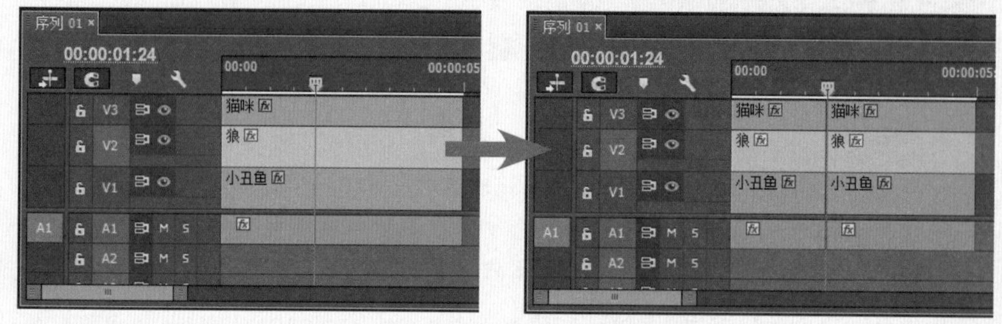

图4-111　添加编辑到所有轨道

- 修剪编辑：执行此命令，可以快速将序列中当前所有处于关注状态的轨道（即轨道头的编号框为浅灰色，其轨道中素材剪辑的颜色为亮色；非关注状态的轨道头编号框为深灰色，其轨道中素材剪辑的颜色为暗色）中的素材，在最接近时间指针当前位置的端点变成修剪编辑状态。移动鼠标到修剪图标上按住并前后拖动，即可改变素材的持续时间。如果修剪位置在两个素材剪辑之间，那么在调整素材持续时间时，其中一个素材中增加的帧数将从相邻的素材中减去，也就是保持两个素材的总长度不变。此命令的功能相当于工具面板中的滚动编辑工具，如图4-112所示。处于关闭、锁定或非关注状态的轨道将不受影响。

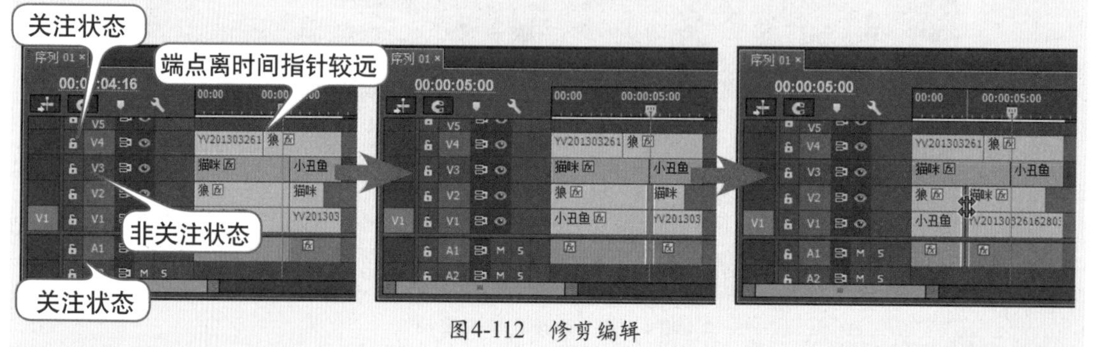

图4-112　修剪编辑

- 将所选编辑点扩展到播放指示器：在应用修剪编辑时，执行此命令可以将节目监视器窗口切换为修剪监视状态，在其中同时显示当前工作轨道中修剪编辑点前后素材的调整变化，如图4-113所示。

图4-113　将所选编辑点扩展到播放指示器

  - ◆ 大幅度向后修剪 -5 /大幅度向前修剪 +5 ：单击对应的按钮，可以使编辑点向前/向后移动，使后面/前面素材剪辑的持续时间增加，每次5帧。
  - ◆ 向后修剪 -1 /向前修剪 +1 ：单击对应的按钮，可以使编辑点向前/向后移动，使后面/前面素材剪辑的持续时间增加，每次1帧。
  - ◆ 应用默认过渡效果到选择项 ：单击该按钮，在编辑点位置的两个素材剪辑之间应用默认的过渡效果（即“交叉溶解”）。
- 应用视频过渡：执行此命令时，如果序列中选定的素材剪辑（及其主体）在时间指针当前位置之前，那么将在该素材的开始位置应用默认的视频过渡效果，如图4-114所示；如果选定的素材剪辑（及其主体）在时间指针当前位置之后，将在该素材的结束位置应用默认的视频过渡效果，如图4-115所示。

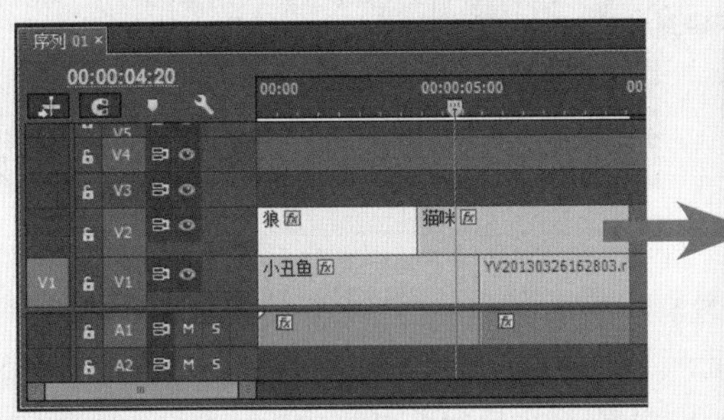

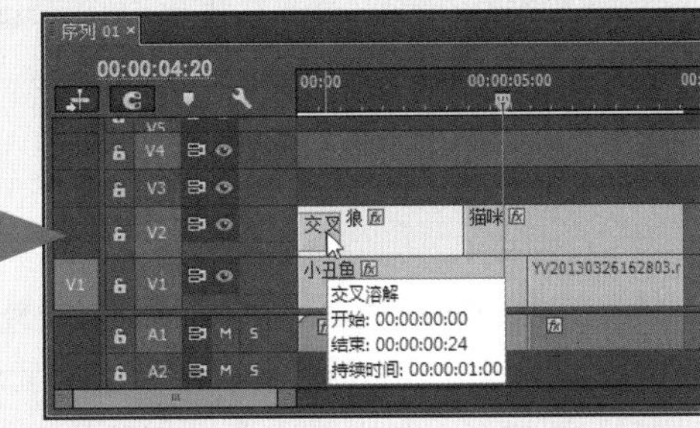

图4-114　应用视频过渡

图4-115　应用视频过渡

如果序列中没有选定的对象，那么执行此命令后，将在离时间指针当前位置最近的两个素材剪辑之间应用默认的视频过渡效果，如图4-116所示。

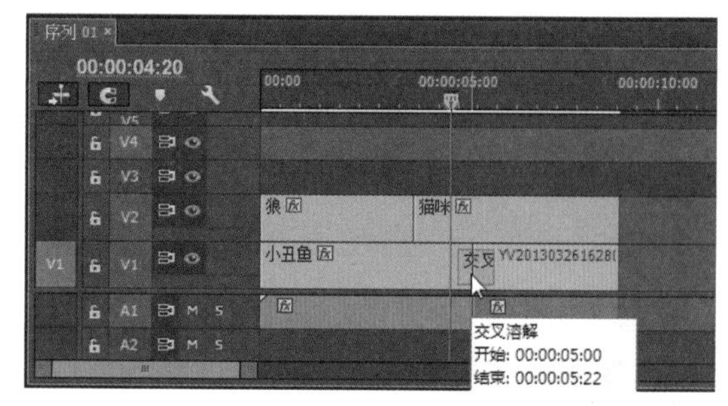

图4-116　应用视频过渡

- 应用音频过渡：执行此命令时，如果序列中选定的音频剪辑（及其主体）在时间指针当前位置之前，那么将在该素材的开始位置应用默认的音频过渡效果（即“恒定功率”）；如果选定的音频剪辑（及其主体）在时间指针当前位置之后，将在该素材的结束位置应用默认的音频过渡效果。
- 应用认过渡到选择项：执行此命令时，如果序列中选定的素材剪辑（及其主体）在时间指针当前位置之前，那么将在该素材的开始位置应用默认的视频或音频过渡效果；如果选定的素材剪辑（及其主体）在时间指针当前位置之后，将在该素材的结束位置应用默认的视频或音频过渡效果。
- 提升：在时间轴窗口的时间标尺中标记了入点和出点时，执行此命令，可以将所有处于关注状态的轨道中的素材剪辑，删除它们在入点与出点区间内的帧，删除的部分将留空；处于关闭、锁定或非关注状态的轨道将不受影响，如图4-117所示。

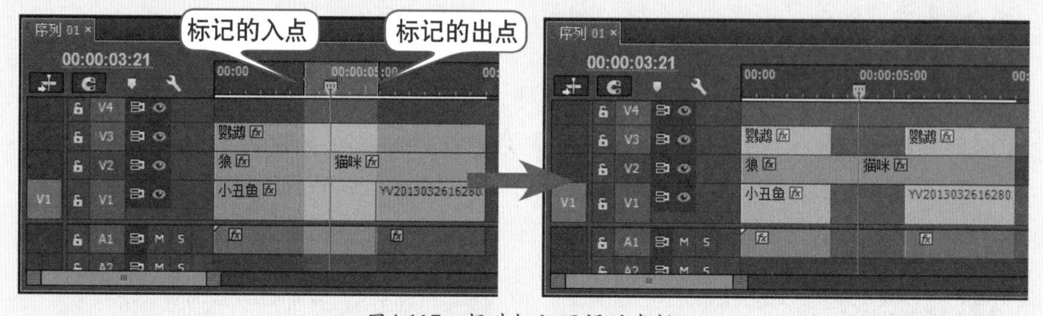

图4-117　提升标记区间的素材

- 提取：执行此命令，可以将所有处于关注状态的轨道中的素材剪辑，删除它们在时间标尺中入点与出点时间范围内的帧，素材剪辑后面的部分将自动前移以填补删除部分；只有处于锁定状态的轨道不受影响，如图4-118所示。

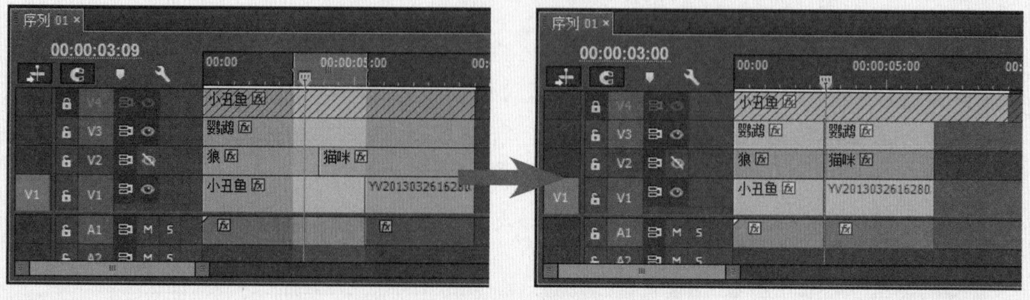

图4-118　提取标记区间的素材

- 放大和缩小：对当前处于关注状态的时间轴窗口或监视器窗口中的时间显示比例进行放大（快捷键为=）和缩小（快捷键为-），方便进行更精确的时间定位和编辑操作。
- 转到间隔：在该命令的子菜单中选择对应的命令，可以快速将时间轴窗口中的时间指针跳转到对应的位置，如图4-119所示。

提 示

序列的分段以当前时间指针所停靠素材群（素材群之间有间隔）的最前端或最末端为参考；轨道的分段以当前所选中轨道中素材的入点或出点为参考。

- 对齐：在选中该命令的状态下，在时间轴窗口中移动或修剪素材到接近靠拢时，被移动或修剪的素材将自动靠拢并对齐前面或后面的素材，以方便准确地调整两个素材的首尾相连，避免出现在播放时的黑屏画面。
- 标准化主音轨：执行该命令，可以为当前序列的主音轨设置标准化音量，对序列中音频内容的整体音量进行提高或降低，如图4-120所示。

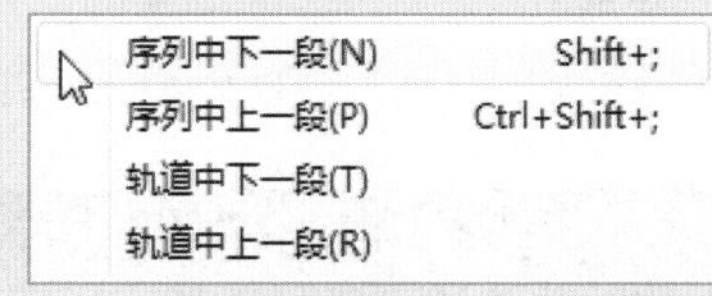

图4-119 “转到间隔”命令子菜单

图4-120 “标准化轨道”对话框

- 添加轨道：执行该命令将打开“添加轨道”对话框，在其中可以对需要添加轨道的类型、数量、参数选项进行设置，然后单击“确定”按钮来执行，如图4-121所示。
    - ◆ 添加：在该数值框输入需要添加对应类型轨道的数量。
    - ◆ 放置：在该选项的下拉列表中选择新添加轨道将会出现的次序位置。
    - ◆ 轨道类型：用于设置所添加音频轨道的声道类型，包含了单声道、立体声、自适应和5.1等类型。
- 删除轨道：执行该命令将打开“删除轨道”对话框，在其中勾选“删除视频/音频轨道”复选框，然后在下面的下拉列表中选择需要删除的轨道序号或“所有空轨道”选项，单击“确定”按钮将删除所选轨道，如图4-122所示。

图4-121 “添加轨道”对话框

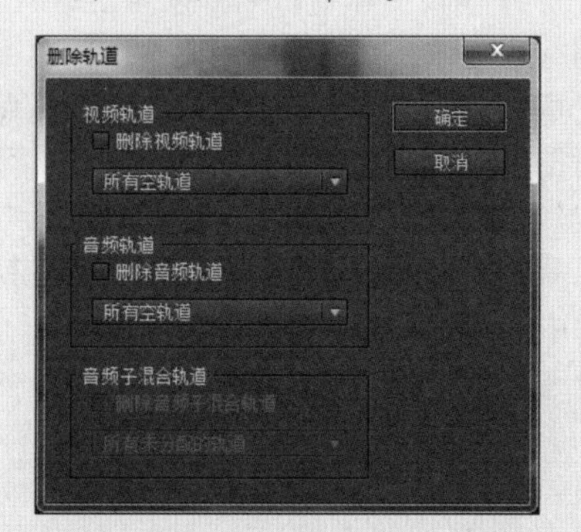

图4-122 “删除轨道”对话框

4.5 标记菜单

“标记”菜单中的命令主要用于在时间轴窗口的时间标尺中设置序列的入点、出点并引导跳转导航，以及添加位置标记、章节标记等操作，如图4-123所示。

命令	快捷键
标记入点(M)	I
标记出点(M)	O
标记剪辑(C)	X
标记选择项(S)	/
标记拆分(P)	▸
转到入点(G)	Shift+I
转到出点(G)	Shift+O
转到拆分(O)	▸
清除入点(L)	Ctrl+Shift+I
清除出点(L)	Ctrl+Shift+O
清除入点和出点(N)	Ctrl+Shift+X
添加标记	M
转到下一标记(N)	Shift+M
转到上一标记(P)	Ctrl+Shift+M
清除当前标记(C)	Ctrl+Alt+M
清除所有标记(A)	Ctrl+Alt+Shift+M
编辑标记(I)...	
添加章节标记...	
添加 Flash 提示标记(F)...	

图4-123 “标记”菜单

- 标记入点/出点：默认情况下，在没有自定义入点或出点时，序列的入点即开始点（00;00;00;00），出点为时间轴窗口中素材剪辑的最末端点。设置自定义的序列入点、出点，可以作为影片渲染输出时的源范围依据。将时间指针移动到需要的时间位置后，执行“标记入点”或“标记出点”命令，即可在时间标尺中标记出序列的入点或出点，如图4-124所示。将鼠标移动到设置的序列入点或出点上，在鼠标光标改变形状后，按住向前或向后拖动，可以调整当前序列入点或出点的时间位置，如图4-125所示。

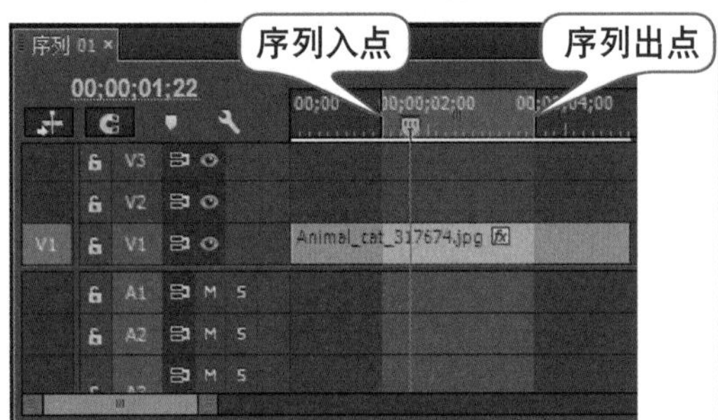

图4-124 设置的序列入点和出点

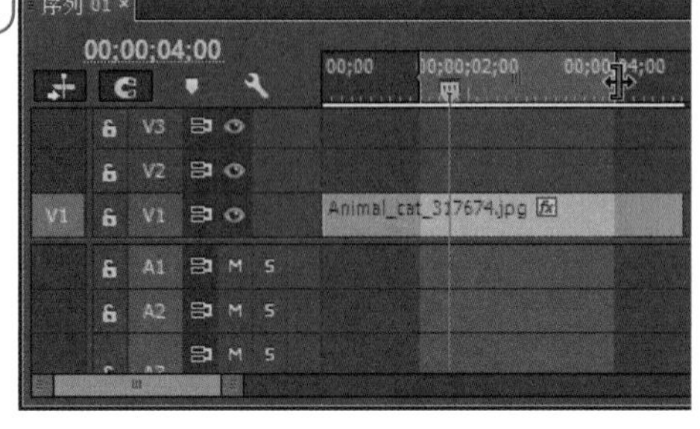

图4-125 调整序列的出点

提 示

在影片编辑工作中，需要注意区分几个不同的入点、出点概念。序列的入点、出点，是在时间标尺中设置的用以确定影片渲染输出范围的标记；素材剪辑在时间轴窗口中的入点、出点，是指其在轨道中的开始端点和结束端点；图像或视频素材的视频入点、视频出点，是指在其素材自身中设置的内容开始、结束点，可以在项目窗口和素材来源窗口中进行设置修改，用以确定其在加入到序列中后，从动态内容中间的指定位置开始播放，在指定位置结束，只显示其中间需要的片段，而且还可以通过调整其素材剪辑的入点、出点，进一步修剪需要显示在影片序列中的片段。

- 标记剪辑：以当前时间轴窗口中处于关注状态的视频轨道中所有素材剪辑的全部长度设置标记范围，如图4-126所示。

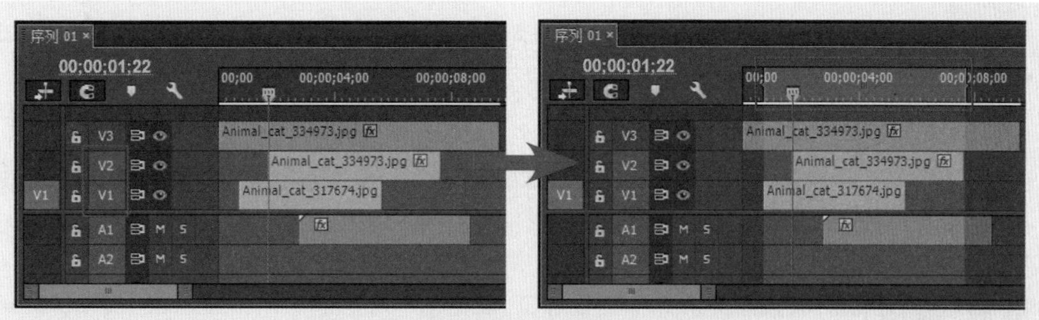

图4-126 通过剪辑标记序列的入点和出点

- 标记选择项：以当前时间轴窗口中被选中的素材剪辑的长度设置标记范围，如图4-127所示。

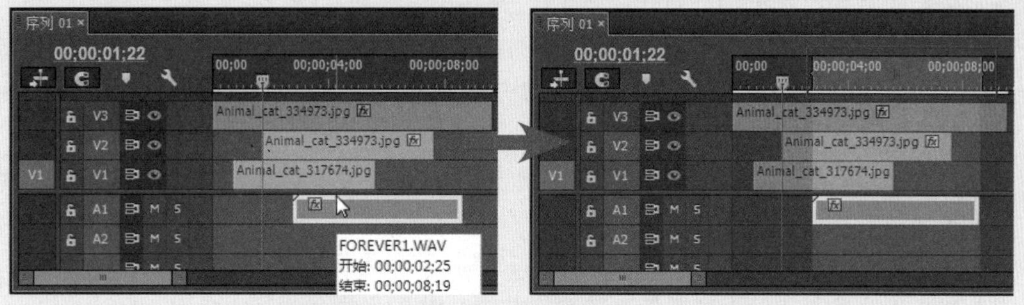

图4- 127 以选中剪辑设置标记

- 转到入点/出点：用于快速将时间指针跳转到时间标尺中的入点或出点位置。
- 清除入点/出点：用于清除时间标尺中设置的入点或出点。
- 清除入点和出点：用于清除时间标尺中设置的入点和出点。
- 添加标记：可以在时间标尺的上方添加定位标记，除了可以用于快速定位时间指针外，还可以用于为影片序列在该时间位置编辑注释信息，方便其他协同的工作人员或以后打开影片项目时，了解当时的编辑意图或注意事项。可以根据需要在时间标尺上添加多个标记，如图4-128所示。

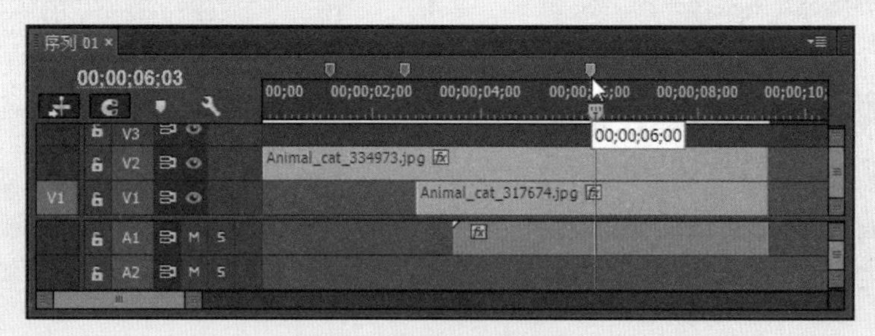

图4-128 添加的标记

- 转到下/上一标记：用于快速将时间指针跳转到时间标尺中下一个或上一个标记的开始位置。
- 清除当前标记：用于清除时间标尺中时间指针当前位置（或离时间指针最近）的标记。
- 清除所有标记：用于清除时间标尺中的所有标记。

- 编辑标记：在时间标尺中选择一个标记后，执行此命令，可以在打开的“标记@*”对话框中为该标记命名，以及设置其在时间标尺中的持续时间。在“注释”文本框中可以输入需要的注释信息；在“选项”栏中可以设置标记的类型；单击“上一个”或“下一个”按钮，可以切换时间标尺中前后的其他标记进行查看和编辑；单击“删除”按钮可以删除当前时间位置的标记，如图4-129所示。

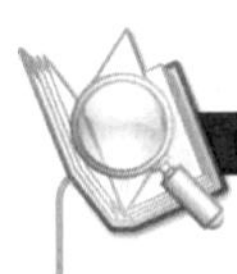

提 示

用鼠标双击时间标尺中的标记，也可以快速打开“标记@*”对话框。

- 添加章节标记：用于打开“标记@*”对话框并自动选中“章节标记”类型选项，在时间指针的当前位置添加DVD章节标记，作为将影片项目转换输出并刻录成DVD影碟后，在放入影碟播放机时显示的章节段落点，可以用影碟机的遥控器进行点播或跳转到对应的位置开始播放。
- 添加Flash提示标记：用于打开“标记@*”对话框并自动选中“Flash提示点”类型选项，在时间指针的当前位置添加Flash提示标记，作为将影片项目输出为包含互动功能的影片格式（如*.MOV）后，在播放到该位置时，依据设置的Flash响应方式，执行设置的互动事件或跳转导航，如图4-130所示。

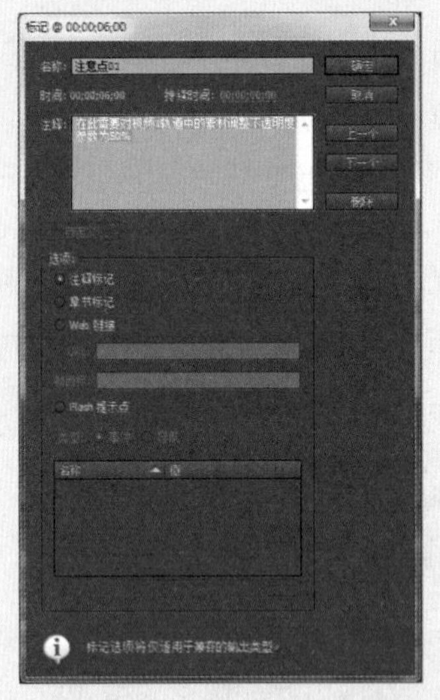

图4-129 “标记@*”对话框

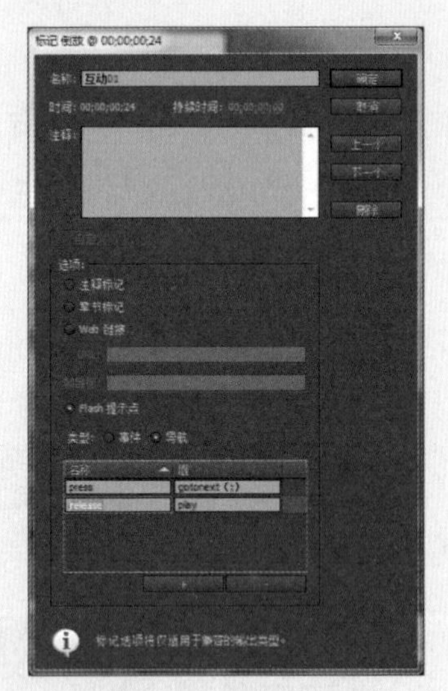

图4-130 添加Flash提示标记

4.6 字幕菜单

“字幕”菜单中的命令主要用于创建字幕文件，并为字幕设计器窗口中编辑的文字设置字体、大小、对齐、应用动画和模板等。

- 新建字幕：在此命令的子菜单中，可以选择新建字幕的类型和方式，如图4-131所示。

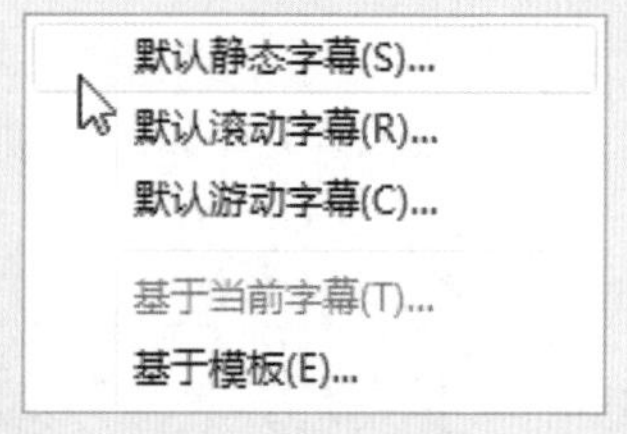

图4-131 “新建字幕”子菜单

  - 默认静态字幕：默认的字幕类型，在画面中静态显示，常用于设置标题文字，也可以被添加动画效果。
  - 默认滚动字幕：创建在垂直方向从下往上运动的动画字幕。
  - 默认游动字幕：创建在水平方向从左往右或从右向左运动的动画字幕。执行以上3种新建命令后，在打开的如图4-132所示的“新建字幕”对话框中，设置好需要的视频属性（默认为与当前序列相同）和字幕剪辑的名称，单击“确定”按钮，即可打开字幕设计器窗口，如图4-133所示。

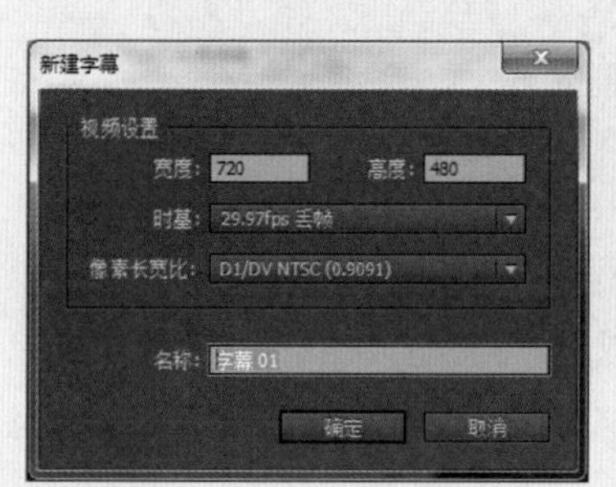

图4-132 “新建字幕”对话框

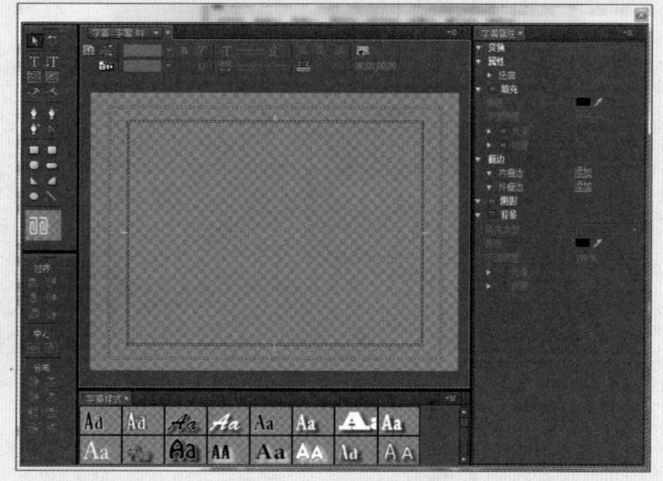

图4-133 字幕设计器窗口

  - 基于当前字幕：在字幕设计器窗口打开并编辑了字幕内容时，执行此命令，可以通过相同的视频属性设置，创建一个新的、相同内容和样式效果的字幕，在之前字幕的基础上编辑新的字幕内容。
  - 基于模板：执行此命令，可以在打开的“模板”对话框中选择Premiere Pro CC中安装了的字幕模板，应用所选模板中的字幕内容和样式作为基础创建新的字幕文件，如图4-134所示。

图4-134 “模板”对话框

- 字体：在字幕设计器窗口中选择输入的文本后，可以在此命令的子菜单中为其选择需要的字体并应用。
- 大小：在字幕设计器窗口中选择输入的文本后，可以在此命令的子菜单中为其选择合适的字号大小并应用。
- 文字对齐：在输入的文本内容有多行时，可以在此命令的子菜单中为其选择需要的段落对齐方式，包括靠左、居中和右侧对齐，如图4-135所示。

图4-135 居中对齐与右侧对齐

- 方向：在此命令的子菜单中，可以为所选文本设置排列方向，包括水平方向或垂直方向，如图4-136所示。

图4-136 水平方向与垂直方向

- 自动换行：选中此命令，在字幕设计器窗口中输入文本时，将在文字达到字幕安全框时自动换行。
- 制表位：在字幕设计器窗口中绘制或选择一个文本框后，执行该命令，在打开的"制表位"对话框中，单击相应的制表位按钮后，在数字标尺上需要的位置单击，即可在该位置创建对应的制表符；用鼠标按住并拖动制表符，可以参考字幕编辑窗口中黄色的制表符标记线移动来调整其位置；如果已经输入了文字，那么文字条目将随着设置的对应制表符移动，如图4-137所示。为文本框设置好制表符后，在输入时按下Tab键，可以将输入光标快速定位到下一个制表符位置，如图4-138所示。

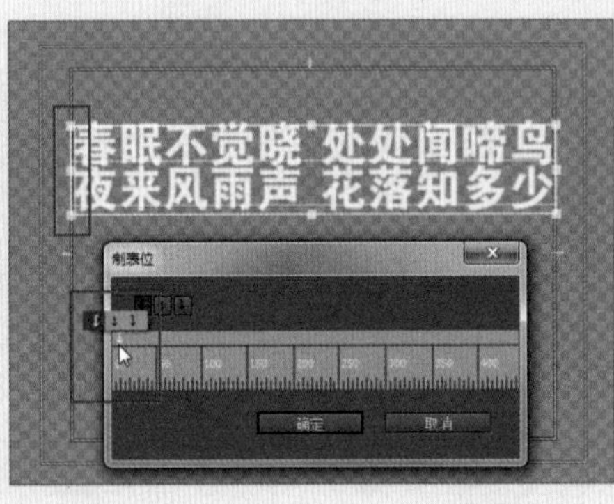

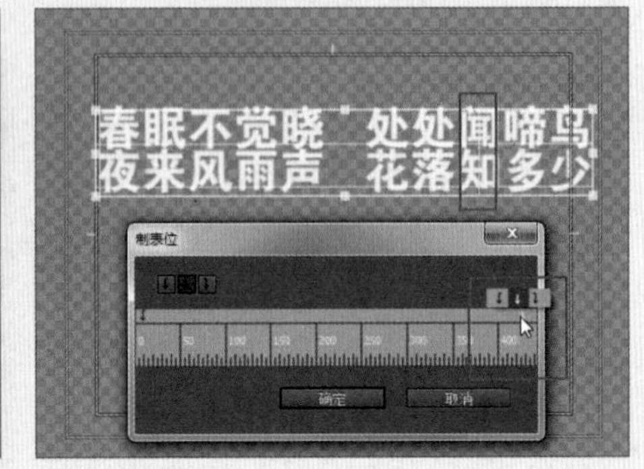

图4-137 调整制表符位置

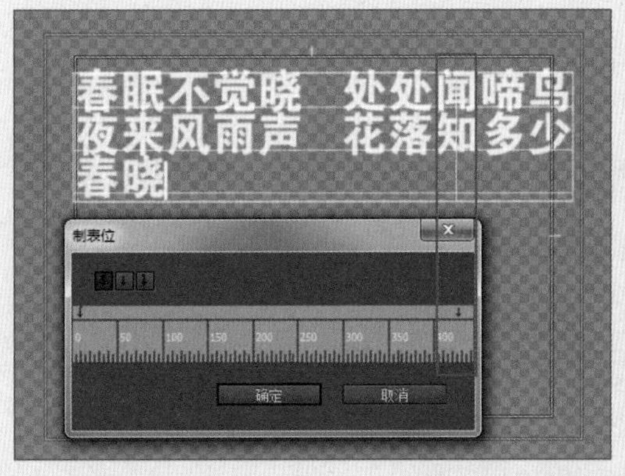

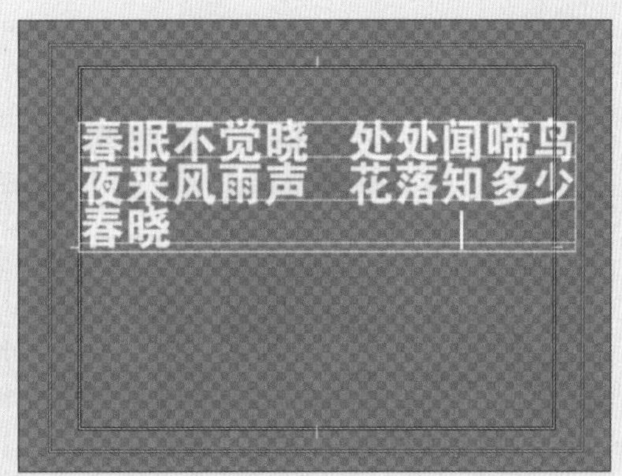

图4-138 应用制表符定位输入光标

- 模板：执行此命令将打开“模板”对话框，可以在其中选择需要的模板并应用到所选择的文本对象上。
- 滚动/游动选项：执行此命令，可以在打开的“滚动/游动选项”对话框中，为当前编辑的字幕选择字幕类型，设置动画效果，如图4-139所示。
    - ◆ 字幕类型：为当前编辑的字幕选择字幕类型，包括静止图像、滚动（从下往上）、向左游动、向右游动。
    - ◆ 开始于屏幕外：勾选该复选框，滚动或游动字幕将在动画开始时从屏幕外进入屏幕中。
    - ◆ 结束于屏幕外：勾选该复选框，滚动或游动字幕将在动画结束时完全离开屏幕。
    - ◆ 预卷：设置字幕滚动或游动之前保持静止状态的等待帧数。
    - ◆ 缓入：设置字幕滚动或游动达到正常播放速度前从静止到逐渐加速运动的帧数。
    - ◆ 缓出：设置字幕滚动或游动在动画结束前逐渐减速运动到静止的帧数。
    - ◆ 过卷：设置字幕滚动或游动完成后保持静止等待的帧数。
- 图形：在此命令的子菜单中，可以选择将外部图形文件插入到字幕剪辑中，以及在对其进行尺寸调整后的恢复操作，如图4-140所示。

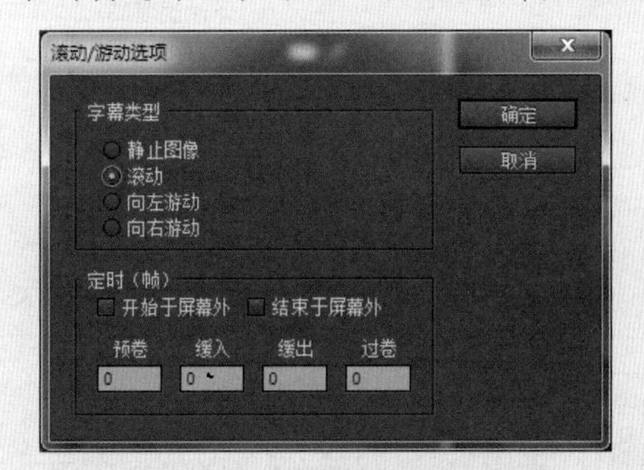

图4-139 “滚动/游动选项”对话框

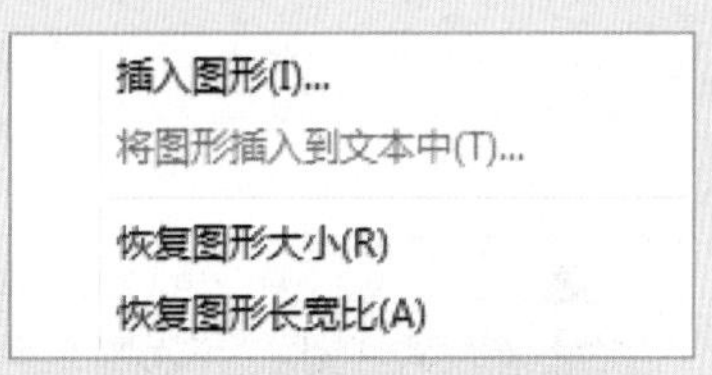

图4-140 “图形”命令子菜单

    - ◆ 插入图形：执行该命令，在打开的“导入图形”对话框中，选择需要的图形文件，将其导入并加入到字幕剪辑中，然后根据需要对其进行移动或缩放操作，如图4-141所示。

图4-141　在字幕剪辑中加入图形

◆ 将图形插入到文本：先将输入光标定位在文本框中需要的位置，然后执行此命令导入图形，可以将图形插入到文本框中，并调整为与文本字号相同高度的尺寸，如图4-142所示。单独框选图形后，可以通过修改字号大小来调整图形的大小。

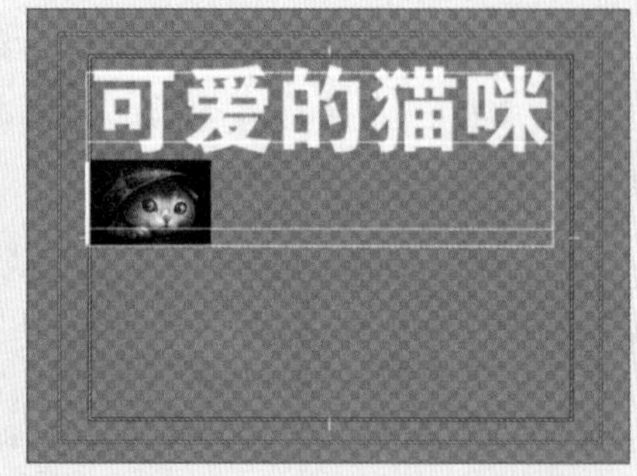

图4-142　将图形插入到文本

◆ 恢复图形的大小：在使用“插入图形”命令导入图形并调整了大小后，可以通过此命令恢复其原始尺寸。

◆ 恢复图形长宽比：在调整了图形的长宽比大小后，可以通过此命令进行恢复。

● 变换：在此命令的子菜单中，可以选择对应的命令对字幕编辑窗口中所选文本对象进行变换操作，如图4-143所示。

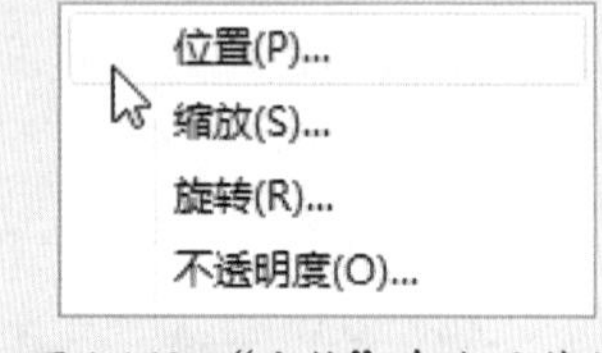

图4-143　“变换”命令子菜单

◆ 位置：执行该命令将打开“位置”对话框，可以输入新的坐标位置并单击“确定”按钮，应用对文本位置的调整，如图4-144所示。

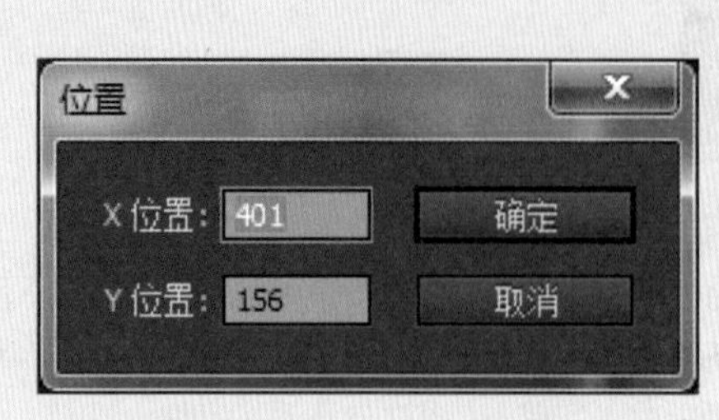

图4-144　“位置”对话框

◆ 缩放：执行该命令将打开“缩放”对话框，可以根据需要选择“一致”（等比缩放）或“不一致”（分别调整高宽比例）选项并输入数值，单击“确定”按钮，应用对文本大小的缩放调整，如图4-145所示。

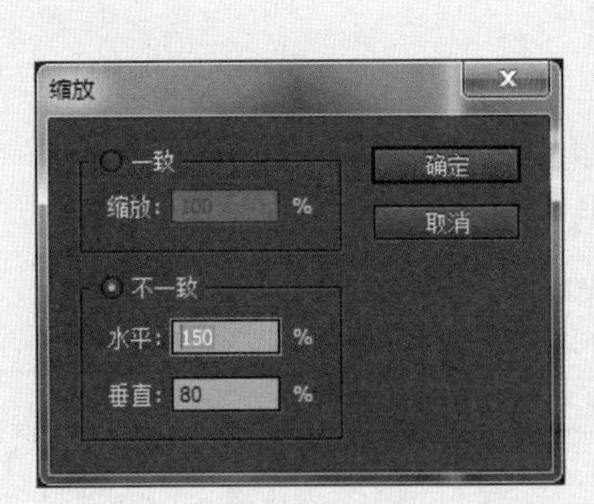

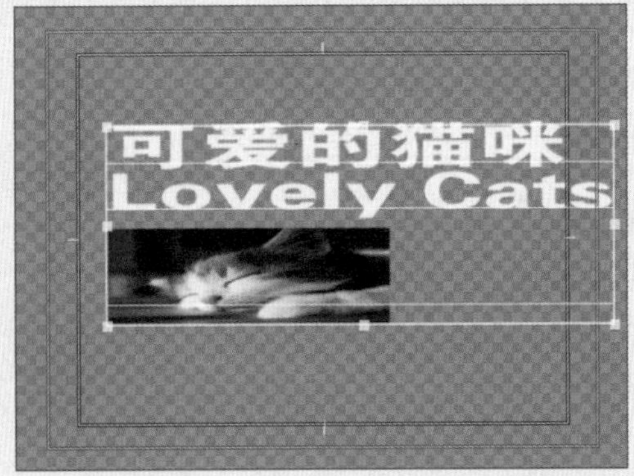

图4-145　缩放变换

◆ 旋转：执行该命令将打开“旋转”对话框，可以输入需要的旋转角度并单击“确定”按钮，对文本应用旋转调整，如图4-146所示。

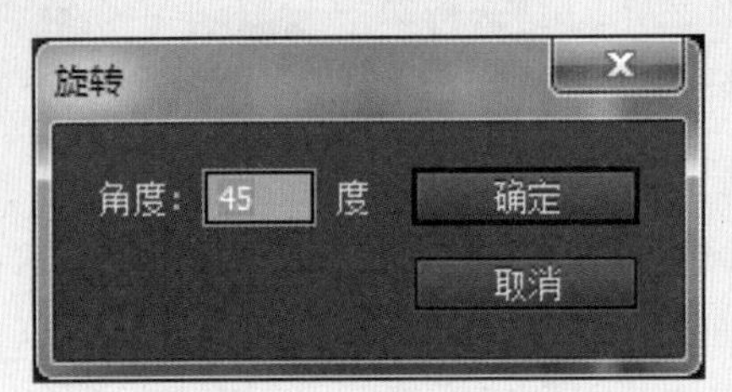

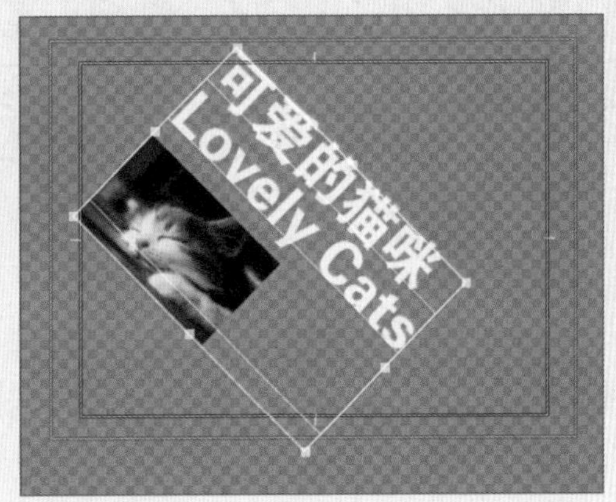

图4-146　旋转变换

◆ 不透明度：执行该命令可以打开“不透明度”对话框，可以根据需要设置数值，对文本应用不透明度调整，如图4-147所示。

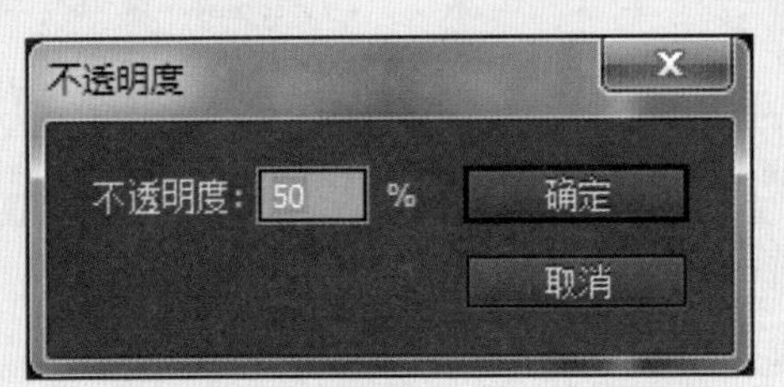

图4-147　不透明度变换

- 选择：在字幕设计器窗口中添加了多个文本对象后，可以通过此命令的子菜单，选择指定层次的对象进行编辑操作，如图4-148所示。
  - 上层的第一个对象：最上层的对象。
  - 上层的下一个对象：在当前层之上的对象。
  - 下层的下一个对象：在当前层之下的对象。
  - 下层的最后一个对象：最下层的对象。
- 排列：在字幕设计器窗口中添加了多个文本对象后，可以通过此命令的子菜单，对所选文本对象的层次位置进行调整操作，如图4-149所示。

移到最前(B)	Ctrl+Shift+]
前移(F)	Ctrl+]
移到最后(S)	Ctrl+Shift+[
后移(K)	Ctrl+[

图4-148 “选择”命令子菜单

图4-149 “排列”命令子菜单

- 移到最前：将所选文本对象移动到最上层，如图4-150所示。

图4-150 移到最前

- 前移：将所选文本对象向上移动一层，如图4-151所示。

图4-151 前移一层

- 移到最后：将所选文本对象移动到最下层，如图4-152所示。
- 后移：将所选文本对象向下移动一层，如图4-153所示。

图4-152　移到最后

图4-153　后移一层

- 位置：在此命令的子菜单中，可以选择对应的命令，将所选文本对象参考画面窗口进行位置对齐，如图4-154～图4-157所示。

图4-154　初始位置

图4-155　执行“水平居中”命令

图4-156　执行“垂直居中”命令

图4-157　执行“下方三分之一处”命令

- 对齐对象：在字幕设计器窗口中选择了多个文本对象后，可以通过此命令的子菜单，对所选文本对象进行对齐操作，如图4-158～图4-162所示。

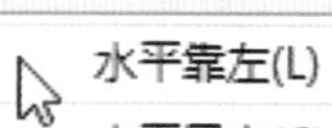

水平靠左(L)
水平居中(C)
水平靠右(R)
垂直靠上(T)
垂直居中(N)
垂直靠下(B)

图4-158 “对齐对象”命令子菜单

图4-159 初始位置

图4-160 执行“水平居中”命令

图4-161 执行“垂直靠上”命令

图4-162 执行“垂直居中”命令

- 分布对象：在此命令的子菜单中，可以选择对应的命令，对所选的多个文本对象进行水平或垂直方向的间距分布操作，如图4-163～图4-167所示。

水平靠左(L)
水平居中(C)
水平靠右(R)
水平等距间隔(E)
垂直靠上(T)
垂直居中(N)
垂直靠下(B)
垂直等距间隔(V)

图4-163 “分布对象”命令子菜单

图4-164　初始位置

图4-165　执行“水平等距间隔”命令

图4-166　执行“垂直居中”命令

图4-167　垂直居中并水平居中

- 视图：在此命令的子菜单中选择对应的命令，可以在字幕编辑窗口中的切换相应内容的显示，如图4-168所示。
    - ◆ 安全字幕边距：切换字幕安全框（内框）的显示状态。
    - ◆ 安全动作边距：切换动作安全框（外框）的显示状态。
    - ◆ 文本基线：切换文字下方基线的显示状态，如图4-169所示。
    - ◆ 制表符标记：在文本框中设置了制表符后，在此切换是否在文本对象被选中时显示制表符标记。
    - ◆ 显示视频：在字幕编辑窗口中同步显示序列中该时间位置的影像内容，如图4-170所示。

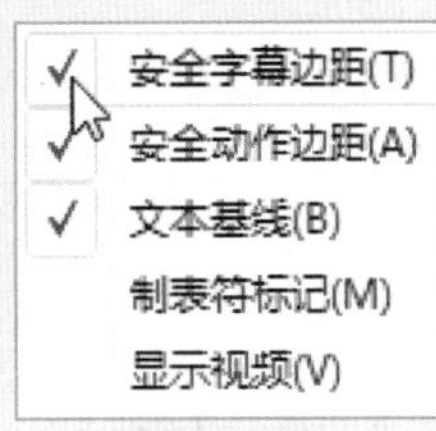

图4-168　“视图”命令子菜单

图4-169　切换文本基线的显示

图4-170　显示序列中的视频影像

4.7 窗口菜单

“窗口”菜单中的命令主要用于切换程序窗口工作区的布局以及其他工作面板的显示，如图4-171所示。

- 工作区：在该命令的子菜单中，可以选择需要的工作区布局进行切换，以及对工作区进行重置或管理。
- 扩展：在该命令的子菜单中，可以选择打开Premiere Pro的扩展程序，例如默认的Adobe Exchange在线资源下载与信息查询辅助程序，如图4-172所示。

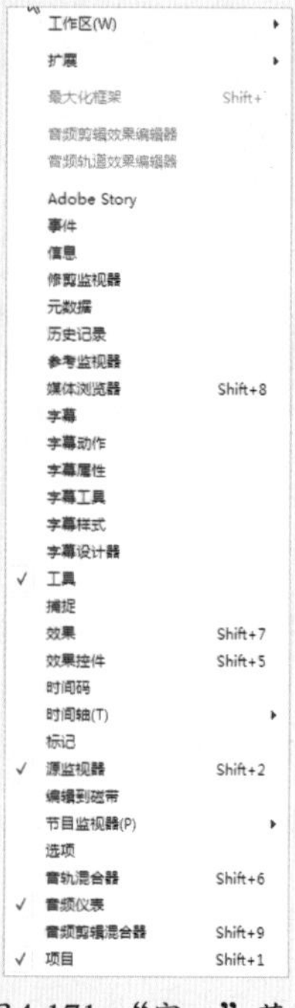

图4-171 “窗口”菜单

图4-172 Adobe Exchange窗口

- 最大化框架：切换当前关注窗口的最大化显示状态，如图4-173所示。

图4-173 切换窗口的最大化

- 音频剪辑效果编辑器：用于打开或关闭音频剪辑效果编辑器面板。
- 音频轨道效果编辑器：用于打开或关闭音频轨道效果编辑器面板。
- Adobe Story：用于启动Adobe Story程序的登录界面，输入用户的Adobe ID进行联网登录，如图4-174所示。

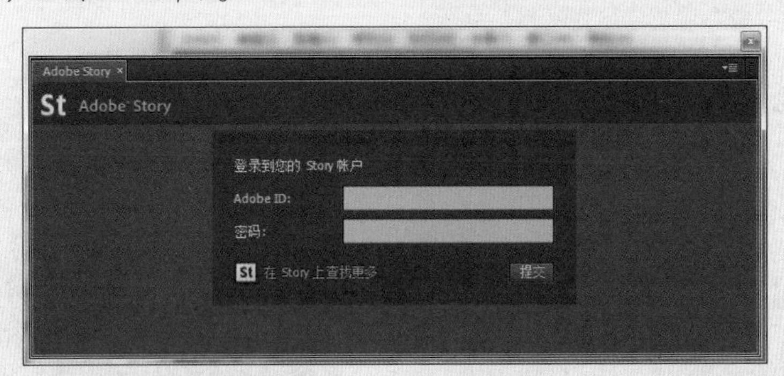

图4-174 Adobe Story

- 事件：用于打开或关闭事件面板，对影片序列中设置的事件动作进行查看和管理。
- 信息：用于打开或关闭信息面板，查看当前所选素材剪辑的属性、序列中当前时间指针的位置等信息。
- 修剪监视器：用于打开或关闭修剪监视器窗口。在对轨道中两个素材剪辑之间的帧进行修剪时，可以通过修剪监视器，对修剪编辑进行精确细致的调整，并适时查看修剪变化，如图4-175所示。

图4-175 修剪监视器窗口

- 元数据：通过元数据面板，可以对所选素材剪辑、采集捕捉的磁带视频、嵌入的Adobe Story脚本等内容进行详细的数据查看和添加注释等，如图4-176所示。
- 历史记录：用于打开或关闭历史记录面板，查看完成的操作记录，或根据需要返回到之前某一步骤的编辑状态。

- 参考监视器：用于打开或关闭参考监视器窗口，在其中可以选择显示影片当前位置的色彩通道变化，如图4-177所示。

图4-176　元数据面板

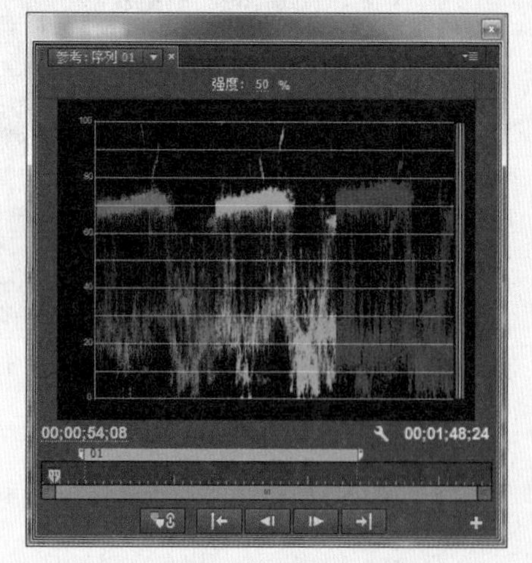

图4-177　参考监视器窗口

- 媒体浏览器：用于打开或关闭媒体浏览器面板，查看本地硬盘或网络驱动器中的素材资源，并可以将需要的素材文件导入到当前工作项目中。
- 字幕：用于打开或关闭字幕面板，如图4-178所示。

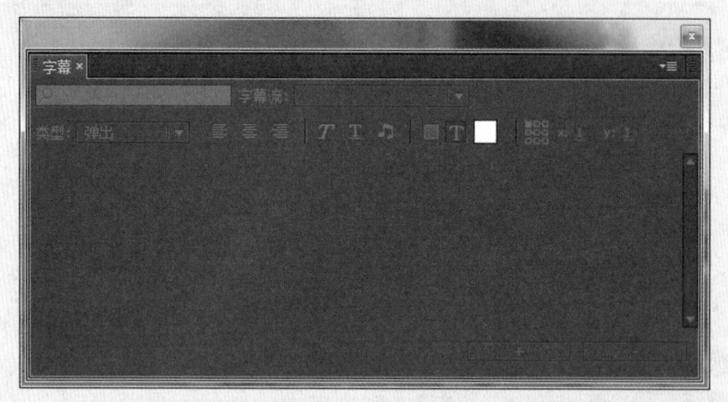

图4-178　字幕面板

- 字幕动作/属性/工具/样式/设计器：用于打开字幕设计器窗口并激活动作/属性/工具/样式面板，可以方便快速地对当前序列中所选中的字幕剪辑进行需要的编辑。
- 工具：用于激活工具面板。
- 捕捉：用于打开或关闭捕捉窗口。
- 效果：用于打开或关闭效果面板，可以选择需要的效果添加到轨道中的素材剪辑上。
- 效果控件：用于打开或关闭效果控件面板，可以对素材剪辑的基本属性以及添加到素材上的效果参数进行设置。

- 时间码：用于打开时间码浮动面板，可以独立地显示当前工作窗口中的时间指针位置；也可以根据需要调整面板的大小，更加醒目直观地查看当前时间位置，如图4-179所示。
- 时间轴：在该命令的子菜单中，可以切换当前时间轴窗口中要显示的序列。
- 标记：用于打开标记面板，可以查看当前工作序列中所有标记的时间位置、持续时间、入点画面等，还可以根据需要为标记添加注释内容，如图4-180所示。

图4-179 时间码面板

图4-180 标记面板

- 源监视器：用于打开或关闭源监视器窗口。
- 编辑到磁带：在电脑连接了可以将影片输出到磁带的硬件设备时（如高清摄像机），通过编辑到磁带窗口，可以对要输出影片的时间区间、写入磁带的类型选项等进行设置，如图4-181所示。

图4-181 编辑到磁带窗口

- 节目监视器：在该命令的子菜单中，可以切换当前节目监视器窗口中要显示的序列。
- 选项：通过选项面板，可以快速将当前工作区切换到需要的布局模式，如图4-182所示。

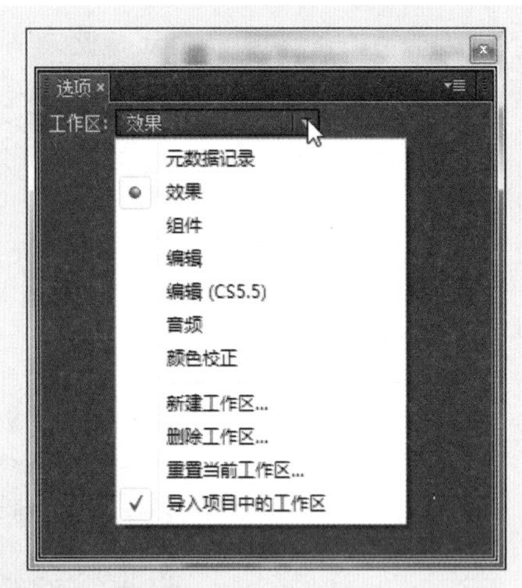

图4-182 选项面板

- 音轨混合器：在该命令的子菜单中，可以切换当前音轨混合器面板中要显示的序列。
- 音频仪表：用于激活音频仪表面板。
- 音频剪辑混合器：用于打开或关闭音频剪辑混合器面板。
- 项目：用于激活项目窗口。

4.8 帮助菜单

通过“帮助”菜单可以打开软件的在线帮助系统、登录用户的Adobe ID账户或更新程序，如图4-183所示。

图4-183 “帮助”菜单

第5章
工作窗口应用

在Premiere Pro CC中进行的大部分影视项目编辑工作都是在项目窗口、节目监视器窗口和时间轴窗口中进行的。本章详细介绍这几个主要工作窗口的各种功能和相关编辑操作方法。

5.1 项目窗口

项目窗口用于存放创建的序列、素材和导入的外部素材，可以对素材片段进行插入到序列、组织管理等操作，并可以切换以图标或列表来显示所有对象，以及预览播放素材片段、查看素材详细属性等，如图5-1所示。

5.1.1 菜单操作

单击项目窗口右上角的按钮，可以打开项目窗口的扩展命令菜单；在其中选择需要的命令，可以对项目窗口的工作选项进行设置，如图5-2所示。

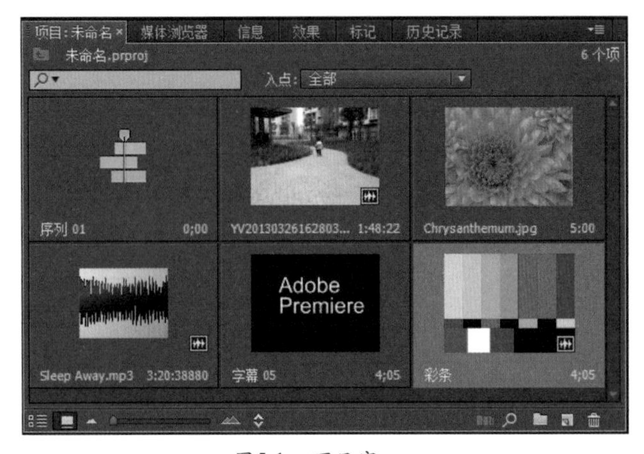

图5-1 项目窗口

图5-2 扩展命令

- 浮动面板：将项目窗口调整为单独的浮动状态，可以移动到需要的位置或自由调整窗口尺寸。
- 浮动帧：将项目窗口所在的面板集成整体调整为浮动状态，可以切换显示其他面板，如图5-3所示。
- 关闭面板：关闭项目窗口。
- 关闭帧：关闭项目窗口当前所在的整个面板集成。
- 最大化帧：将项目窗口切换为最大化显示，如图5-4所示。

图5-3 浮动帧

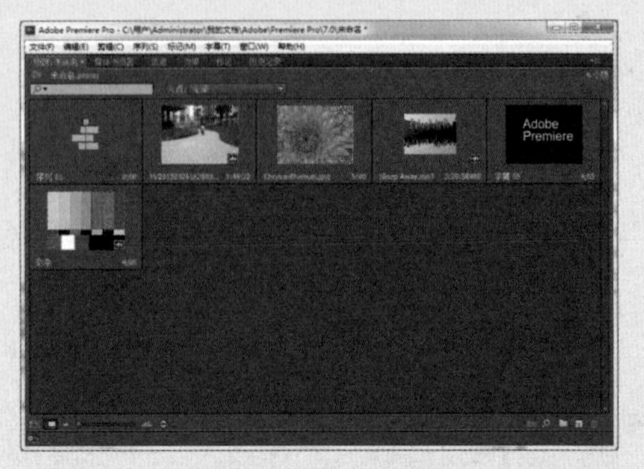

图5-4 最大化帧

- 新建素材箱：新建一个素材箱，也就是存放各种素材剪辑或序列的文件夹，用于在使用大量素材的编辑项目中，对素材剪辑进行规范的分类管理；双击素材箱对象，可以打开其内容窗口，可以在其中执行新建项目、导入或创建新素材箱的操作。
- 重命名：对项目窗口中当前选中的对象进行重命名，方便在操作管理中进行识别，但不会影响素材原本的文件名称。在重命名后加入到序列的轨道中时，将以新的名称显示；但重命名之前加入到轨道中的该素材，仍将显示原来的名称；所以要进行重命名操作，最好在进行编辑操作前先制定好编辑方案并统一修改规范化的名称，避免轨道中出现同内容不同名的混乱。

提 示

在为所选对象进行重命名后，按下Enter键，可以自动开启对下一个对象的重命名状态。

- 删除：将项目窗口中当前选中的素材对象删除。如果该素材对象曾经被添加到序列中，那么程序将弹出如图5-5所示的对话框，询问用户是否确定执行进行删除。在素材被删除后，其被添加在时间轴窗口中的所有剪辑也将被删除。

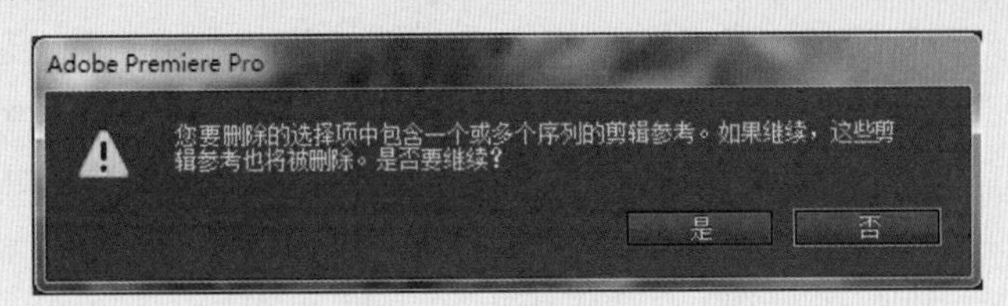

图5-5 删除提示

提 示

素材文件区在缩略图模式下，已经添加到序列中的素材，其缩略图右下角会显示一个提示图标，将鼠标移动到该图标上，可以弹出该素材剪辑被使用了几次的提示信息，方便用户了解素材的使用情况，如图5-6所示。

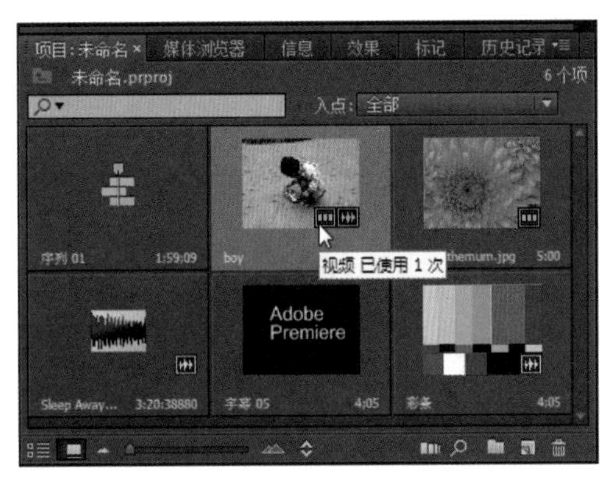

图5-6 素材使用情况提示

- 自动匹配序列：在项目窗口中选择要加入到序列中的一个或多个素材、素材箱，执行此命令，在打开的“序列自动化”对话框中设置需要的选项，可以将所选对象全部加入到目前打开的工作序列中所选轨道上时间指针当前的位置，如图5-7所示。

- 查找：执行该命令，在打开的“查找”对话框中设置相关选项，或输入需要查找的对象相关信息，在项目窗口搜索需要的对象，以方便在包含了大量素材文件的项目中，快速找到需要的素材对象，如图5-8所示。

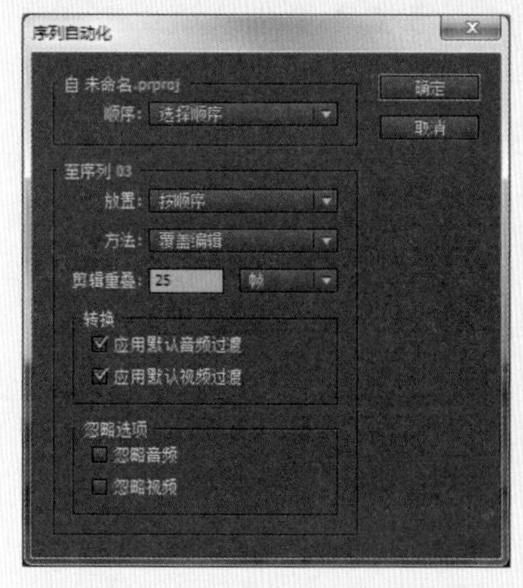

图5-7 “序列自动化”对话框

图5-8 “查找”对话框

- 列：在该下拉列表中可以选择要查找的关键字搜索范围或类型，如图5-9所示。
- 运算符：在该下拉列表中可以选择需要的搜索方式，通常与“列”中选择的项目对应。如果选择文字名词类（如名称、标签、媒体类型、说明等），在此可以选择“包含”或“精确匹配”；如果选择时间类（如媒体开始、持续时间、视频入点等），在此应该选择“开始于”、“结束于”，如图5-10所示。

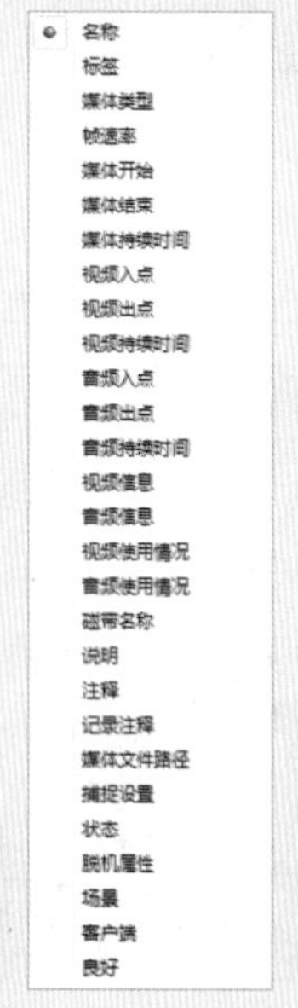

图5-9 “列”下拉列表

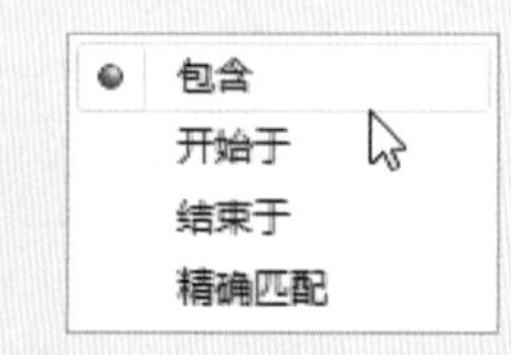

图5-10 “运算符”下拉列表

- 查找目标：输入与前面设置的“列”、“运算符”相匹配的关键字。
- 匹配：选择搜索结果的匹配方式，选择“全部”则必须与所有的查找条件相匹配；选择“任意”，则只要部分条件与查找条件相匹配也可以被查找出来。
- 区分大小写：设置在执行查找时，是否对输入的关键字区分大小写。

- 列表：将项目窗口中的素材文件以列表方式显示，如图5-11所示。
- 图标：将项目窗口中的素材文件以图标方式显示，如图5-12所示。

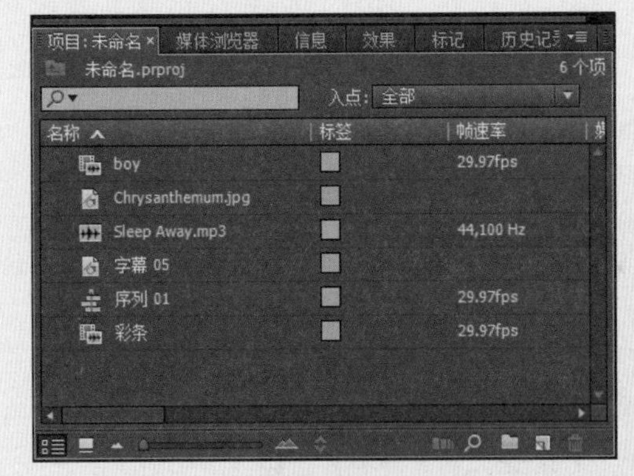

图5-11 列表显示

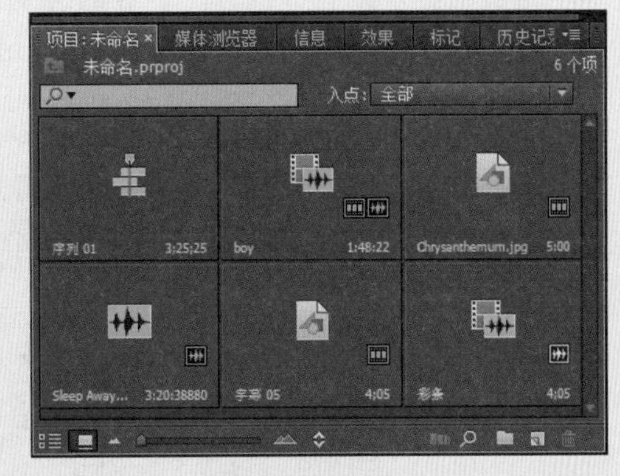

图5-12 图标显示

- 预览区域：切换是否在项目窗口顶部显示预览区域，在其中可以查看所选对象的内容预览、文件属性、被使用的次数等；对于动态素材，还可以对其进行播放预览，如图5-13所示。
- 缩览图：在图标显示方式下，显示各素材的预览内容，如图5-14所示。

图5-13 显示出预览区域

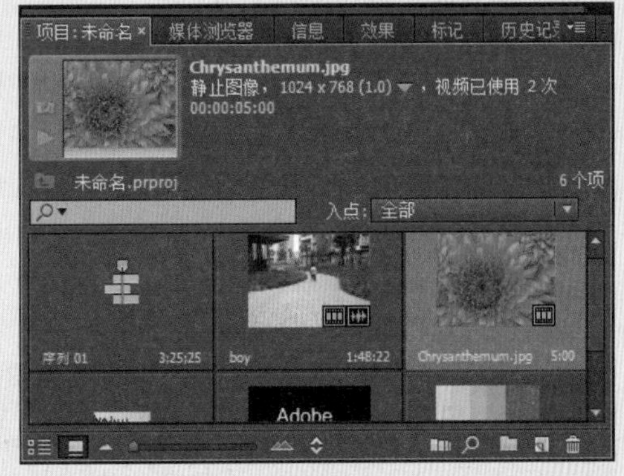

图5-14 显示素材缩览图

- 悬停划动：在选中该命令选项时，可以用鼠标在视频素材的缩览图上左右移动来预览其前后内容播放效果，但不能预览音频内容，如图5-15所示。

图5-15 开启悬停划动

- 刷新：在导入的素材文件在外部被编辑后，执行此命令，可以对项目窗口中的素材文件进行更新。
- 元数据显示：执行此命令，在打开的“元数据显示”对话框中，可以设置需要在项目窗口的类别栏显示的信息类型，如图5-16所示。

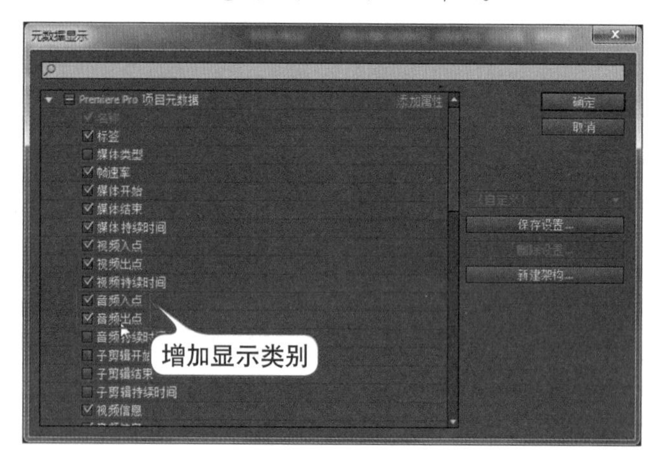

图5-16 “元数据显示”对话框

提 示

在项目窗口的素材信息类别栏中，对应显示了各个素材的相关信息，例如名称、媒体持续时间、视频入点、视频出点、音频信息等，可以通过调整项目窗口的宽度将它们显示出来，如图5-17所示；单击一个类别名称栏，可以使所有的素材以该类型方式进行升序或降序排列；对于视频入点/出点、音频入点/出点，可以通过用鼠标拖动其时间码或输入需要的时间码，对视频或音频素材的入点/出点进行修改，得到需要的部分再加入到序列中，或者对已经加入序列中的视频、音频片段进行调整。

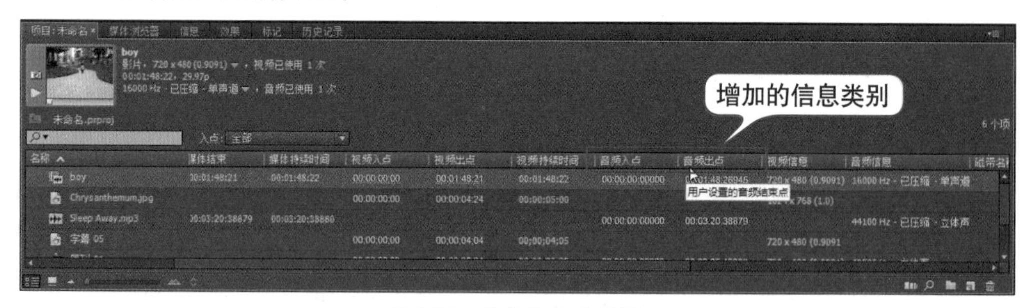

图5-17 素材信息类别栏

上机实战 重设视频素材缩览图

默认情况下，在项目窗口中以图标显示素材文件时，将采用视频素材的第一帧画面来显示缩览图。但大部分视频片段的第一帧都不是其内容的关键画面，为了更直观地了解项目窗口中导入的视频素材的主要内容，可以重新设置视频素材的缩览图，方便用户更快速地了解视频素材的内容重点。

01 在项目窗口中的空白区域双击鼠标左键，导入准备好的视频素材，如图5-18所示。

02 将项目窗口设置为以图标显示素材文件，并且在其扩展命令菜单中选中“缩览图”和“预览区域”命令，如图5-19所示。

图5-18 导入视频素材

图5-19 选中对应命令

03 选择导入的视频素材，单击预览区域左侧的“播放-停止切换”按钮▶，如图5-20所示；或者直接拖动预览区域下方的进度条，在显示出视频片段中的闪电画面时停止，如图5-21所示。

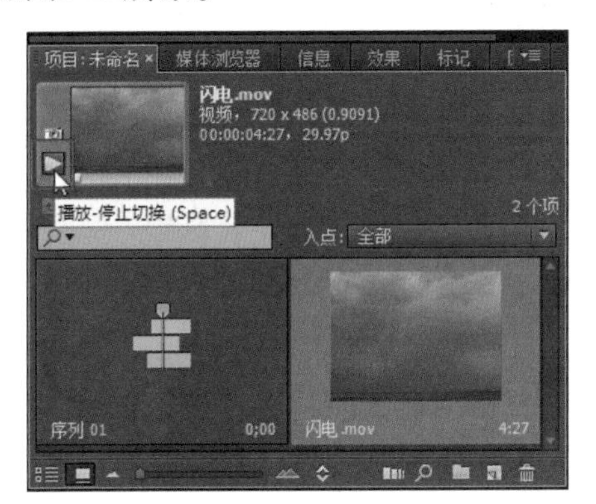

图5-20 播放预览视频

图5-21 定位关键画面

04 确定需要的关键画面后，单击预览区域左侧的“标识帧”按钮，即可将素材文件区中视频素材的缩览图更新为设置的关键内容画面，如图5-22所示。

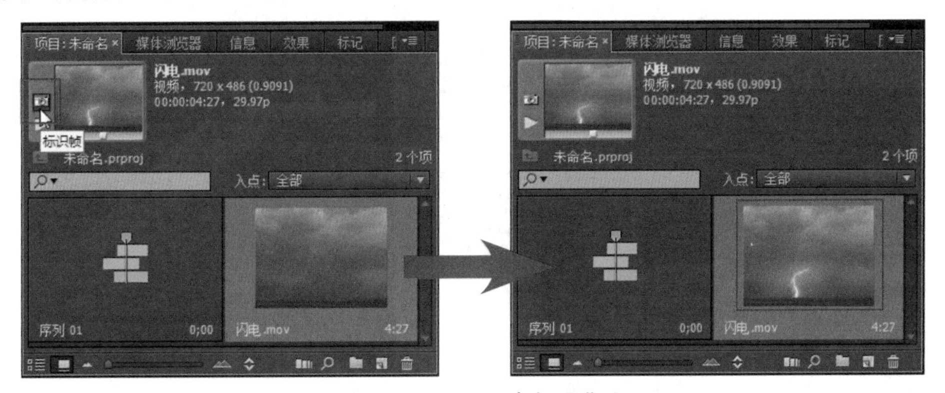

图5-22 更新视频素材缩览图

5.1.2 工具栏

项目窗口的工具栏位于窗口的底部，主要用于切换和调整素材文件区的显示状态，以及执行新建、删除等操作，如图5-23所示。

图5-23 工具栏

- （列表视图）：以列表方式显示项目窗口中的素材文件。
- （图标视图）：以图标方式显示项目窗口中的素材文件。
- （缩小）/（放大）：单击对应的按钮，或者用鼠标拖动中间的滑块，可以缩小或放大素材文件区中素材图标或缩览图的尺寸。
- （排序图标）：单击该按钮，在弹出的列表菜单中选择需要的素材文件排序方式，如图5-24所示。
- （自动匹配序列）：将所选对象加入到目前打开的工作序列中所选轨道上时间指针当前的位置。
- （查找）：单击该按钮，打开“查找”对话框，设置搜索条件和关键字，在项目窗口中查找需要的对象。
- （新建素材箱）：新建存放素材剪辑或序列的文件夹。在打开素材箱的工作窗口后，单击预览区域下方的按钮，可以返回到上一级文件夹，如图5-25所示。
- （新建项）：单击该按钮，在弹出的列表菜单中选择要新建的项目，如图5-26所示。

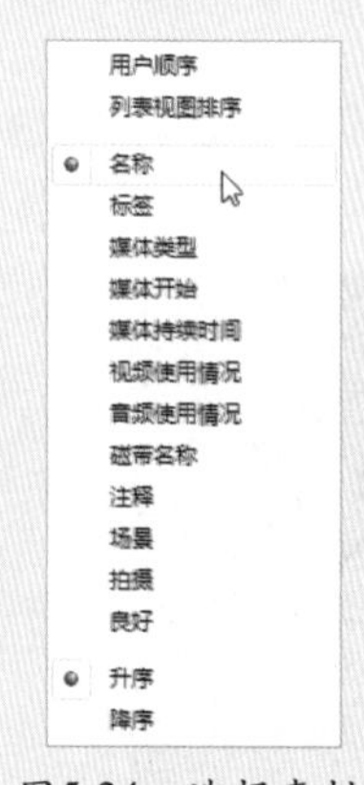

图5-24 选择素材排序方式

图5-25 返回上级文件夹

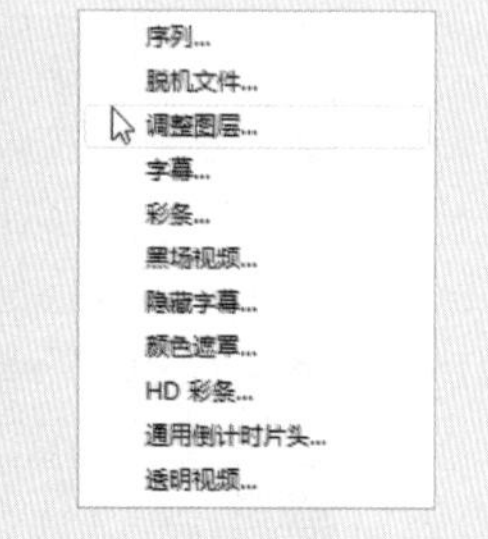

图5-26 新建项目菜单

- （清除）：删除素材文件区中当前选择的对象。

上机实战 创建与设置倒计时片头

倒计时片头是在视频短片中常用的开场内容，常用来提醒观众集中注意力。在Premiere Pro CC中可以方便地创建数字倒计时片头动画，并对其进行画面效果的设置。

01 执行“文件→新建→序列”命令或按下“Ctrl+N”快捷键，新建一个DV NTSC视频制式的工作序列，如图5-27所示。

02 单击项目窗口工具栏中的“新建项”按钮，在弹出的菜单命令中选择“通用倒计时片头”命令，在打开的“新建通用倒计时片头”对话框中，根据需要设置好片头视频的属性选项，如图5-28所示。在此通常保持默认选项，应用于当前工作序列相同的视频属性设置。

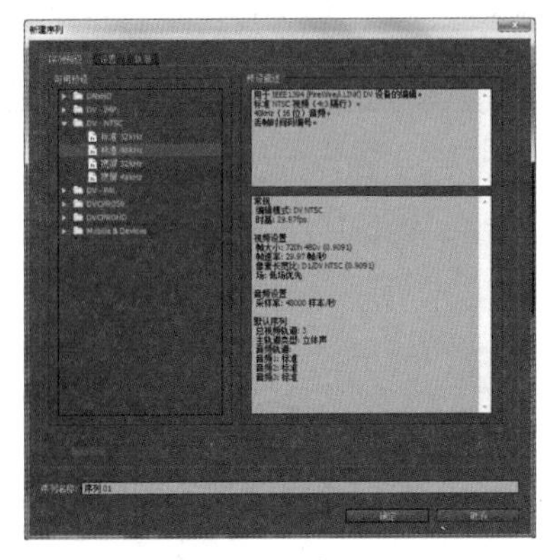

图5-27 新建序列

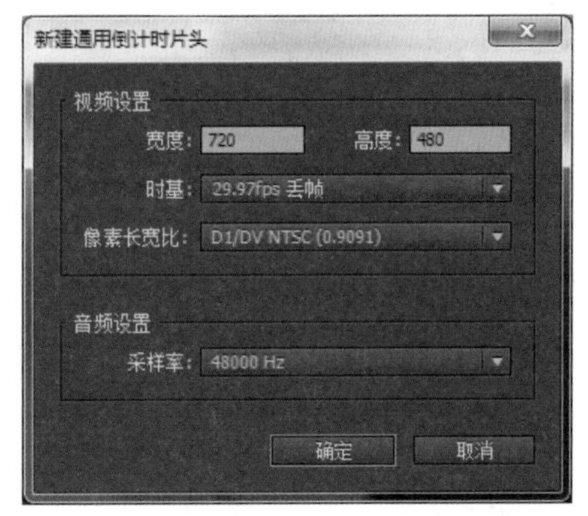

图5-28 “新建通用倒计时片头”对话框

03 单击“确定”按钮，打开“通用倒计时设置”对话框，可以查看目前默认效果的片头画面，如图5-29所示。

04 单击“擦除颜色”后面的颜色块，在弹出的“拾色器”对话框中设置一个用以擦除背景的颜色，然后单击“确定”按钮，如图5-30所示。

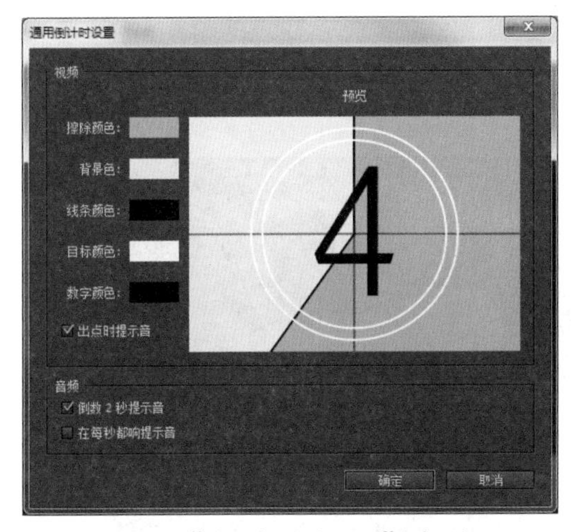

图5-29 “通用倒计时设置”对话框

图5-30 设置擦除颜色

05 依照相同的方法，为“背景色”、“线条颜色”、“目标颜色”、“数字颜色”等设置合适的颜色，然后勾选“在每秒都响提示音”选项，如图5-31所示。

06 设置好需要的倒计时画面效果后，单击“确定”按钮，创建完成的倒计时片头素材将在项目窗口中显示出来，如图5-32所示。

图5-31　完成效果设置

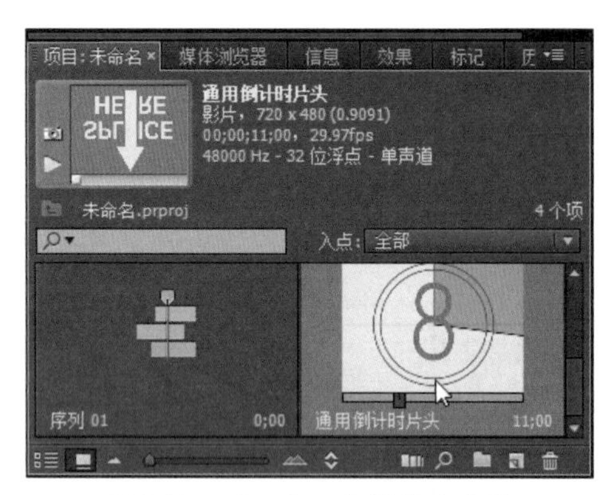

图5-32　项目窗口中倒计时素材

07 将项目窗口中的倒计时片头视频素材加入到时间轴窗口中，按下键盘上的Enter键或空格键进行播放预览，如图5-33所示。

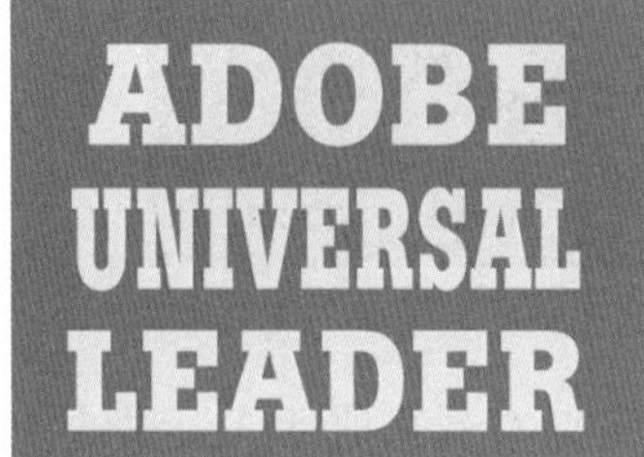

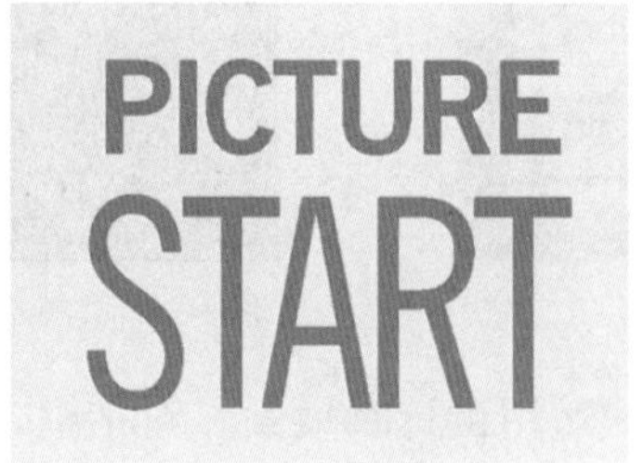

图5-33　预览倒计时片头动画

5.2 源监视器窗口

源监视器窗口用于查看或播放预览素材的原始内容，可以对打开的素材进行入点、出点的设置，以及将素材以需要的方式加入到序列合成中，如图5-34所示。

图5-34　源监视器窗口

5.2.1 工具栏的控制按钮

源监视器窗口中的编辑操作，主要通过单击对应的控制按钮来完成。

- 名称栏：单击窗口左上角的名称栏，可以在弹出的下拉列表中切换最近在源监视器窗口中打开过的素材剪辑；以及选择关闭（当前打开的素材）、全部关闭（所有最近打开过的素材）命令，如图5-35所示。
- 图标：按住时间标尺滑块前后的并左右拖动，可以调整时间标尺的显示比例。
- 适合（选择缩放级别）：在该下拉列表中可以选择预览视图的显示比例，选择“适合”则根据源监视器窗口的尺寸来自动缩放素材的显示比例，如图5-36所示。

图5-35 切换最近打开过的素材

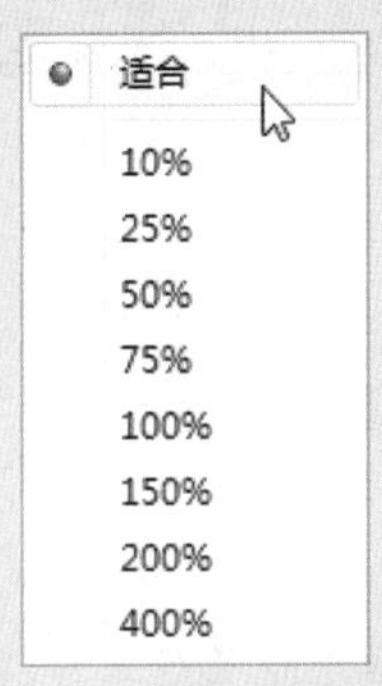

图5-36 选择缩放级别

- （仅拖动视频）：按住该按钮并拖入时间轴窗口，可以只将素材中的视频内容加入到视频轨道中，而不加入音频内容，如图5-37所示。

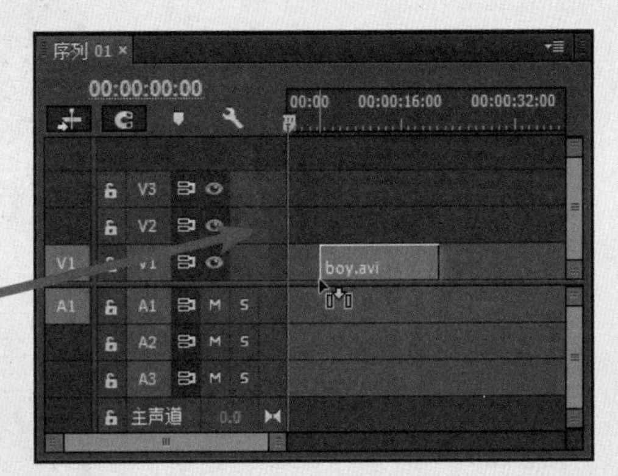

图5-37 仅拖动视频

- （仅拖动音频）：单击该按钮，可以在源监视器窗口中显示素材的音频内容，如图5-38所示；按住该按钮并拖入时间轴窗口，可以只将素材中的音频内容加入到音频轨道中，而不加入视频内容，如图5-39所示。
- 完整（选择回放分辨率）：在该下拉列表中选择视频的预览分辨率，更低的分辨率可以加快视频回放的渲染速度，在预览高清视频时适用。

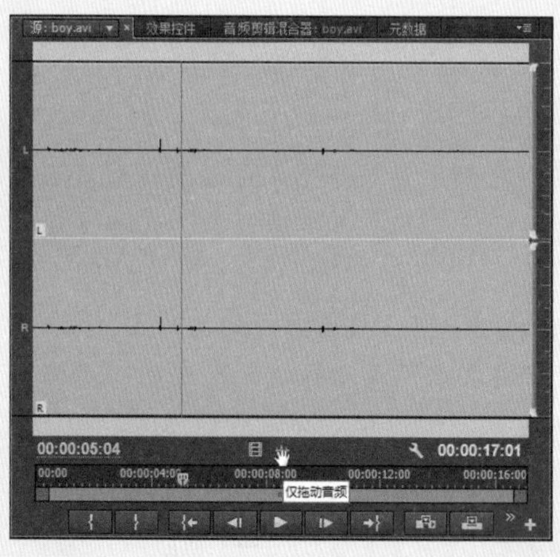

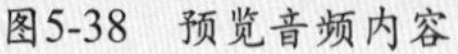

图5-38　预览音频内容

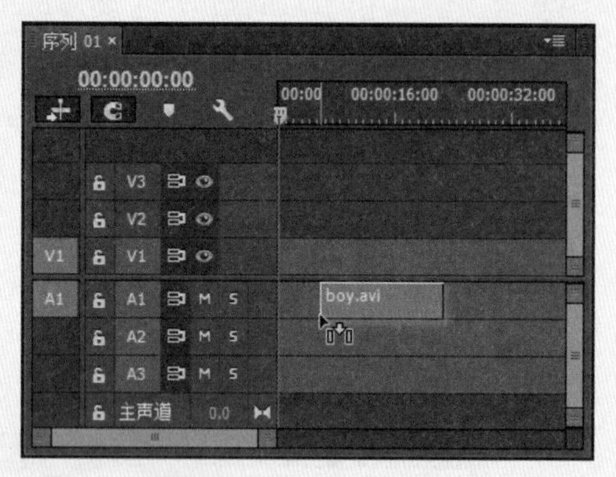

图5-39　加入音频内容

- （设置）：单击该按钮，在弹出的菜单中选择对应的命令，可以对源监视器窗口中素材的显示属性和其他选项进行设置，如图5-40所示。
- （添加标记）：单击此按钮，在时间指针的目前位置添加一个标记；双击时间标尺上的标记，可以打开“标记@*”对话框，设置标记的类型或添加需要的注释信息。
- （标记入点）：单击此按钮，将时间指针的目前位置标记为素材的视频入点。
- （标记出点）：单击此按钮，将时间指针的目前位置标记为素材的视频出点。为素材标记了视频入点和视频出点后，再加入到序列中时，将只显示标记的视频入点到视频出点之间的范围；将鼠标移动到时间标尺上的入点或出点上，在鼠标光标改变形状后按住并向前或向后拖动，可以改变其位置，如图5-41所示。

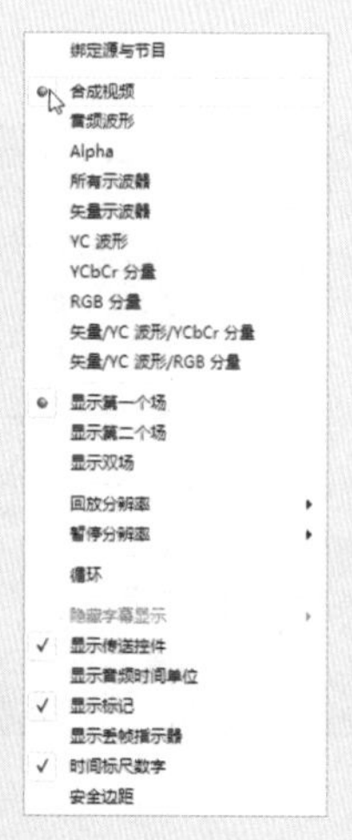

图5-40　设置命令菜单

图5-41　标记入点与出点

- （转到入点）：跳转到视频入点处。
- （逐帧后退）：每单击此按钮一次，时间指针倒退一帧。
- （播放-停止切换）：从目前帧开始播放预览。在按下后变为状态，单击可以停止播放预览。

- （逐帧前进）：每单击此按钮一次，时间指针前进一帧。
- （转到出点）：跳转到视频出点处。
- （插入）：将素材插入到当前工作轨道中时间指针停靠的位置。如果时间指针当前位置有素材剪辑，则将该剪辑分割开并将素材插入其中，轨道中的内容增加相应长度。
- （覆盖）：将素材添加到当前工作轨道中时间指针停靠的位置。如果时间指针当前位置有素材剪辑，则覆盖该剪辑的相应长度，轨道中的内容长度不变。
- （导出帧）：将当前帧的画面输出为图像文件。在单击按钮打开的“导出帧”对话框中，为输出图像设置文件名、文件格式、保存路径等，勾选“导入到项目中”选项，可以在导出后自动将其导入到当前工作项目中，如图5-42所示。
- （按钮编辑器）：在单击该按钮弹出的面板中，可以对需要在源监视器窗口中显示的控制按钮进行管理。双击已经显示的对应按钮图标，可以从当前工具栏中隐藏；如果要添加按钮，只需按住并拖动图标到工具栏上对应的位置即可，如图5-43所示。单击“重置布局”按钮，可以恢复工具栏中的按钮为默认状态。

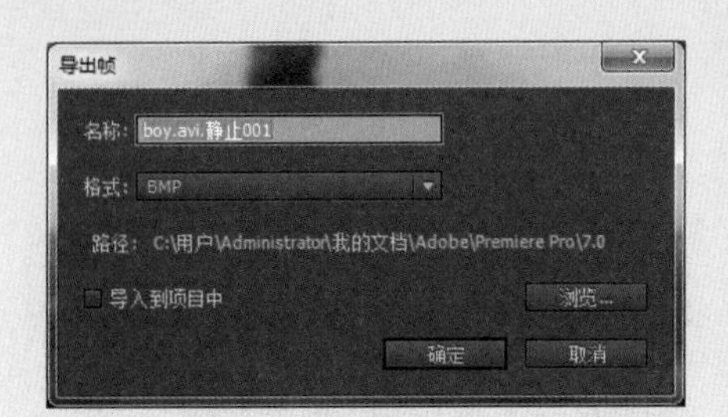

图5-42 导出单帧

图5-43 “按钮编辑器”面板

提 示

其他在默认状态下未使用的按钮，包括“清除入点”、“清除出点”、“从入点播放到出点”、“转到下一标记”、“转到上一标记”、“播放邻近区域”（从时间指针的上一位置开始播放）、“循环”（按下该按钮后，单击播放按钮，将循环播放视频素材）、“隐藏字幕显示”（在打开“隐藏字幕”素材时可用）、“空格”（在按钮间添加空格，以方便按功能类别分组排列按钮）。

5.2.2 扩展菜单命令

单击源监视器窗口右上角的按钮，可以在弹出的扩展命令菜单中选择需要的命令，对源监视器窗口的工作选项进行设置，如图5-44所示。

- 绑定源与节目：双击时间轴窗口的轨道中的素材剪辑，在源监视器窗口中打开该剪辑的源素材后，选中此命令选项，可以在源监视器窗口和节目监视器窗口中同步浏览所选的素材剪辑，如图5-45所示。

图5-44　源监视器窗口的扩展命令菜单

图5-45　绑定源监视器与节目监视器

- 合成视频：在预览窗口中显示视频影像。
- 音频波形：在预览窗口中显示音频波谱。
- Alpha：在预览窗口中显示视频或图像素材的Alpha通道，如图5-46所示。

图5-46　显示Alpha通道

- 所有示波器：在需要将影片项目输出到磁带中时，可以通过选择需要的模拟信号类型（包括矢量、YC波形、YCbCr分量、RGB分量等），查看素材剪辑的对应模拟信号波形，如图5-47所示。
- 显示第一个场/第二个场/双场：在打开的视频素材的场序格式为隔行扫描时有效，可以选择在预览窗口中显示视频影像的上场、下场或同时显示，但不会影响影片的输出效果，只作为渲染影片时选择输出哪种场序格式的效果参考，如图5-48所示。

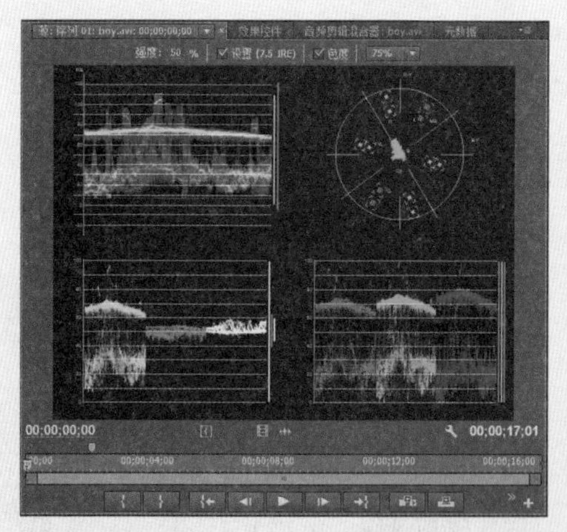

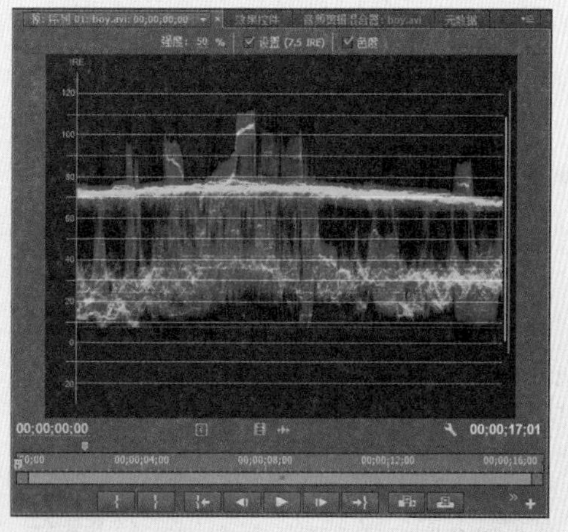

图5-47　显示所有示波器和YC波形

图5-48　显示第二个场与双场效果对比

- 回放/暂停分辨率：设置在源监视器窗口中播放预览/画面暂停时的图像分辨率。
- 循环：选择该命令选项，在播放预览时将循环播放。
- 隐藏字幕显示：在源监视器窗口中打开隐藏字幕剪辑时，可以在其子菜单中选择是否启用或指定需要隐藏的字幕对象。
- 显示传送控件：切换源监视器窗口下方工具栏的显示状态。
- 显示音频单位时间：将时间码切换为音频单位时间显示，每48000音频单位为一秒，以方便细致地处理音频时进行时间定位，如图5-49所示。

图5-49　显示音频单位时间

- 显示标记：切换时间标尺上方所添加的标记的显示状态。
- 显示丢帧指示器：在时间码后面显示丢帧指示器，将鼠标移动到该图标上面，可以提示当前打开的视频素材在回放过程中的丢帧情况，如图5-50所示。
- 时间标尺数字：切换是否在时间标尺中显示时间码的数字。
- 安全边距：切换是否在预览窗口中显示字幕安全框和动作安全框，如图5-51所示。

图5-50　显示丢帧指示器

图5-51　显示安全边距

提 示

在球面显像管电视机时代，电视机屏幕边缘弯曲的区域不能被完整地显示出来，为保证字幕内容和关键动作能被完整显示，而设置了字幕安全区和动作安全区来作为拍摄影片时的参考。其中，内圈为字幕安全框，外圈为画面安全框。虽然现在主流的液晶电视机已经不存在边缘弯曲问题，但是仍然可以作为影视内容编辑的安全范围参考。

5.3 节目监视器

节目监视器窗口用于对合成序列的编辑效果进行实时预览，也可以在窗口中对应用的素材进行移动、变形、缩放等。节目监视器窗口中的控制按钮和扩展命令菜单，与源监视器窗口中的大部分都是相同的，如图5-52所示。

图5-52　节目监视器窗口

5.3.1 工具栏的控制按钮

节目监视器窗口的工具栏中与源监视器窗口里面相同的各个按钮，在功能上是相同的，只是操作应用的对象是整个序列，而不是单个素材剪辑。下面对节目监视器窗口才有的功能按钮进行介绍说明。

- （提升）：在时间轴窗口的时间标尺中标记了入点和出点时，执行此命令，可以将所有处于关注状态的轨道中的素材剪辑，删除它们在入点与出点区间内的帧，删除的部分将留空。
- （提取）：执行此命令，可以将所有处于关注状态的轨道中的素材剪辑，删除它们在时间标尺中入点与出点时间范围内的帧，素材剪辑后面的部分将自动前移以填补删除部分。
- （按钮编辑器）：单击“按钮编辑器”按钮，在单击的面板中可以选择其他的控制按钮，包括“转到下一个编辑点”、“转到上一个编辑点”、“多机位录制开关”、“切换多机位视图”。

5.3.2 扩展菜单命令

在节目监视器窗口的扩展菜单中，大部分也是和源监视器的扩展菜单中相同的命令，其差别同样是应用对象为序列而不是素材。下面对节目监视器窗口才有的菜单命令进行介绍说明。

- 绑定到参考监视器：使源监视器同步显示当前选中的素材剪辑。
- 多机位：在将创建的多机位序列加入到视频轨道中后，选中此命令选项，可以在时间指针播放到多机位序列的剪辑入点时，自动将画面变成多机位显示状态，如图5-53所示。

图5-53　显示多机位序列的图像

- 启用传送：启用工具栏中的播放控制。
- 多机位音频跟随视频：使多机位序列中各素材剪辑的音频与视频同步。
- 显示多机位预览监视器：在节目监视器窗口中播放多机位序列的剪辑时，显示在多机位序列中当前选中的素材剪辑，方便同步查看该素材的内容变化，如图5-54所示。

图5-54　显示多机位预览监视器

5.4 时间轴窗口

时间轴窗口是视频编辑工作中最常用的工作窗口，用于按时间前后、上下层次来编排合成序列中的所有素材片段，以及为素材对象添加特效、编辑关键帧动画等。

5.4.1　认识时间轴窗口

在时间轴窗口的顶部，显示了当前窗口中打开的所有合成序列，可以通过单击对应的序列名称标签进行切换；在轨道编辑区中，通过不同的颜色，标示不同媒体类型的素材文件；在时间标尺下方，分别用不同的颜色条指示轨道中对应时间位置的素材的状态，其中，黄色为原始素材状态，红色为应用视频或音频效果但还未渲染预览的状态，绿色为添加了效果并已经渲染预览过的状态；每个素材剪辑上显示的fx（效果）图标中，灰色表示该素材为原始状态，黄色表示该素材已经设置了关键帧动画，紫色标示该素材被添加了视频或音频效果，如图5-55所示。

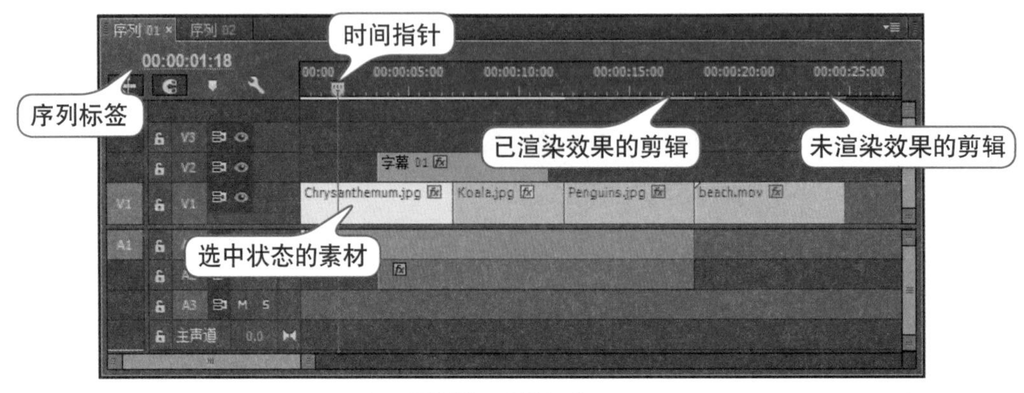

图5-55　时间轴窗口

- 00;00;03;00（播放指示器位置）：显示时间轴窗口中时间指针当前所在的位置，将鼠标移动到上面，在鼠标光标改变形状为后，按住鼠标左键并左右拖动，可以向前或向后移动时间指针。用鼠标单击该时间码，进入其编辑状态并输入需要的时间码位置，即可将时间指针定位到需要的时间位置。按下键盘上的←或→键，可以将时间指针每次向前或向后移动一帧。
- （将序列作为嵌套或个别剪辑插入并覆盖）：将其他序列B加入到当前序列A中时，如果该按钮处于按下的状态，则序列B将以嵌套方式作为一个单独的素材剪辑被应用；如果该按钮处于未按下的状态，则序列B中所有的素材剪辑将保持相同的轨道设置添加到当前序列A中，如图5-56所示。

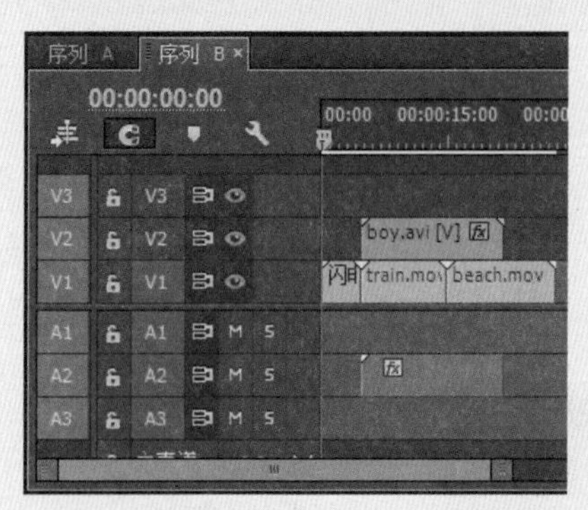

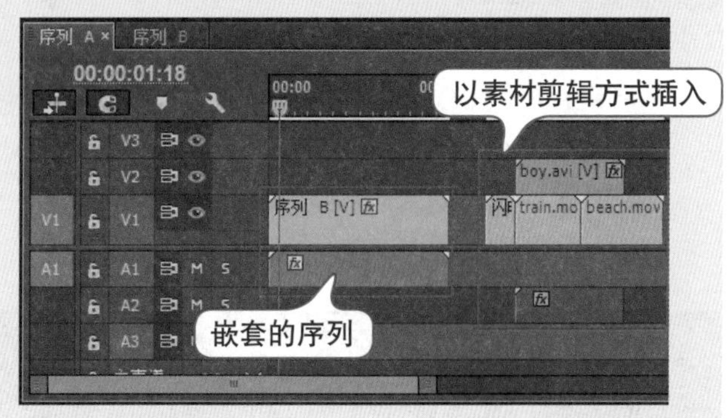

图5-56　插入序列对象

- （对齐）：单击该按钮，在时间轴窗口中移动或修剪素材到接近靠拢时，被移动或修剪的素材将自动靠拢并对齐到时间指针当前的位置，或对齐前面或后面的素材，以方便准确地调整两个素材的首尾相连。
- （添加标记）：在时间标尺上时间指针当前的位置添加标记。
- （时间轴显示设置）：单击该按钮，在弹出的菜单中选中对应的命令，可以为时间轴中视频轨道、音频轨道素材剪辑的显示外观，以及各种标记的显示状态进行设置。

5.4.2 轨道的管理

序列中素材剪辑的编辑工作大部分都是在视频轨道或音频轨道中进行的，详细了解并掌握时间轴窗口中轨道的各种操作方法，是编辑影视内容的基础。

1. 设置轨道中素材的显示方式

上机实战　设置轨道中素材的显示方式

01 在将素材剪辑添加到时间轴窗口中对应的轨道后，默认情况下，轨道中的素材剪辑只显示素材的名称和持续时间，要使轨道中的素材剪辑显示缩览图、关键帧等，需要先增加轨道的显示高度：将鼠标移动到视频轨道的轨道头上，向前滑动鼠标的中键，即可增加视频轨道的显示高度，显示出轨道的名称以及关键帧设置按钮，并在素材剪辑上显示开始帧和结束帧的缩览图，如图5-57所示。

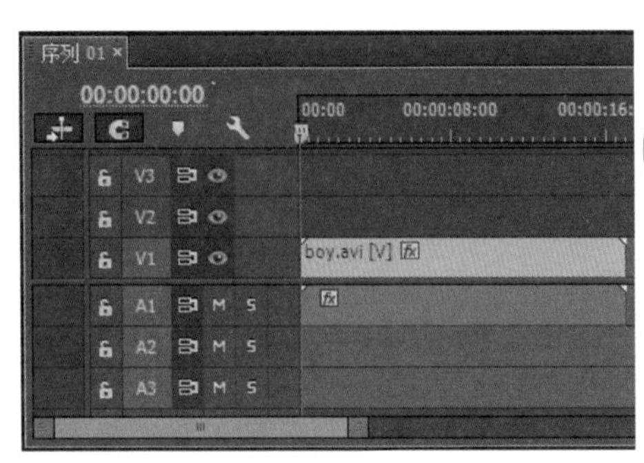

图5-57　增加轨道的显示高度

02 在音频轨道的轨道头上向前滑动鼠标的中键，增加音频轨道的高度，可以显示轨道中音频素材的波形，如图5-58所示。

03 单击时间轴窗口右上角的按钮，在弹出的扩展菜单中选择对应的命令，可以对轨道中视频或音频素材剪辑的显示方式进行设置，如图5-59所示。

图5-58　显示音频剪辑的波形

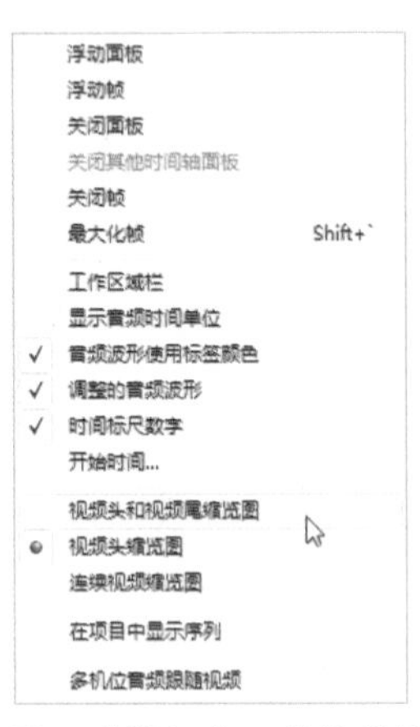

图5-59　时间轴窗口的扩展菜单

- 音频波形使用标签颜色：默认情况下，视频素材所包含的音频内容，在时间轴中以该视频素材的默认标签色显示（例如AVI文件为蓝色、MOV文件为紫色）；取消对该选项的勾选，则所有音频内容都将显示为音频素材的标签色，即绿色，如图5-60所示。

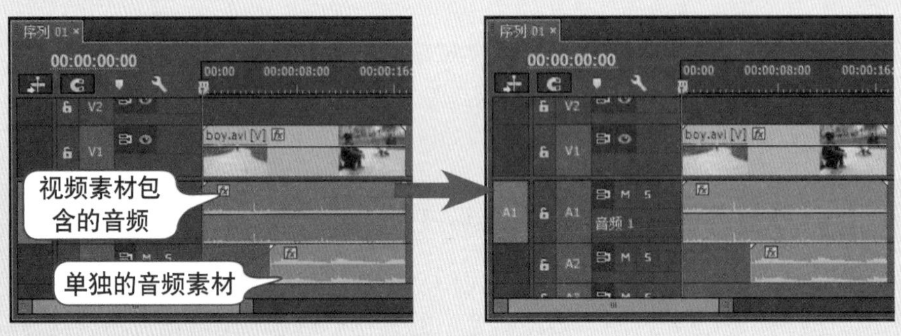

图5-60　设置音频是否使用标签色

- 视频头与视频尾缩览图：在视频轨道中素材剪辑的两端显示开始帧和结束帧画面。
- 视频头缩览图：在视频轨道中素材剪辑的开端显示开始帧画面。

- 连续视频缩览图：在视频素材的持续时间范围内显示连续的内容缩览图，如图5-61所示。

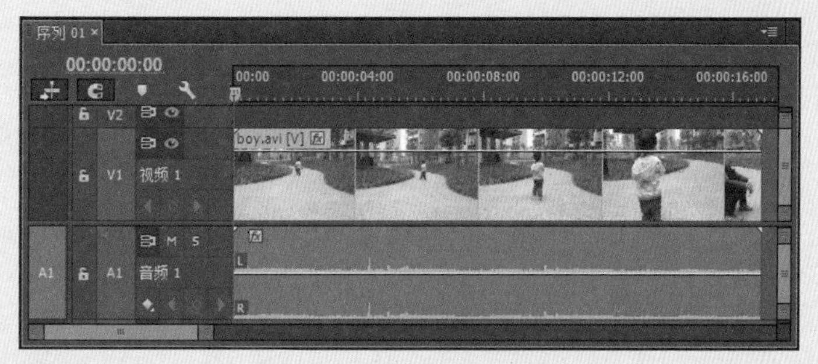

图5-61 连续视频缩览图

提 示

在扩展菜单中选择“在项目中显示序列”命令，可以在项目窗口中将当前的工作序列变为选中状态，方便用户确定当前的操作对象；选择“开始时间”命令，可以在弹出的“起始时间”对话框中根据需要修改当前序列的起始时间，例如，在需要将当前序列嵌套在其他序列中某一时间点时，可以将起始时间修改为该时间点，以方便查看将序列嵌套后的持续时间状态，如图5-62所示。

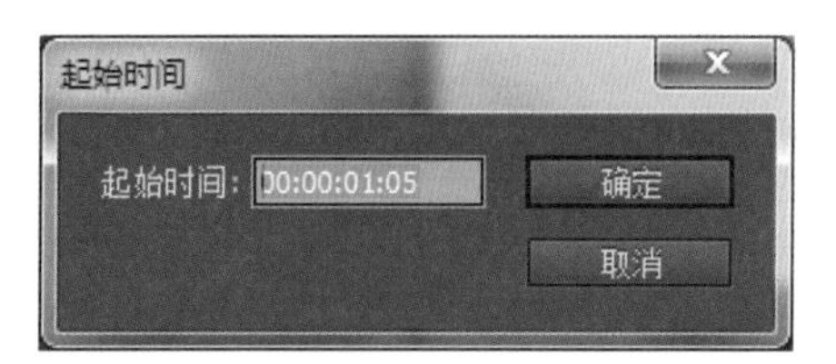

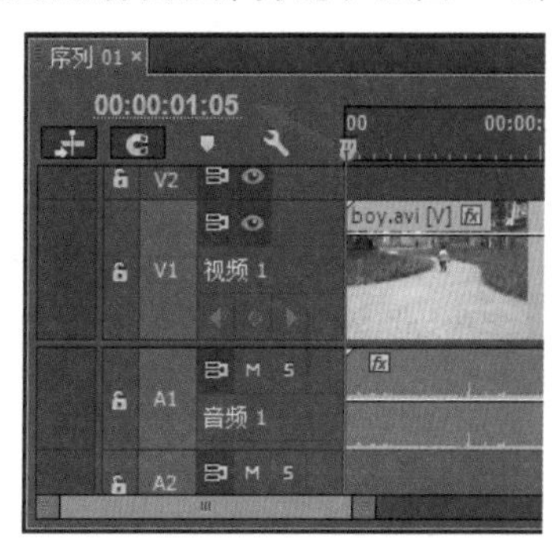

图5-62 修改序列的开始时间

04 单击“时间轴显示设置” 按钮，在弹出的菜单中选中对应的命令，可以为时间轴中视频轨道、音频轨道素材剪辑的显示外观，以及各种标记的显示状态进行设置，如图5-63所示。

- 显示视频缩览图：切换视频轨道中素材剪辑的缩览图显示状态。
- 显示视频/音频关键帧：切换视频/音频轨道中素材剪辑上的关键帧控制线的显示状态。
- 显示视频/音频名称：切换视频/音频轨道中素材剪辑的名称显示状态。
- 显示音频波形：切换音频轨道中素材剪辑的音频波形显示状态。
- 最小化所有轨道：选择此命令，所有轨道的高度都将恢复为最小化状态。
- 展开所有轨道：选择此命令，所有轨道都将变成展开状

显示视频缩览图
✓ 显示视频关键帧
✓ 显示视频名称
✓ 显示音频波形
✓ 显示音频关键帧
显示音频名称
显示剪辑标记
显示重复帧标记
✓ 显示直通编辑点
最小化所有轨道
展开所有轨道
存储预设...
管理预设...
自定义视频头...
自定义音频头...

图5-63 “时间轴显示设置”菜单

态，显示出轨道名称及打开的缩览图或音频波形。

- 存储预设：选择此命令，在弹出的“保存预设”对话框中输入需要的名称或指定快捷键，可以将时间轴窗口中当前所有轨道的高度设置创建为预设样式，方便在以后选择使用，如图5-64所示。
- 管理预设：选择此命令，在弹出的“管理预设”对话框中，可以为用户创建的预设演示修改快捷键或执行删除，如图5-65所示。

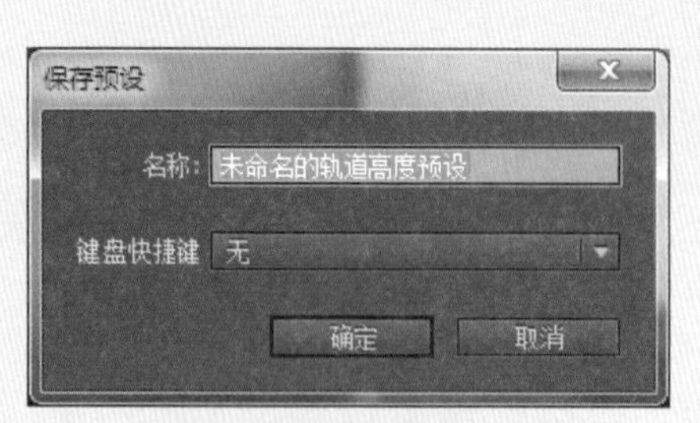

图5-64 “保存预设”对话框

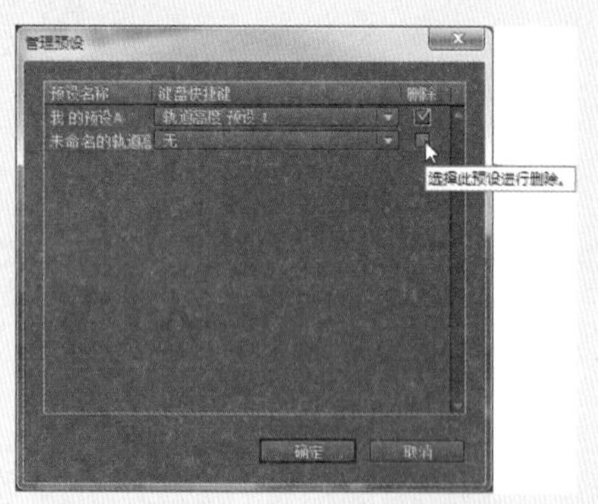

图5-65 “管理预设”对话框

2. 显示和隐藏轨道内容

上机实战 轨道内容的显示和隐藏

01 在视频轨道中，单击轨道头中的“切换轨道输出”按钮，将其变为状态，可以在序列中将该视频轨道中的内容隐藏起来，关闭该轨道中的内容输出，如图5-66所示。再次单击该按钮，可以恢复该轨道中内容的显示。

图5-66 隐藏轨道内容的显示

02 单击音频轨道中的“静音轨道”按钮，将其切换为选中状态，可以关闭该轨道的输出，使其中所有音频内容变成静音，如图5-67所示。再次单击该按钮，可以恢复该轨道中音频内容的正常播放。

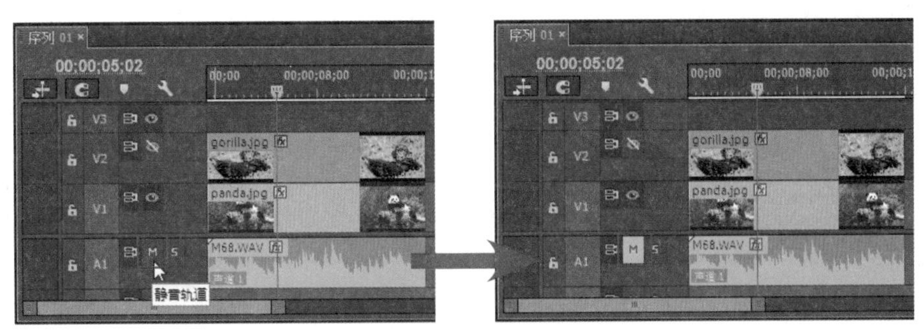

图5-67 设置音频轨道静音

03 单击音频轨道中的“独奏轨道”按钮，将其切换为选中状态，可以只输出该轨道中的音频内容，其他未设置为独奏状态的音频轨道中的所有音频内容变成静音，如图5-68所示。再次单击该按钮，可以取消该音频轨道的独奏设置。

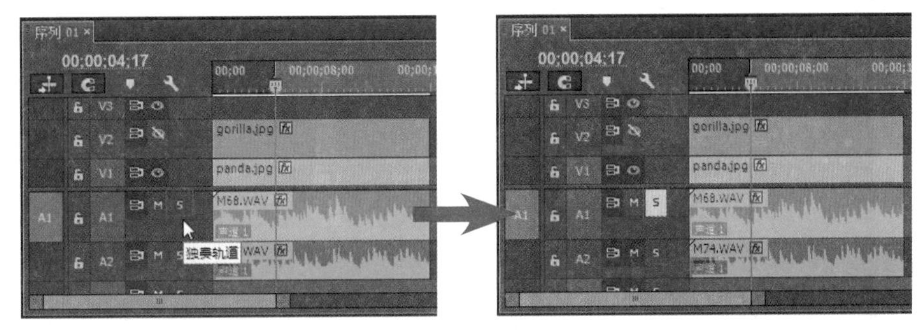

图5-68 设置独奏音频轨道

3. 锁定和解锁轨道

在影片内容的编辑过程中，对于已经编辑好内容的轨道，可以将其暂时锁定，避免在进行其他的编辑操作时，尤其是需要在节目监视器窗口中选择或调整对象时造成误操作。

上机实战 轨道的锁定和解锁

01 在视频轨道中，单击轨道头中的“切换轨道锁定”按钮，将其变为状态，可以将该视频轨道中的内容锁定，使其不能再被编辑或删除，如图5-69所示。锁定的轨道中的内容将以斜线标示；再次单击该按钮，可以恢复该轨道中内容的可编辑状态。

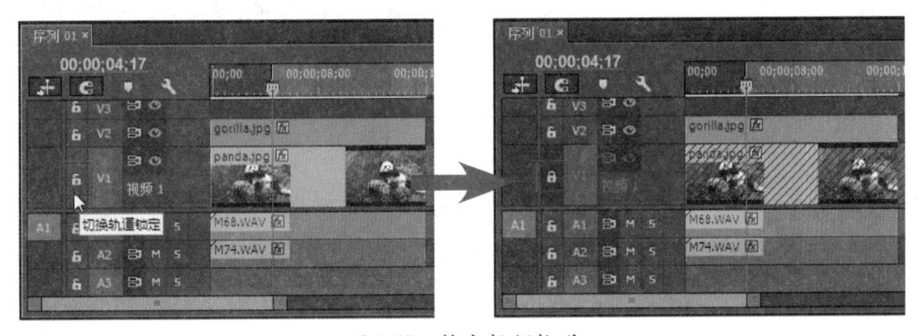

图5-69 锁定视频轨道

02 同样，单击音频轨道头中的“切换轨道锁定”按钮🔓，将其变为🔒状态，也可以将该音频轨道中的内容锁定，使其不能再被编辑或删除，如图5-70所示。

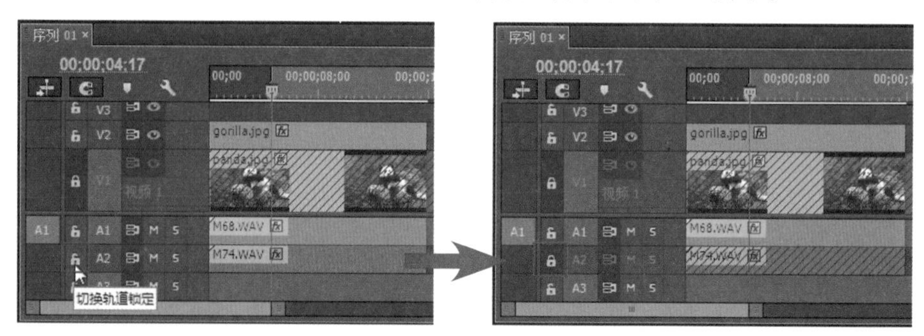

图5-70 锁定音频轨道

4. 添加和删除轨道

如果在编辑过程中发现创建序列时设置的轨道数量不够用，可以随时根据需要添加新的轨道，还可以将无用的轨道及轨道中的所有内容删除。

上机实战 添加和删除轨道

01 在轨道头中需要添加新轨道的位置单击鼠标右键并选择“添加单个轨道”命令，即可在该轨道的上层添加一个新的轨道，如图5-71所示。

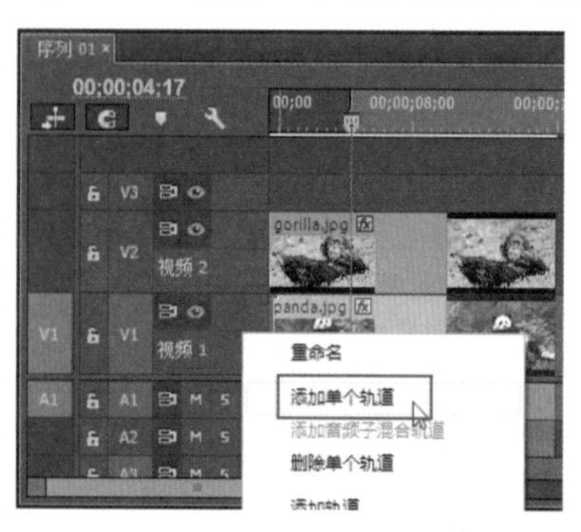

图5-71 添加单个轨道

02 如果需要一次性添加多个轨道，可以在轨道头上单击鼠标右键并选择“添加轨道”命令，打开“添加轨道”对话框，对需要添加轨道的类型、数量、参数选项进行设置，然后单击“确定”按钮来执行，如图5-72所示。

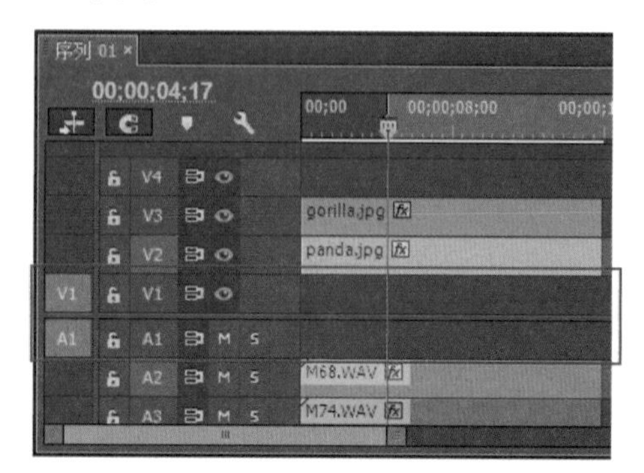

图5-72 添加轨道

提 示

将项目窗口中的素材直接拖入时间轴窗口中当前最上层视频轨道上面的空白处（或最下层音频轨道下的空白处），即可在释放鼠标后，自动添加一个视频（音频）轨道并放置该素材剪辑。

03 如果需要一次性删除多个轨道，可以在轨道头上单击鼠标右键并选择“删除轨道”命令，打开“删除轨道”对话框，根据需要勾选“删除视频轨道”或“删除音频轨道”，然后选择要删除轨道的名称或所有空轨道，单击“确定”按钮来执行，如图5-73所示。

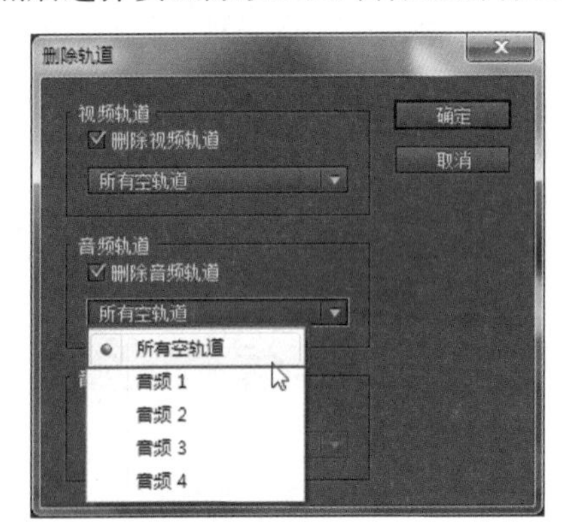

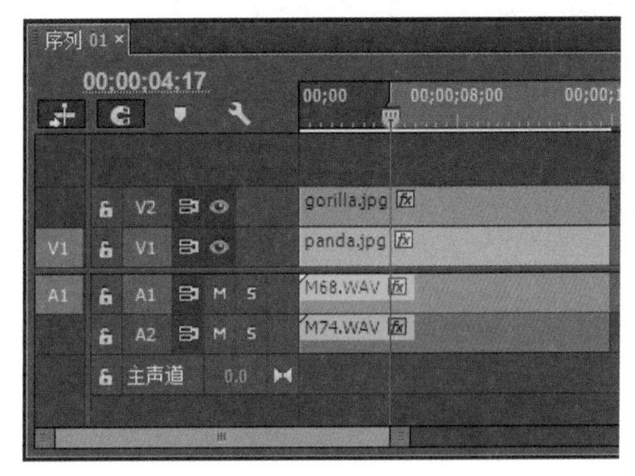

图5-73 删除轨道

5. 重命名轨道

默认情况下，时间轴窗口中的轨道以“轨道类型+序号”（即“视频1”、“视频2”…）的方式为轨道命名。通过为轨道进行重命名，可以更方便地区分各轨道中的编辑内容。

只需调整要重命名的轨道的高度，直到显示出轨道名称，然后在轨道名称上单击鼠标右键并选择“重命名”命令，输入需要的轨道名称即可，如图5-74所示。

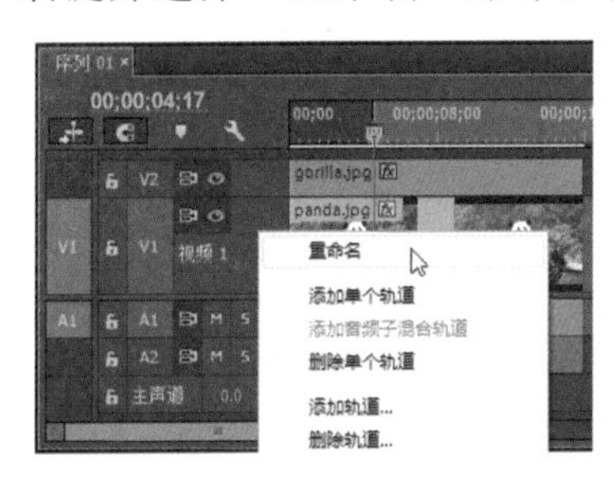

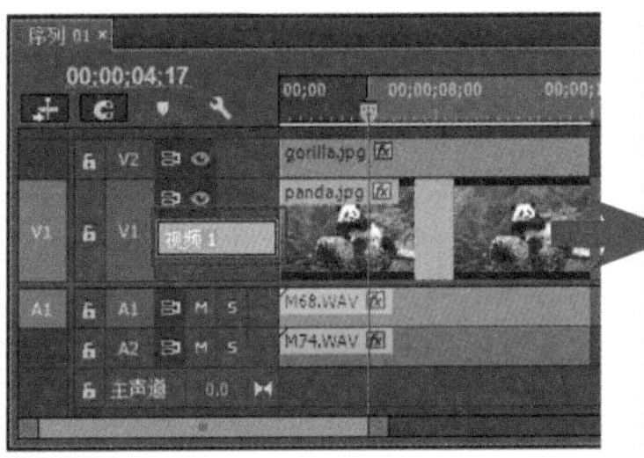

图5-74 重命名轨道名称

提 示

在轨道头中“切换轨道输出”按钮后面的空白区域双击鼠标左键，可以切换轨道的最小化和展开状态。

5.4.3 关键帧的使用

在时间轴窗口中，通过轨道上的关键帧控制线和轨道头中的关键帧设置按钮，可以为轨道中的素材剪辑创建关键帧并编辑关键帧动画。默认情况下，轨道中的关键帧控制线为不透明度属性，可以根据需要，将其切换为素材剪辑的其他基本属性或添加的效果选项。

上机实战 在轨道中设置素材的关键帧属性

01 如果要通过轨道中素材剪辑上的关键帧控制线编辑关键帧动画，需要先将其在轨道中显示出来：单击“时间轴显示设置”按钮，在弹出的菜单中选中“显示视频/音频关键帧”命令，如图5-75所示。

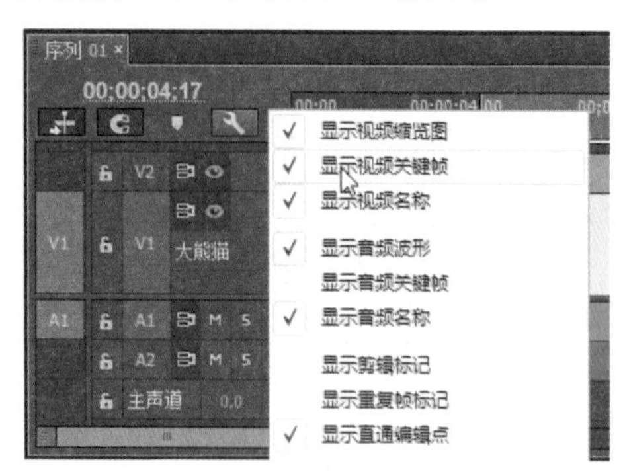

图5-75　显示出关键帧控制线

02 单击素材剪辑名称后面的（效果）图标，可以在弹出的列表中选择切换需要显示的素材效果属性，如图5-76所示。

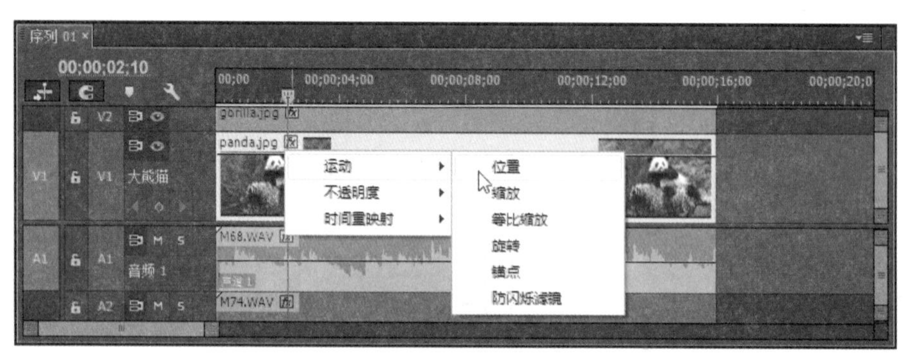

图5-76　选择关键帧控制线的效果属性

03 在选定关键帧控制线属性后，将时间指针移动到需要添加关键帧的位置，然后单击轨道头中的“添加-移除关键帧”按钮，即可为素材的该效果属性在当前时间位置添加一个关键帧，如图5-77所示。

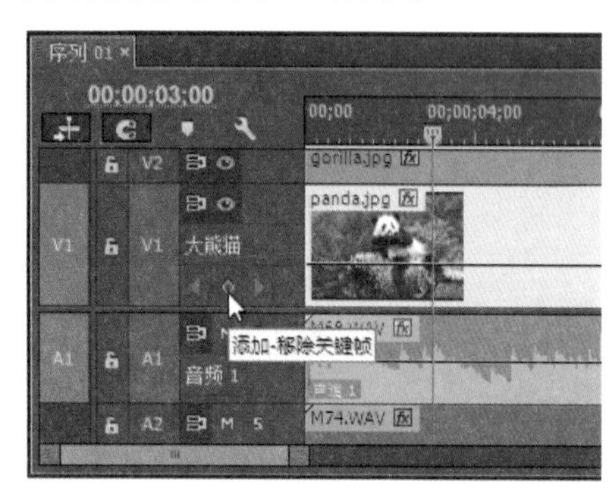

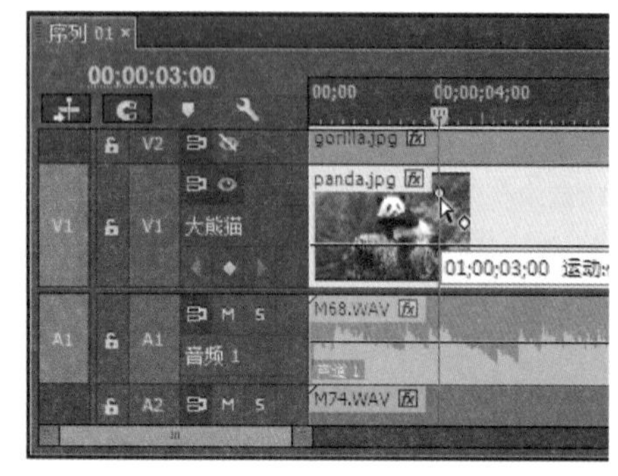

图5-77　添加关键帧

04 在关键帧控制线上添加了关键帧后，可以用鼠标按住并左右拖动，调整关键帧的时间位置；大部分属性的关键帧都可以通过上下拖动来调整其参数数值。通过效果控件面板，可以对素材剪辑上的关键帧进行详细的设置。

5.4.4 时间标尺

时间标尺用于显示轨道中素材剪辑的时间长度，并作为时间指针或调整素材的位置、持续时间的参考。按下键盘上的+（加号）或-（减号）键，可以将时间标尺的单位距离标示的时间长度放大或缩小。通过缩放窗口底部的滑块，可以调整时间标尺的显示比例，最大可以放大到每单位距离为一帧，如图5-78所示。

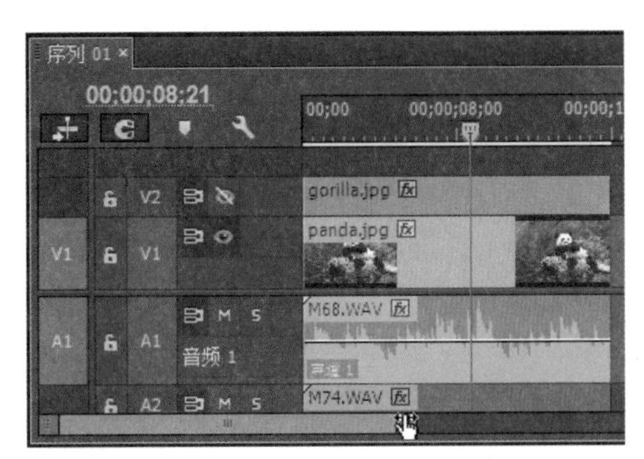

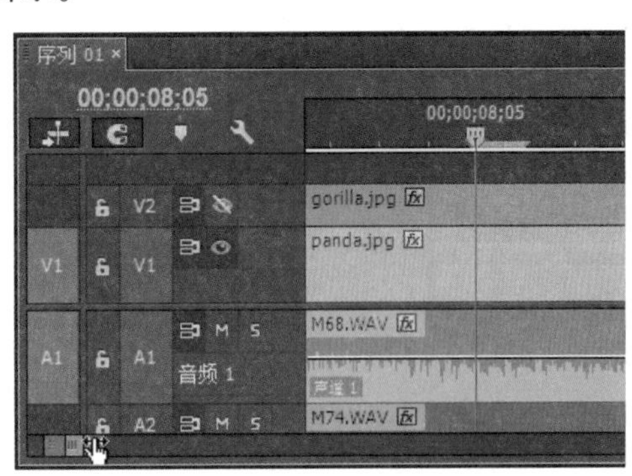

图5-78 放大时间标尺显示比例

在时间标示上单击鼠标右键，可以在弹出的菜单中选择需要的操作命令，例如，在当前位置标记入点与出点、跳转时间指针到指定位置、清除入点或出点、清除和编辑标记等，如图5-79所示。

图5-79 选择操作命令

第6章 工作面板应用

Premiere Pro CC中的工作面板主要用于为时间轴窗口中的素材剪辑对象应用并设置特效、对素材剪辑进行持续时间的修剪或时间位置的调整以及查看相关信息、执行历史记录恢复操作等，是对合成项目中的剪辑对象进行编辑处理的辅助工具。

6.1 效果面板

在效果面板中集合了预设动画特效、音频效果、音频过渡、视频效果和视频过渡类特效，以及新增的用于图像色彩调整的Lumetri Looks类特效命令，可以很方便地为时间轴窗口中的各种素材添加需要的特效，如图6-1所示。在效果面板中展开对应的效果文件夹，然后选择需要的特效，将其拖动到时间轴窗口中素材剪辑上，即可完成效果的添加。

Premiere Pro CC对效果面板中的特效命令提供了两种分类方式。默认方式是根据特效的应用对象、效果类型，以文件夹的方式分别存放各类效果及其具体特效；另一种方式是以特效的应用效果与工作原理进行分类，单击效果面板中搜索栏后面的3个按钮，可以在面板中列出对应类型的所有特效，如图6-2所示。

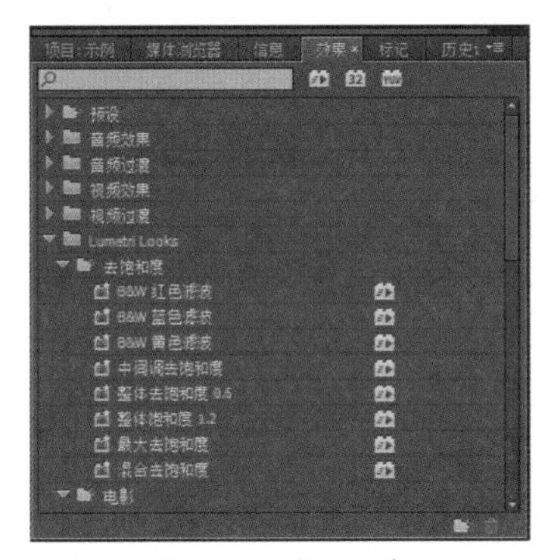

图6-1　效果面板

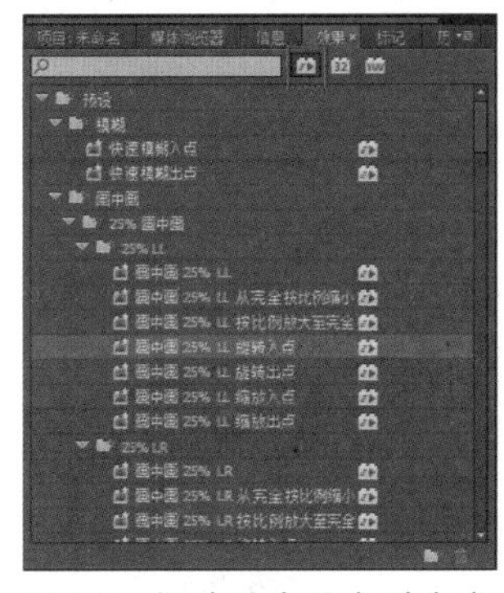

图6-2　按效果应用类型分类

- 加速效果：可以产生加速效果的特效命令，主要为应用在图像或视频素材上，可以生成动画的特效。
- 32位颜色：可以对影像产生扭曲变形或色彩变化效果的特效。
- YUV效果：符合YUV（也称YCrCb）欧洲电视色彩编码方式要求的效果，主要为可以对影像的色彩（亮度和饱和度）产生优化处理的特效。

单击效果面板右下角的“新建自定义素材箱”按钮，可以在效果文件夹列表中新建一个自定义文件夹，可以将常用的特效命令按住并拖入其中，即可在该自定义文件夹里创建所选特效的快捷方式，方便在编辑操作中快速找到需要的特效，而不用在默认的各个文件夹中慢慢寻找，从而提高工作效率，如图6-3所示。

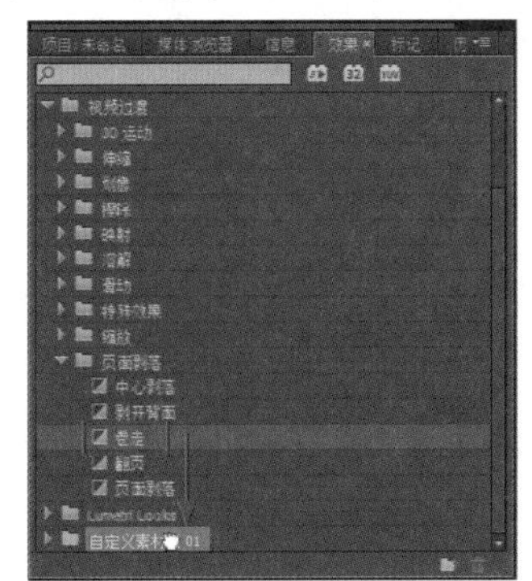

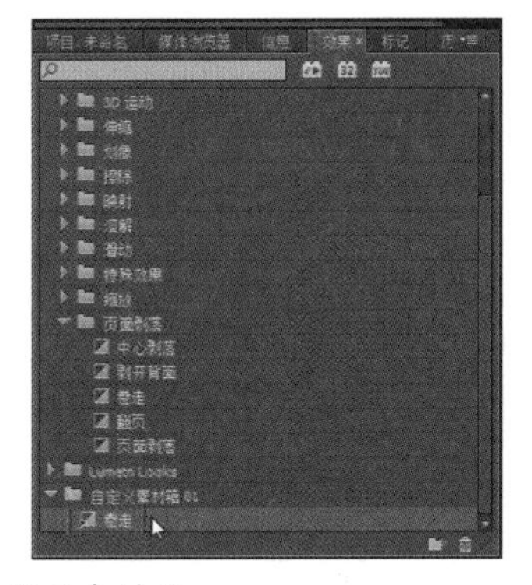

图6-3　编辑自定义素材箱

对于不再需要的自定义文件夹或特效的快捷方式，可以在选择后，单击效果面板右下角的“删除所选自定义项目”按钮将其删除。

6.2 效果控件面板

效果控件面板用于对添加到时间轴中素材剪辑上的效果进行选项参数的设置。在选中图像素材剪辑时，会默认显示“运动”、“不透明度”和“时间重映射”等3个基本属性，在添加了转换特效、视频/音频特效后，会在其中显示具体设置选项，如图6-4所示。

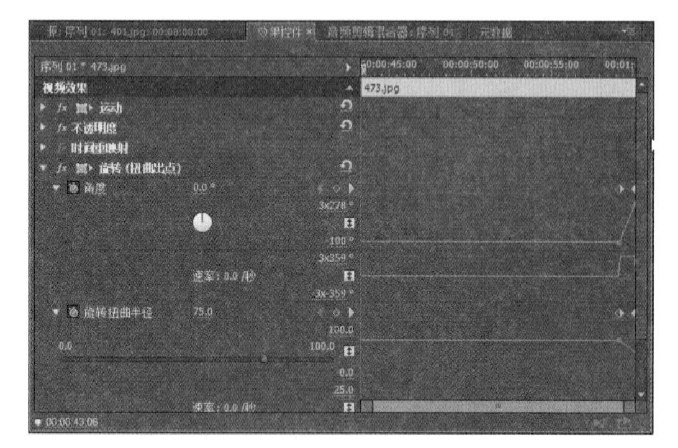

图6-4 效果控件面板

提 示

在时间轴窗口中选择一个素材剪辑后，将效果面板中的特效按住并直接拖入效果控件面板中，也可以快速为素材剪辑添加特效。

6.2.1 视频效果

“视频效果”选项是在时间轴窗口中选中图像、字幕或视频剪辑时，在效果控件面板中显示的对象属性选项。展开“运动”、“不透明度”和“时间重映射”选项，可以分别查看其具体选项设置。

1. 运动

“运动”选项组中的选项用于设置素材剪辑的位置、大小、旋转角度等基本属性，如图6-5所示。

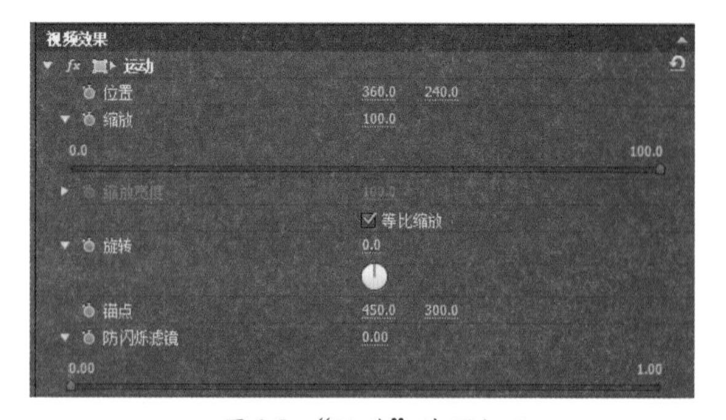

图6-5 “运动”选项组

- 位置：以素材剪辑的锚点作为中心点，相对于影片画面左上角顶点的坐标位置。可以通过改变x、y数值，对素材在影片中的水平、垂直位置进行调整。
- 缩放：素材的尺寸百分比，可以通过输入新的数值或拖动下面的滑块，对素材图像的大小进行等比例调整。取消对其下方“等比缩放”复选框的勾选时，该选项将显示为“缩放高度”和“缩放宽度”，可以分别对素材图像的高度或宽度进行调整，如图6-6所示。

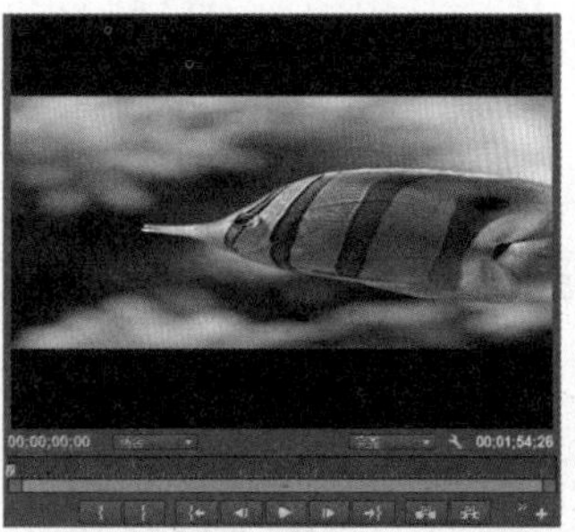

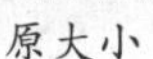
原大小　　等比缩小　　压扁加宽

图6-6　图像大小的缩放

- 旋转：设置素材以其锚点中心进行旋转的角度以及圈数，如图6-7所示。
- 锚点：素材的中心点所在位置的坐标，可以通过调整数值对素材的锚点位置进行调整。在序列监视器窗口中双击素材剪辑，可以显示出该素材的锚点位置，如图6-8所示。

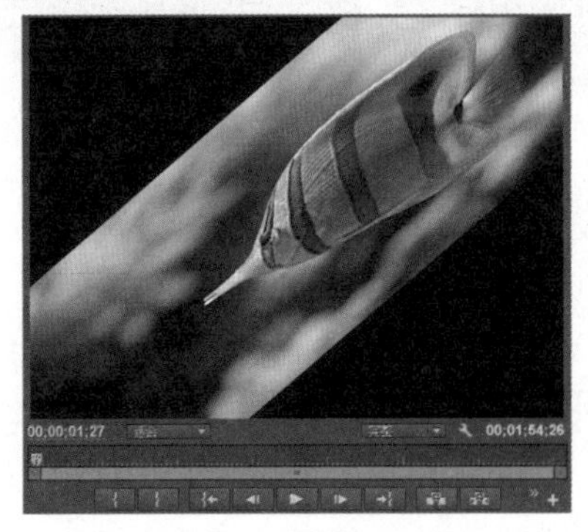

图6-7　旋转素材剪辑

图6-8　图像素材的锚点位置

- 防闪烁滤镜：对于隔行扫描的视频素材，如果视频图像存在播放闪烁的问题，可以通过调整该数值，对素材进行防闪烁过滤的设置，该数值在0.00～1.00之间。同时，对于设置了运动效果的图形素材剪辑也有效。

2. 不透明度

通过调整“不透明度”选项的数值，可以改变所选素材在影片画面中的不透明度，如图6-9所示。

图6-9　修改文字不透明度为50%

在“混合模式”下拉列表中，可以设置当前素材剪辑与位于其下层视频轨道中的图像，在像素色彩、亮度、饱和度等方面的混合方式，部分混合效果如图6-10所示。

图6-10 素材剪辑的图像混合模式

3. 时间重映射

该选项通过修改动态视频素材的播放速率，来改变素材剪辑的持续时间，得到快镜头或慢镜头播放的效果。也可以通过在不同位置创建关键帧并设置不同数值，得到视频素材播放时的动态变速效果。在效果控件面板中，向上或向下拖动“速度”选项后面在时间标尺区的水平控制线，可以加快或减慢视频素材的播放速率百分比，改变素材剪辑在时间轴窗口中的持续时间，如图6-11所示。

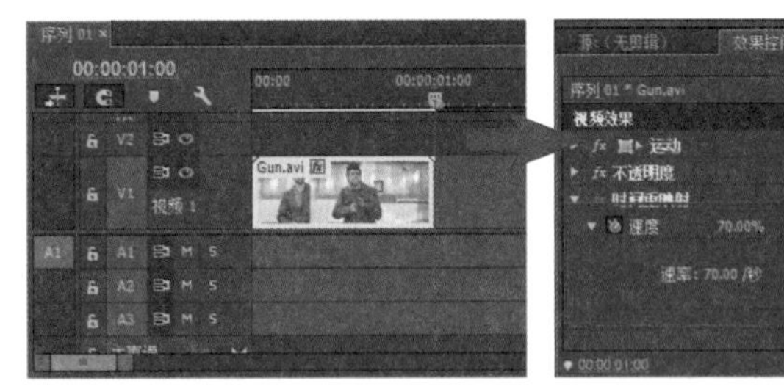
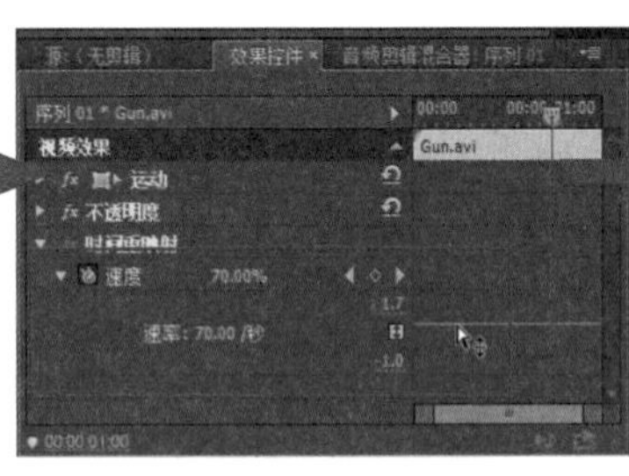

图6-11 修改视频素材播放速率百分比

提 示

在效果控件面板中单击各属性选项或添加的特效后面的“重置”按钮，可以恢复该属性选项或特效的参数为默认值。

6.2.2 音频效果

“音频效果”选项用于对时间轴窗口中选中的音频素材（或视频素材所包含的音频内

容）进行音量、声像的调整，如图6-12所示。

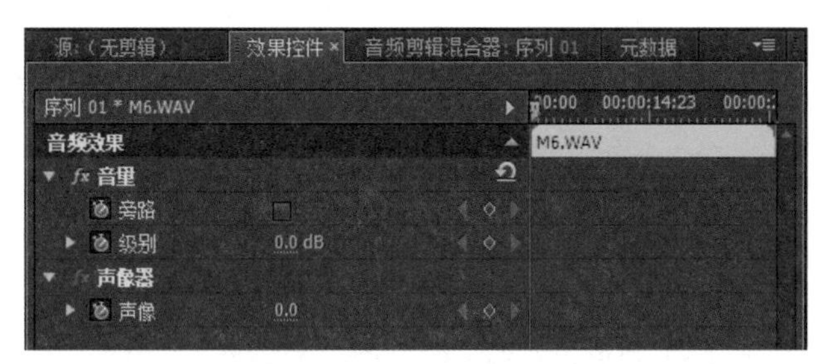

图6-12 “音频效果”选项

- 旁路：此选项为所有音频特效都具有的属性，用以临时关闭当前的音频效果设置。通过配合创建关键帧并设置在该关键帧上是否勾选该选项，可以控制在音频的播放过程中，在不同时间位置是否应用设置的效果。如果在“音量”选项中勾选了该选项，则对音量大小的调整不发生作用。
- 级别：控制音频素材音量的变化大小，正值为增大音量，负值为降低音量。
- 声像：控制音频素材的声道平衡变化大小，正值为偏右声道，负值为偏左声道。

6.3 工具面板

工具面板中的工具主要用于调整轨道中素材剪辑的位置和持续时间、监视器窗口中的视图，以及绘制动画路径等，如图6-13所示。

- 选择工具：该工具用于对素材进行选择、移动以及调节素材关键帧、为素材设置入点和出点等。
- 轨道选择工具：使用“选择工具”可以通过按住Shift键的同时选择轨道中的素材剪辑，选择多个不同位置的剪辑对象；使用“轨道选择工具”后在时间轴窗口的轨道中单击鼠标左键，可以选中所有轨道中在鼠标单击位置及以后的所有轨道中的素材剪辑，如图6-14所示。

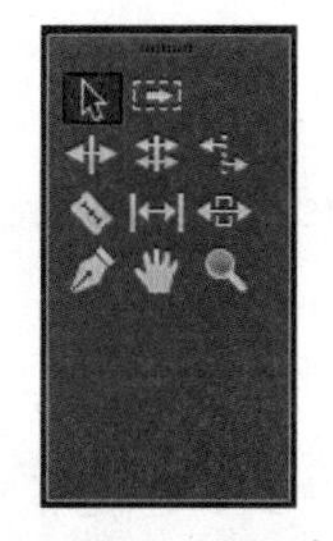

图6-13 工具面板

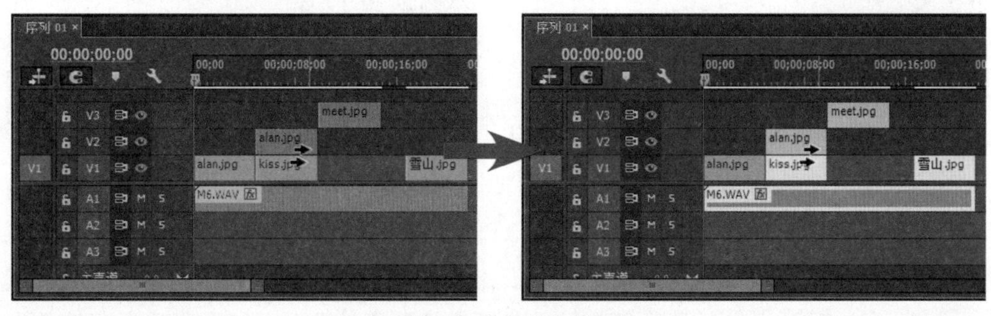

图6-14 使用轨道选择工具

- 波纹编辑工具：使用该工具可以拖动素材的出点以改变素材的长度，而相邻素材的长度不变，项目片段的总长度改变，如图6-15所示。

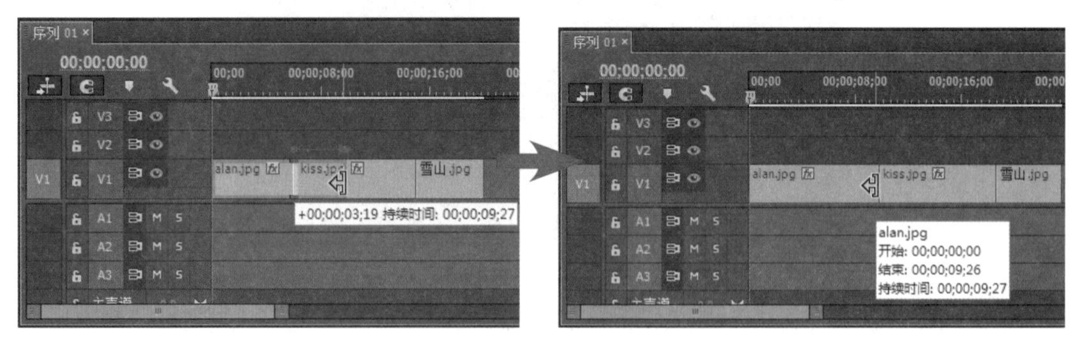

图6-15　使用波纹编辑工具

- 滚动编辑工具：使用该工具在需要修剪的素材边缘拖动，可以将增加到该素材的帧数从相邻的素材中减去，项目片段的总长度不发生改变，如图6-16所示。

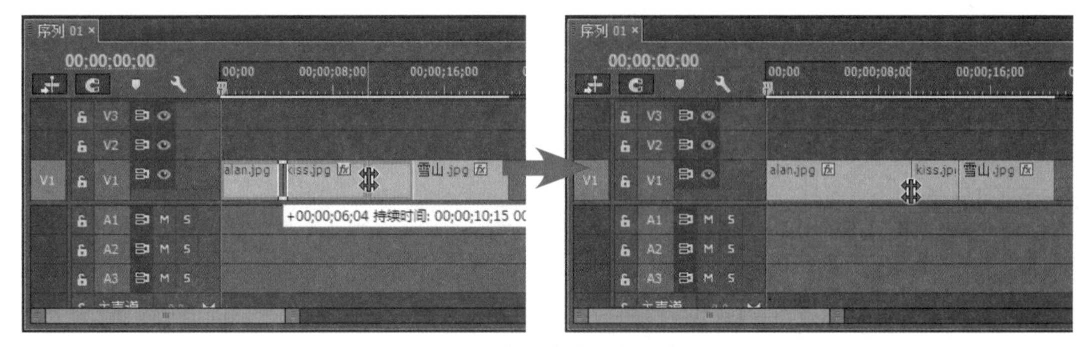

图6-16　使用滚动编辑工具

- 比率伸缩工具：使用该工具可以对素材剪辑的播放速率进行相应的调整，以改变素材的长度。主要应用在视频或音频素材上，在调整后，轨道中的素材剪辑上将显示新的播放速率变化百分比，如图6-17所示。

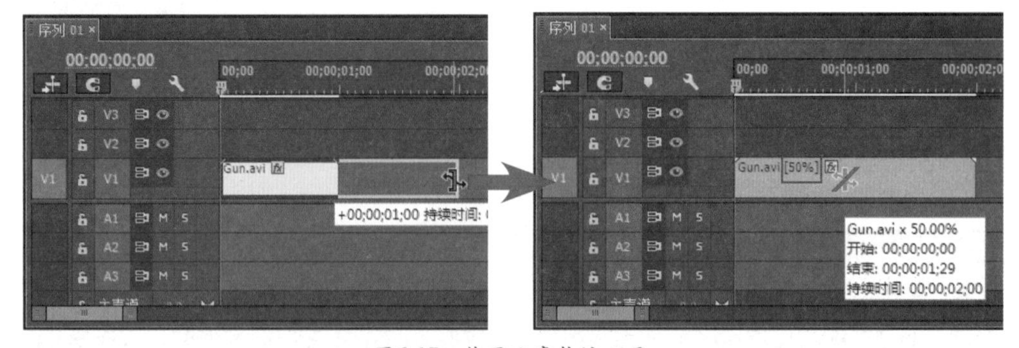

图6-17　使用比率伸缩工具

- 剃刀工具：选择剃刀工具在素材上需要分割的位置单击，可以将素材分为两段，如图6-18所示。
- 外滑工具：该工具主要用于改变动态素材的入点和出点，保持其在轨道中的长度不变，不影响相邻的其他素材，但其在序列中的开始画面和结束画面发生相应改变。选择该工具后，在轨道中的动态素材上按住并向左或向右拖动，可以使其在影片序列中的视频入点与出点向前或向后调整；同时，在节目监视器窗口中也将同步显示对其入点与出点的修剪变化，如图6-19所示。

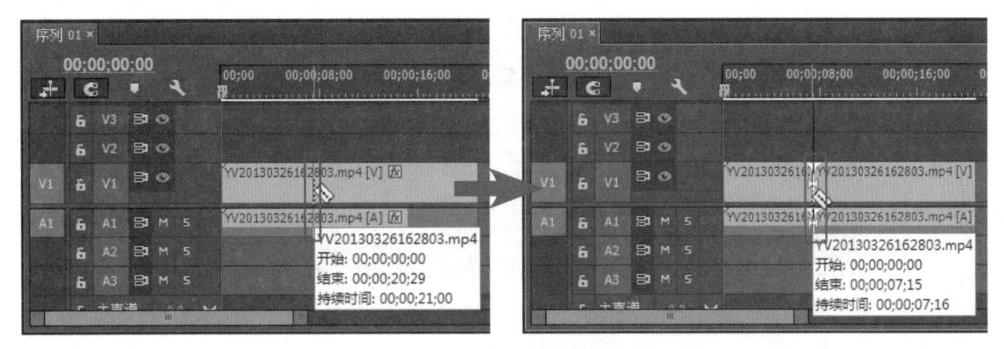

图6-18　使用剃刀工具

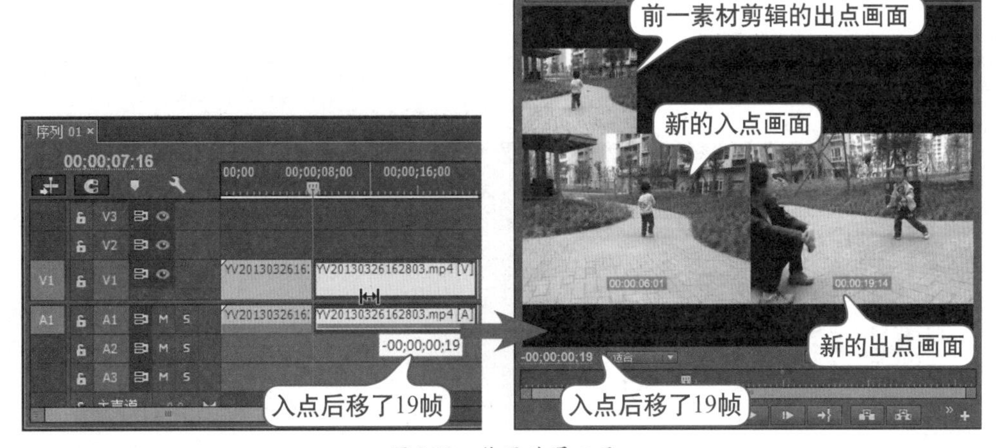

图6-19　使用外滑工具

● 内滑工具：使用该工具可以保持当前所操作素材剪辑的入点与出点不变，改变其在时间线窗口中的位置，同时调整相邻素材的入点和出点；同时，在节目监视器窗口中也将同步显示对其入点与出点的修剪变化，如图6-20所示。

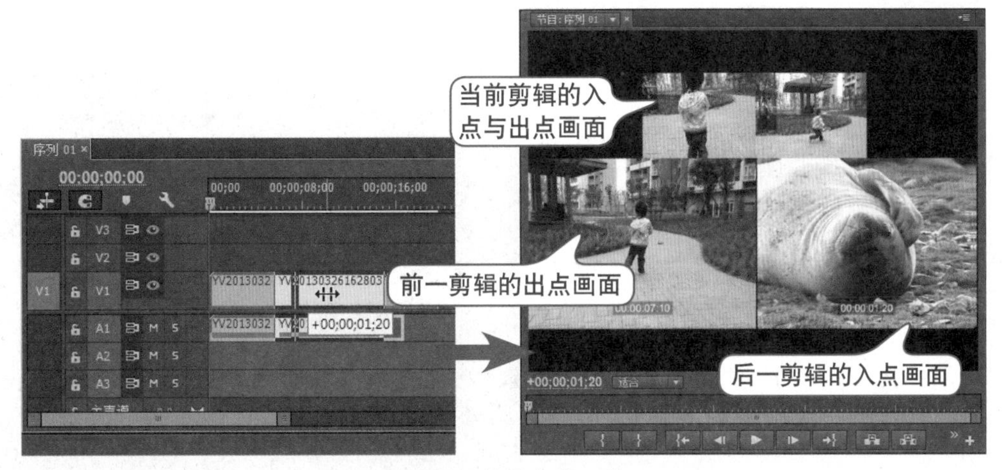

图6-20　使用内滑工具

- 钢笔工具：该工具主要用于对素材剪辑中编辑的动画进行关键帧的添加或调整，如图6-21所示。

图6-21　使用钢笔工具编辑关键帧

- 手形工具：该工具主要用于拖动时间轴窗口中的可视区域，以方便编辑较长的素材或序列。在监视器窗口中的画面显示比例被放大时，也可以使用该工具来调整窗口的显示范围。
- 缩放工具：该工具用来调整时间轴窗口中时间标尺的单位比例。默认为放大模式，在按住Alt键的同时单击，则变为缩小模式，如图6-22所示。

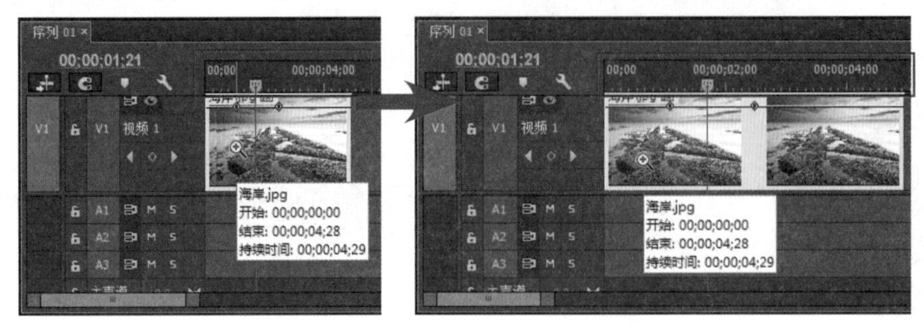

图6-22　使用缩放工具调整时间标尺比例

6.4 音频轨道混合器面板

音频轨道混合器面板主要用于对音频轨道中的素材剪辑进行各项处理，实现混合多个音频、调整增益、调整声道平衡等多种针对音频的编辑操作。默认情况下，该面板中包含与时间轴窗口中音频轨道相对应的控制选项，如图6-23所示。

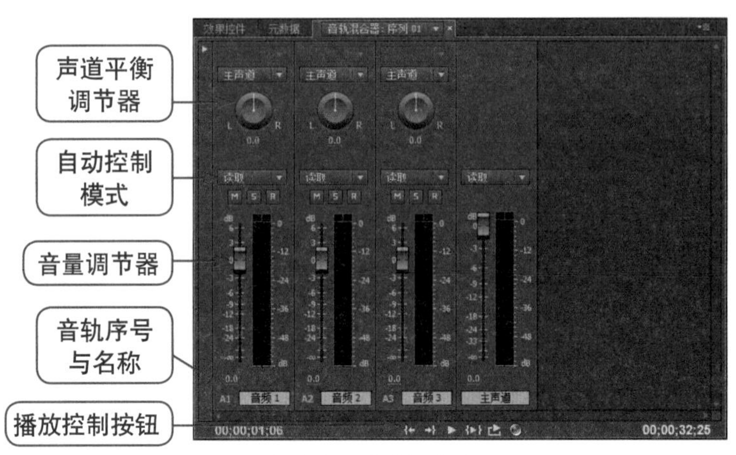

图6-23　音轨混合器

- 声道平衡调节器：通过调节旋钮方向或输入数值的方式，来调节该音频轨道中声道的偏移量。
- 自动控制模式：该下拉列表中的选项用于设置音频预览回放时的控制方式，如图6-24所示。

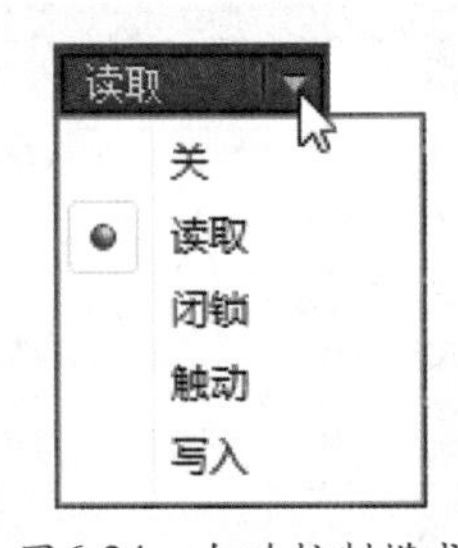

图6-24　自动控制模式

  - ◆ 关：在回放时忽略该音频轨道中的预览缓存，每次都执行适时预览。
  - ◆ 读取：读取音频轨道的自动化设置并在回放过程中使用它们控制音频。如果一个音频轨道没有设置，调整一个音频选项就会影响整个轨道。如果自动化设置为读取时，调整一个音频轨道的属性，当停止调整时，这个属性值就会返回到自动调节之前录制时的数值，返回的速率由音频优先设置中的自动控制时间来决定。
  - ◆ 写入：记录对任何没有设置为写保护的自动化轨道设置所作的调节，并在时间轴窗口中产生相应的轨道关键帧；在回放一开始就立即记录自动控制，而不是等到出现一个设置的修改才开始记录。不过这样的方式可以修改，通过单击面板右上角的扩展按钮，在弹出的下拉菜单中选中“写入后切换到触动”命令，可以使回放结束或一个回放循环完成后，所有的轨道由写入模式切换到接触模式。
  - ◆ 闭锁：与写入模式相似，不同的是这种模式的自动控制要等到对属性作了修改才开始，并且这个数值会保持到停止修改它为止。
  - ◆ 触动：与写入模式相似，不同的是这种模式的自动控制要等到对属性值作了修改才开始，当停止了对某个属性的修改，它的值会返回到自动控制的变化之前，返回速率由音频优先设置中的自动控制时间来决定。
- M S R 静音/独奏/录制：按下“静音轨道”按钮，则使该轨道中的音频内容静音；按下“独奏轨道”按钮，则只播放该轨道中的音频内容；按下“启用轨道以进行录制”按钮，则启用连接到电脑上的录音设备进行录音，同时将录制的音频加入到该轨道中。
- 音量调节器：调整当前音频轨道的音量增益，向上拖动控制滑块，可以增大音量；向下拖动降低音量。也可以在下面通过调整或输入新的数值来控制音量增益。
- 音轨序号与名称：音轨序号与名称与时间轴窗口中当前的音轨设置相对应。在音轨名称文本框中，可以根据需要输入新的音轨名称，对其进行重命名。
- 播放控制按钮：用于快速定位时间指针或播放预览控制，包括“转到入点”、“转到出点”、“播放-停止切换”、“从入点播放到出点”、“循环”、“录制”。

按下音轨混合器面板左上角的“显示/隐藏效果和发送”按钮，可以展开效果设置和发送方式设置面板。单击上部的效果添加条目，在弹出的菜单中选择需要的音频效果，然后在下部的设置选项中设置所应用音频效果的具体参数，可以为该音频轨道整体应用音频效果，如图6-25所示。

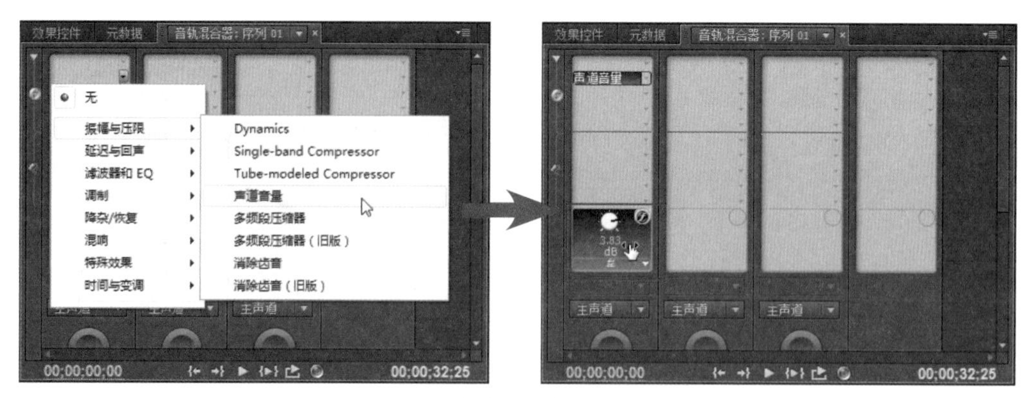

图6-25　为音轨应用音频效果

单击中间的声道发送设置条目，可以在弹出的菜单中为该音频轨道设置声道输出混合方式，然后根据需要对设置的混合方式进行参数调整，如图6-26所示。

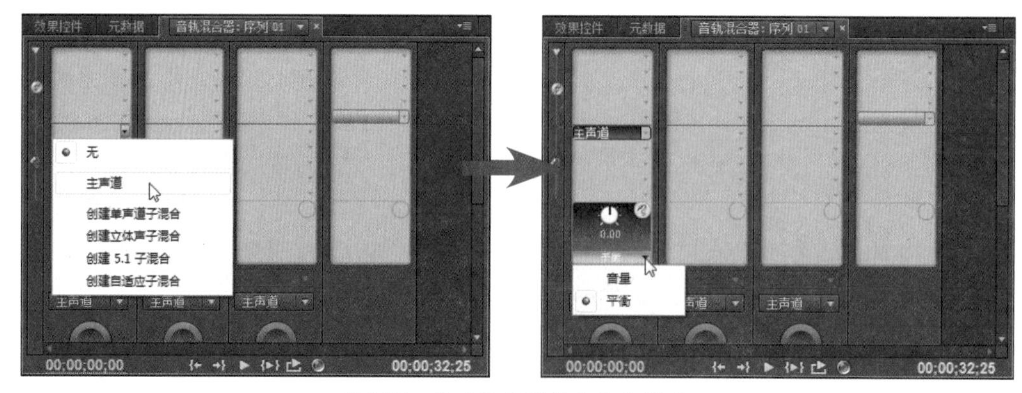

图6-26　为音轨设置输出混合模式

6.5 音频剪辑混合器面板

Premiere Pro CC新增的音频剪辑混合器面板，可以配合音轨混合器面板对音频内容的编辑进行更完善的处理。音轨混合器面板主要用于对时间轴窗口的音频内容进行查看和调整以及录制音频等操作。音频剪辑混合器面板则主要用于监视和调整音频内容，不能录制音频。如果当前处于关注状态的是时间轴窗口，那么在音轨混合器面板和音频剪辑混合器面板中，都可以对所选择的音频对象进行监视和处理。如果是在源监视器窗口查看素材剪辑的原始内容，将只有音频剪辑混合器面板可以工作，可以查看和调整素材剪辑本身的音频内容。

除了与音轨混合器面板中相同的控制功能，音轨剪辑混合器面板还多了一个音量关键帧动画编辑功能——选择时间轴窗口中的音频素材剪辑，将时间指针定位到需要的位置后，单击“写关键帧”按钮◇，然后调节音量控制滑块或数值，即可在该时间位置创建关键帧；然后在其他时间位置创建关键帧并修改音量，可以得到回放预览时的音量动态变化效果，如图6-27所示。

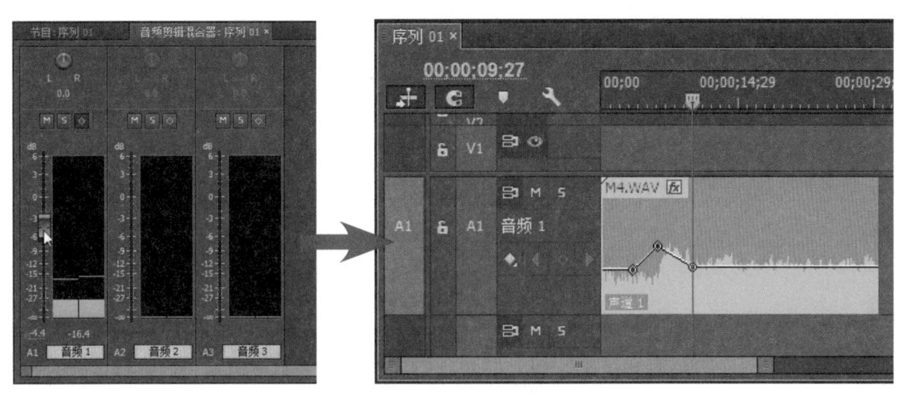

图6-27 在音频剪辑混合器中编辑音频关键帧动画

6.6 修剪监视器窗口

修剪监视器窗口用于对时间轴窗口中的素材剪辑进行持续时间的修剪，并可以适时查看修剪调整后视频的入点画面内容（或音频的波形）。如果时间轴窗口中的时间指针当前位置在素材剪辑的持续时间范围内，那么打开修剪监视器窗口后，将只显示当前剪辑的画面。如果时间指针在两个素材相接的位置，打开修剪监视器窗口后，将显示前后两个素材剪辑的画面，并可以同时对两个素材的持续时间进行修剪调整，如图6-28所示。

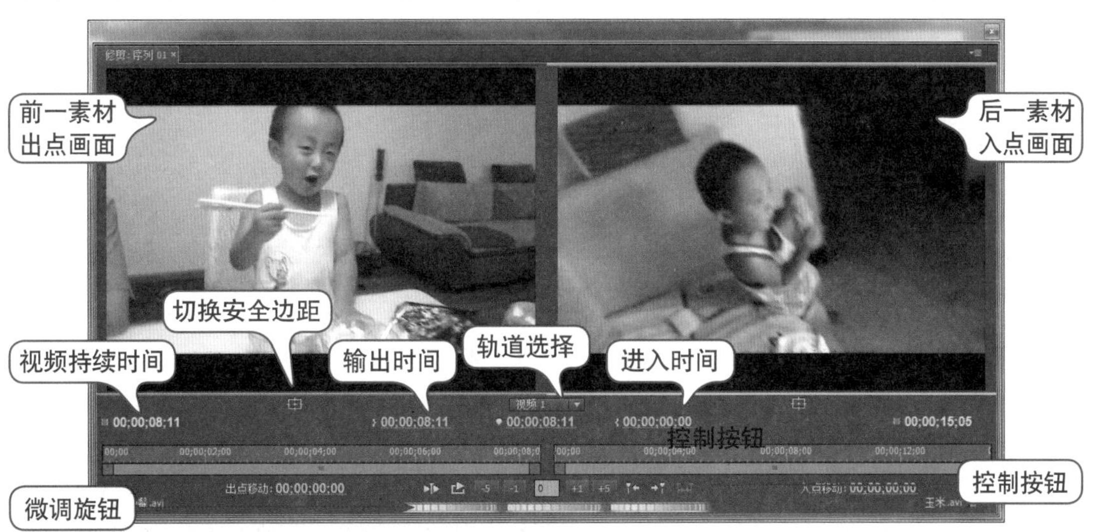

图6-28 修剪监视器窗口

- ▣（切换安全边距）：按下该按钮，可以在预览素材剪辑的窗口中显示字幕安全框和动作安全框，方便作为修剪视频内容时的参考。
- 输出（/进入）时间：前（/后）一素材剪辑在轨道中的出点（/入点）时间，可以通过按住并左右拖动，或输入新的数值，来调整其出点（/入点）时间位置；在调整后，前面（后面）以灰色显示的视频持续时间也会对应改变。

- 出点（/入点）移动：显示了前一（/后一）素材的修剪时间长度与方向（负值为向前修剪，正值为向后修剪），同时也可以通过调整该数值来对前一（/后一）素材的出点（/入点）进行修剪。
- 选择视频或音频轨道：在该下拉列表中，可以选择修剪窗口中要显示的轨道。
- （播放编辑）：从编辑点（前后两个素材相接的时间点）之前的2秒播放到之后的2秒，以查看修剪素材后前后素材的播放衔接效果。
- （循环）：按下该按钮，在单击“播放编辑”按钮进行编辑点前后的播放预览时可以循环播放。
- -5（向后较大偏移修剪）/ +5（向前较大偏移修剪）：单击对应的按钮，可以使编辑点向前/向后移动，使后面/前面素材剪辑的持续时间增加，每次5帧。
- -1（向后修剪一帧）/ +1（向前修剪一帧）：单击对应的按钮，可以使编辑点向前/向后移动，使后面/前面素材剪辑的持续时间增加，每次1帧。
- 入点移动：在该文本框中输入数值，负值为对前一素材剪辑的出点向前修剪，正值为对后一素材剪辑的入点向后修剪。
- 转到上（下）一个编辑点：单击该按钮，可以将时间指针定位到当前轨道中上（下）一个素材剪辑的入点或出点，同时在修剪监视器窗口中显示该时间位置的素材内容。
- 微调出点（/入点）：按住并拖动微调旋钮，可以调整前一（/后一）素材剪辑的出点（入点）。
- 微调滚动入点与出点：在调整了前后素材的出点或入点后，按住并拖动该微调旋钮，可以同时滚动两个素材相接的编辑点位置。

在修剪过程中，时间轴窗口中的素材剪辑会同步更新持续时间的修剪结果；修剪完成后，关闭修剪监视器窗口，即可应用调整的修剪操作。

6.7 历史记录面板

历史记录面板记录了从建立项目以来所进行的所有操作，如果在操作中执行了错误的操作，或需要回复到多个操作步骤之前的状态，可以单击历史面板中记录的相应操作名称，返回之前的编辑状态，如图6-29所示。

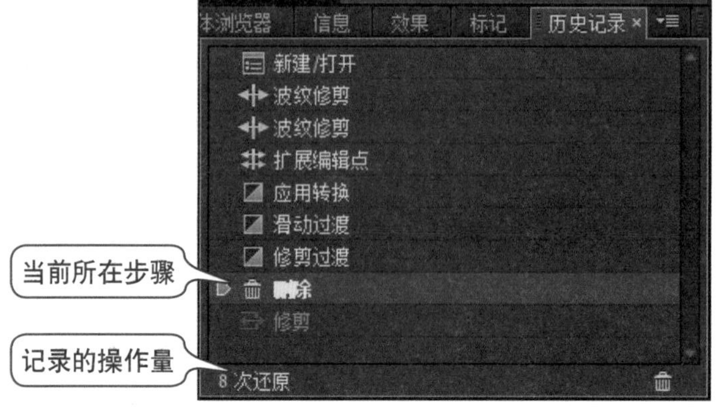

图6-29 历史记录面板

在历史记录面板处于关注状态下时，按下键盘上的←或→键，可以向后或向前选择记录的操作步骤。单击右下角的“删除可重做的动作”按钮，在弹出的对话框中单击“确定”按钮，可以删除所选动作，在历史记录面板中将不再保存该操作以后的所有动作，如图6-30所示。

在单击面板右上角的按钮弹出的扩展菜单中选择“清除历史记录”命令，在弹出的对话框中单击“确定”按钮，可以清空所有的操作记录，将当前工作项目恢复到此次打开或新建时的状态，如图6-31所示。

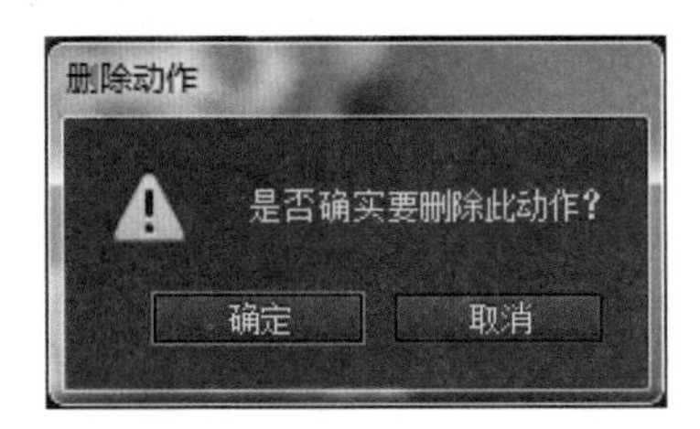

图6-30 删除所选动作

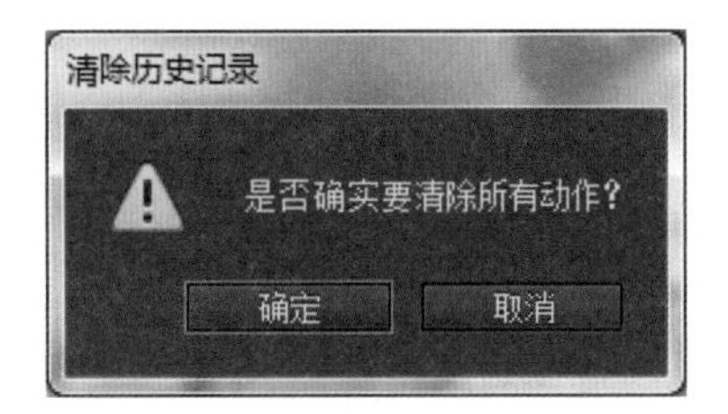

图6-31 删除所有记录

在扩展菜单中选择“设置”命令，可以在弹出的“历史记录设置”对话框中设置程序所能记录的最大操作步骤数，默认为32次，如图6-32所示。设置的可记录次数越多，可恢复的操作也就越多，但也将占用更多系统内存。

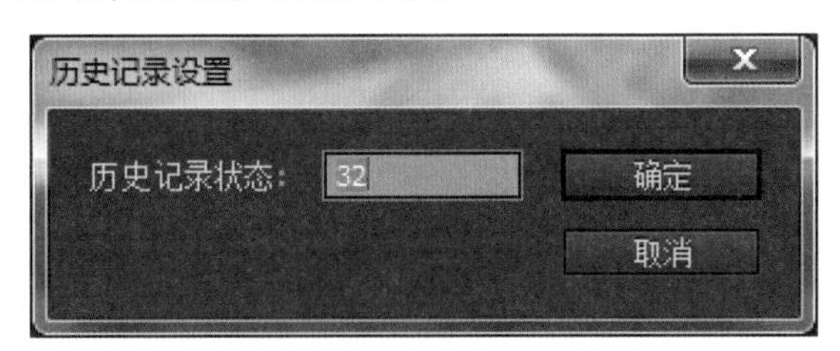

图6-32 “历史记录设置”对话框

第7章 首选项设置和素材编辑

设置符合操作习惯和编辑需要的首选项参数，可以帮助用户提高工作效率。本章主要介绍Premiere Pro CC的各项首选项设置，以及执行视频素材捕捉、素材的管理与基础编辑应用等。

7.1 首选项设置

首选项参数中的设置内容，主要用于对程序的工作设置进行控制，例如，设置视频、音频素材剪辑的默认过渡效果持续时间、静态图像素材在加入到时间轴窗口中的默认时序时间、各种素材在项目窗口或时间轴窗口中的标签颜色、执行自动保存的时间间隔等。

7.1.1 常规

执行“编辑→首选项→常规”命令，即可打开“首选项”对话框并显示“常规”选项卡，主要用于对程序的一些基本工作属性进行设置，如图7-1所示。

- 启动时：选择程序启动时是打开欢迎屏幕还是打开最近编辑过的项目文件。
- 视频过渡默认持续时间：设置在添加视频过渡效果时，过渡效果的默认持续时间。
- 音频过渡默认持续时间：设置在添加音频过渡效果时，过渡效果的默认持续时间。
- 静止图像默认持续时间：设置将静态图像素材加入到时间轴窗口中时的默认持续时间。

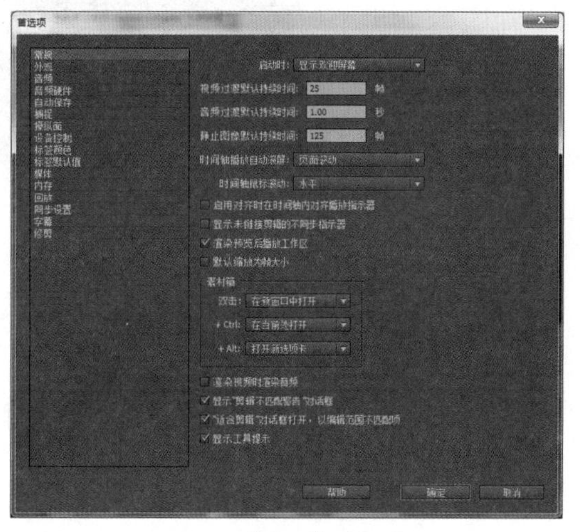

图7-1 “常规”选项卡

- 时间轴播放自动滚屏：设置在执行播放预览时，时间指针播放到当前窗口末尾时的滚屏方式。
    - ◆ 不滚动：时间轴窗口不随着播放进度切换。
    - ◆ 页面滚动：自动切换到下一页面范围。
    - ◆ 平滑滚动：时间轴窗口跟随时间指针的前进而同步平滑滚动。
- 时间轴鼠标滚动：设置在滚动鼠标中键（滑轮）时，时间轴窗口的滚动方向是水平还是垂直。
- 启用对齐时在时间轴内对齐播放指示器：勾选该选项，在“序列”菜单中选中“对齐”命令时，可以在时间轴窗口中移动素材剪辑到靠近时间指针时，吸附并对齐到时间指针所在位置。
- 显示未链接剪辑的不同步指示器：勾选该选项，在序列中包含断开链接的素材剪辑时，可以显示不同步时间指针。
- 渲染预览后播放工作区：勾选该选项，在执行渲染预览后，可以播放当前序列的工作区范围。
- 默认缩放为帧大小：勾选该选项后，在加入到时间轴窗口中的素材画面尺寸与序列的帧画面大小不一致时，自动将素材的画面尺寸缩放为与影片画面的比例一致。

- 素材箱：设置在项目窗口中对素材箱文件夹的相关操作方式。
    - 双击：设置双击素材箱时的打开方式，包括“在新窗口中打开”、“在当前处打开”和“打开新选项卡”。
    - +Ctrl：设置在按住Ctrl键的同时单击素材箱时的打开方式。
    - +Alt：设置在按住Alt键的同时单击素材箱时的打开方式。
- 渲染视频时渲染音频：勾选该选项，在执行渲染预览时，将同时渲染音频内容。
- 显示“剪辑不匹配警告”对话框：勾选该选项，在加入到时间轴窗口中的素材的画面尺寸、帧速率等属性与当前序列的设置不一致时，将弹出提示对话框，可以根据需要选择匹配处理方式，如图7-2所示。

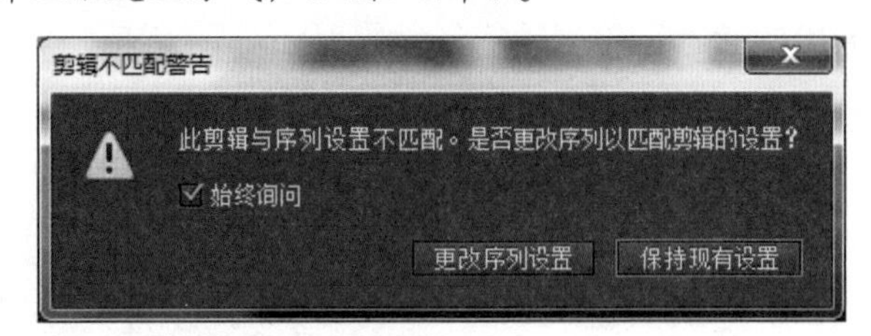

图7-2 “剪辑不匹配警告”对话框

    - 更改序列设置：更改序列的属性设置为与素材剪辑一致。
    - 保持现有设置：不改变序列设置，保持素材的原本属性。
- 显示工具提示：勾选该选项，在将鼠标指针移动到窗口中的任意功能按钮上时弹出对应的名称提示框。

7.1.2 外观

用于对软件的界面进行明暗调节，将滑块向左移动变暗，向右移动则变亮。单击“默认”按钮，将恢复软件的默认界面灰度，如图7-3所示。

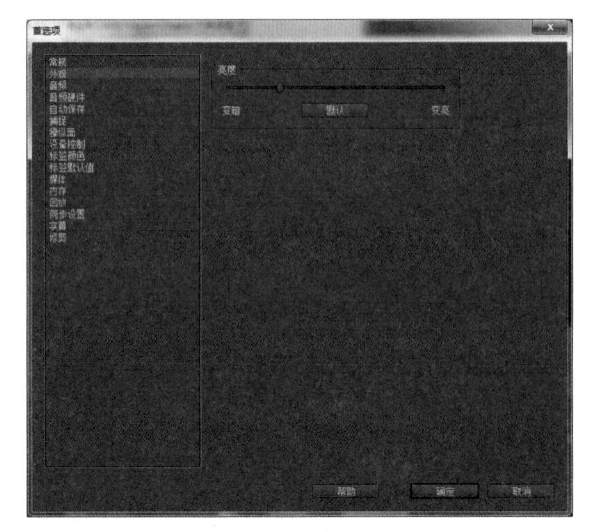

图7-3 “外观”选项卡

7.1.3 音频

主要用于对音频混合、音频关键帧优化等参数进行设置，如图7-4所示。

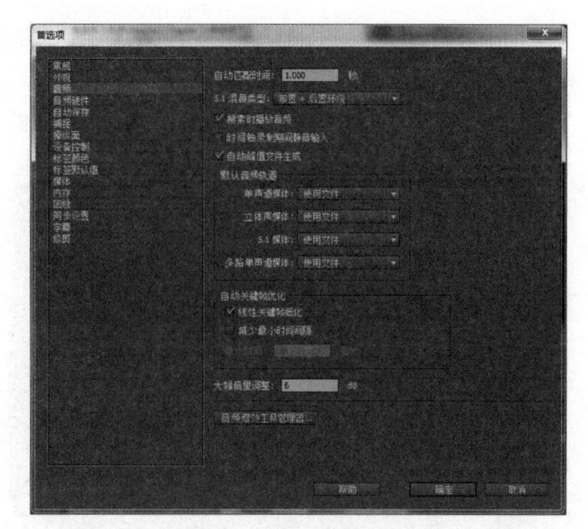

图7-4 “音频”选项卡

- 自动匹配时间：设置音频素材加入到序列中时，自动对齐停靠的时间间隔长度。默认为1秒，即表示在拖放音频素材剪辑时，将自动对齐到每隔1秒的整数位置。
- 5.1混音类型：设置在制作5.1声道的影片项目时，输出影片文件的音频主声道混音位置。
- 搜索时播放音频：勾选该选项，在时间轴窗口中拖动时间指针时也同步播放所经过位置的音频。
- 时间轴录制期间静音输入：勾选该选项，在录制期间，静音电脑系统的线路输入只录取麦克风。
- 自动峰值文件生成：勾选该选项，在执行渲染预览时自动生成音频波形峰值文件。
- 默认音频轨道：设置各种类型的音频素材在音频轨道中的默认声道模式。“使用文件”表示保持音频素材自身的声道模式；选择其他选项，则可强制该音频素材的声道模式为目标模式。
- 自动关键帧优化：设置创建音频关键帧动画时的播放优化。
    - ◆ 线性关键帧细化：勾选该选项，自动优化以线性插值模式创建的关键帧的数量。
    - ◆ 减少最小时间间隔：勾选该选项，将按照在下面输入的自定义时间值来优化减少关键帧数量。
- 大幅音量调整：设置可以对音频素材进行音量提高的最大值。
- 音频增效工具管理器：单击该按钮，可以在打开的“音频增效工具管理器”对话框中，导入外部的音频增效程序并对其进行管理，方便为影片中的音频内容应用更多样的变化效果，如图7-5所示。

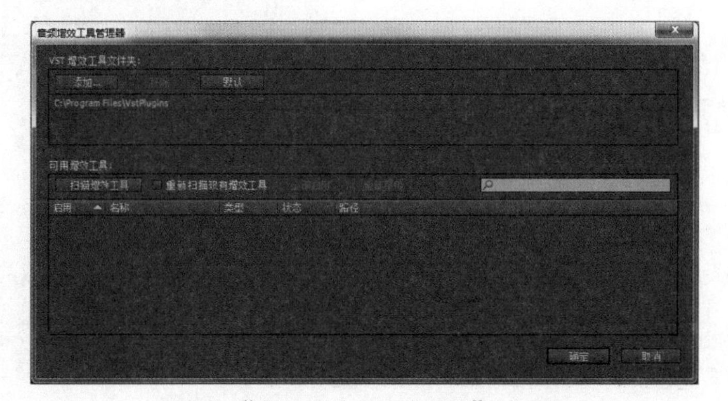

图7-5 “音频增效工具管理器”对话框

7.1.4 音频硬件

用于选择和设置程序工作时所应用的音频硬件，如图7-6所示。

- Adobe桌面音频：在该下拉列表中选择程序工作的音频硬件。
- ASIO设置：单击该按钮，可以在弹出的对话框中选择需要应用到程序中的电脑中安装的音频输出硬件，以及设置预演音频的缓冲空间大小，如图7-7所示。

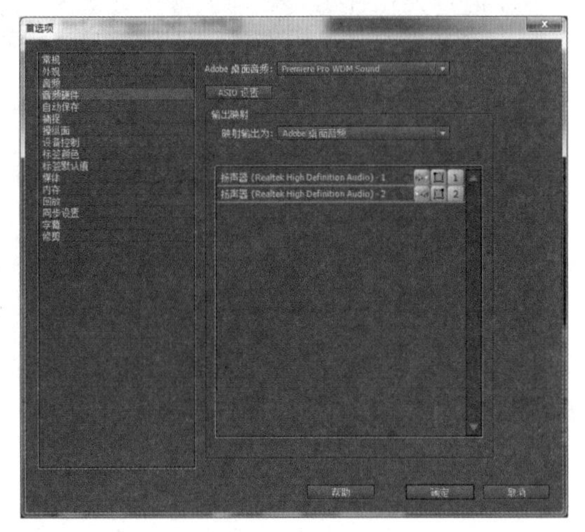

图7-6 “音频硬件”选项卡

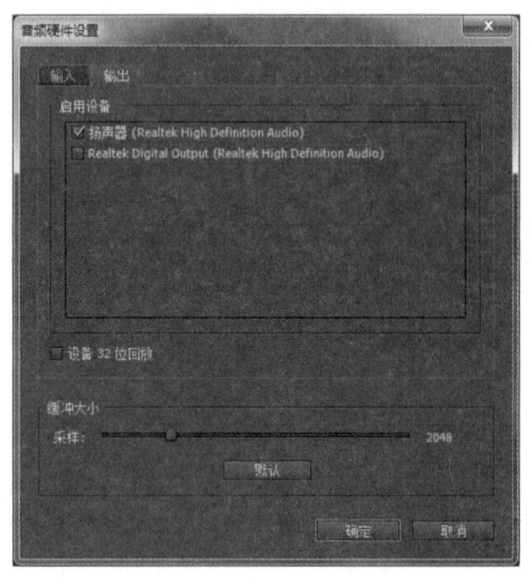

图7-7 “音频硬件设置”对话框

- 输出映射：该下拉列表中的选项由“Adobe桌面音频”中选择的选项决定，用以选择在当前所选定的工作硬件时的音频输出映射，并在下面的列表中显示该映射输出声道的硬件端口。

7.1.5 自动保存

用于设置程序的自动保存参数，如图7-8所示。

- 自动保存项目：勾选该选项，程序将在编辑过程中，根据设置的间隔时间自动保存项目，用于在需要时恢复到之前某个阶段的编辑状态。
- 自动保存时间间隔：设置执行自动保存的时间间隔，单位为分钟；时间间隔越短，则自动保存越密集。
- 最大项目版本：设置程序自动保存项目文件的最大数量。自动保存所产生的项目文件，存放在与工作项目文件相同目录下的Adobe Premiere Pro Auto-Save文件夹中；当自动保存的文件到达最大数量后，新生成的自动保存文件将返回从第一个开始重新覆盖保存。

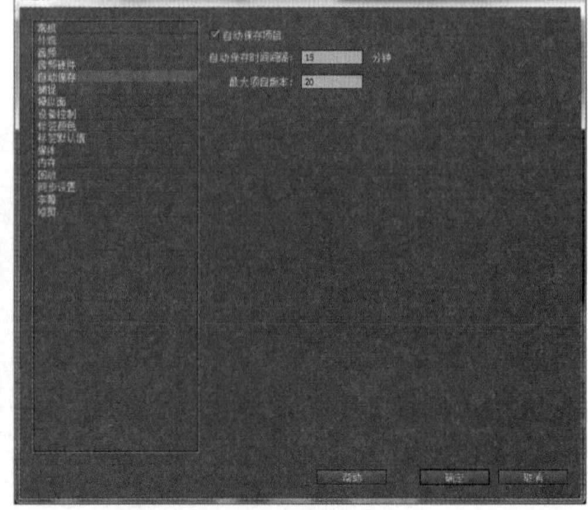

图7-8 “自动保存”选项卡

7.1.6 捕捉

用于设置进行模拟视频的采集捕捉时的参数选项，如图7-9所示。

- 丢帧时中止捕捉：勾选该选项，在捕捉模拟视频信号时如果出现丢帧情况，将自动中止。
- 报告丢帧：勾选该选项，在捕捉中出现丢帧情况时，将生成日志报告文件，记录丢帧情况。
- 仅在未成功完成时生成批处理日志文件：勾选该选项，则只在捕捉进程没有成功完成时才生成批处理日志文件。
- 使用设备控制时间码：勾选该选项，在捕捉过程中启用所连接的外部采集设备来控制当前时间码。

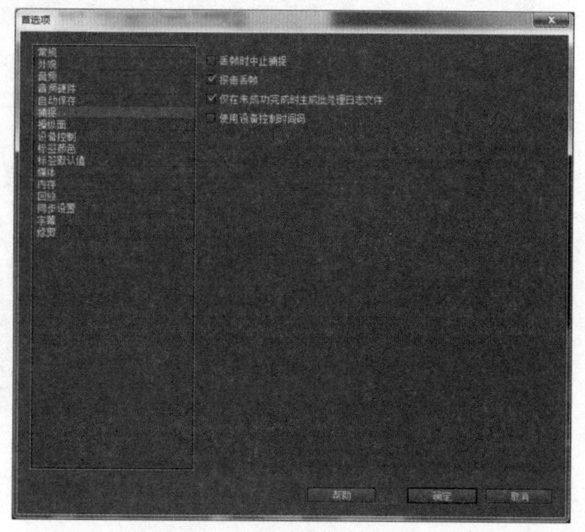

图7-9 “捕捉”选项卡

7.1.7 操纵面

用于在电脑连接了外部媒体控制设备时，在此添加对应的工作协议（EUCON或Mackie），可以通过外部设备上的衰减控制器、旋钮或按钮，来实现对程序中音轨混合器面板、音频剪辑混合器面板上对应功能的控制，如图7-10所示。该选项通常只在专业录音室或大型影视后期合成系统中使用。

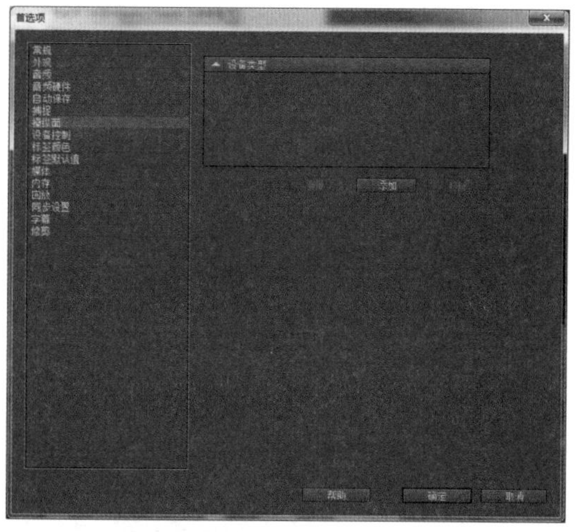

图7-10 “操纵面”选项卡

7.1.8 设备控制

用于设置捕捉视频素材时所使用的硬件设备，如图7-11所示。

- 设备：在该下拉列表中可以选择用于捕捉视频素材的硬件控制设备。
- 选项：选择了捕捉硬件设备后，单击该按钮，在弹出的对话框中可以对使用该硬件进程捕捉采集的相关属性进行设置，如图7-12所示。

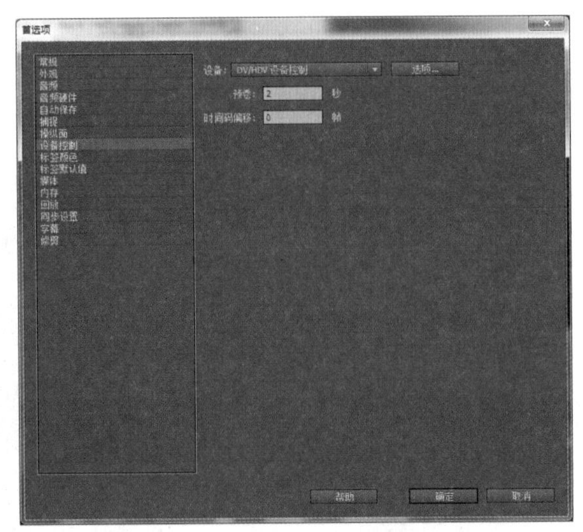

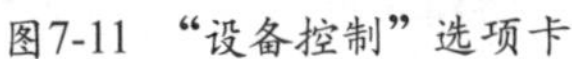

图7-11 “设备控制”选项卡

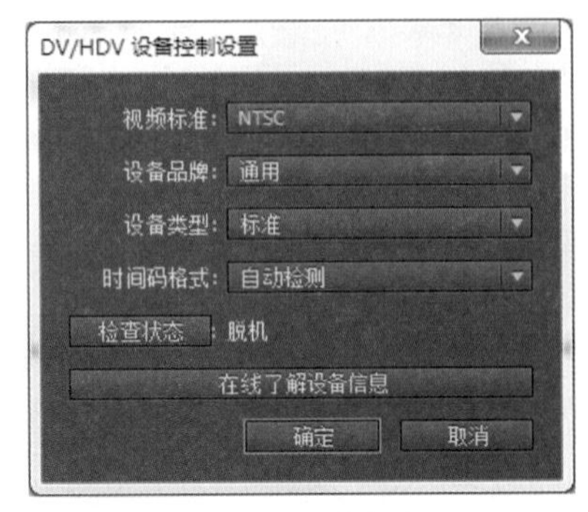

图7-12 硬件设备控制设置

- 预卷：设置DV设备中的录像带在执行捕捉采集前的运转时间。
- 时间码偏移：设置捕捉到的素材与录像带之间的时间码偏移补偿，以降低采集误差，提高同步质量。

7.1.9 标签颜色

用于定制程序中标签颜色的名称和对应的颜色值，如图7-13所示。单击其中的颜色块，可以在弹出的拾色器窗口中设置颜色并为该颜色设置方便辨识的名称。

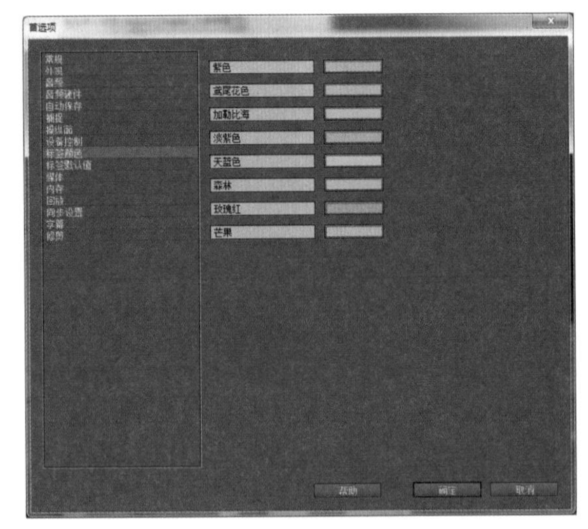

图7-13 “标签颜色”选项卡

7.1.10 标签默认值

用于为程序中各个需要应用标签颜色的对象指定在“标签颜色”选项卡中定制的颜色，如图7-14所示。

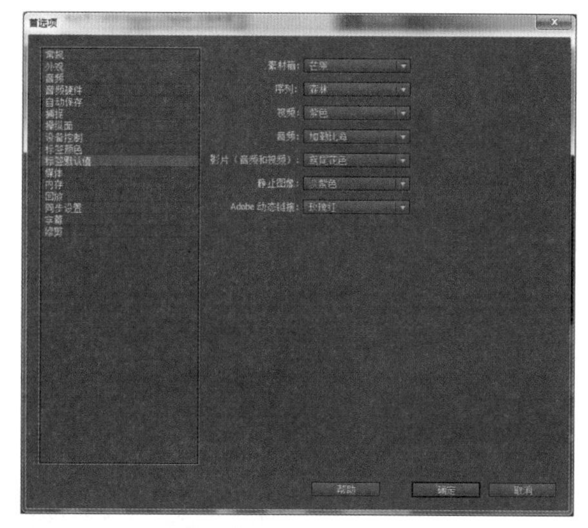

图7-14 “标签默认值”选项卡

7.1.11 媒体

用于设置影片项目编辑过程中的媒体缓存文件存放位置及相关设置，如图7-15所示。

- 媒体缓存文件：勾选“如有可能，将媒体缓存文件保存在原始文件旁边”复选框，可以使生成的缓存文件自动保存在与项目文件相同的目录；单击“浏览”按钮，可以在弹出的对话框中对缓存文件的保存目录进行重新指定。
- 媒体缓存数据库：单击“浏览”按钮，可以对程序工作过程中生成的缓存数据库文件重新指定保存目录。单击“清理”按钮，可以清除之前生成的缓存数据库文件，如图7-16所示。

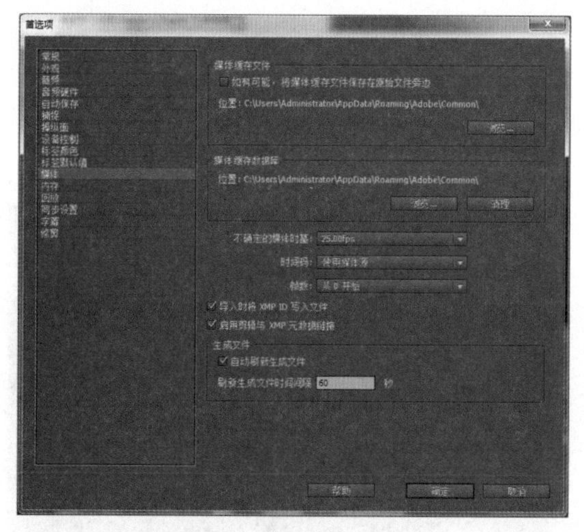

图7-15 “媒体”选项卡

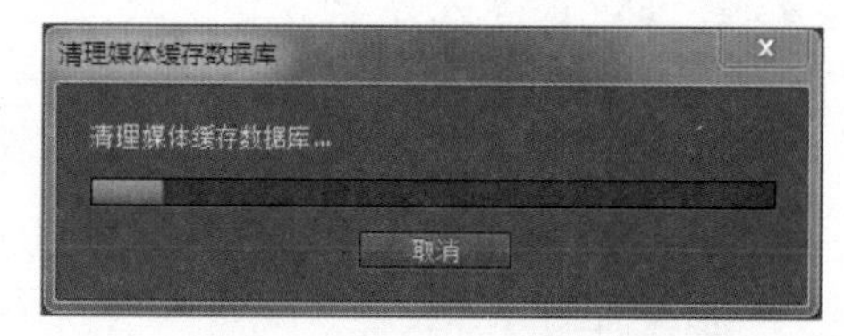

图7-16 清理缓存数据库文件

- 不确定的媒体时基：对于不确定其播放速率的媒体素材，可以在此下拉列表中为其指定一个速率进行强制应用。
- 时间码：选择编辑素材剪辑时采用时间码的方式，可以选择使用媒体素材自身的或程序默认的。

- 帧数：设置编辑素材剪辑时的起始帧位置，默认从0开始。
- 导入时将XMP ID写入文件：勾选该选项，导入素材时将元数据ID写入素材。
- 启用剪辑与XMP元数据链接：勾选该选项，激活素材与元数据的实时链接。
- 自动刷新生成文件：勾选该选项，程序将应用下方设置的间隔时间对缓存生成的文件进行自动刷新。

7.1.12 内存

用于调整系统内存的分配，如图7-17所示。

- 内存：该选项中显示了电脑系统中的工作内存大小，以及可用于Adobe程序的内存大小。调整“为其他应用程序保留的内存”数值，可以对系统工作内存的分配进行修改。
- 优化渲染：在该下拉列表中选择“性能”，即采用性能优先模式来优化工作内存。选择“内存”则根据系统内存的可用大小来进行分配优化。

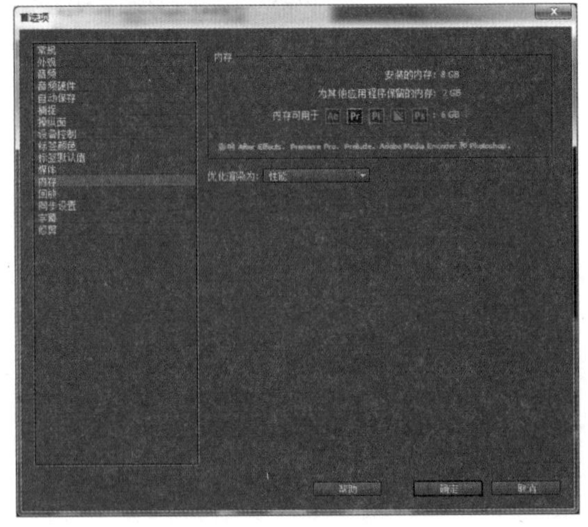

图7-17 “内存”选项卡

7.1.13 回放

用于设置在外部视频设备中回放影片项目的相关参数，如图7-18所示。

- 预卷：设置在外部设备中播放影片时，影片起始预先运转到的时间位置。
- 过卷：设置在外部设备中播放影片时，影片即将结束时的停止时间位置。
- 音频/视频设备：指定需要播放影片项目的外部设备。

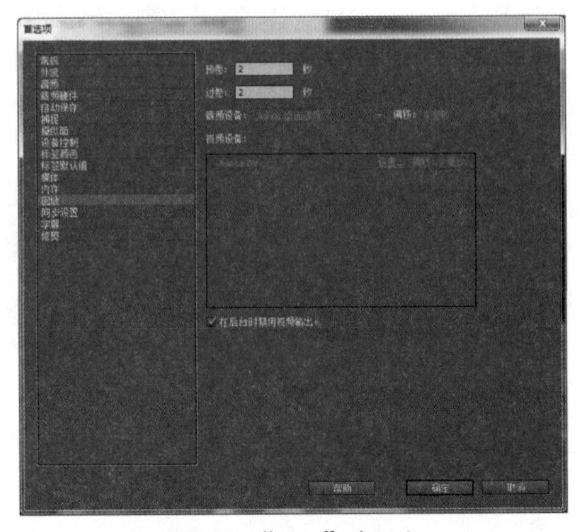

图7-18 “回放”选项卡

7.1.14 同步设置

用于设置需要同步到云端空间的内容，如图7-19所示。

- 同步设置：勾选需要的设置选项，在进行同步时，上传对应的设置到当前用户的Adobe ID云端账户中。
- 在同步时：选择执行同步操作时的处理方式。
- 当应用程序退出时自动清除设置：勾选该选项，在此次退出程序时，自动清除当前的同步设置。

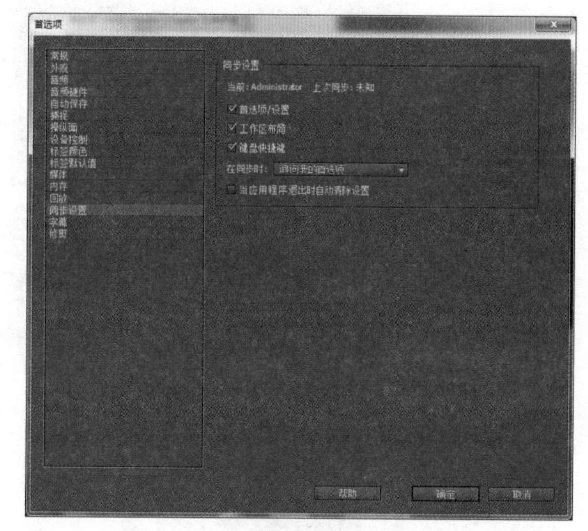

图7-19 “同步设置”选项卡

7.1.15 字幕

用于对字幕设计器窗口中的相关选项进行设置，如图7-20所示。

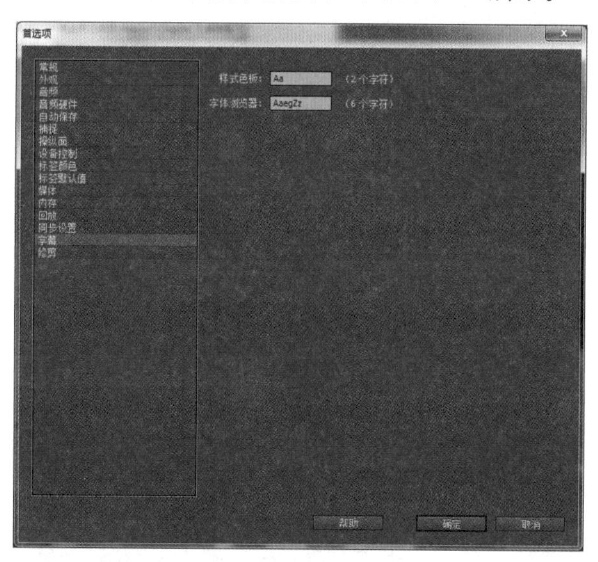

图7-20 “字幕”选项卡

- 样式色板：用于设置字幕设计器窗口中字体样式列表中的范例文字，默认为Aa；可以修改为自定义的字符，例如修改为Cc，效果如图7-21所示。
- 字体浏览器：设置在字体下拉列表中用以示例各字体效果的范例文字，默认为AaegZz；可以修改为自定义的字符，例如修改为Apple，效果如图7-22所示。

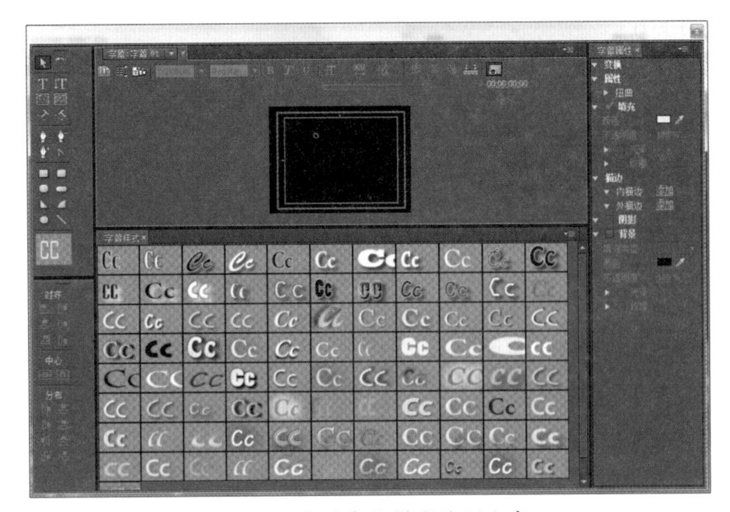

图7-21　修改字体样式范例文字

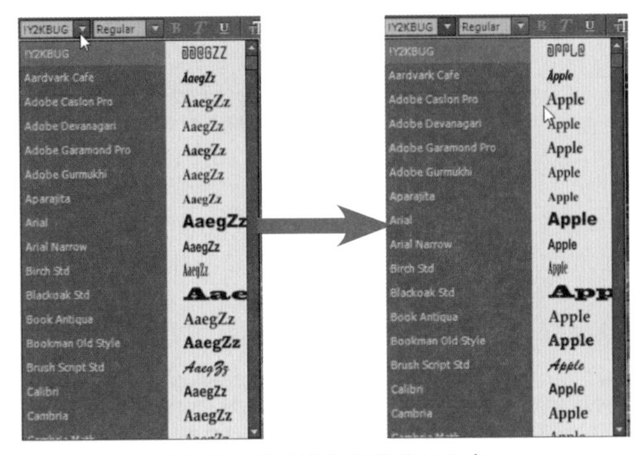

图7-22　修改字体浏览范例文字

7.1.16　修剪

用于设置对素材剪辑进行修剪时的相关选项，如图7-23所示。

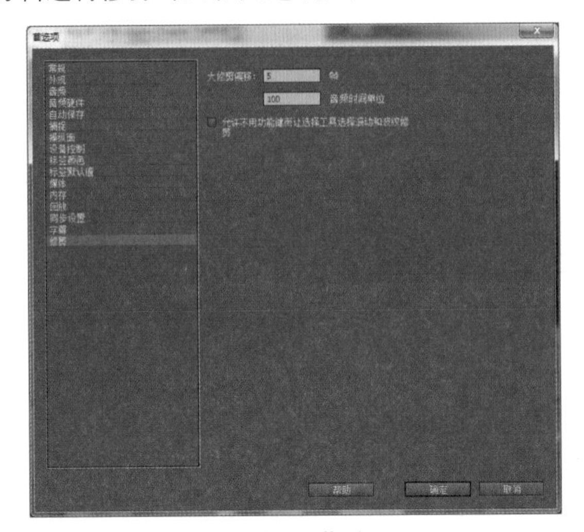

图7-23　“修剪”选项卡

- 大修剪偏移：设置修剪监视器窗口中大幅修剪的帧数，默认为5帧；可以修改为自定义的帧数，例如修改为15帧，效果如图7-24所示。

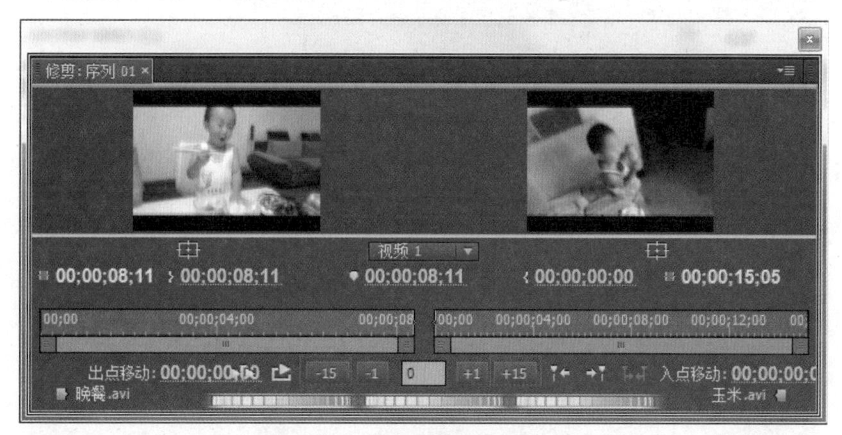

图7-24　修改后的大幅修剪帧数

- 在下方的文本框中，用于设置修剪音频轨道中的音频时。大幅修剪的音频时间长度，默认为100；可以修改为自定义的数值，例如修改为10，效果如图7-25所示。

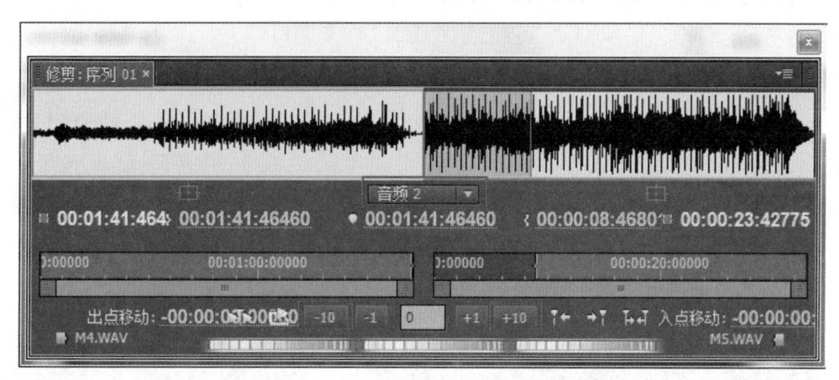

图7-25　修改后的大幅修剪音频时间长度

7.2 捕捉视频素材

捕捉视频素材是指将DV录像带中的模拟视频信号采集、转换成数字视频文件的过程。将拍摄了影视内容的DV录像带正确安装到摄像机中后，通过专用数据线连接到电脑中安装的视频采集卡上并打开录像机，然后在Premiere Pro CC中设置视频捕捉参数即可。

7.2.1 视频捕捉参数设置

执行“文件→捕捉”命令，可以打开“捕捉”窗口，如图7-26所示。

- 设置：主要用于设置捕捉获取文件的存放位置和设备控制选项。

图7-26 “设置”选项卡

- 捕捉设置：用于设置当前要捕捉模拟视频的格式，单击下面的“编辑”按钮，在弹出的对话框中，可以根据实际情况选择DV或HDV，如图7-27所示。
- 捕捉位置：用于设置捕捉获取的视频、音频文件在电脑中的存放位置。
- 设备控制：在“设备”下拉列表中选择“无”，则使用程序进行捕捉过程的控制；选择“DV/HDV设备控制”，则可以使用连接的摄像机或其他相关设备进行捕捉过程的控制。单击“选项”按钮，可以在弹出的对话框中对所连接的设备进行指定与设置，如7-28所示。

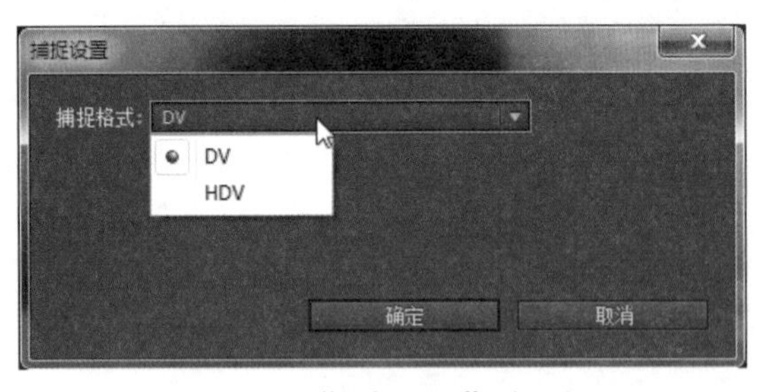

图7-27 “捕捉设置”对话框

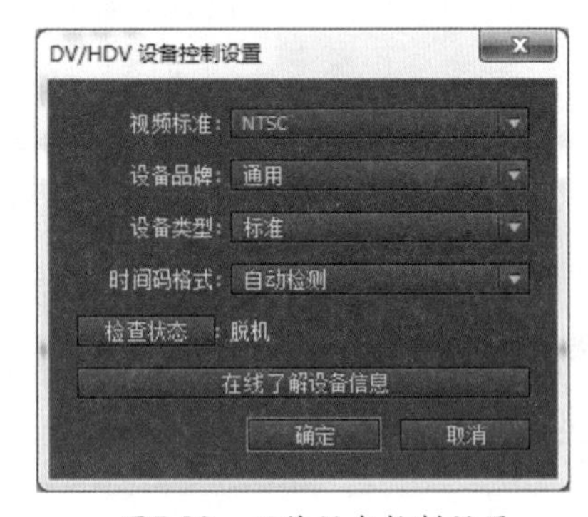

图7-28 硬件设备控制设置

- 预卷：设置DV设备中的录像带在执行捕捉采集前的运转时间。
- 时间码偏移：设置捕捉到的素材与录像带之间的时间码偏移补偿，以降低采集误差，提高同步质量。
- 丢帧时中止捕捉：勾选该选项，在捕捉模拟视频信号时如果出现丢帧情况，将自动中止。
- 记录：用于对捕捉生成的素材进行相关信息的设置，如图7-29所示。
- 捕捉：在该下拉列表中可以设置要捕捉的内容，包括“音频”、“视频”以及“音频和视频”。

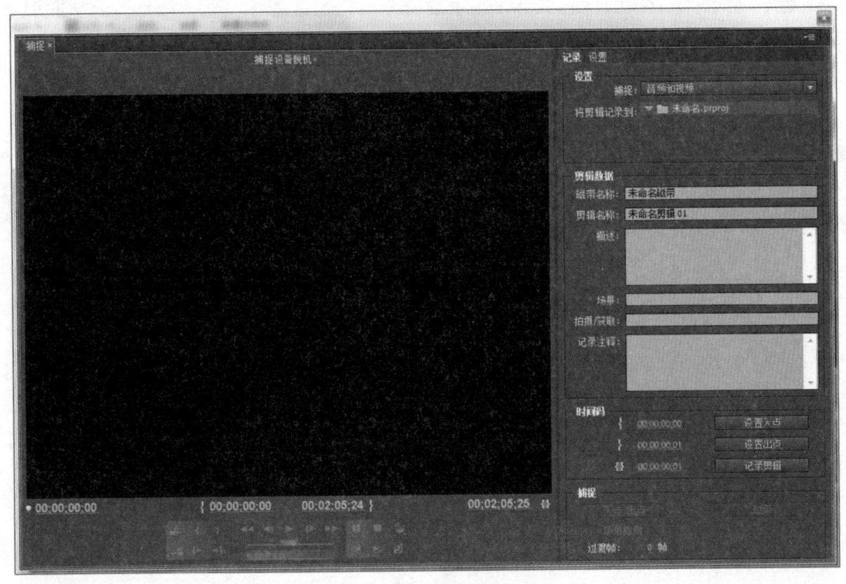

图7-29 “记录”选项卡

- 将剪辑记录到：设置捕捉得到的媒体文件在当前项目文件中的保存位置；如果在项目窗口中创建了素材箱，则可以在此选择将其保存到需要的素材箱中。
- 剪辑数据：设置捕捉得到的媒体文件的文件名、注释等信息。
- 时间码：设置要从录像带中进行捕捉采集的时间范围，在设置好入点和出点后，单击“记录剪辑”按钮，存入要进行捕捉的范围。
- 捕捉：单击其中的“入点/出点”按钮，则开始捕捉采集上面设置的时间范围；单击“磁带”按钮，则捕捉整个磁带中的内容。
- 场景检测：勾选该选项，在捕捉过程中将自动侦测场景变化；如果录像带中拍摄的内容包含不同的场景，则会自动按场景的改变来分开采集。
- 过渡帧：设置在指定的入点、出点范围之外采集的帧长度。

7.2.2 捕捉视频的注意事项

在进行视频的捕捉采集时，会占用非常大的系统资源。因此，除了要求足够的硬件性能外，也需要保持良好的系统工作状态。要在现有的计算机硬件条件下最大限度地发挥计算机的效能，需要注意以下几个方面的事项。

(1) 退出其他程序，保证最大化内存支持。退出其他正在运行的程序，包括防毒程序、电源管理程序等，释放内存，尽可能地为Premiere Pro提供足够的内存支持。

(2) 准备足够的磁盘空间。选择剩余空间足够大的磁盘作为捕捉媒体的存储目录。

(3) 保持磁盘良好工作状态。如果近期没有进行过磁盘碎片整理，最好先运行磁盘碎片整理程序和磁盘清理程序，使作为存储目录的磁盘保持良好的工作状态，优化捕捉视频的存取速度。

(4) 关闭屏幕保护程序，禁止自动休眠。捕捉过程可能会花费大量时间，在捕捉过程中最好不要进行其他的软件操作。如果电脑系统中设置了无操作到一定时间启动屏幕保护程序或休眠，则在进行捕捉操作前一定要取消屏幕保护，并且禁止自动休眠，否则其他程序的突然启动可能会终止捕捉进程。如果是在笔记本电脑中进行采集，一定要接通外部电源。

7.3 素材的管理与编辑

对项目窗口中的素材进行科学合理的管理，可以规范工作项目，提高工作效率。对素材的编辑是确定影片内容的主要操作，需要熟练掌握对各类素材剪辑的编辑技能。

7.3.1 导入素材的方法

将素材文件导入到Premiere Pro中有3种方法，分别为：

方法1 通过执行“文件→导入”命令导入。

方法2 从媒体浏览器面板中选择需要的素材并导入。

方法3 在文件夹中将需要导入的素材文件按住并拖动到项目窗口中。

在导入不同类型的素材文件时，根据素材文件自身的媒体特点，也有不同的设置。

1. 导入PSD素材

上机实战 导入PSD素材

01 在Premiere Pro CC的项目窗口中单击鼠标右键并选择“导入”命令，在打开的“导入”对话框中，选择本书配套光盘中\Chapter 7\Media目录下的dance.psd文件，如图7-30所示。

02 单击“打开”按钮后，在弹出的“导入分层文件”对话框中，根据需要设置导入选项，如图7-31所示。

图7-30 选择PSD文件

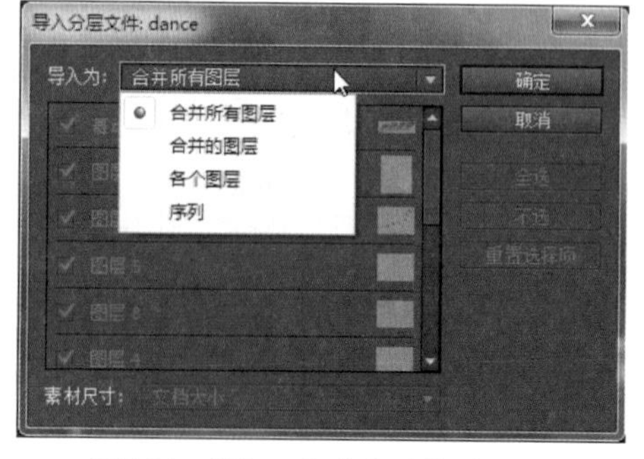

图7-31 “导入分层文件”对话框

- 合并所有图层：将分层文件中的所有图层合并，以单独图像的方式导入文件，导入到项目窗口中的效果如图7-32所示。

图7-32　以“合并所有图层”方式导入

- 合并的图层：选择该选项后，下面的图层列表变为可以选择，取消勾选不需要的图层，然后单击“确定”按钮，将勾选保留的图层合并在一起并导入到项目窗口中，如图7-33所示。

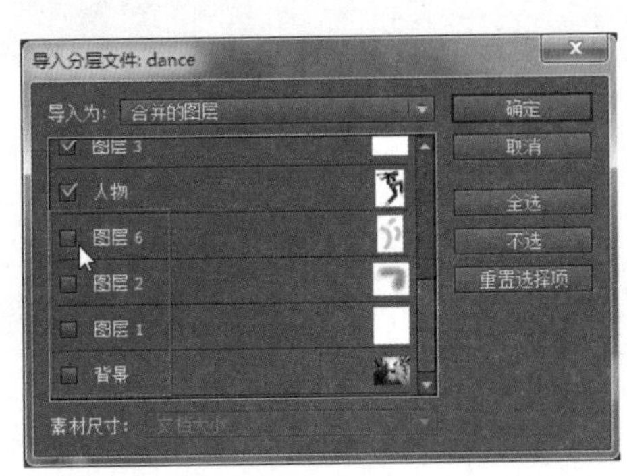

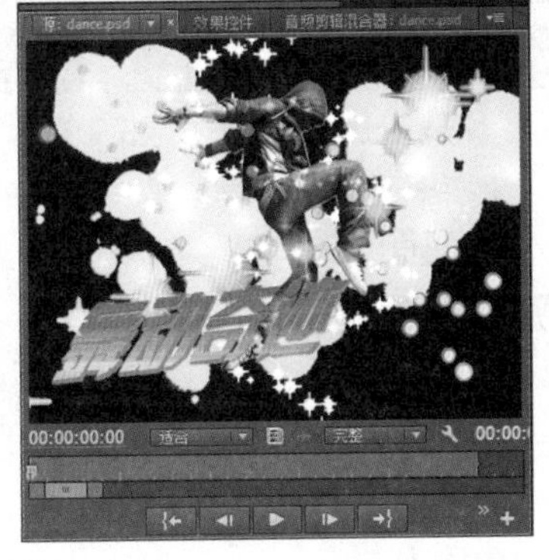

图7-33　以“合并的图层”方式导入

- 各个图层：选择该选项后，下面的图层列表变为可以选择，保留勾选的每个图层都将作为一个单独素材文件被导入；在下面的“素材尺寸”下拉列表中，可以选择所有图层中的图像在导入时是保持在原图层中的大小，还是自动调整到适合当前项目的画面大小。导入后的各图层图像，将自动被存放在新建的素材箱中，并以“图层名称/文件名称”的方式命名显示，如图7-34所示。

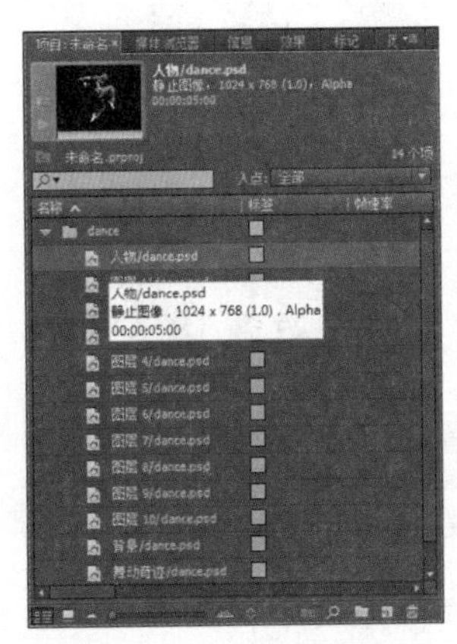

图7-34　以“各个图层”方式导入

- 序列：选择该选项后，下面的图层列表变为可以选择，保留勾选的每个图层都将作为一个单独素材文件被导入。单击“确定”按钮后，将以该分层文件的图像属性创建一个相同尺寸大小的序列合成，并按照各图层在分层文件中的图层顺序生成对应内容的视频轨道，如图7-35所示。

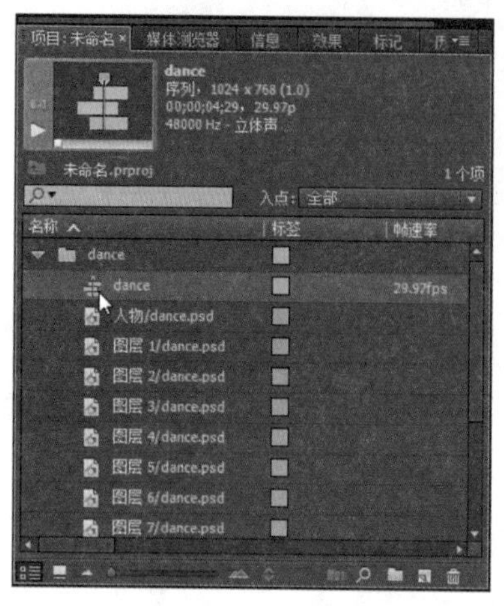

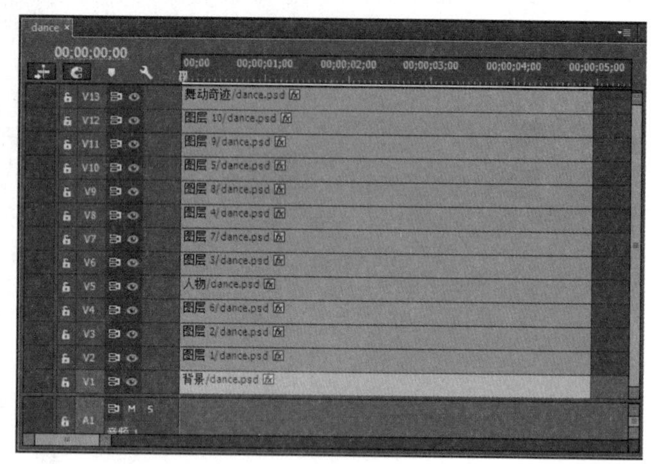

图7-35　以“序列”方式导入

2. 导入序列图像文件

上机实战　导入序列图像文件

序列图像通常是指一系列在画面内容上有连续的单帧图像文件，并且需要以连续数字序号的文件名才能被识别为序列图像。在以序列图像的方式将其导入时，可以作为一段动态图像素材使用。

01 在Premiere Pro CC的项目窗口中单击鼠标右键并选择“导入”命令，在打开的“导入”对话框中，打开本书配套光盘中\Chapter 7\Media\绿底人像，选择其中的第一个图像文件，对话框下面的“图像序列”选项将被自动勾选，如图7-36所示。

图7-36　导入图像序列

02 单击“打开”按钮，将序列图像文件导入到项目窗口中，即可看见导入的素材将以视频素材的形式加入到项目窗口中，如图7-37所示。

03 在项目窗口中双击导入的序列图像素材，可以在打开的源监视器窗口中预览播放其动画内容，如图7-38所示。

图7-37 导入的序列图像素材

图7-38 预览素材内容

提 示

有时候准备的素材文件是以连续的数字序号命名，在选择其中一个进行导入时，将会被自动转为序列图像导入；如果不想以序列图像的方式将其导入，或者只需要导入序列图像中的一个或多个图像，可以在“导入”对话框中取消对“图像序列”复选框的勾选，再执行导入即可。

7.3.2 素材的管理

素材的管理操作包括对素材文件进行重命名、自定义素材标签色、创建文件夹进行分类管理等。

1. 查看素材的属性

查看素材的属性可以通过多种方法来完成，不同的方法可以查看到的信息也不同。

方法1 在项目窗口中的素材剪辑上单击鼠标右键并选择“属性”命令，可以弹出“属性”面板，其中显示了当前所选素材的详细文件信息与媒体属性，如图7-39所示。

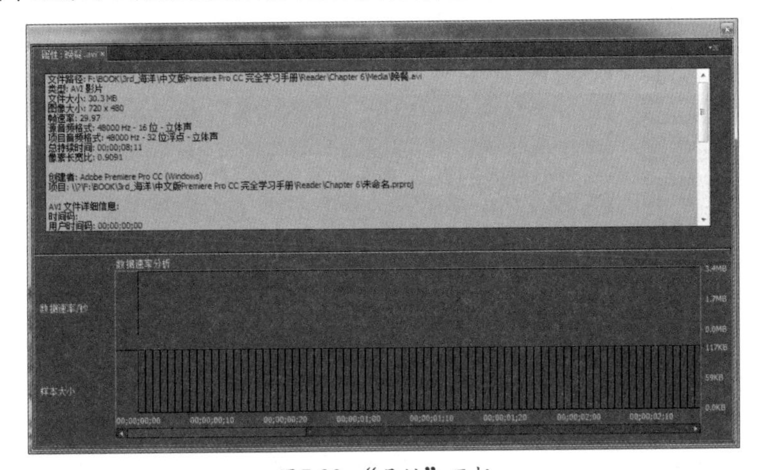

图7-39 “属性”面板

方法2 在项目窗口中将素材文件以列表方式显示，用鼠标拉宽窗口，可以显示素材的其他元数据信息，例如素材的帧速率、持续时间、入点与出点、尺寸大小等媒体属性，如图7-40所示。

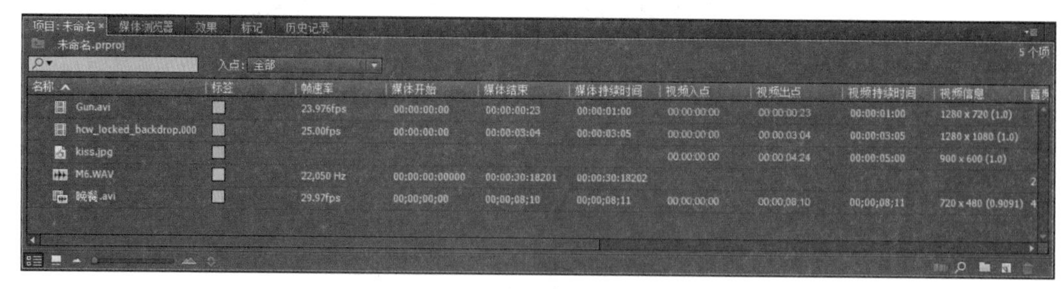

图7-40 查看素材元数据

2. 对素材重命名

导入到项目窗口中的素材文件，只是与其源文件建立了链接关系，对项目窗口中的素材进行重命名，可以方便在操作管理中进行识别，不会影响素材原本的文件名称。选择项目窗口中的素材对象后，执行“剪辑→重命名”命令或按下Enter键，在素材名称变为可编辑状态时，输入新的名称即可，如图7-41所示。

图7-41 对素材进行重命名

加入到序列中的素材，即成为一个素材剪辑，也是与项目窗口中的素材处于链接关系。加入到序列中的素材剪辑，将以当时该素材在项目窗口中的名称显示剪辑名称；对素材进行重命名后，之前加入到序列中的素材剪辑不会因为素材名称的修改而自动更新，如图7-42所示。

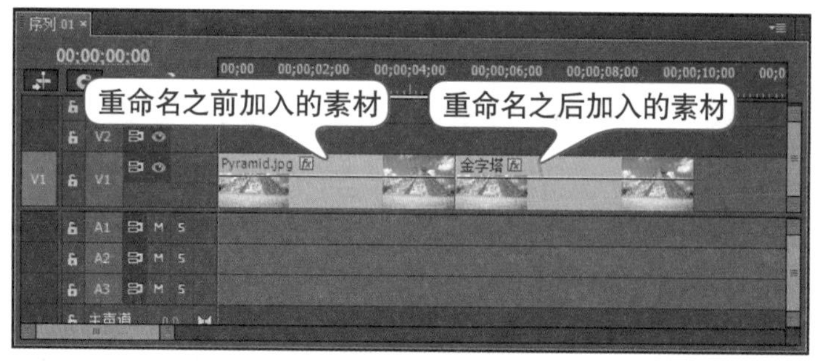

图7-42 重命名后加入的素材剪辑

选择时间轴窗口中的素材剪辑后，执行“剪辑→重命名”命令，在弹出的“重命名剪辑”对话框中，可以为该素材剪辑进行单独的重命名，以在进行序列内容编辑时更容易区分对象；同样，对素材剪辑的重命名也不会对项目窗口中的源素材产生影响，如图7-43所示。

图7-43 “重命名剪辑”对话框

3. 自定义素材标签颜色

默认情况下，程序会根据素材的媒体类型在项目窗口中为其应用对应的标签颜色，以方便直观地区别素材类型。不过，程序也允许用户根据实际需要重新指定素材的标签颜色：在素材对象上单击鼠标右键，在弹出的命令选单中展开“标签”子菜单并选择需要的颜色，即可为所选素材应用新的标签颜色，如图7-44所示。

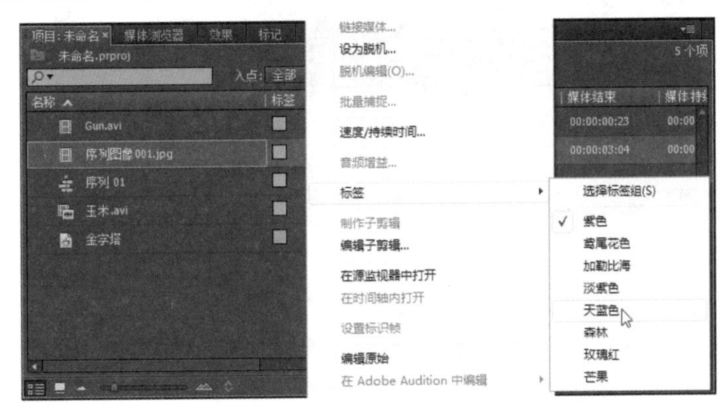

图7-44 修改素材的标签颜色

4. 通过新建素材箱对素材进行分类存放

在大型的影视编辑项目中，通常会导入大量的素材文件，在查找选用时就会很不方便。通过在项目窗口中新建素材箱，并按照一定的规则为素材箱进行命名，例如，按素材类型、按所应用的序列等方式，将素材科学合理地进行分类存放，可以在编辑工作时方便选择使用。

单击项目窗口下方工具栏中的“新建素材箱”按钮，在项目窗口中创建素材箱，为素材箱设置合适的名称后，将需要移入其中的素材按住并拖动到素材箱图标上即可，如图7-45所示。

图7-45 通过新建素材箱管理素材

双击素材箱对象将打开其内容窗口，可以在其中执行新建项目、导入或创建新素材箱的操作，在素材箱的工作窗口中单击搜索栏上方的[按钮图标]按钮，可以返回到上一级文件夹，如图7-46所示。

图7-46　打开的素材箱

7.3.3　素材的编辑

1. 设置素材的速度与持续时间

对素材持续时间与播放速度的设置，包括对项目窗口中的素材文件与对时间轴窗口中的素材剪辑的不同处理。静态图像素材不存在播放速度的问题，但可以在项目窗口中修改其默认的素材持续时间，使每次加入到时间轴窗口中时都应用新的持续时间，而且在视频轨道中也可以自由延长或缩短其持续时间。对于视频、音频、序列图像等素材文件来说，它们都具有自身的播放速度与持续时间，修改其播放速度后，就会改变其在加入到序列中以后的持续时间，并产生快镜头或慢镜头播放的变化效果。

(1) 修改项目窗口中素材的速度与持续时间

在项目窗口中选择需要修改速度与持续时间的素材剪辑后，执行“剪辑→速度/持续时间”命令，在打开的“剪辑速度/持续时间”对话框中，显示了在原本100%播放速度状态下的素材持续时间，可以通过输入新的百分比数值或调整持续时间数值，修改所选素材对象的默认持续时间，如图7-47所示。

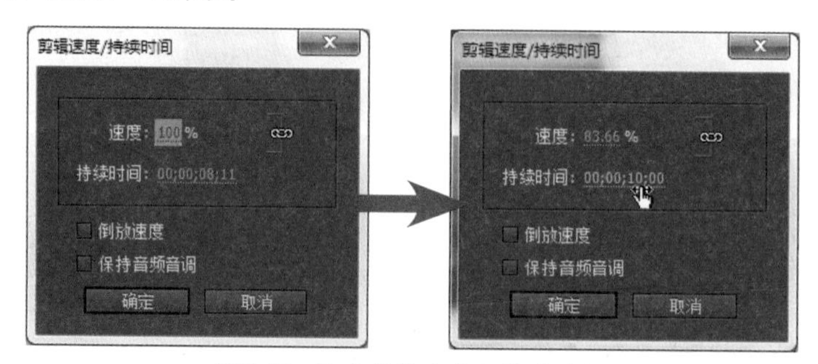

图7-47　修改素材速度与持续时间

- 倒放速度：勾选该复选框，可以在执行调整后对素材剪辑反向播放。
- 保存音频音调：勾选该复选框，可以使素材中的音频内容在播放速度改变后，只改变速度，而不改变音调。

同样，该素材文件在修改播放速度与持续时间之前加入到序列中的素材剪辑不受影响，修改后加入到序列中的素材剪辑将应用新的播放速度与持续时间，轨道中的素材剪辑上也将显示新的播放速率变百分比，如图7-48所示。

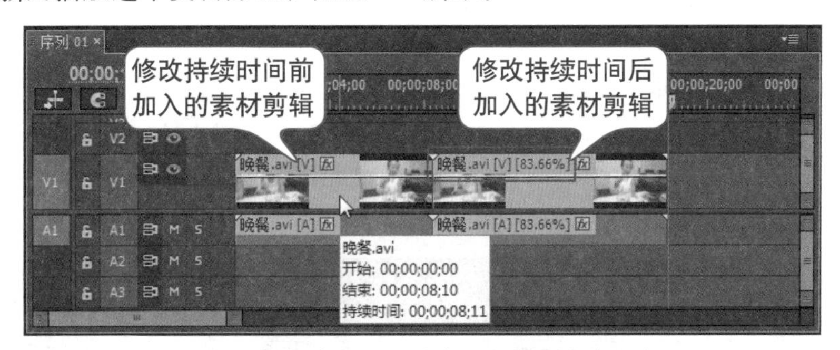

图7-48　修改素材文件速度与持续时间前后对比

（2）修改序列中素材剪辑的速度与持续时间

对于时间轴窗口轨道中的素材剪辑来说，修改其播放速度与持续时间，只影响该素材剪辑在序列合成中的存在时间，不会影响其在项目窗口中的源素材，也不会影响该源素材文件加入到序列中生成的其他相同内容的素材剪辑。选择轨道中的素材剪辑并执行“剪辑→速度/持续时间”命令，或直接在该素材剪辑上单击鼠标右键并选择“剪辑→速度/持续时间”命令，即可在打开的“剪辑速度/持续时间”对话框中，修改所选素材剪辑的播放速度与持续时间，如图7-49所示。

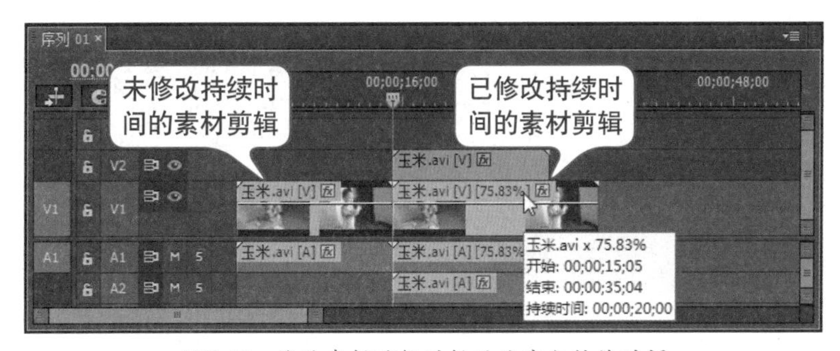

图7-49　修改素材剪辑的播放速度与持续时间

（3）使用比率伸缩工具调整素材的速度与持续时间

在工具面板中选择比率伸缩工具后，将鼠标移动到轨道中素材剪辑的开始或结束位置，在鼠标指针变为或状态时，按住鼠标并移动，将素材剪辑拖拽到需要的持续时间长度后释放鼠标，即可调整素材剪辑的播放速率，如图7-50所示。

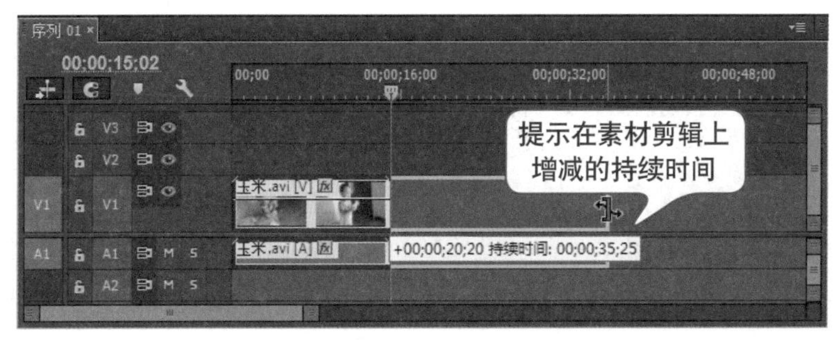

图7-50　使用比率伸缩工具调整素材剪辑的播放速度与持续时间

2. 使用选择工具修剪素材剪辑的持续时间

对素材剪辑的修剪操作，大部分情况下都是使用选择工具直接在时间轴窗口中进行的，相比在修剪监视器窗口中进行的修剪处理，更加方便直观。

（1）修剪静态图像素材的持续时间

静态图像素材没有播放速度的属性，在加入到时间轴窗口中后，可以自由调整其时间位置与持续时间。将鼠标移动到视频轨道中的图像素材剪辑中间位置，然后按住鼠标并拖动，即可整体移动其在轨道中的时间位置。在移动的同时，弹出的提示框将显示时间位置的变化量，如图7-51所示。

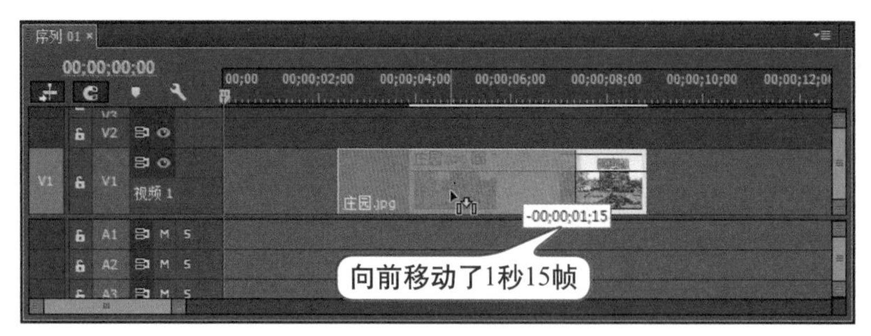

图7-51　移动素材剪辑的时间位置

将鼠标移动到图像素材剪辑的开始或结束位置，在鼠标光标变为或状态时，按住并拖动鼠标，即可改变素材剪辑在轨道中的入点或出点位置，进而改变素材剪辑的持续时间，如图7-52所示。

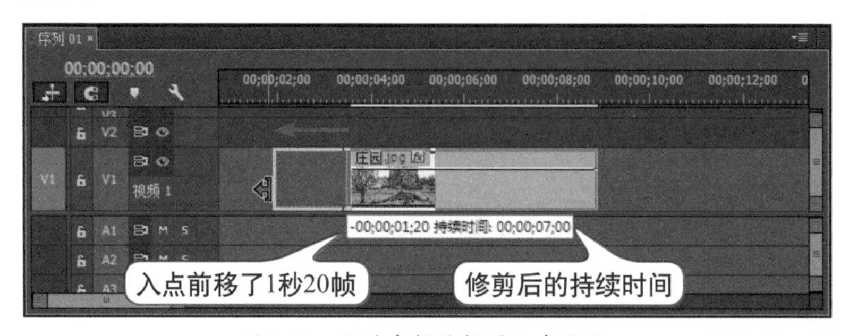

图7-52　移动素材剪辑的入点位置

（2）修剪动态素材剪辑的持续时间

动态素材剪辑是指视频、音频、序列图像动画等具有自身原有持续时间与播放速度的素材剪辑，使用选择工具不能调整其播放速度，所以只能对其进行不超过原有时间长度的调整，通常是向内移动其入点或出点来修剪出需要显示的内容片断，如图7-53所示。

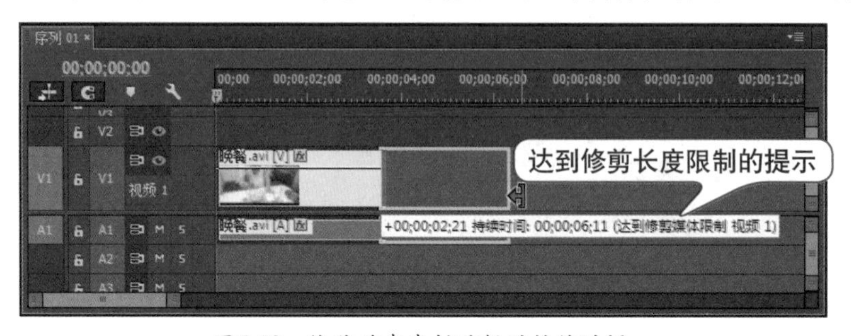

图7-53　修剪动态素材剪辑的持续时间

3. 在节目监视器窗口中编辑素材

在节目监视器窗口中，可以使用鼠标直接对素材剪辑的图像进行移动位置、缩放大小以及旋转角度的编辑操作，与在效果控件面板中对素材剪辑的“运动”选项进行调整的效果相同。

上机实战 在节目监视器窗口中编辑素材剪辑

01 将导入的图像素材加入到时间轴窗口的视频轨道中后，在节目监视器窗口中单击“选择缩放级别”下拉按钮，设置监视器窗口的图像显示比例为可以完整显示图像原本大小的比例，如图7-54所示。

02 在节目监视器窗口中双击素材图像，进入其对象编辑状态，图像边缘将显示控制边框，如图7-55所示。

图7-54 选择显示比例

图7-55 开启对象编辑状态

03 在素材剪辑的控制框范围内按住鼠标左键并拖动，即可将素材图像移动到需要的位置，如图7-56所示。

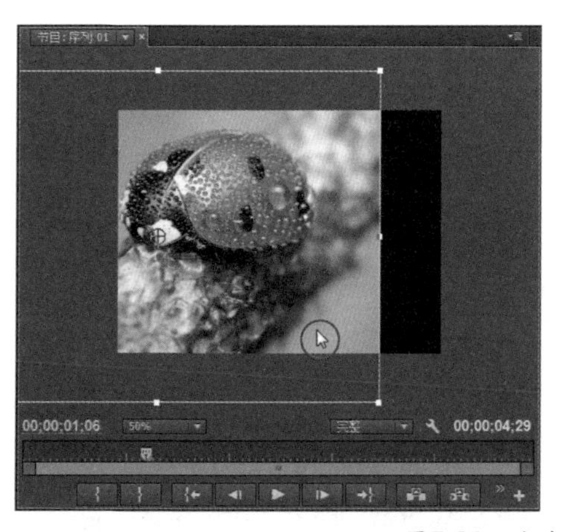

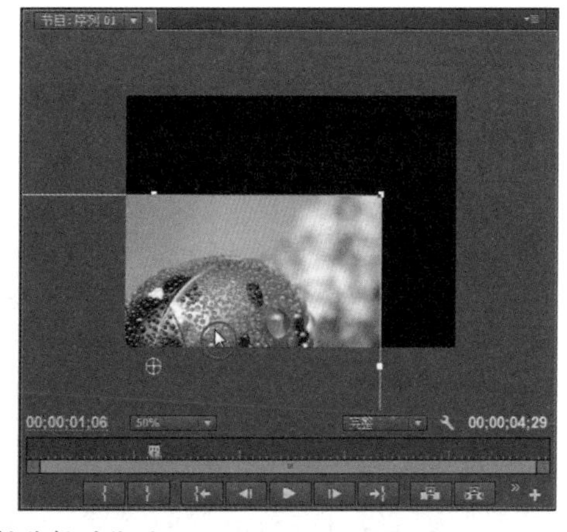

图7-56 移动素材剪辑的位置

04 将鼠标移动到素材图像边框上的控制点上，在鼠标的光标改变形状后按住并拖动，即可对素材图像的尺寸进行缩放，如图7-57所示。

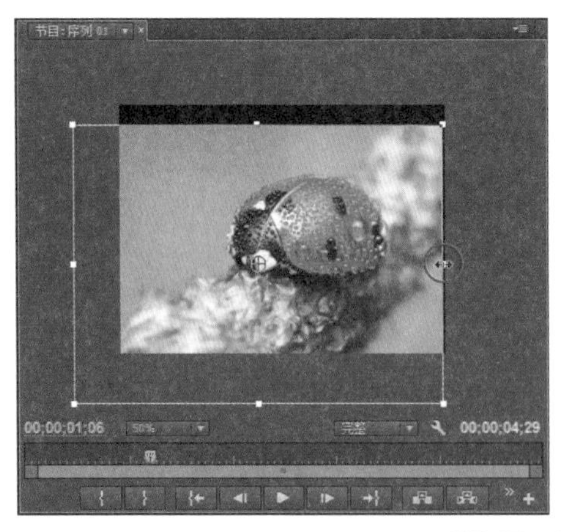
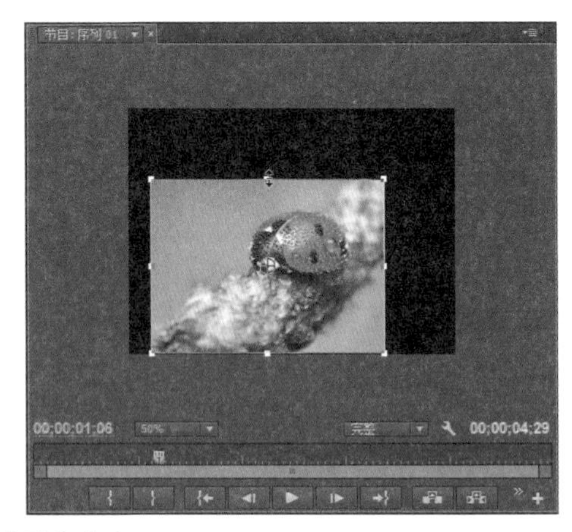

图7-57　缩放图像大小

05 在效果控件面板中展开该素材剪辑的“运动”选项组，取消对“缩放”选项中“等比缩放”复选框的勾选后，在节目监视器窗口中可以用鼠标对素材图像的宽度或高度进行单独的调整，如图7-58所示。

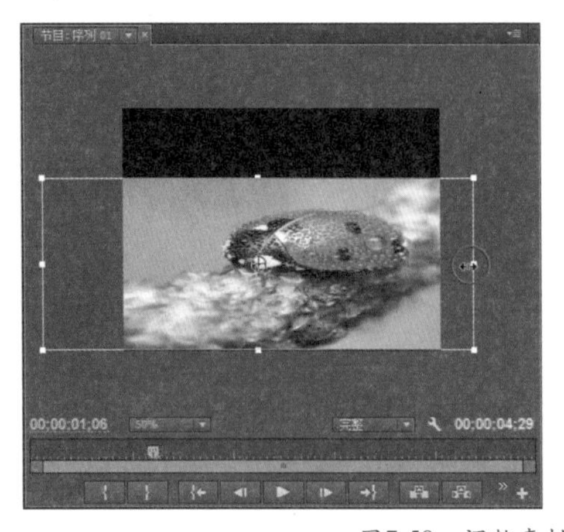
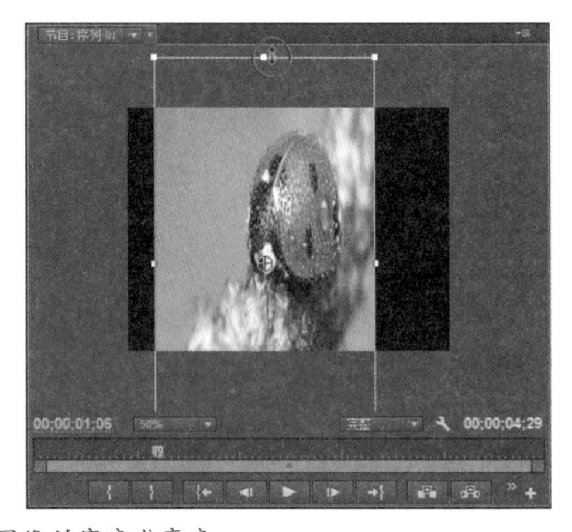

图7-58　调整素材图像的宽度或高度

06 将鼠标移动到素材图像边框上控制点的外侧，在鼠标的光标改变形状后按住并拖动，可以对素材图像进行旋转调整，如图7-59所示。

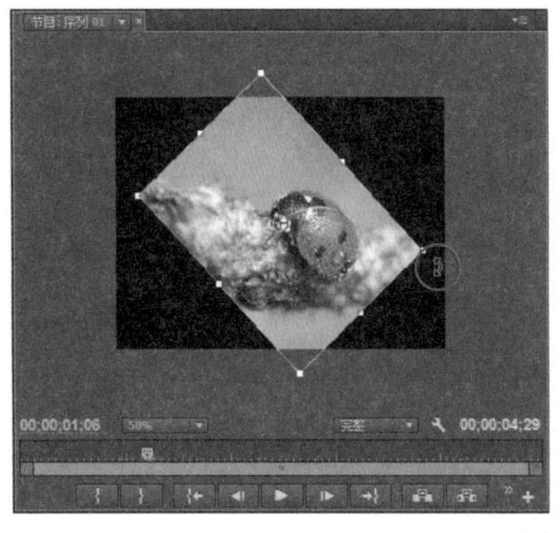
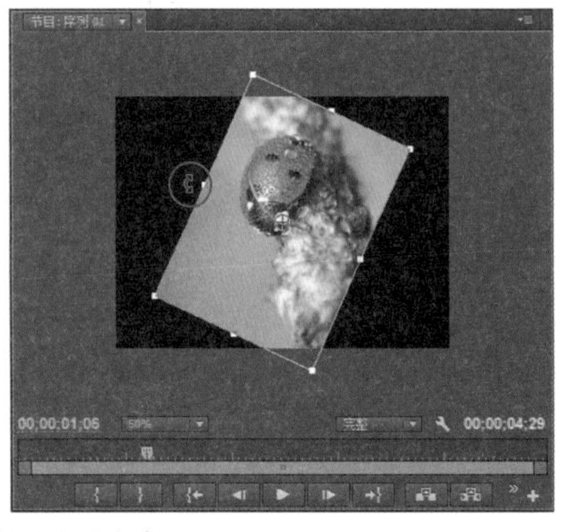

图7-59　旋转素材图像的角度

4. 编辑原始素材

Premiere Pro CC是一款专业的影视后期编辑软件，主要通过合成多种类型的媒体素材，并设置它们的时间位置、编排层次顺序和添加特效来编辑制作影片项目，它并不具备各种媒体素材原本属性的专业处理功能。

在影片编辑过程中，如果需要对素材剪辑进行修改处理，可以通过执行“编辑→编辑原始”命令，启动系统中与该类型文件相关联的默认程序进行编辑，随时根据需要调整素材剪辑的图像效果，例如，在对PSD图像素材执行“编辑原始”命令后，即可启动Photoshop程序进行修改编辑，调整好需要的效果后执行保存并退出，即可在影片项目中应用新的图像效果，如图7-60、图7-61所示。

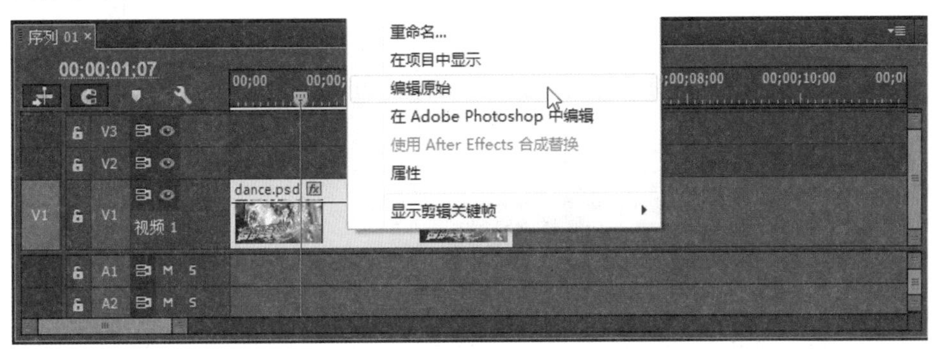

图7-60 选择“编辑原始”命令

图7-61 编辑PSD原始图像

第8章
关键帧动画

本章主要介绍Premiere Pro CC中的关键帧动画的创建和设置方法，并通过范例介绍位移动画、缩放动画、旋转动画和不透明动画的编辑技巧。

关键帧动画的概念来源于早期的卡通动画影片工业。动画设计师在故事脚本的基础上，绘制好动画影片中的关键画面，然后由工作室中的助手来完成关键画面之间连续内容的绘制，再将这些连贯起来的画面拍摄成一帧帧的胶片，在放映机上按一定的速度播放出这些连贯的胶片，就形成了动画影片。而这些关键画面的胶片，就称为关键帧。

在Premiere Pro CC中编辑的关键帧动画也是同样的原理：在一个动画属性的不同时间位置建立关键帧，并在这些关键帧上设置不同的参数，Premiere Pro CC就可以自动计算并在两个关键帧之间插入逐渐变化的画面来产生动画效果。

8.1 关键帧动画的创建与设置

在Premiere Pro CC中，可以为素材剪辑的基本属性（例如位置、缩放、旋转、不透明度、音量等）创建关键帧动画，得到基本的运动变化效果。也可以为添加到素材剪辑上的视频特效或音频特效设置关键帧动画，得到变化更加丰富的特效动画效果。

8.1.1 在效果控件面板中创建与编辑关键帧

通过效果控件面板创建关键帧动画，可以更准确地设置关键帧上的选项参数，它是在Premiere Pro CC中创建关键帧动画最常用的方法。

上机实战 在效果控件面板中创建与编辑关键帧

01 选择时间轴窗口中需要编辑关键帧动画的素材剪辑后，打开效果控件面板，将时间指针定位在开始位置，然后单击需要创建动画效果的属性选项前面的“切换动画”按钮，例如“位置”选项，在该时间位置创建关键帧，如图8-1所示。

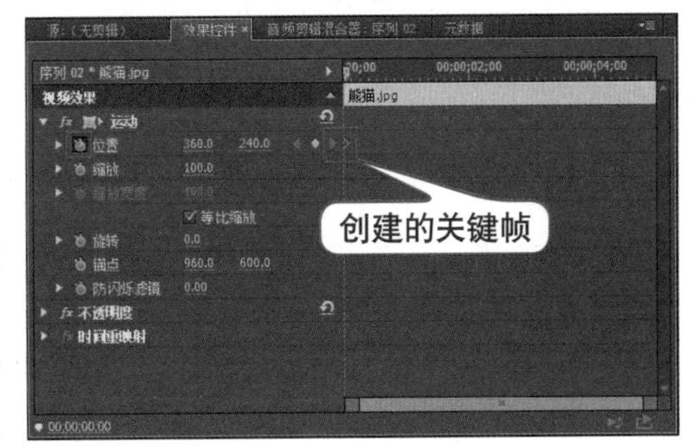

图8-1 创建关键帧

02 将时间指针移动到新的位置后，单击“添加/移除关键帧”按钮，即可在该位置添加一个新的关键帧。在该关键帧上修改“位置”选项的数值，即可为素材剪辑在上一个关键帧与当前关键帧之间创建位置移动动画效果，如图8-2所示。

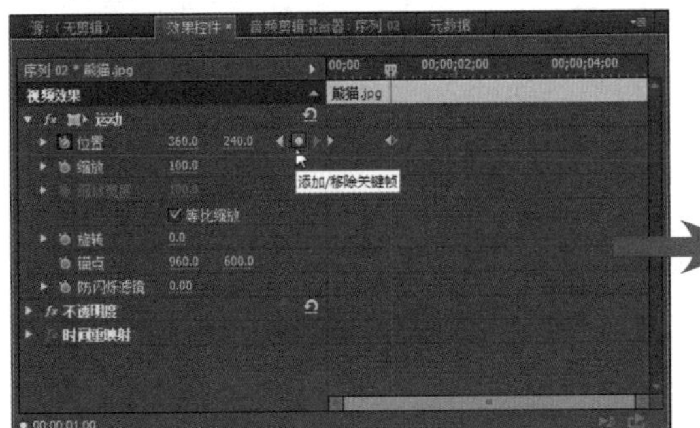

图8-2 创建关键帧并修改参数值

03 在当前选项的“切换动画”按钮处于⏱状态时，在将时间指针移动到新的位置后，直接修改当前选项的数值，即可在该时间位置创建包含新参数值的关键帧，如图8-3所示。

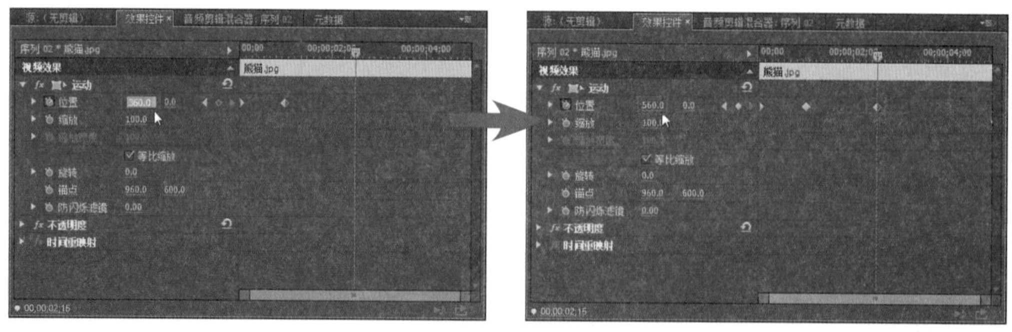

图8-3　修改数值创建关键帧

04 在创建了多个关键帧以后，单击当前选项后面的“转到上一关键帧”按钮◀或“转到下一关键帧”按钮▶，可以快速将时间指针移动到上一个或下一个关键帧的位置，然后根据需要修改该关键帧的参数值，对关键帧动画效果进行调整，如图8-4所示。

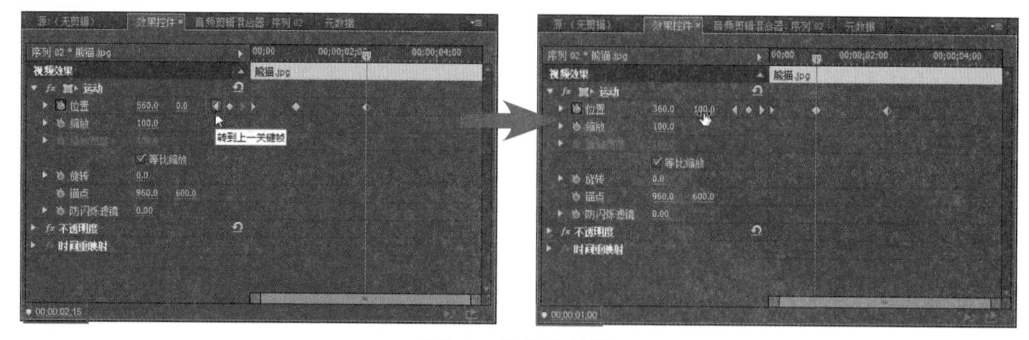

图8-4　选择关键帧

05 直接用鼠标选择或框选一个或多个关键帧后（被选中的关键帧将以黄色图标显示），用鼠标按住并左右拖动，可以改变所选关键帧的时间位置，进而改变所创建动画的快慢效果，如图8-5所示。

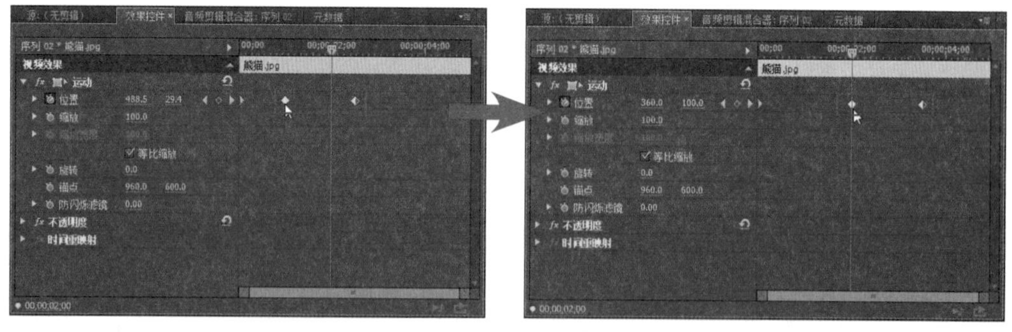

图8-5　移动关键帧

提　示

改变关键帧之间的距离，可以修改运动变化的时间长短。保持关键帧上的参数值不变，缩短关键帧之间的距离，可以加快运动变化的速度；延长关键帧之间的距离，可以减慢运动变化的速度。

06 将时间指针移动到一个关键帧上后，单击“添加/移除关键帧”按钮，可以删除该关键帧，如图8-6所示。

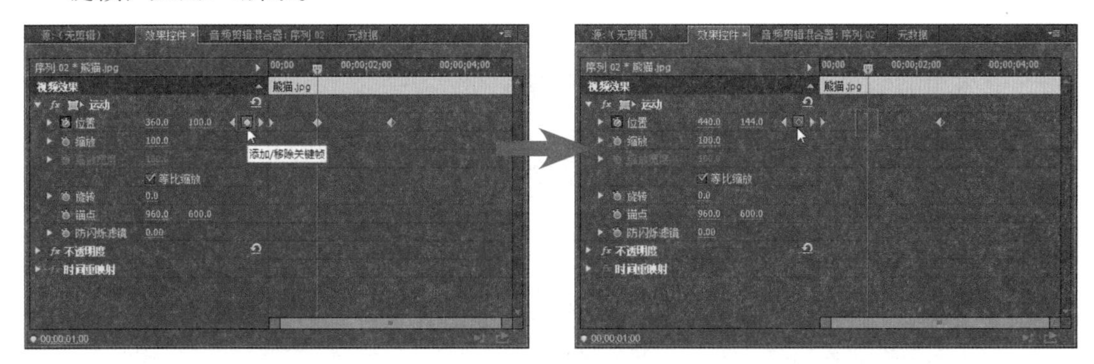

图8-6 删除关键帧

07 直接用鼠标选择或框选需要删除的一个或多个关键帧后，按Delete键将其删除，如图8-7所示。

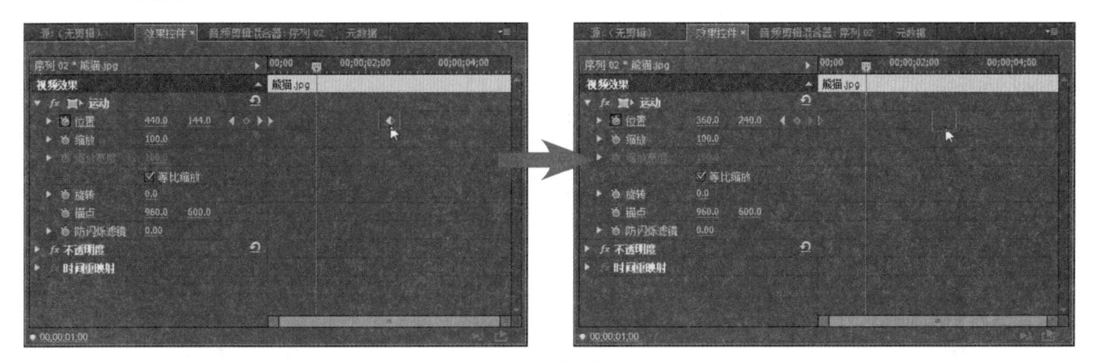

图8-7 删除关键帧

08 在为选项创建了关键帧以后，单击选项名称前面的“切换动画”按钮，在弹出的对话框中单击“确定”按钮，即可删除设置的所有关键帧，取消对该选项编辑的动画效果，并且以时间指针当前所在位置的参数值，作为取消关键帧动画后的选项参数值，如图8-8所示。

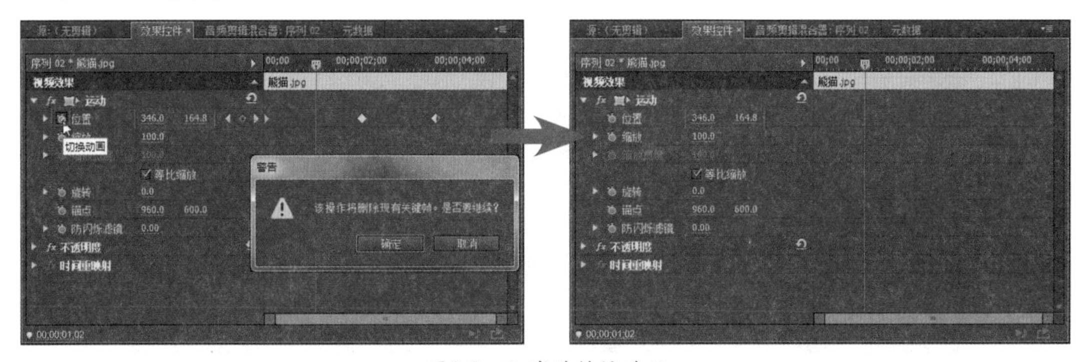

图8-8 取消关键帧动画

8.1.2 在轨道中创建与编辑关键帧

如果要在轨道中为素材剪辑添加关键帧动画效果，首先需要显示出关键帧控制线：单击时间轴窗口顶部的“时间轴显示设置”按钮，在弹出的菜单中选择“显示视频关键帧”或“显示音频关键帧”命令，即可在展开轨道的状态下，在轨道中的素材剪辑上显示对应的关键帧控制线，如图8-9所示。

图8-9　显示出素材剪辑的关键帧控制线

单击素材剪辑上名称后面的（效果）图标，在弹出的列表中可以选择切换当前控制线所显示的效果属性，如图8-10所示。不同效果属性的关键帧控制线，在素材剪辑中有默认的对应显示高度。

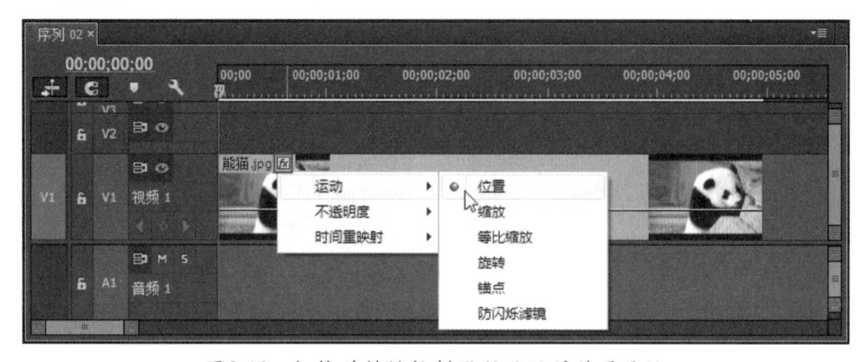

图8-10　切换关键帧控制线所显示的效果属性

选择素材剪辑后，将时间指针移动到需要添加关键帧的位置，然后单击轨道头中的“添加/移除关键帧”按钮，可以在位置添加一个关键帧，如图8-11所示。

图8-11　添加的关键帧

在添加了关键帧以后，可以配合使用效果控件面板，对所选效果属性的关键帧参数值进行设置。在轨道中按住并左右拖动素材剪辑上的关键帧，可以改变关键帧的时间位置，如图8-12所示。

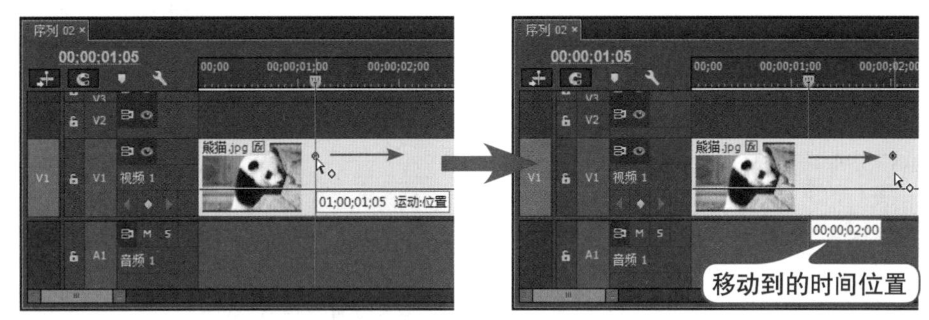

图8-12 移动关键帧的时间位置

大部分效果属性的关键帧（例如缩放、旋转、不透明度等），可以通过按住鼠标左键并上下拖动来改变该关键帧的参数值，进而创建不同关键帧上的参数变化所生成的动画效果，如图8-13所示。不过用鼠标拖动来改变参数值的操作通常不够精确，为了得到更细致准确的动画效果，最好还是通过效果控件面板对所选关键帧的参数值进行设置。

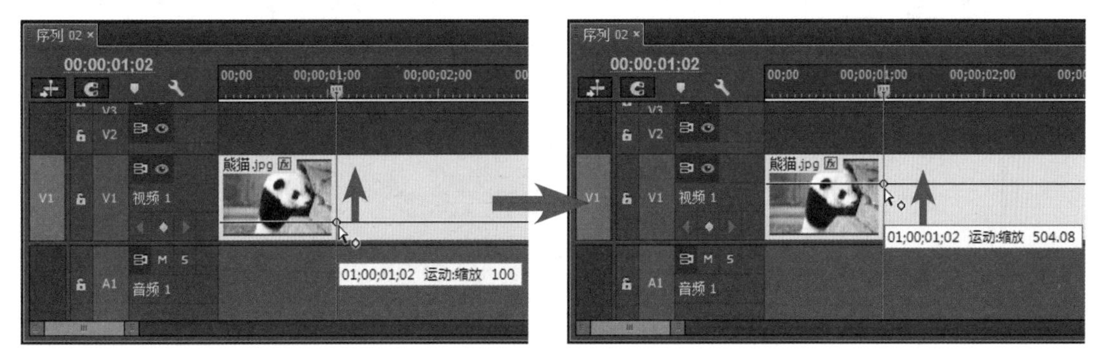

图8-13 调整关键帧参数值

通过轨道头中的“添加/移除关键帧”按钮或直接选择并按Delete键，可以删除不再需要的关键帧。

8.2 编辑各种动画效果

在Premiere Pro CC中，可以为关键帧动画编辑位移、缩放、旋转、不透明度等效果。

8.2.1 编辑位移动画

对象位置的移动动画是基本的动画效果，可以通过在效果控件面板中为“位置”选项，在不同位置创建关键帧并修改参数值来实现。在实际工作中，可以在节目监视器窗口中编辑位移动画的运动路径。

上机实战 创建和调整位移动画

01 在项目窗口中单击鼠标右键并选择“新建项目→序列”命令，新建一个DV NTSC制式的合成序列，如图8-14所示。

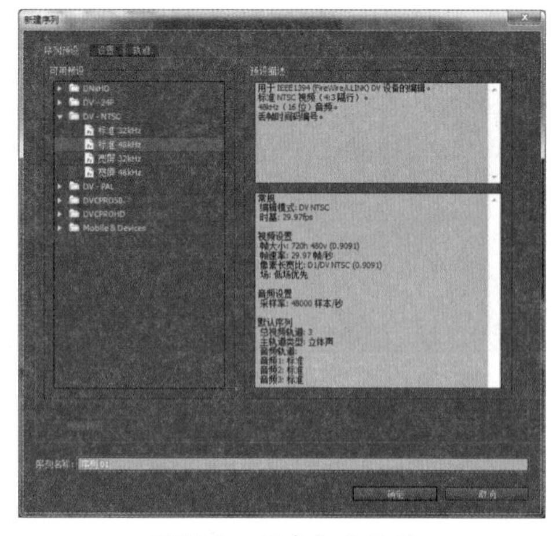

图8-14　新建合成序列

02 在项目窗口中的空白处双击鼠标左键，打开“导入”对话框，选择准备的butterfly.psd和flower.jpg素材文件，然后单击“打开”按钮，在弹出的“导入分层文件”对话框中，设置导入PSD文件的方式为“合并所有图层”，如图8-15所示。

03 将两个图像素材加入到视频1轨道中，并延长它们的持续时间到10秒的位置，如图8-16所示。

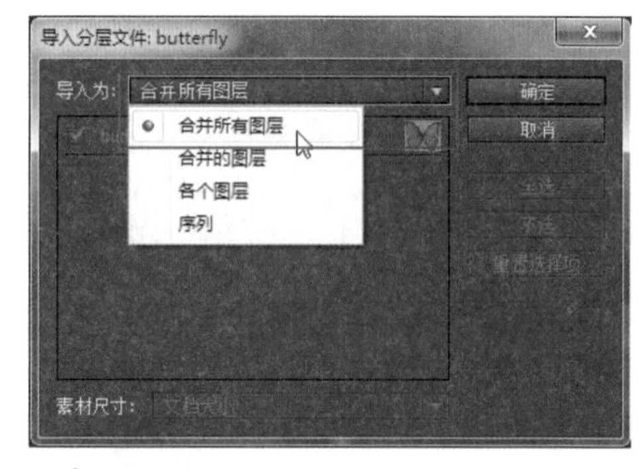

图8-15　导入素材文件

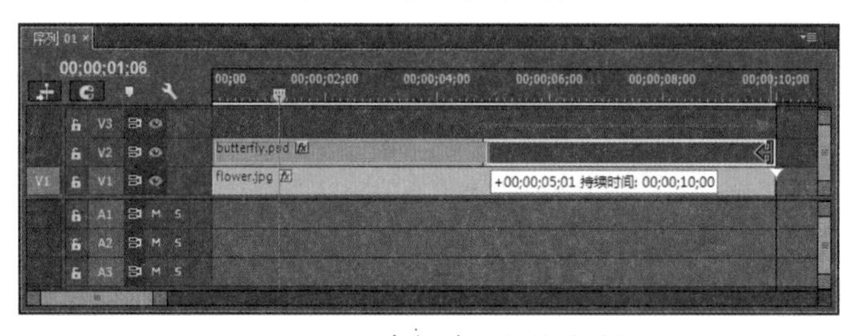

图8-16　加入素材并延长持续时间

04 在节目监视器窗口中双击蝴蝶图像，进入其编辑状态后，将其等比例缩小到合适的大小，如图8-17所示。

图8-17　缩小蝴蝶图像

05 在时间轴窗口中将时间指针移动到开始位置，在节目监视器窗口中，将蝴蝶图像移动到画面左侧靠下的位置，如图8-18所示。

06 打开效果控件面板并展开“运动”选项，按下“位置”选项前的“切换动画”按钮，在合成开始的位置创建关键帧，如图8-19所示。

图8-18 定位剪辑图像

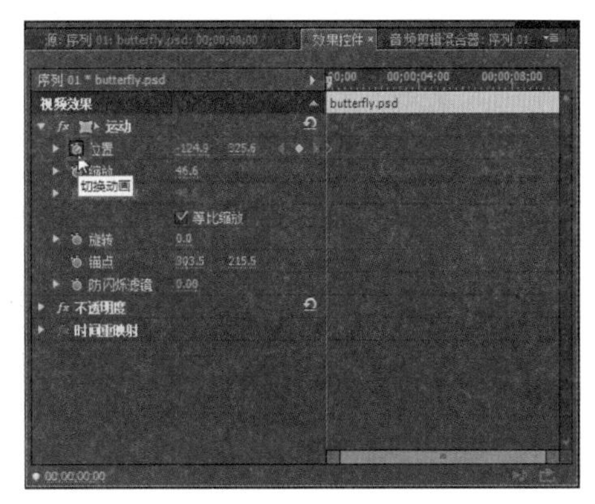
图8-19 创建关键帧

07 将时间指针移动到3秒的位置，在节目监视器窗口中按住并拖动蝴蝶图像到画面左上角的位置；Premiere Pro CC将自动在效果控件面板中3秒的位置添加一个关键帧，如图8-20所示。

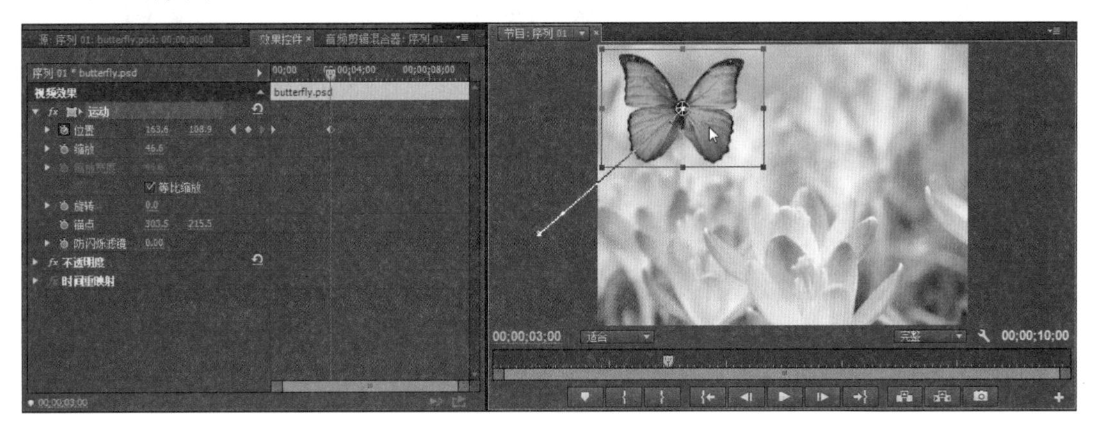
图8-20 移动剪辑并添加关键帧

08 用同样的方法，在第5秒、8秒、结束的位置添加关键帧，为蝴蝶图像创建移动到画面中下部、右上方、右侧外的动画，如图8-21所示。

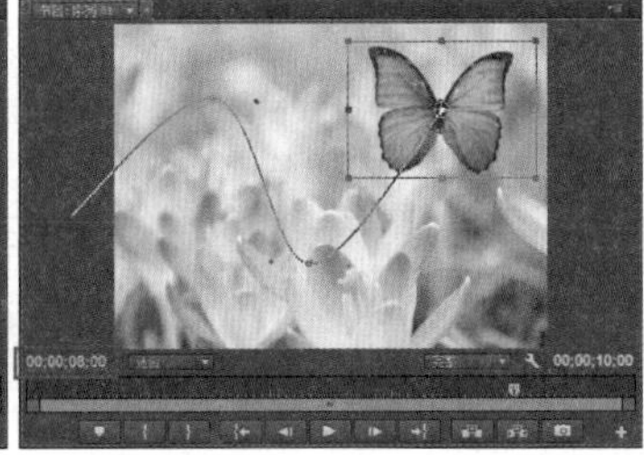
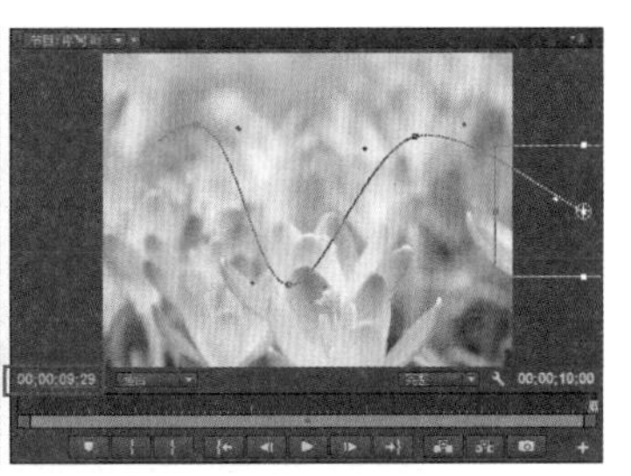
图8-21 编辑位移动画

09 在时间轴窗口中拖动时间指针或按下空格键，可以预览目前编辑完成的位移动画效果。接下来对蝴蝶图像的位移路径进行调整，使位移动画有更多的变化。将鼠标移动到运动路径中第5秒关键帧左侧的控制点上，在鼠标指针改变形状后，按住鼠标左键并向左拖动一定距离，即可改变两个关键帧之间的位移路径曲线，如图8-22所示。

图8-22　调整运动路径

⑩ 将鼠标指针移动到运动路径中第5秒关键帧上，在鼠标指针改变形状后，按住鼠标左键并向上拖动一定距离，可以改变该关键帧前后的位移路径曲线，如图8-23所示。

图8-23　移动关键帧位置

⑪ 根据需要将蝴蝶图像的运动路径调整好后，为了使其飞舞的动画更逼真，可以对其在画面中的旋转角度进行适当的调整，如图8-24所示。

图8-24　调整运动曲线和图像角度

⑫ 编辑好需要的位移动画效果后，按“Ctrl+S”保存工作。

8.2.2 编辑缩放动画

下面继续利用上一实例的项目文件，在位移动画的基础上编辑缩放动画，制作蝴蝶在花丛画面中飞远变小、飞近变大的动画。

上机实战 创建与编辑缩放动画

01 在时间轴窗口中将时间指针移动到开始位置。打开效果控件面板，按下“缩放”选项前的“切换动画”按钮创建关键帧，并将该关键帧的参数值设置为50%，如图8-25所示。

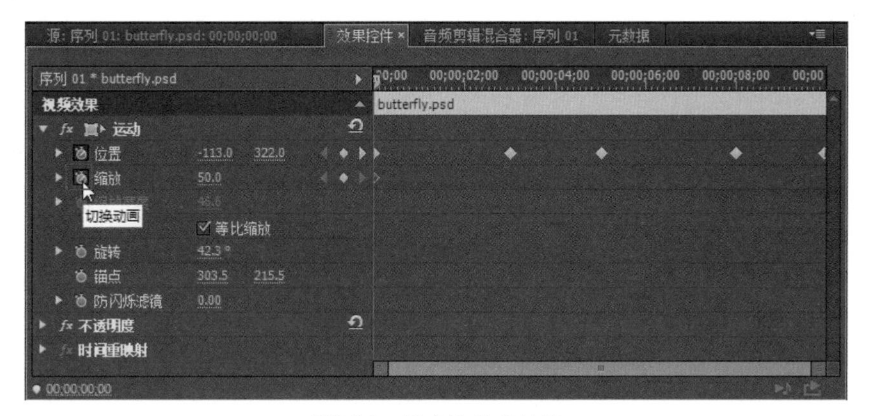

图8-25 创建缩放关键帧

02 按下“位置”选项后面的“转到下一关键帧”按钮，快速将时间指针定位到第3秒的位置，然后将“缩放”选项的参数值修改为40，在该位置添加一个关键帧，如图8-26所示。

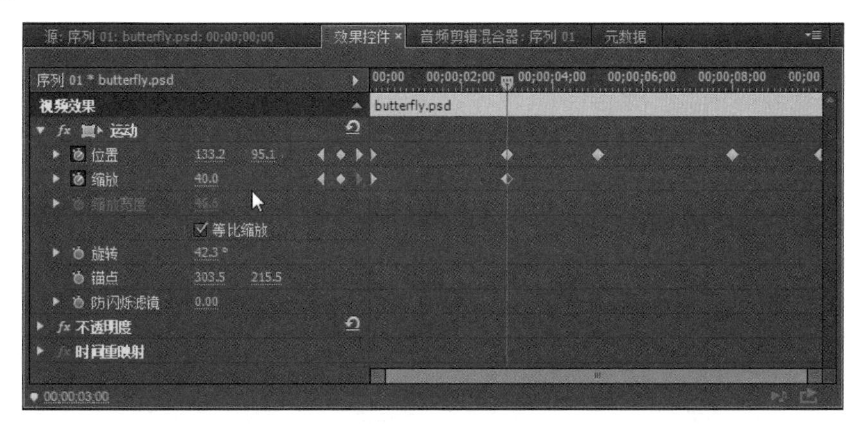

图8-26 添加关键帧

03 使用同样的方法，为“缩放”选项添加新的关键帧并修改参数值，编辑缩放变化的动画，如图8-27所示。

		00:00:05:00	00:00:08:00	00:00:09:29
	缩放	65%	40%	50%

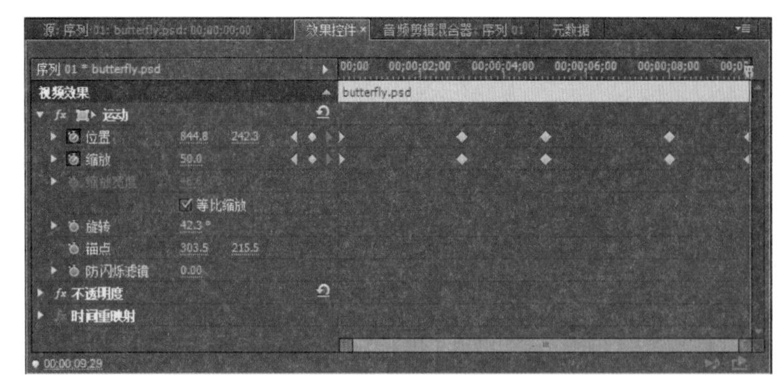

图8-27　添加关键帧并设置参数

04 在时间轴窗口中拖动时间指针或按空格键，预览编辑完成的位移和缩放动画效果，如图8-28所示。编辑好需要的缩放动画效果后，按“Ctrl+S”保存工作。

图8-28　预览缩放动画

8.2.3　编辑旋转动画

在上面实例的动画中，蝴蝶的飞舞并没有随着运动路径的变化而改变。下面通过为其创建旋转动画，使蝴蝶在画面中的飞舞动画更逼真。

上机实战　创建与编辑旋转动画

01 在时间轴窗口中将时间指针移动到开始位置。打开效果控件面板，按下“旋转”选项前的“切换动画”按钮创建关键帧，并将该关键帧的参数值设置为30.0°，如图8-29所示。

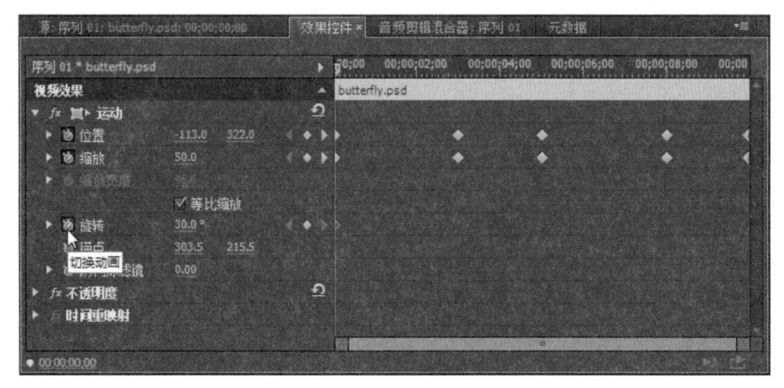

图8-29　创建缩放关键帧

02 将时间指针定位到第3秒的位置，然后在节目监视器窗口中双击蝴蝶图像，进入其编辑状态后，参考位移动画运动路径的方向，对蝴蝶图像的旋转角度进行适当调整，如图8-30所示。

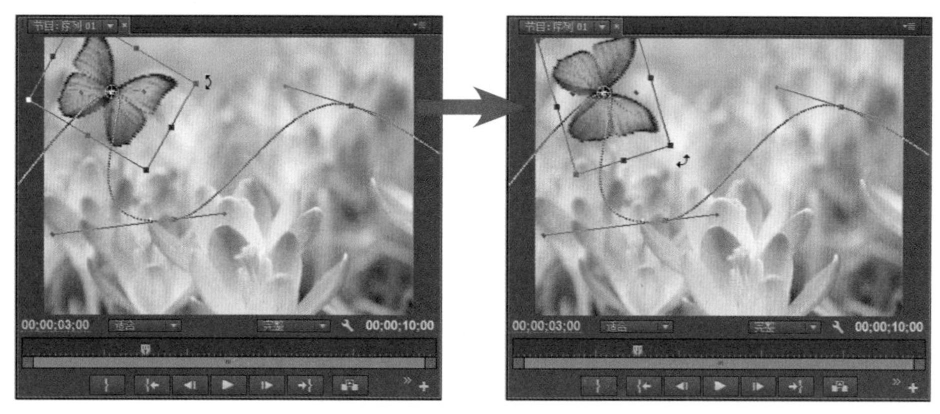

图8-30　添加关键帧并旋转图像

03 将时间指针移动到第4秒的位置，在节目监视器窗口中，参考运动路径的方向，对蝴蝶图像的旋转角度进行调整，如图8-31所示。

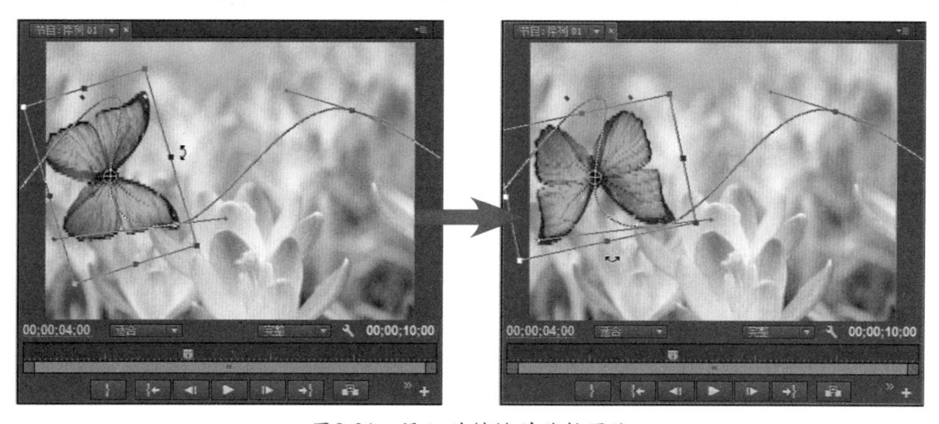

图8-31　添加关键帧并旋转图像

04 将时间指针移动到第5秒的位置，在节目监视器窗口中参考运动路径的方向，调整蝴蝶图像的旋转角度，如图8-32所示。

图8-32　添加关键帧并旋转图像

05 将时间指针移动到00;00;06;15的位置，在节目监视器窗口中对蝴蝶图像的旋转角度进行调整，如图8-33所示。

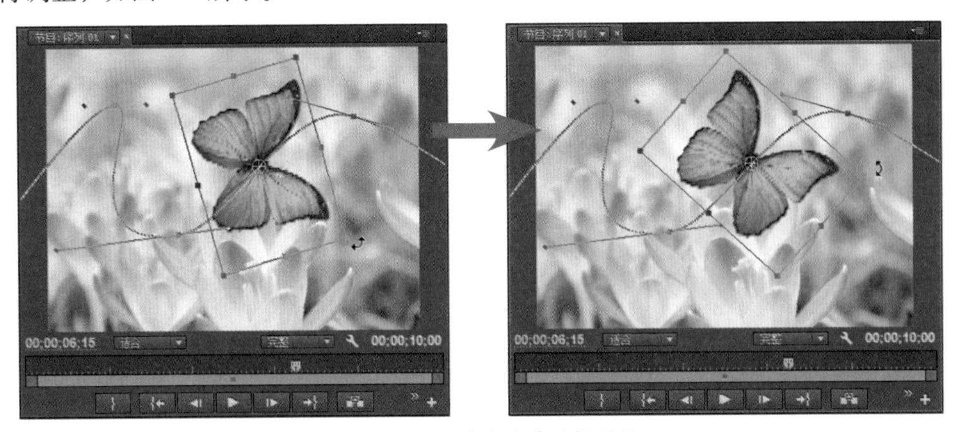

图8-33　添加关键帧并旋转图像

06 将时间指针移动到00;00;09;29的位置，在节目监视器窗口中对蝴蝶图像的旋转角度进行调整，如图8-34所示。

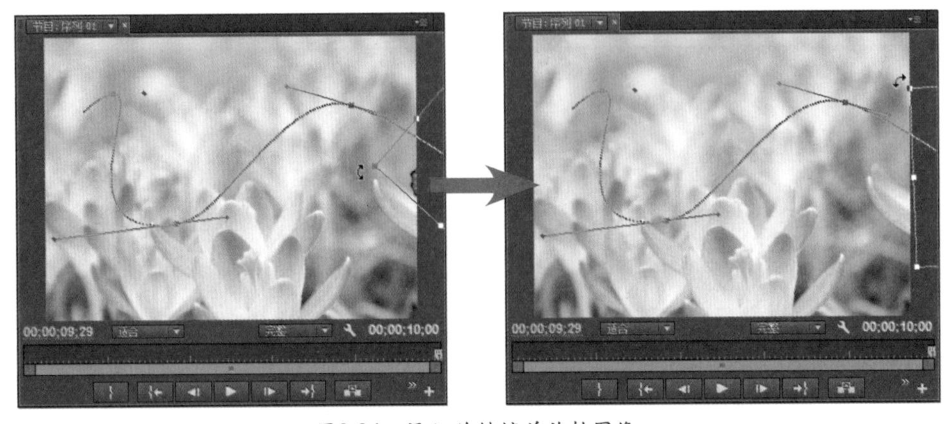

图8-34　添加关键帧并旋转图像

07 在时间轴窗口中拖动时间指针或按空格键，预览编辑完成的蝴蝶飞舞动画效果，如图8-35所示。编辑好需要的旋转动画效果后，按“Ctrl+S”保存工作。

图8-35　预览动画效果

8.2.4　编辑不透明度动画

为影像剪辑编辑不透明度动画，可以制作图像在影片中显示或消失、渐隐渐现的动画效果。在实际编辑工作中，常常用于编辑图像的淡入或淡出效果，使图像画面的显示过渡得更自然。下面继续利用上例编辑的文件，编辑蝴蝶图像在飞入时逐渐显现，飞出时逐渐消失的动画效果。

上机实战 编辑不透明度动画

01 在效果控制面板中将时间指针定位在开始的位置，然后展开“不透明度”选项组，默认情况下，“不透明度”选项前面的“切换动画”按钮处于按下状态。直接单击“添加/移除关键帧”按钮，即可在当前时间位置添加一个关键帧。

02 将时间指针分别移动到第2秒、8秒和结束位置，在这些位置添加关键帧，如图8-36所示。

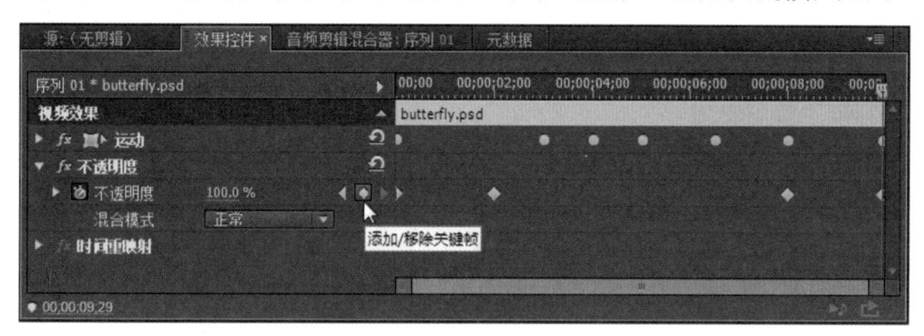

图8-36 添加关键帧

03 分别将开始和结束位置的关键帧的“不透明度”参数值修改为0%，如图8-37所示。

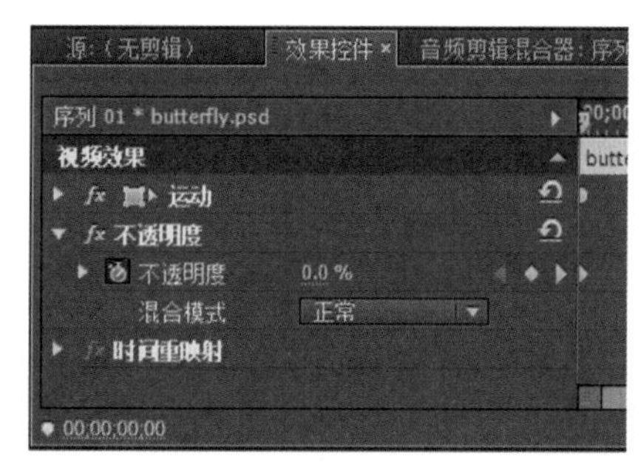

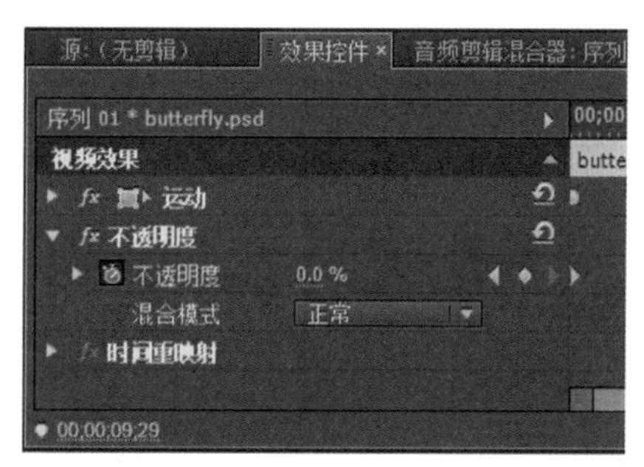

图8-37 修改“不透明度”参数值

04 在时间轴窗口中拖动时间指针或按空格键，预览编辑完成的蝴蝶飞舞动画效果，如图8-38所示。编辑好需要的不透明度动画效果后，按“Ctrl+S”保存工作。

图8-38 预览不透明度动画效果

第9章
视频过渡应用

视频过渡效果是指添加在序列中的素材剪辑的开始、结束位置，或素材剪辑之间的特效动画，可以使素材剪辑在影片中的出现或消失、素材影像间的切换变得平滑流畅。

9.1 添加与设置视频过渡效果

9.1.1 添加视频过渡效果

在效果面板中展开“视频过渡”文件夹并打开需要的视频过渡类型文件夹，然后将选择的视频过渡效果拖动到时间轴窗口中素材的头尾或相邻素材间相接的位置即可，如图9-1所示。

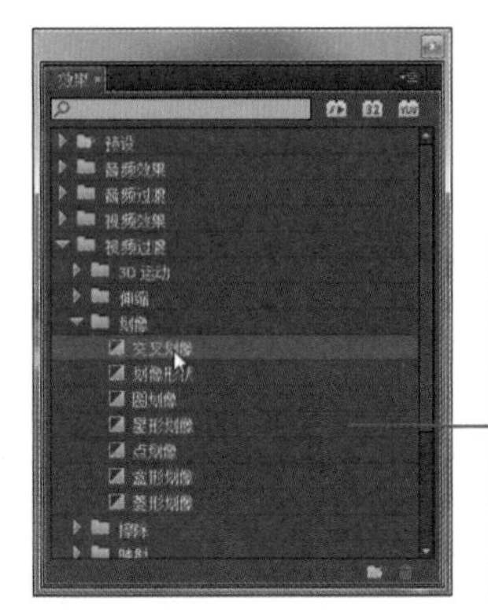

图9-1 添加视频过渡效果

9.1.2 设置视频过渡效果

添加了视频过渡特效后，打开效果控件面板，可以对视频过渡的应用效果进行设置，如图9-2所示。

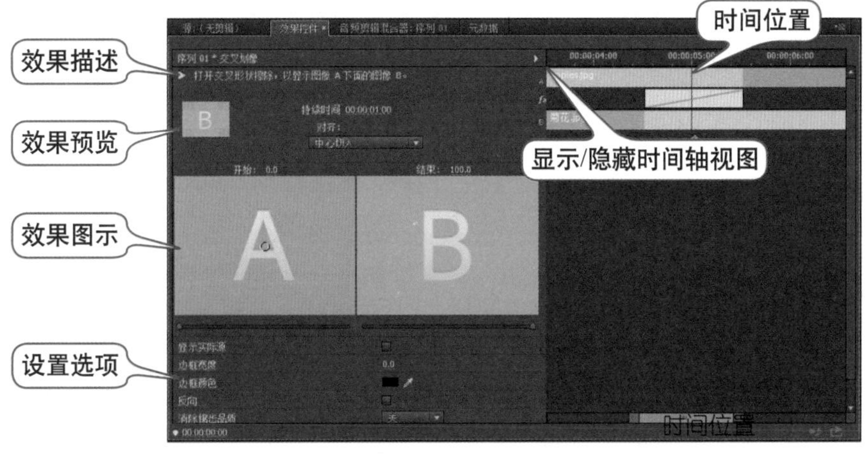

图9-2 视频过渡效果设置

- 播放过渡▶：单击该按钮，可以在下面的效果预览窗格中播放该过渡特效的动画效果。
- 显示/隐藏时间轴视图▶：单击该按钮，可以在效果控件面板右边切换时间轴视图的显示与隐藏，如图9-3所示。

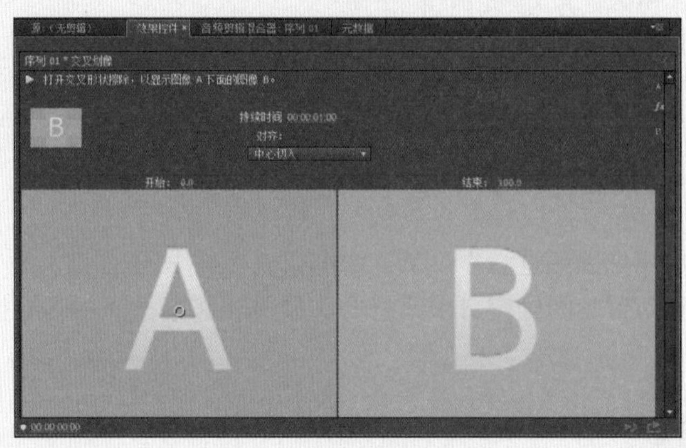

图9-3　隐藏时间轴视图

- 持续时间：其中显示了视频过渡效果当前的持续时间。将鼠标移动到该时间码上，在鼠标光标变成𝄞样式后，按住鼠标左键并左右拖动，可以对过渡动画的持续时间进行缩短或延长。单击该时间码进入其编辑状态，可以直接输入需要的持续时间。

提　示

在时间轴窗口中素材剪辑上添加的过渡效果图标上单击鼠标右键并选择“设置过渡持续时间”命令，可以在打开的对话框中快速设置过渡动画持续时间，如图9-4所示。

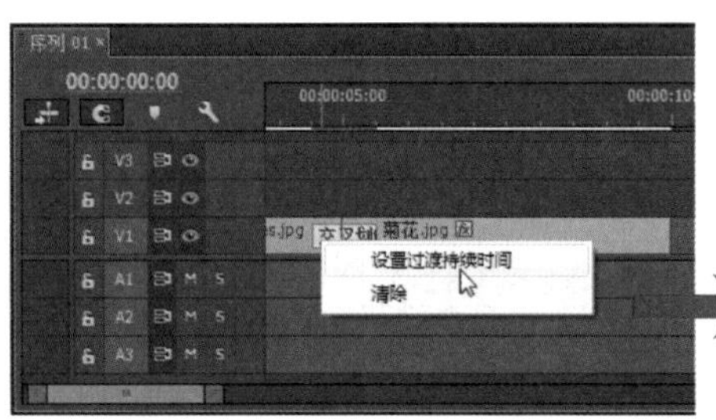

图9-4　设置过渡持续时间

- 对齐：可以在该下拉列表中选择过渡动画开始的时间位置，如图9-5所示。
  - 中心切入：过渡动画的持续时间在两个素材之间各占一半。
  - 起点切入：在前一素材中没有过渡动画，在后一素材的入点位置开始。
  - 终点切入：过渡动画全部在前一素材的末尾。
  - 自定义起点：将鼠标移动到时间轴视图中视频过渡效果持续时间的开始或结束位置，在鼠标光标改变形状后，按住鼠标左键并左右拖动，即可对视频过渡效果的持续时间进行自定义设置，如图9-6

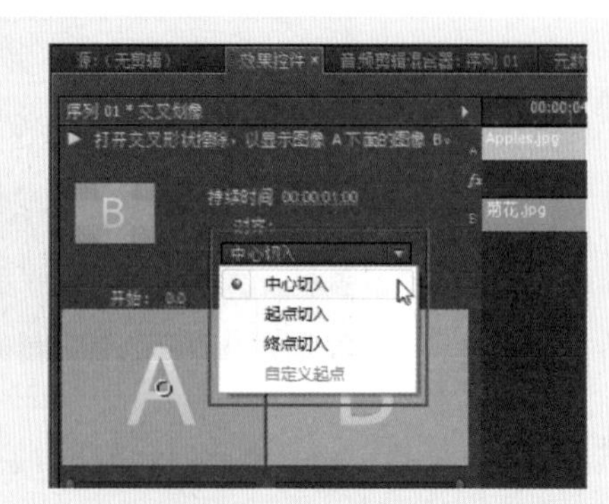

图9-5　设置对齐方式

所示。将鼠标移动到视频过渡效果持续时间的中间位置，在鼠标光标改变形状后，按住鼠标左键并左右拖动，可以整体移动视频过渡效果的时间位置，如图9-7所示。

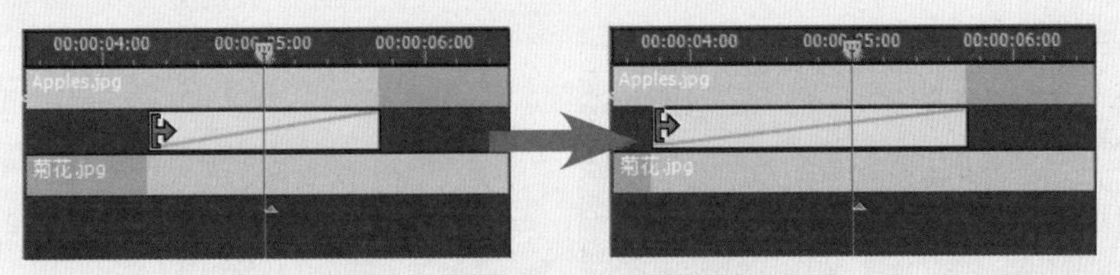

图9-6 自定义视频过渡持续时间

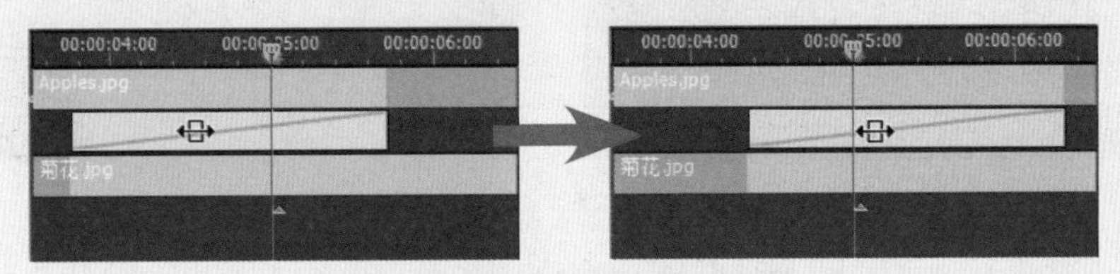

图9-7 移动视频过渡的时间位置

- 开始/结束：设置过渡效果动画进程的开始或结束位置，默认从0开始，结束于100%的完整过程。修改数值后，可以在效果图示中查看过渡动画的开始或结束过程位置。拖动效果图示下方的滑块，可以预览当前过渡特效的动画效果。其停靠位置也可以对动画进程的开始或结束百分比位置进行定位，如图9-8所示。
- 显示实际来源：勾选该选项，可以在效果预览、效果图示中查看应用该过渡效果的实际素材画面，如图9-9所示。

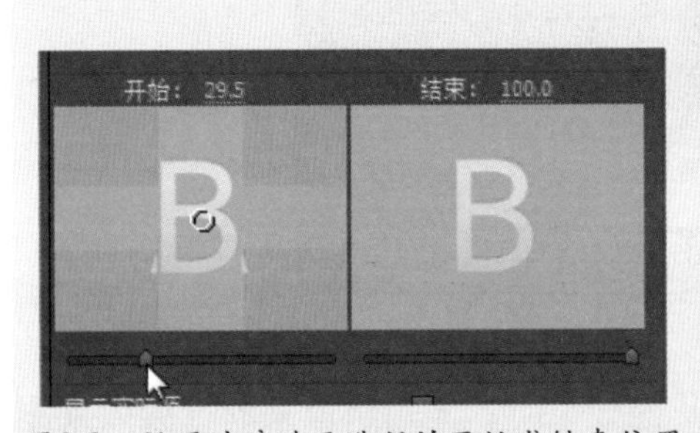

图9-8 设置过渡动画进程的开始或结束位置

图9-9 显示实际来源

- 边框宽度：用来设置过渡形状边缘的边框宽度，如图9-10所示。

图9-10 设置边框宽度

- 边框颜色：单击该选项后面的颜色块，在弹出的拾色器窗口中可以对过渡形状的边框颜色进行设置。单击颜色块后面的吸管图标，可以选择吸取界面中的任意颜色作为边框颜色，如图9-11所示。

图9-11　设置边框颜色

- 反向：对视频过渡的动画过程进行反转，例如，将原本的由内向外展开，变成由外向内关闭。
- 消除锯齿品质：在该选项的下拉列表中，可以对过渡动画的形状边缘消除锯齿的品质级别进行选择。

9.1.3　替换与删除视频过渡效果

对于素材剪辑上不再需要的视频过渡效果，可以在过渡效果图标上单击鼠标右键并选择“清除”命令，或直接按Delete键删除应用，如图9-12所示。

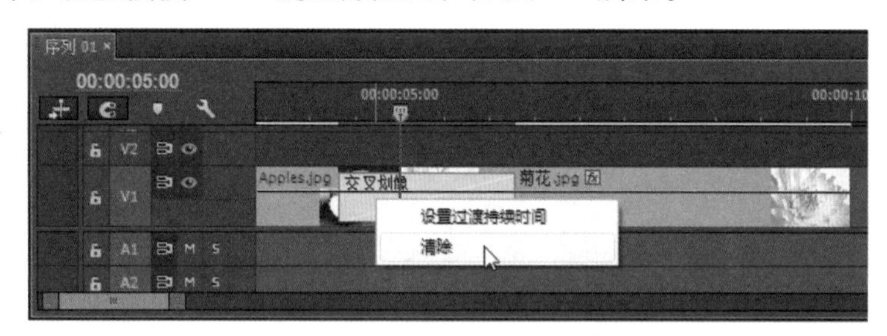

图9-12　清除视频过渡效果

在需要将已经添加的一个视频过渡效果替换为其他效果时，无需将原来的过渡效果删除再添加，只需要在效果面板中选择新的视频过渡效果后，按住鼠标左键并拖动到时间轴窗口中，覆盖掉素材剪辑上原来的视频过渡效果即可，如图9-13所示。

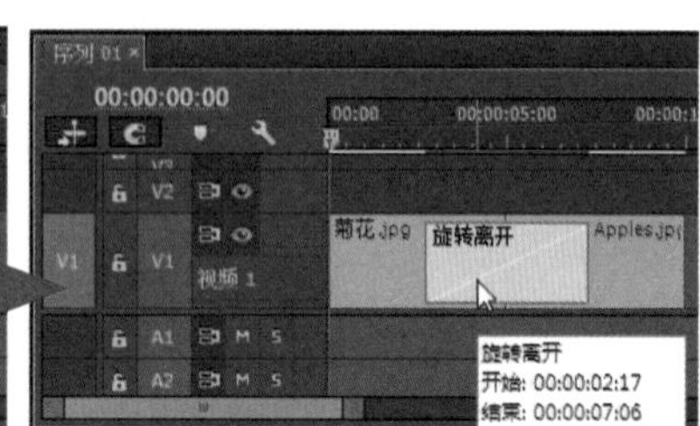

图9-13　替换视频过渡效果

9.2 视频过渡特效

Premiere Pro CC在效果面板中提供了10个大类共70多个过渡特效，下面分别介绍这些视频过渡特效的应用效果。

9.2.1 3D运动

3D运动类过渡特效主要使最终展现的图像B以类似在三维空间中运动的形式出现并覆盖原图像A，如图9-14所示。

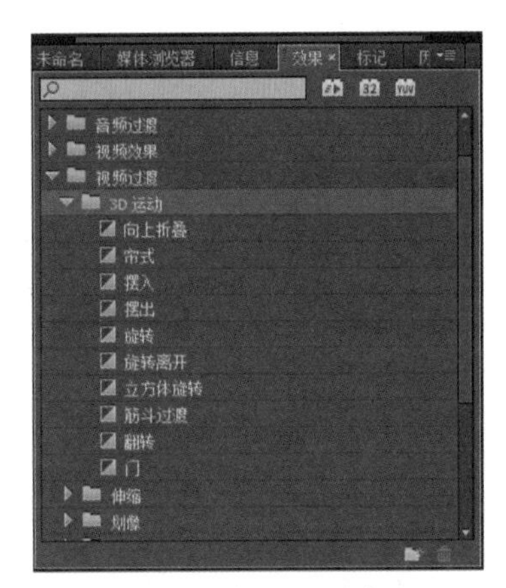

图9-14　3D运动类过渡效果

1. 向上折叠

此过渡特效的效果是图像A像纸张一样反复折叠，逐渐变小，显示出图像B，如图9-15所示。

图9-15　向上折叠

2. 帘式

此过渡特效的效果是图像A呈掀起的门帘状态时，图像B随之出现，如图9-16所示。

图9-16　帘式

3. 摆入

此过渡特效的效果是图像B像钟摆一样摆入，逐渐遮盖住图像A的显示，如图9-17所示。

图9-17　摆入

提 示

对于此类具有明显动画方向的过渡效果，在效果控件面板中的预览区域周围将显示用来设置运动方向的控制按钮，单击相应的按钮，可以对过渡动画的运动方向进行选择，如图9-18所示。

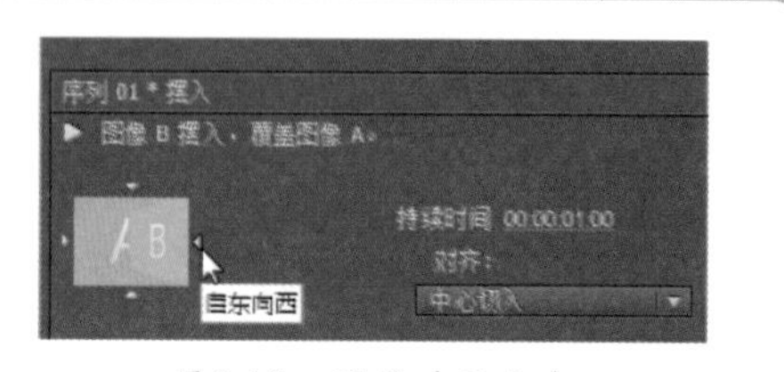

图9-18　设置动画方向

4. 摆出

此过渡特效的效果是图像B以单边缩放的方式，逐渐遮盖图像A，如图9-19所示。

图9-19 摆出

5. 旋转

此过渡特效的效果是图像B旋转出现在图像A上，从而盖住图像A，如图9-20所示。

图9-20 旋转

6. 旋转离开

此过渡特效类似“旋转”效果，在视觉上呈现由远到近或由近到远的效果，如图9-21所示。

图9-21　旋转离开

7. 立方体旋转

此过渡特效的效果是将图像B和图像A作为立方体的两个相邻面，像一个立方体逐渐从一个面旋转到另一面，如图9-22所示。

图9-22　立方体旋转

8. 筋斗过渡

此过渡特效的效果是图像A水平翻转并逐渐缩小、消失，图像B随之出现，如图9-23所示。

图9-23 筋斗过渡

9. 翻转

此过渡特效的效果是图像A翻转到图像B，通过旋转的方式实现空翻的效果，如图9-24所示。

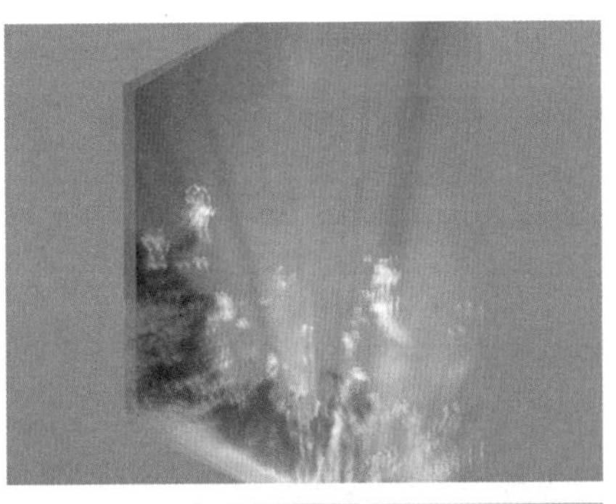
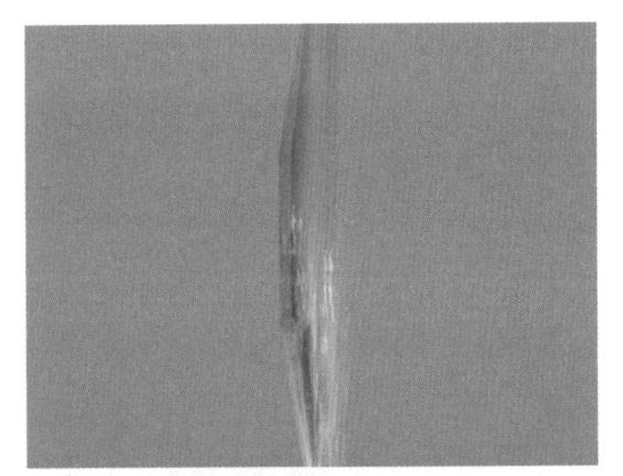
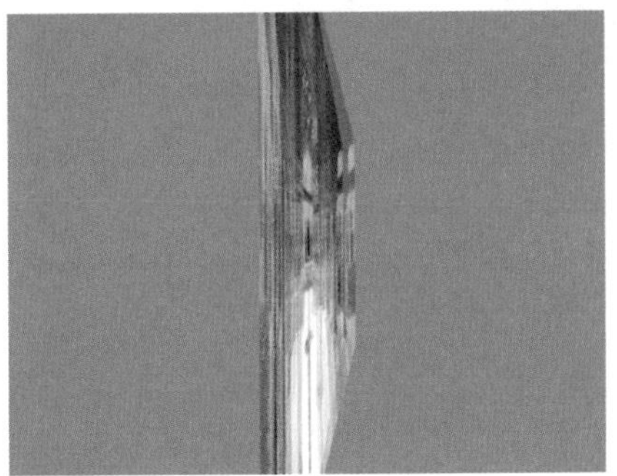

图9-24 翻转

10. 门

此过渡特效的效果是图像B像从两边向中间关门一样出现在图像A上，如图9-25所示。

图9-25 门

9.2.2 伸缩

伸缩类过渡特效主要是将图像B以多种形状展开，最后覆盖图像A，如图9-26所示。

图9-26 伸缩类过渡效果

1. 交叉伸展

此过渡特效的效果是图像B从一边延展进入，同时图像A向另一边收缩消失，如图9-27所示。

图9-27 交叉伸展

2. 伸展

此过渡特效的效果是图像A保持不动，图像B延展覆盖图像A，如图9-28所示。

图9-28 伸展

3. 伸展覆盖

此过渡特效的效果是图像B从图像A中心线性放大，覆盖图像A，如图9-29所示。

图9-29　伸展覆盖

4. 伸展进入

此过渡特效的效果是图像B从完全透明开始，以被放大的状态，逐渐缩小并变成不透明，覆盖图像A，如图9-30所示。

图9-30　伸展进入

9.2.3 划像

划像类过渡特效主要是将图像B按照不同的形状（如圆形、方形、菱形等），在图像A上展开，最后覆盖图像A，如图9-31所示。

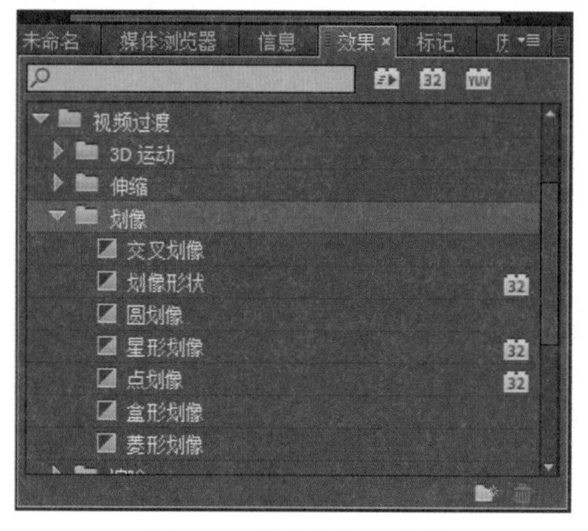

图9-31 效果类过渡效果

1. 交叉划像

此过渡特效的效果是图像B以十字形在图像A上展开，如图9-32所示。

图9-32 交叉划像

2. 划像形状

此过渡特效的效果是图像B以锯齿形状在图像A上展开，如图9-33所示。

图9-33　划像形状

提　示

部分视频过渡特效可以对过渡形状进行自定义设置，例如，应用了“划像形状”效果后，可以在效果控件面板中单击出现的“自定义”按钮，在打开的对话框中对划像形状的数量、类型进行设置，如图9-34所示。

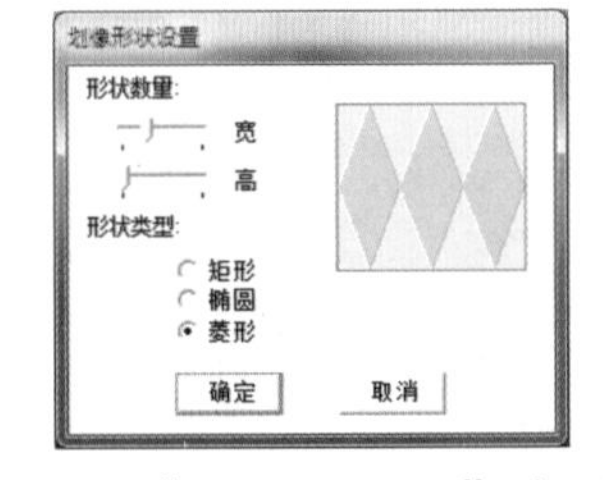

图9-34　“划像形状设置”对话框

3. 圆划像

此过渡特效的效果是图像B以圆形在图像A上展开，如图9-35所示。

图9-35　圆划像

4. 星形划像

此过渡特效的效果是图像B以星形在图像A上展开，如图9-36所示。

图9-36　星形划像

5. 点划像

此过渡特效的效果是图像B以字母X字形在图像A上收缩覆盖，如图9-37所示。

图9-37　点划像

6. 盒形划像

此过渡特效的效果是图像B以正方形在图像A上展开，如图9-38所示。

图9-38　盒形划像

7. 菱形划像

此过渡特效的效果是图像B以菱形在图像A上展开，如图9-39所示。

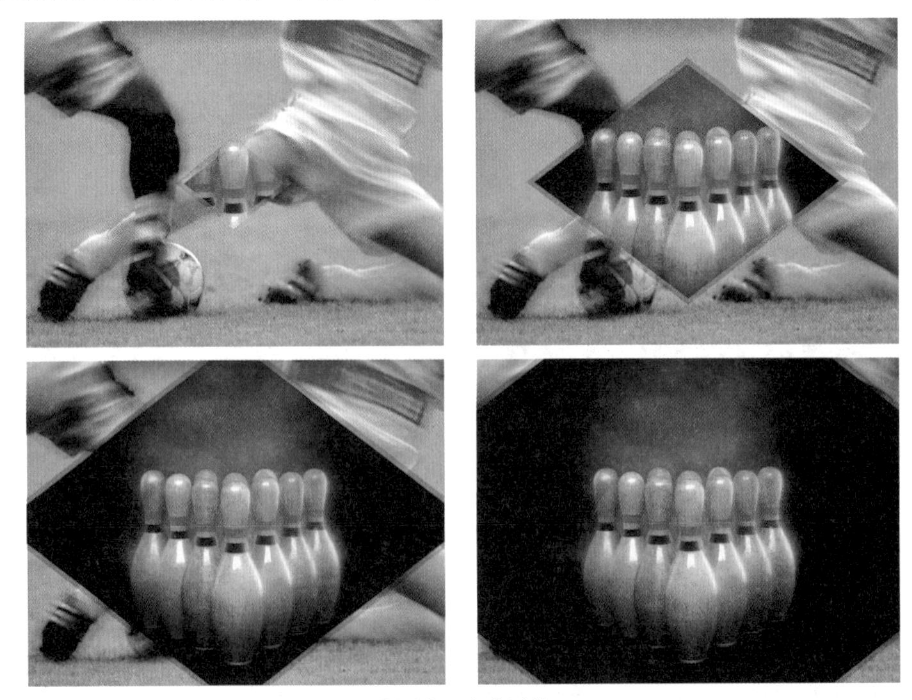

图9-39　菱形划像

9.2.4 擦除

擦除类过渡特效主要是将图像B以不同的形状、样式以及方向，通过类似橡皮擦一样的方式将图像A擦除来展现图像B，如图9-40所示。

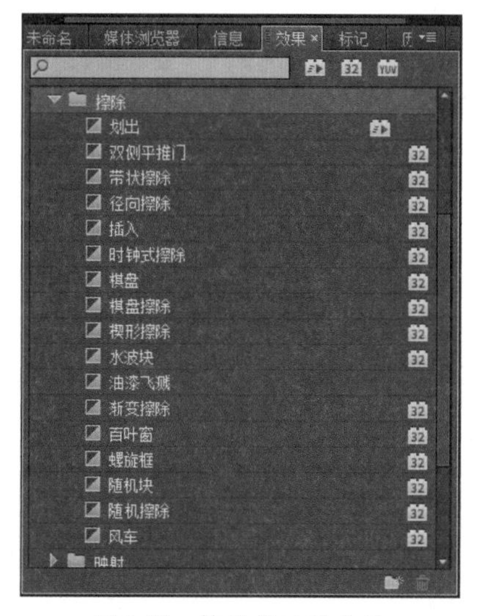

图9-40 擦除类过渡效果

1. 划出

此过渡特效的效果是图像B逐渐擦除图像A，如图9-41所示。

图9-41 划出

2. 双侧平推门

此过渡特效的效果是图像A以类似开门的方式切换到图像B，如图9-42所示。

图9-42　双侧平推门

3. 带状擦除

此过渡特效的效果是图像B以水平、垂直或对角线呈条状逐渐擦除图像A，如图9-43所示。

图9-43　带状擦除

4. 径向擦除

此过渡特效的效果是图像B以斜线旋转的方式擦除图像A，如图9-44所示。

图9-44 径向擦除

5. 插入

此过渡特效的效果是图像B呈方形从图像A的一角插入，如图9-45所示。

图9-45 插入

6. 时钟式擦除

此过渡特效的效果是图像B以时钟转动方式逐渐擦除图像A，如图9-46所示。

图9-46　时钟式擦除

7. 棋盘

此过渡特效的效果是图像B以方格棋盘状逐渐显示，如图9-47所示。

图9-47　棋盘

8. 棋盘擦除

此过渡特效的效果是图像B呈方块形逐渐显示并擦除图像A，如图9-48所示。

图9-48　棋盘擦除

9. 楔形擦除

此过渡特效的效果是图像B从图像A的中心以楔形旋转划入，如图9-49所示。

图9-49　楔形擦除

10. 水波纹

此过渡特效的效果是图像B以来回往复换行推进的方式擦除图像A，如图9-50所示。

图9-50　水波纹

11. 油漆飞溅

此过渡特效的效果是图像B以类似油漆泼洒飞溅的方式逐块显示，如图9-51所示。

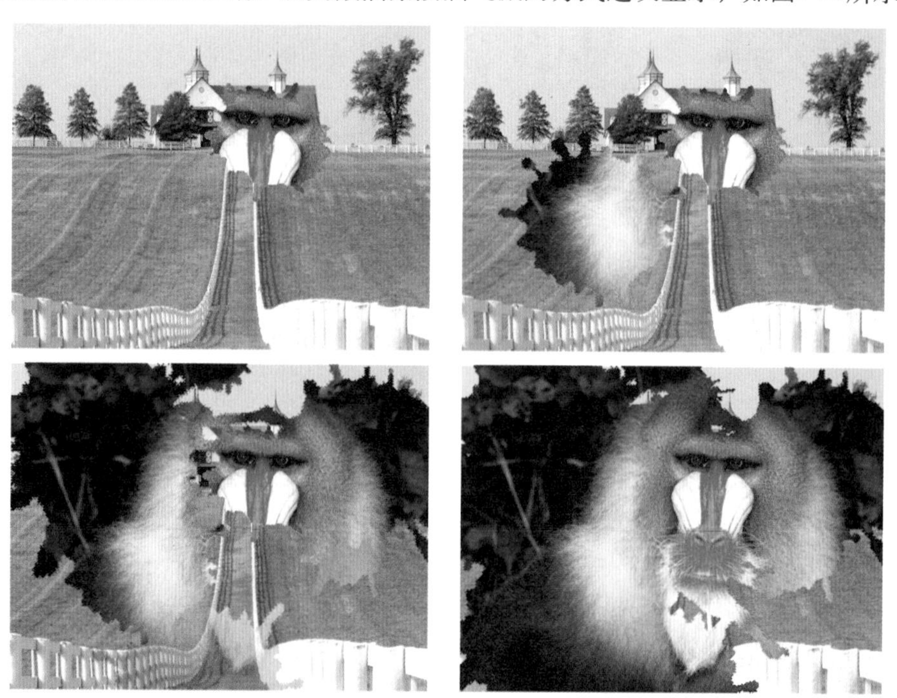

图9-51　油漆飞溅

12. 渐变擦除

此过渡特效的效果是图像B以默认的灰度渐变形式，或依据选择的渐变图像中的灰度变化作为渐变过渡来擦除A，如图9-52所示。

图9-52 渐变擦除

利用“渐变擦除”过渡特效根据选择的图像进行渐变擦除的特点，通过Photoshop和Premiere两个软件的配合使用，可以制作优美的手写字效果。

上机实战 渐变擦除过渡效果的应用——手写书法

01 启动Photoshop，创建一个720×480、背景为白色的文件，如图9-53所示。

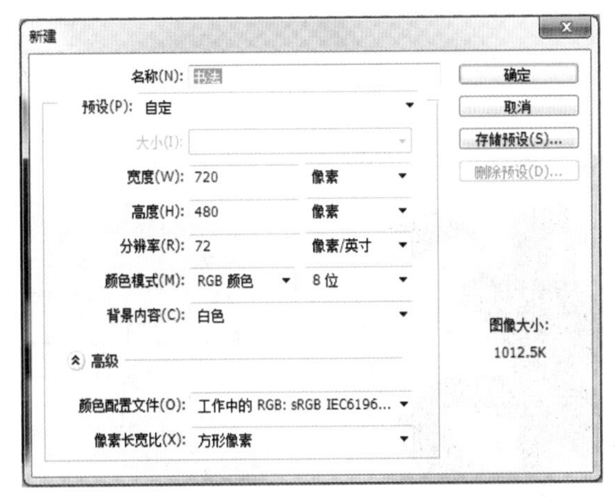

图9-53 新建图像文件

02 使用“文字工具”在文件窗口中输入文字“书法”，设置字体为“华文行楷”，字号为200，完成效果如图9-54所示。

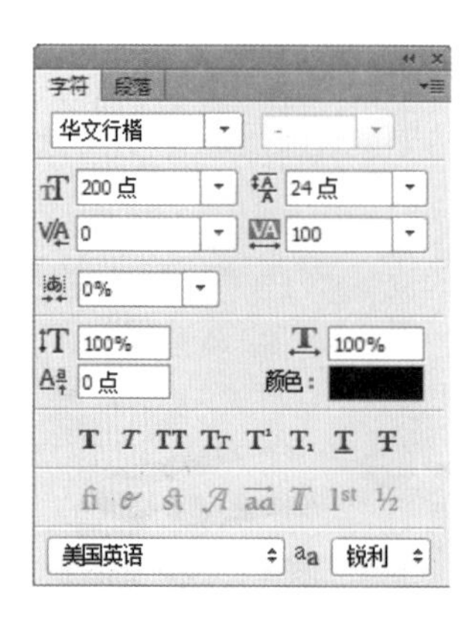

图9-54　输入文字

03 在“图层”面板中的文字图层上单击鼠标右键并选择“栅格化文字”命令，将文字处理为图像。

04 在工具栏中选择“多边形套索工具”，在文字图层选择“书”字的第一段笔画，如图9-55所示。

05 执行“图层→新建→通过拷贝的图层”命令，或者直接按“Ctrl+J”快捷键，将选区中的文字部分复制到新图层中，如图9-56所示。

图9-55　选择笔画

图9-56　创建新图层

06 使用“多边形套索工具”在“书法”字所在的图层中选择“书”字的第二段笔画，如图9-57所示。

07 按“Ctrl+J”快捷键，将选择区域内的文字笔画复制到新的图层中，如图9-58所示。

图9-57　选择笔画

图9-58　创建新图层

08 以同样的方法，将“书”字剩余的每一段笔画以一个单独的图层保存下来，完成效果如图9-59所示。

09 按住“Ctrl”键，同时用鼠标单击“书”字第一段笔画所在的图层，选择该层中的图像部分，如图9-60所示。

图9-59 创建其余的笔画图层

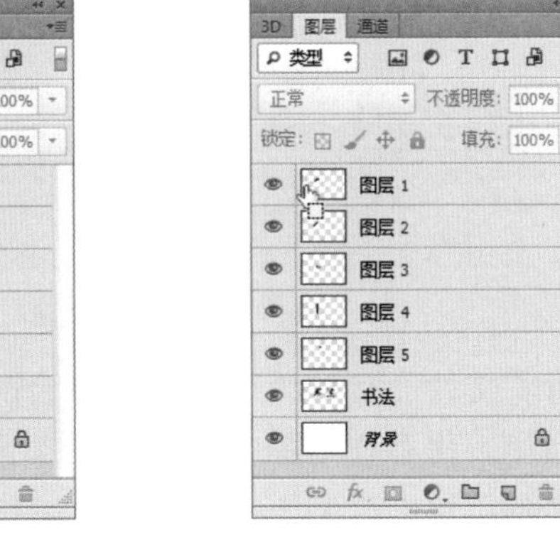

图9-60 选择第一笔画

10 单击工具栏中的“渐变工具”，然后单击属性栏中的渐变色编辑按钮，打开“渐变编辑器”对话框，设置渐变色为R0、G0、B0到R40、G40、B40的双色渐变，如图9-61所示。

11 将渐变色设置好以后，按住鼠标左键在编辑窗口的选区内按笔画的书写方向拖动，为“书”字的第一段笔画制作渐变效果，如图9-62所示。

12 选择“书”字的第二段笔画图层并建立选区，然后在“渐变工具”属性栏中设置渐变色为R40、G40、B40到R80、G80、B80的双色渐变，按住鼠标左键在编辑窗口的选区内按笔画的书写方向拖动，为“书”字的第二段笔画制作渐变的效果，如图9-63所示。

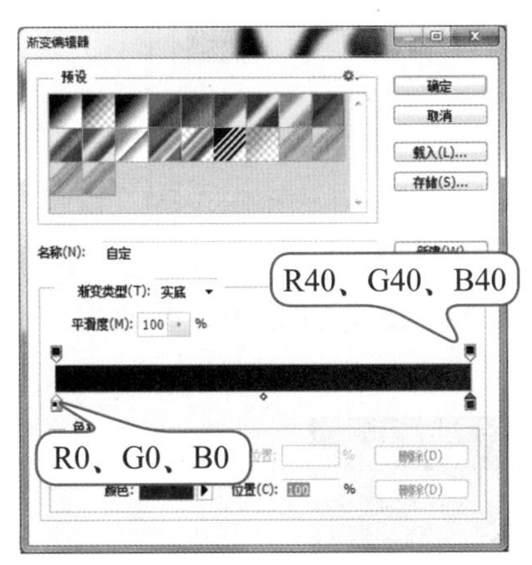

图9-61 “渐变编辑器”对话框

图9-62 填充渐变色

图9-63 填充渐变色

13 用相同的方法，依次增加填充渐变的数值，为“书”字的每一段笔画制作出渐变效果，如图9-64所示。

14 选择根据“书”字创建的所有单独笔画层，执行“图层→合并图层”命令，完成后的效果如图9-65所示。

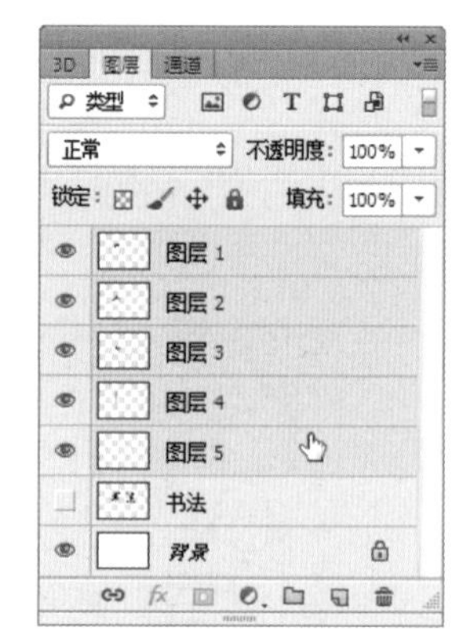

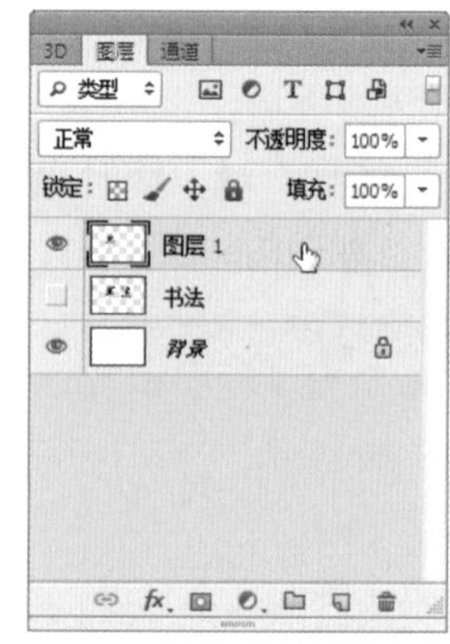

图9-64　文字渐变效果　　　　图9-65　合并图层

15 取消“书法”图层的显示，执行“文件→存储为”命令，将编辑好的文字图片以“渐变:书”命名，选择保存格式为TGA，保存在电脑中指定的目录下。

16 使用同样的方法，将“法”字的每一笔画绘制为选择并创建图层，然后分别填充好渐变效果，再保存为以“渐变:法”命名的TGA文件，如图9-66所示。

17 启动Premiere Pro CC，新建一个项目文件后，创建一个视频制式为DV NTSC、帧大小为720×480的合成序列。

18 按“Ctrl+I”快捷键，打开“导入”对话框，选择本书配套光盘中\Chapter 9\Media目录下的“背景01.jpg”素材文件并导入，如图9-67所示。

图9-66　编辑渐变文字图像　　　　图9-67　导入素材文件

19 将项目窗口中的“背景01.jpg”素材拖入到时间轴窗口中的视频1轨道中，并延长其持续时间到6秒，如图9-68所示。

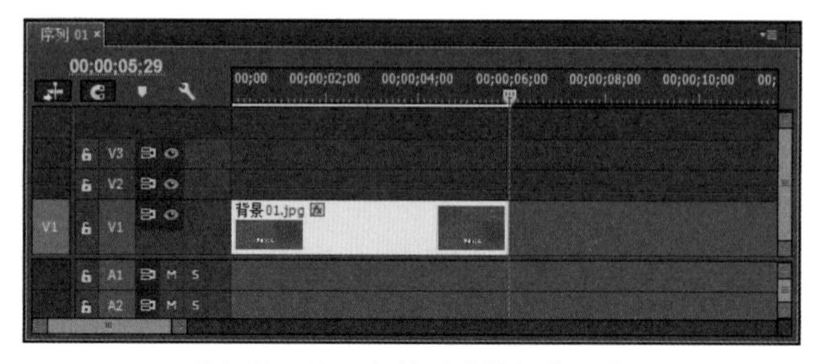

图9-68　添加素材到时间轴窗口中

20 在项目窗口中单击工具栏中的“新建项”按钮，在弹出的菜单命令中选择“颜色遮罩”命令，新建一个与合成序列相同视频属性的颜色遮罩素材，并设置填充色为黄色（255，255，0），如图9-69所示。

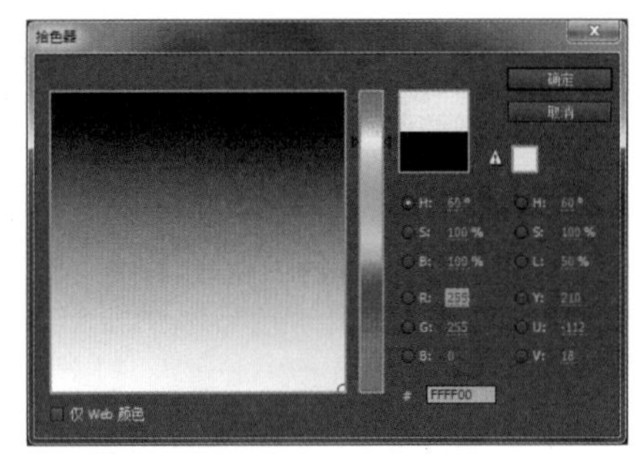

图9-69 新建颜色遮罩

21 设置好颜色后单击“确定”按钮，在弹出的“选择名称”对话框中为新建的素材命名，单击“确定”按钮。

22 将项目窗口中的“颜色遮罩”素材拖入到时间轴窗口中的视频2轨道中，设置其入点在第1秒开始，出点与视频1轨道中的素材剪辑对齐，如图9-70所示。

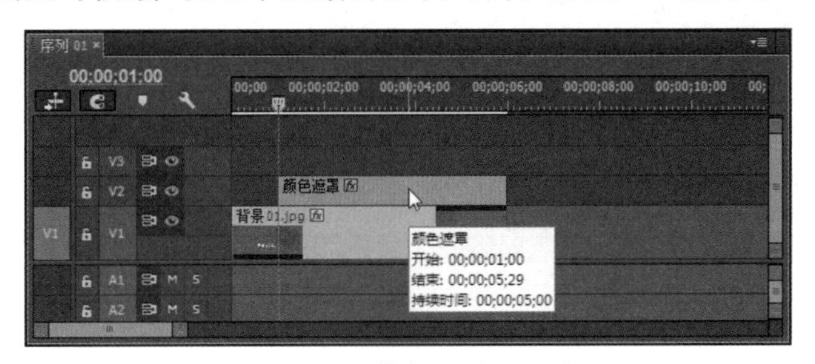

图9-70 添加素材到时间轴窗口

23 打开效果面板，展开“视频过渡”文件夹，在“擦除”文件夹中找到“渐变擦除”特效并将其添加到序列中的颜色遮罩素材剪辑的开始位置。

24 在弹出的“渐变擦除设置”对话框中单击“选择图像”按钮，在打开的对话框中选择准备好的“渐变:书.tga”素材文件，如图9-71所示。

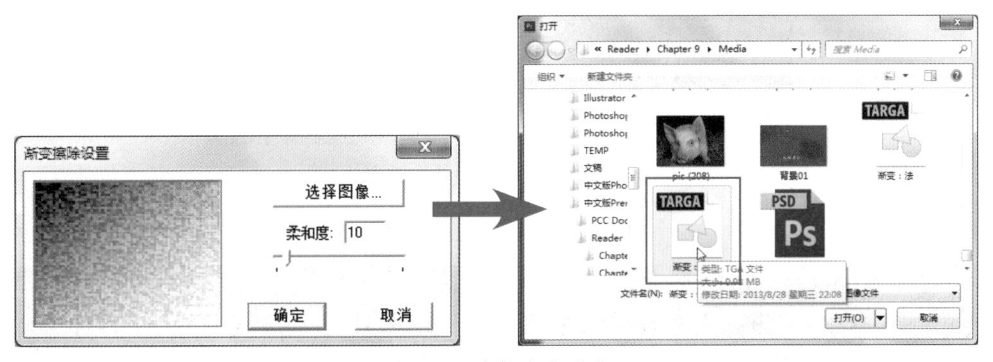

图9-71 选择渐变图像

25 单击“打开”按钮将其导入，此时的“渐变擦除设置”对话框如图9-72所示。保持其他选项的默认设置，单击“确定”按钮。

26 在时间轴窗口中将“渐变擦除”过渡效果的持续时间延长到与素材剪辑的出点对齐，

如图9-73所示。

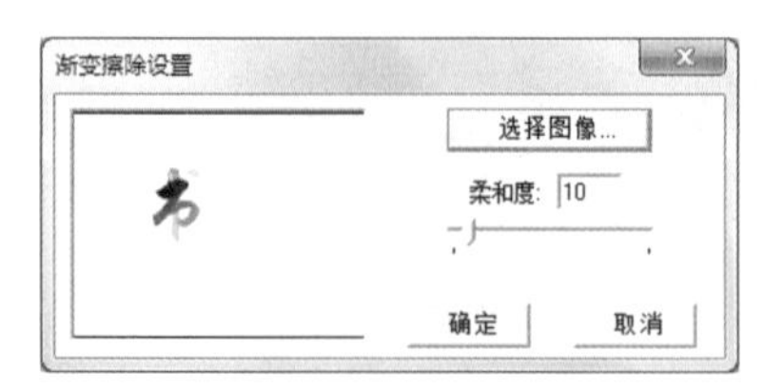

图9-72 “渐变擦除设置”对话框

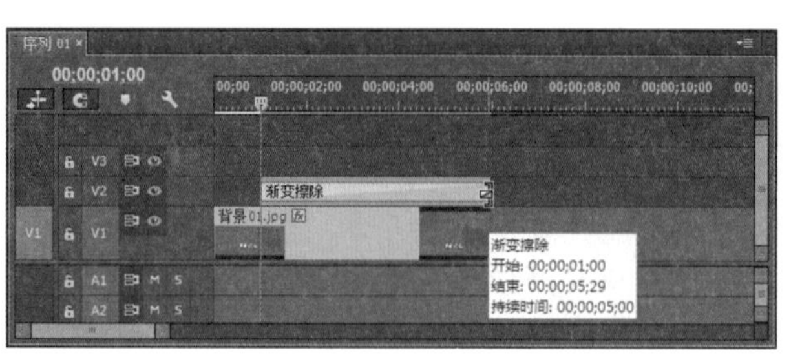

图9-73 修改过渡特效的持续时间

27 此时拖动时间指针，可以在节目监视器窗口中预览到“书”字的手写动画效果，如图9-74所示。

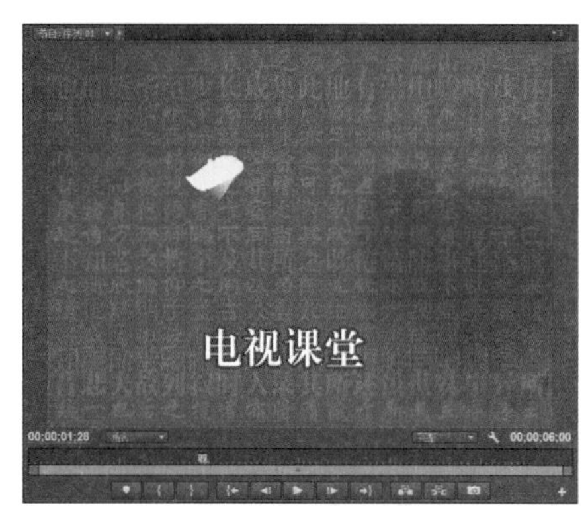

图9-74 预览编辑效果

28 使用同样的方法，将颜色遮罩素材加入到视频3轨道中并应用“渐变擦除”特效，为其指定渐变图像为准备好的图像素材“渐变:法.tga”，延长其渐变持续时间到与素材剪辑对齐，如图9-75所示。

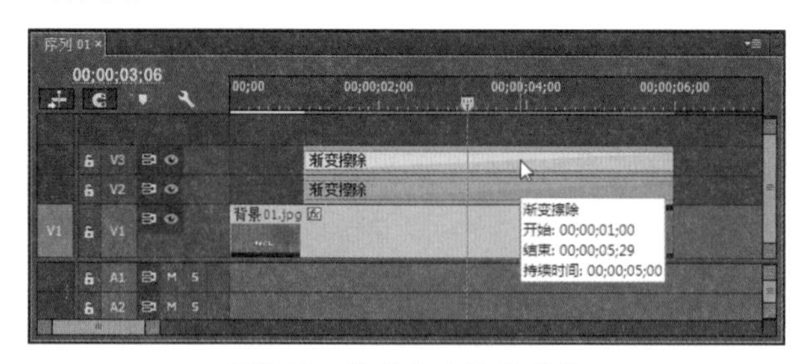

图9-75 编辑渐变擦除特效

29 按“Ctrl+S”执行保存，按空格键预览编辑完成的影片效果，如图9-76所示。

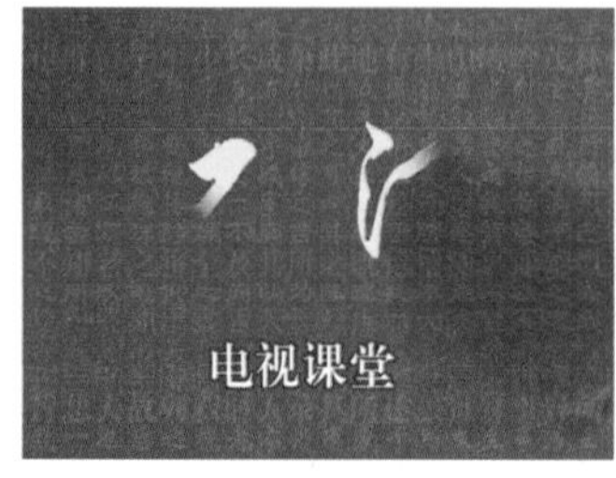

图9-76 预览影片效果

13. 百叶窗

此过渡特效的效果是图像B以百叶窗的方式逐渐展开，如图9-77所示。

图9-77　百叶窗

14. 螺旋框

此过渡特效的效果是图像B以从外向内螺旋推进的方式出现，如图9-78所示。

图9-78　螺旋框

15. 随机块

此过渡特效的效果是图像B以块状随机出现擦除图像A，如图9-79所示。

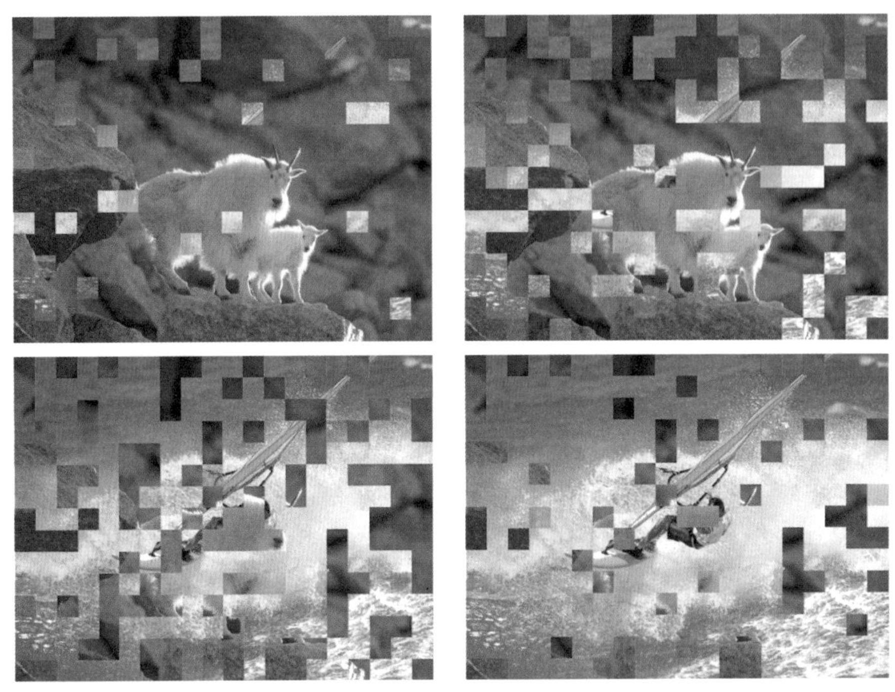

图9-79　随机块

16. 随机擦除

此过渡特效的效果是图像B沿选择的方向呈随机块擦除图像A，如图9-80所示。

图9-80　随机擦除

17. 风车

此过渡特效的效果是图像A以风车旋转的方式被擦除，显露出图像B，如图9-81所示。

图9-81　风车

9.2.5　映射

映射类过渡特效主要是将图像的亮度或者通道映射到另一幅图像，产生两个图像中的亮度或色彩混合的静态图像效果，如图9-82所示。

1. 通道映射

此过渡特效的效果是从图像A中选择通道并映射到图像B，得到两个图像中色彩通道混合的效果。在将该过渡效果添加到两个素材剪辑之间后，在弹出的“通道映射设置”对话框中，分别选择图像A中要映射到图像B中对应通道来进行运算的色彩通道；勾选“反转”选项，可以对该通道的擦除方式进行反转，如图9-83所示。

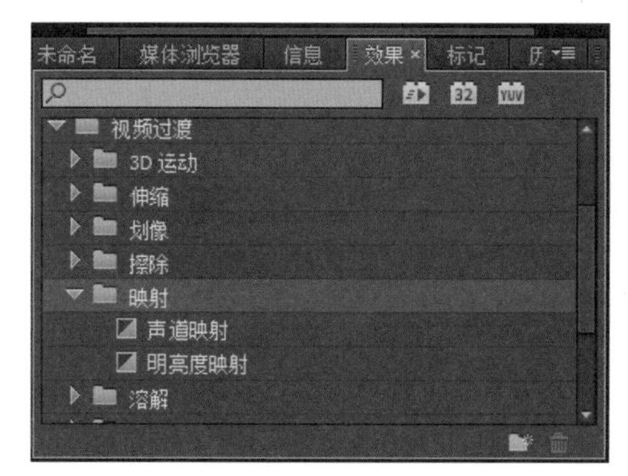

图9-82　映射类过渡效果

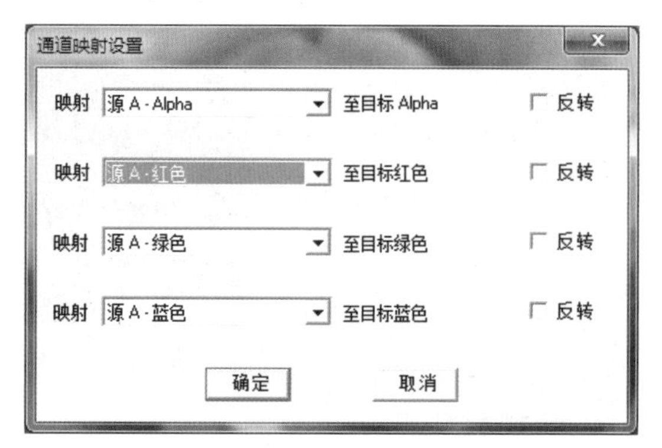

图9-83　“通道映射设置”对话框

设置好通道映射方式后，单击“确定”按钮，即可对应用的素材剪辑执行过渡特效，如图9-84所示。

图9-84　通道映射

2. 明亮度映射

此过渡特效的效果是将图像A中像素的亮度值映射到图像B，产生像素的亮度混合效果，如图9-85所示。

图9-85　明亮度映射

9.2.6　溶解

溶解类过渡特效主要是在两个图像切换的中间产生软性、平滑的淡入淡出的效果，如图9-86所示。

图9-86　溶解类过渡效果

1. 交叉溶解

此过渡特效的效果是图像A与图像B同时淡化溶合，如图9-87所示。

图9-87 交叉溶解

2. 叠加溶解

此过渡特效的效果是图像A和图像B进行亮度叠加的图像溶合，如图9-88所示。

图9-88 叠加溶解

3. 抖动溶解

此过渡特效的效果是图像A以颗粒点状的形式逐渐淡化到图像B，如图9-89所示。

图9-89 抖动溶解

4. 渐隐为白色

此过渡特效的效果是图像A先淡出到白色背景中，再淡入显示出图像B，如图9-90所示。

图9-90 渐隐为白色

5. 渐隐为黑色

此过渡特效的效果是图像A先淡出到黑色背景中，再淡入显示出图像B，如图9-91所示。

图9-91 渐隐为黑色

6. 胶片溶解

此过渡特效的效果是图像A逐渐变色为胶片反色效果并逐渐消失，同时图像B也由胶片反色效果逐渐显现并恢复正常色彩，如图9-92所示。

图9-92 胶片溶解

7. 随机反转

此过渡特效的效果是图像A先以随机方块的形式逐渐反转色彩，再以随机方块的形式逐渐消失，最后显现出图像B，如图9-93所示。

图9-93　随机反转

8. 非附加溶解

此过渡特效的效果是将图像A中的高亮像素溶入图像B，排除两个图像中相同的色调，显示出高反差的静态合成图像，如图9-94所示。

图9-94　非附加溶解

9.2.7　滑动

滑动类过渡特效主要是将图像B分割成带状、方块状的形式，滑动到图像A上并覆盖，如图9-95所示。

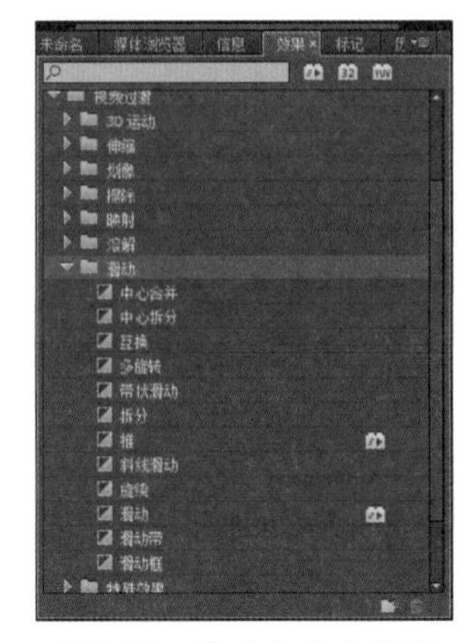

图9-95　滑动类过渡效果

1. 中心合并

此过渡特效的效果是图像A分裂成4块并向中心合并直至消失，如图9-96所示。

图9-96 中心合并

2. 中心拆分

此过渡特效的效果是图像A从中心分裂并滑开显示出图像B，如图9-97所示。

图9-97 中心拆分

3. 互换

此过渡特效的效果是图像B与图像A前后交换位置，如图9-98所示。

图9-98　互换

4. 多旋转

此过渡特效的效果是图像B被划分成多个方块形状，由小到大旋转出现，最后拼接成图像B并覆盖图像A，如图9-99所示。

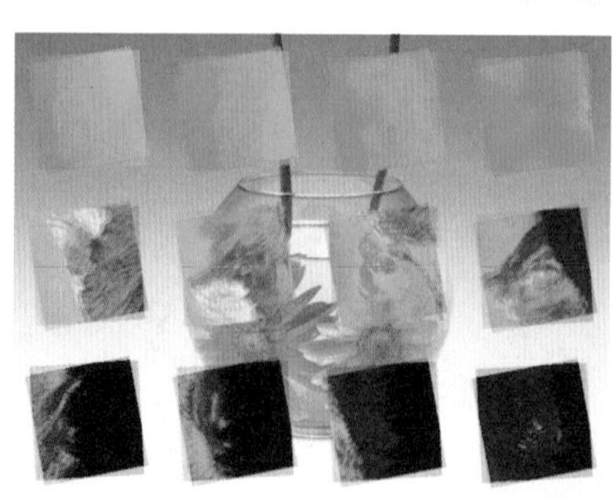

图9-99　多旋转

5. 带状滑行

此过渡特效的效果是图像B以间隔的带状推入，逐渐覆盖图像A，如图9-100所示。

图9-100 带状滑行

6. 拆分

此过渡特效的效果是图像A向两侧分裂，显示出图像B，如图9-101所示。

图9-101 拆分

7. 推

此过渡特效的效果是图像B推走图像A，如图9-102所示。

图9-102　推

8. 斜线滑动

此过渡特效的效果是图像B以斜向的自由线条方式划入图像A，如图9-103所示。

图9-103　斜线滑动

9. 旋绕

此过渡特效的效果是图像B从旋转的方块中旋转出现，如图9-104所示。

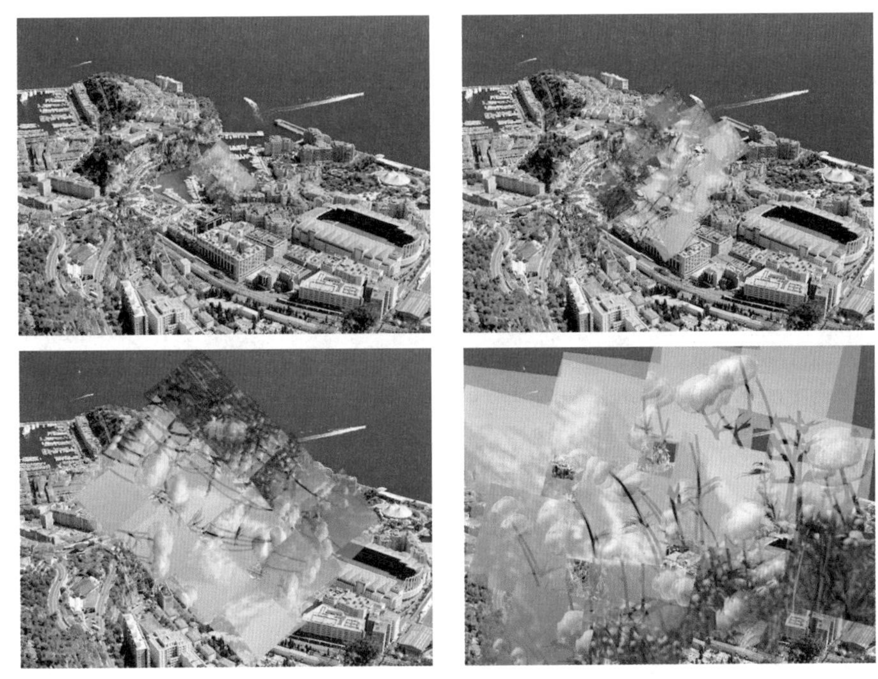

图9-104 旋绕

10. 滑动

此过渡特效的效果类似幻灯片的播放，图像A不动，图像B滑入覆盖图像A，如图9-105所示。

图9-105 滑动

11. 滑动带

此过渡特效的效果是图像B在水平或垂直方向从窄到宽的条形中逐渐显露出来，如图9-106所示。

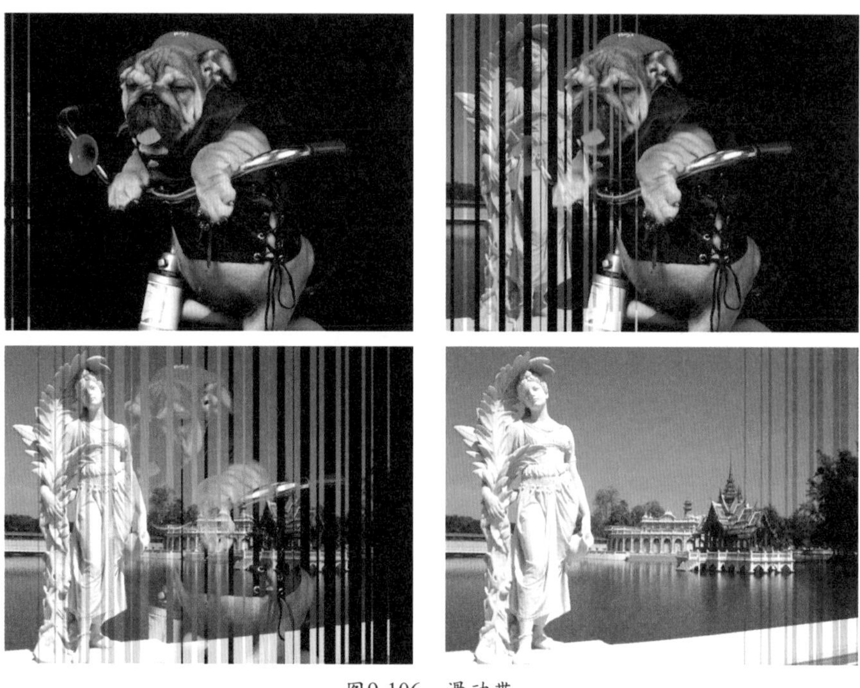

图9-106　滑动带

12. 滑动框

此过渡特效的效果类似于“滑动带”效果，但是条形比较宽而且均匀，如图9-107所示。

图9-107　滑动框

9.2.8 特殊效果

特殊类过渡特效主要利用通道、遮罩以及纹理的合成作用来实现特殊的过渡效果，如图9-108所示。

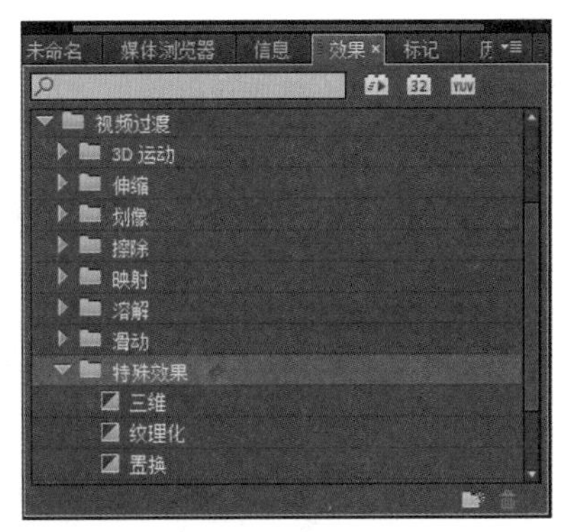

图9-108 特殊类过渡效果

1. 三维

此过渡特效的效果是将图像A映射到图像B的红色和蓝色通道中，形成混合效果，如图9-109所示。

图9-109 三维

2. 纹理化

此过渡特效的效果是将图像A映射到图像B上，如图9-110所示。

图9-110 纹理化

3. 置换

此过渡特效的效果是将图像A的RGB通道像素作为图像B的置换贴图，如图9-111所示。

图9-111 置换

9.2.9 缩放

缩放类过渡特效主要是将图像A或图像B，以不同的形状和方式缩小消失、放大出现或者二者交替，以达到图像B覆盖图像A的目的，如图9-112所示。

图9-112　缩放类过渡效果

1. 交叉缩放

此过渡特效的效果是图像A放大到撑出画面，然后切换到放大同样比例的图像B，图像B再逐渐缩小到正常比例，如图9-113所示。

图9-113　交叉缩放

2. 缩放

此过渡特效的效果是图像B从图像A的中心放大出现，如图9-114所示。

图9-114　缩放

3. 缩放框

此过渡特效的效果是图像B以多个方块的形式从图像A上放大出现，如图9-115所示。

图9-115　缩放框

4. 缩放轨迹

此过渡特效的效果是图像A以拖尾缩小的形式切换出图像B，如图9-116所示。

图9-116　缩放轨迹

9.2.10　页面剥落

页面剥落类过渡特效主要是使图像A以各种卷页的动作形式消失，最后显示出图像B，如图9-117所示。

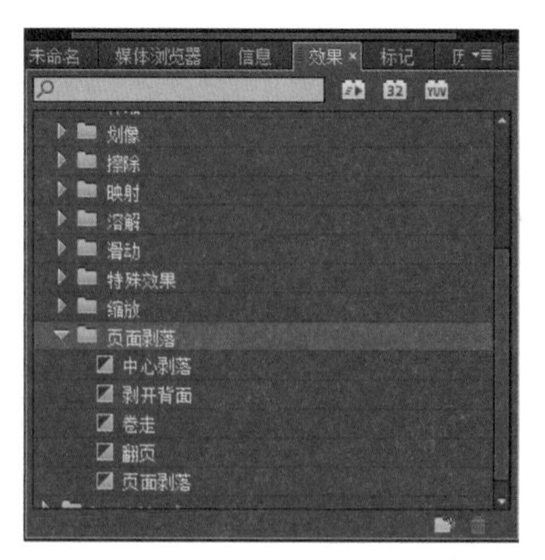

图9-117　页面剥落类过渡效果

1. 中心剥落

此过渡特效的效果是图像A从中心向四角卷曲，卷曲完成后显示出图像B，如图9-118所示。

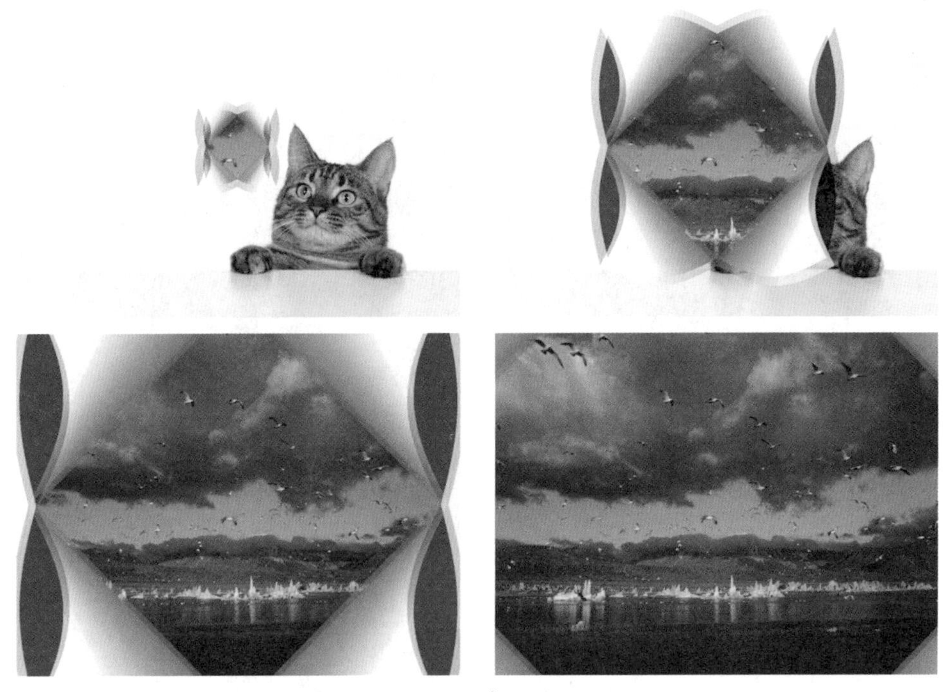

图9-118 中心剥落

2. 剥开背面

此过渡特效的效果是图像A由中心分4块依次向4角卷曲，显示出图像B，如图9-119所示。

图9-119 剥开背面

3. 卷走

此过渡特效的效果是图像A以滚轴动画的方式向一边滚动卷曲，显示出图像B，如图9-120所示。

图9-120　卷走

4. 翻页

此过渡特效的效果是图像A以页角对折形式消失，显示出图像B。在卷起时背景是图像A，如图9-121所示。

图9-121　翻页

5. 页面剥落

此过渡特效的效果类似“翻页”的对折效果，但卷起时背景是渐变色，如图9-122所示。

图9-122　页面剥落

上机实战　视频过渡效果综合运用——海洋水族馆

01 新建一个项目文件后，创建一个视频制式为DV NTSC、帧大小为720×480的合成序列。

02 按“Ctrl+I”快捷键打开“导入”对话框，选择本书配套光盘中\Chapter 9\Media目录下的“sea(1).jpg”～“sea(25).jpg”素材文件并导入，如图9-123所示。

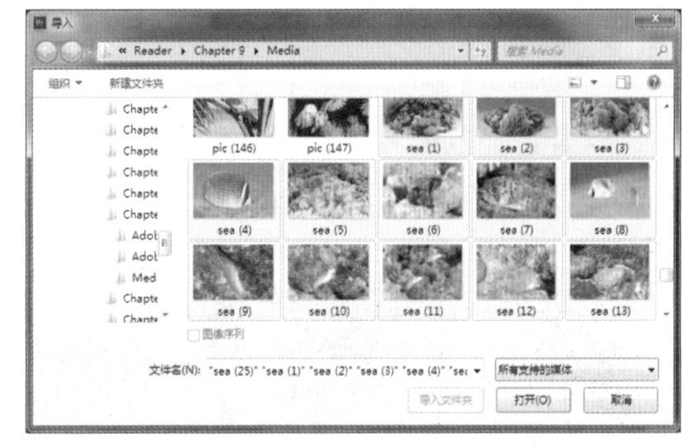

图9-123　导入素材

03 导入图像素材后，按默认的名称排列顺序，将它们全部加入到时间轴窗口中的视频1轨道中，如图9-124所示。

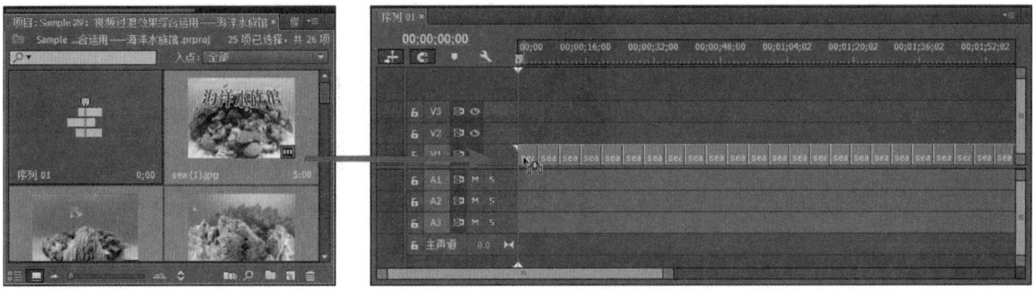

图9-124　加入素材

04 放大时间轴窗口中时间标尺的显示比例。在效果面板中展开“视频过渡”文件夹，选择合适的视频过渡效果，添加到时间轴窗口中素材剪辑之间的相邻位置，并在效果控件面板中将所有视频过渡效果的对齐位置设置为“中心切入”，如图9-125所示。

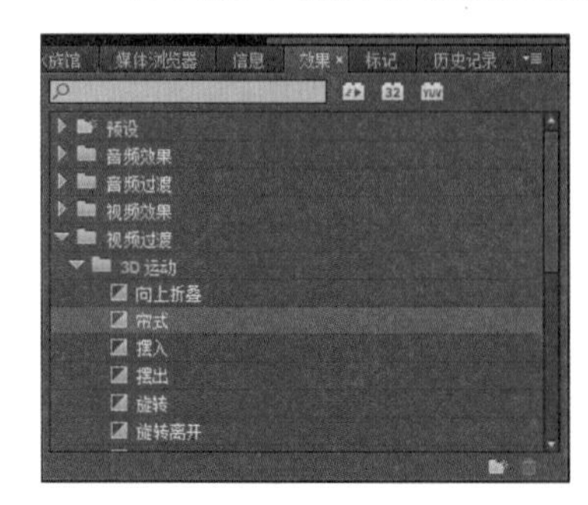

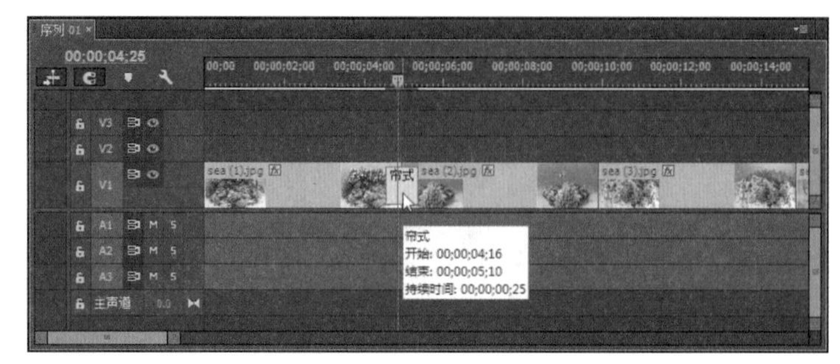

图9-125 加入视频过渡效果

05 对于可以进行自定义效果设置的过渡效果，可以通过单击效果控件面板中的“自定义”按钮，打开对应的设置对话框，对该视频过渡特效的效果参数进行自定义的设置，如图9-126所示。

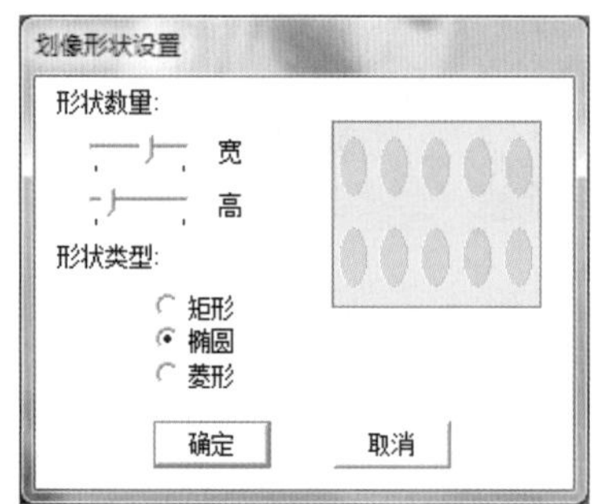

图9-126 设置过渡效果自定义参数

06 编辑好需要的影片效果后，按下 “Ctrl+S”执行保存；按下空格键，预览编辑完成的影片效果，如图9-127所示。

图9-127 预览影片

第10章
视频效果应用

视频效果是Premiere Pro CC在影视项目编辑方面的一大特色，可以应用在图像、视频、字幕等对象上，通过设置参数以及创建关键帧动画等操作，可以得到丰富的视觉变化效果。

10.1 应用和设置视频效果

添加与设置视频效果和视频过渡效果的应用方法基本相同，都是通过从效果面板中选择需要的特效命令后，按住鼠标左键并拖入时间轴窗口中的素材剪辑上，然后在效果控件面板中对特效的应用效果进行设置。

10.1.1 添加视频效果

添加视频效果与添加视频过渡效果相似。不同的是，视频过渡效果需要拖放到素材剪辑的头尾位置或相邻两个素材剪辑之间，其特效范围根据设置的持续时间来确定。视频效果是直接拖放到素材剪辑上的任意位置，即可作用于整个视频素材，如图10-1所示。

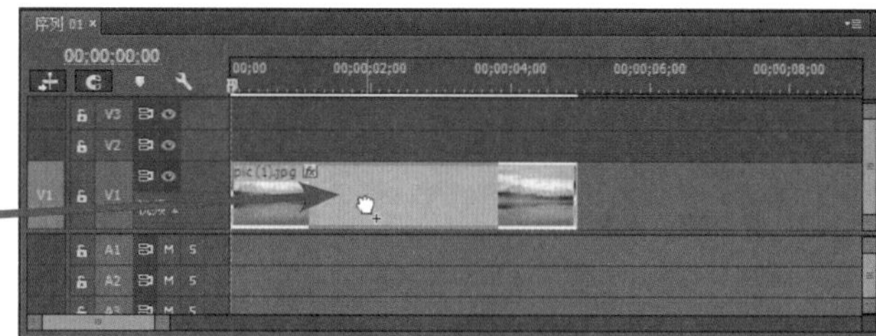

图10-1 添加视频效果

10.1.2 设置视频效果

在Premiere Pro CC中，可以为序列中的素材剪辑同时添加多个视频效果，可以在时间轴窗口和效果控件面板中设置效果参数。

1. 在效果控件面板中设置视频效果参数

选择添加了视频效果的素材剪辑后，在效果控件面板中会显示在该素材剪辑上应用的所有视频效果的设置选项，如图10-2所示。

和设置素材剪辑的基本属性选项一样，按住鼠标左键并拖动或直接修改选项后面的参数值，即可对该选项对应的视频效果进行调整。对于不再需要的视频效果，可以通过选择后单击鼠标右键并选择“清除”命令，或直接按Delete键删除。对于需要保留但暂时不需要的视频效果，可以单击该效果前面的“切换效果开关”按钮，将其变为关闭状态，即可关闭该效果在素材剪辑上的应用，如图10-3所示。

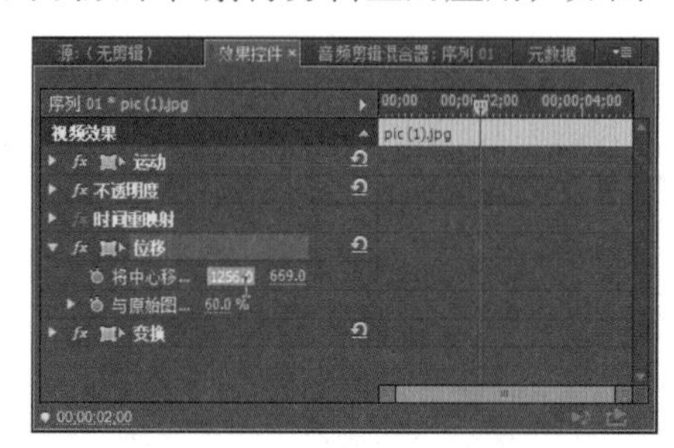

图10-2 修改效果选项参数

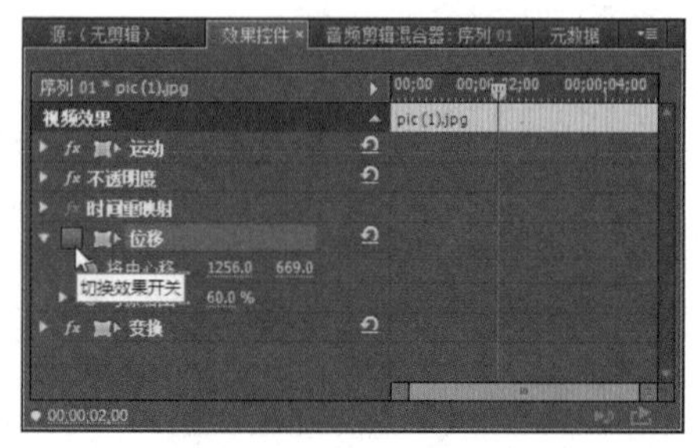

图10-3 切换效果开关

在效果控件面板中的视频效果，可以根据从上到下的顺序对当前素材剪辑的影像进行处理。按住一个视频效果并向上或向下拖动到需要的排列位置（素材剪辑的基本属性选项不可移动），在素材剪辑上生成的特效处理效果也将发生相应的变化，如图10-4所示。

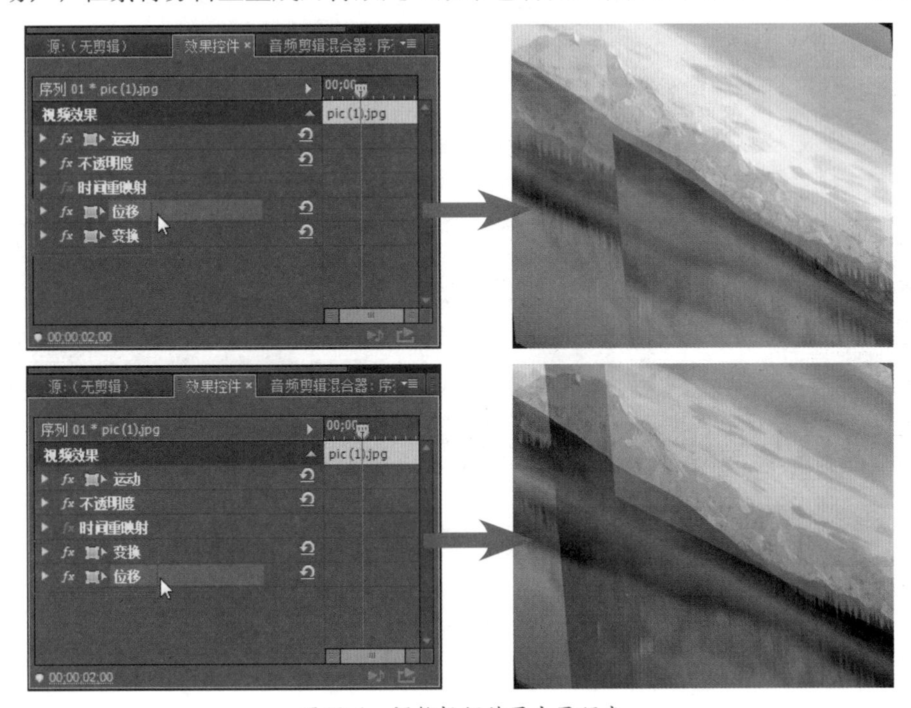

图10-4　调整视频效果应用顺序

2. 在素材剪辑上设置视频效果参数

在时间轴窗口中的素材剪辑上设置视频效果参数，主要通过素材剪辑上的关键帧控制线来完成。如果素材剪辑上的关键帧控制线没有显示出来，可以单击“时间轴显示设置”按钮，在弹出的菜单中选中“显示视频/音频关键帧”命令，将其在轨道中显示出来，如图10-5所示。

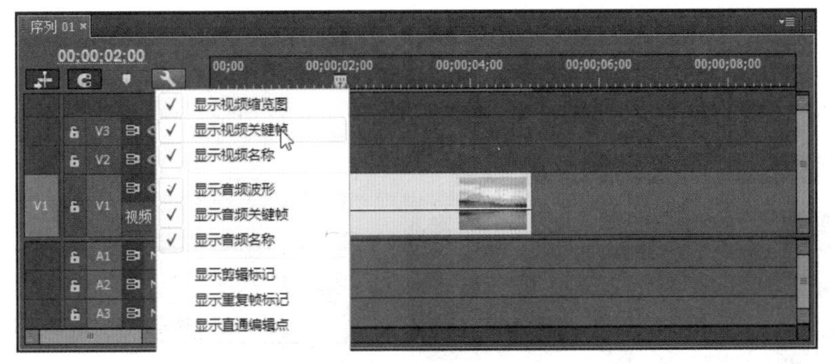

图10-5　显示出关键帧控制线

单击素材剪辑名称后面的（效果）图标，在弹出的列表中可以选择切换需要进行设置调整的效果选项，如图10-6所示。

在素材剪辑上显示需要调整的选项控制线后，按住鼠标左键并上下拖动，可以增加或降低所选效果选项的参数值，如图10-7所示。

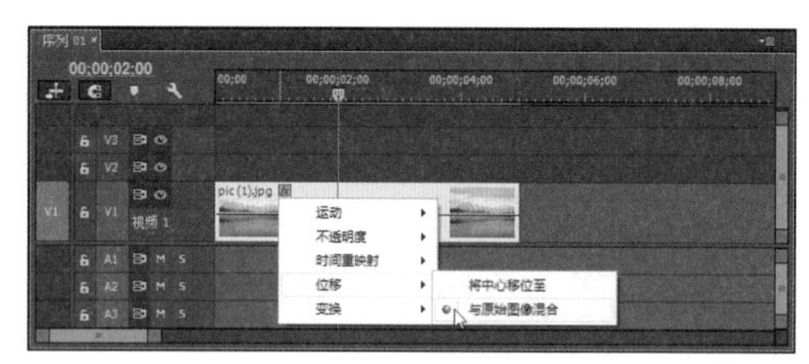

图10-6　选择需要调整的效果选项

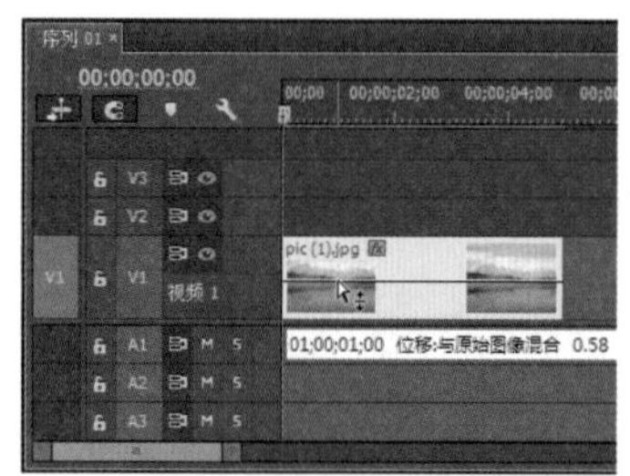

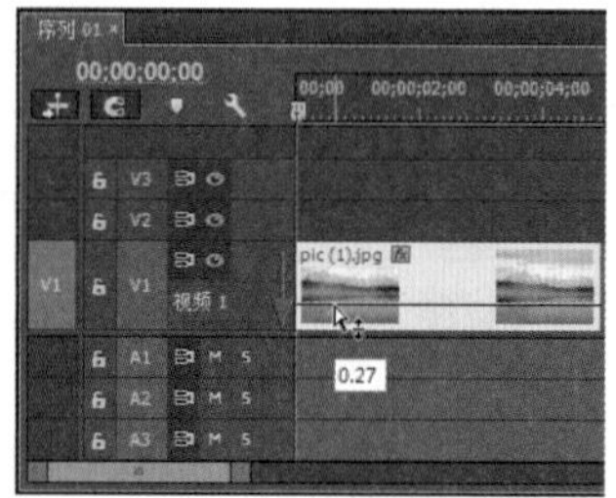

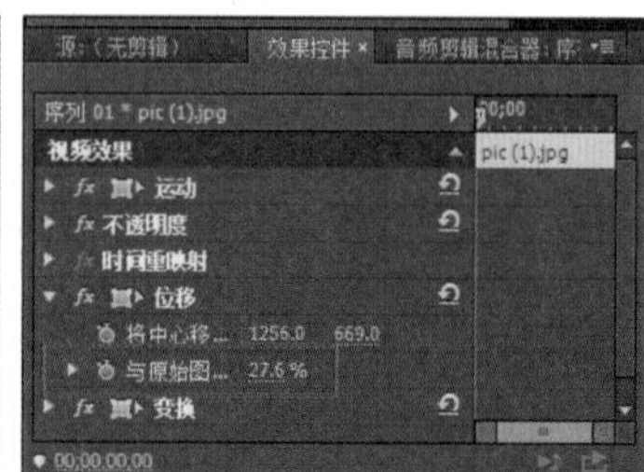

图10-7　调整效果选项参数

10.2 视频效果

Premiere Pro CC在效果面板中提供了16个大类共120多个视频特效，下面分别介绍这些视频特效的应用效果与参数设置。

10.2.1　变换

变换类视频效果可以使图像产生二维或者三维的空间变化。该类特效包含了7个效果，如图10-8所示。

1. 垂直保持

该特效可以使整个画面产生向上滚动的效果，如图10-9所示。

图10-8　变换类视频效果

图10-9　应用“垂直保持”效果

2. 垂直翻转

该特效可以将画面沿水平中心翻转180°，如图10-10所示。

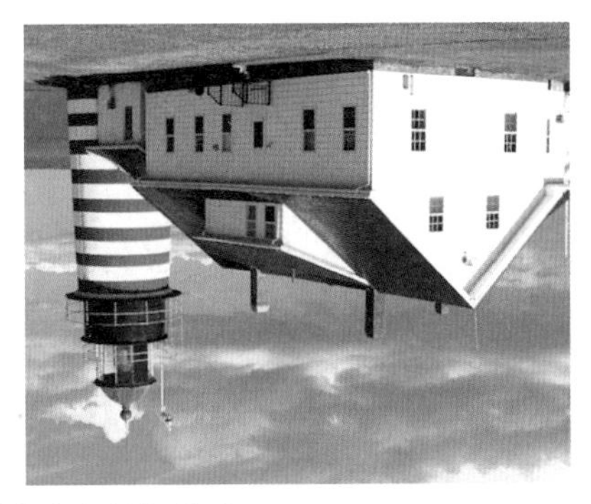

图10-10 应用“垂直翻转”效果

3. 摄像机视图

该特效用于模仿摄像机的视角范围，以表现从不同角度拍摄的效果，画面可以沿垂直或水平的中轴线进行翻转，也可以通过调整镜头的位置来改变画面的形状或画面做定点的缩放，增强空间景深效果，如图10-11所示。

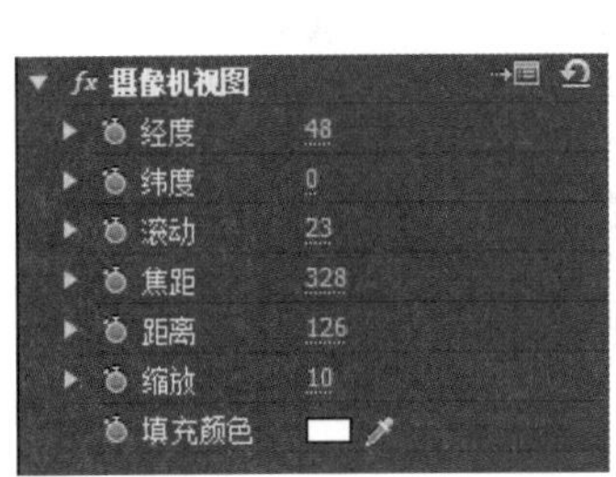

图10-11 “摄像机视图”设置选项与应用效果

- 经度：用于模拟水平方向上移动的照相机，使画面产生水平的翻转。
- 纬度：用于模拟垂直方向上移动的照相机，使画面产生垂直的翻转。
- 滚动：用于模拟照相机的机位旋转，使画面产生平面的旋转。
- 焦距：用于改变镜头的焦距，调整画面视野。
- 距离：用于调节镜头和画面之间的距离。
- 缩放：用于放大和缩小画面尺寸。
- 填充颜色：用于设置画面变形后产生的空白空间的填充色。

在效果控件面板中该效果名称的后面单击“设置”按钮，可以打开“摄像机视图设置”对话框，在其中可以对该效果的参数选项进行更细致的设置，如图10-12所示。

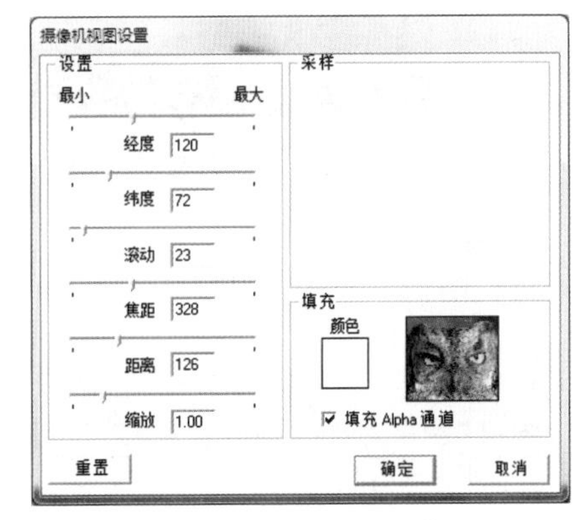

图10-12 “摄像机视图设置”对话框

4. 水平定格

该特效可以使画面产生在垂直方向上倾斜的效果，通过设置“偏移”选项的数值可以调整图像的倾斜程度，如图10-13所示。

图10-13 “水平定格设置”对话框与应用效果

5. 水平翻转

该特效可以将画面沿垂直中心翻转180°，如图10-14所示。

图10-14 应用“水平翻转”效果

6. 羽化边缘

该特效可以在画面周围产生像素羽化的效果，通过设置“数量”选项的数值可以控制边缘羽化的程度，如图10-15所示。

图10-15 应用“羽化边缘”效果

7. 裁剪

该特效可以对素材进行边缘裁剪，修改素材的尺寸，其效果如图10-16所示。

- 左对齐、顶部、右侧、底对齐：分别用于设置在图像四周进行修剪的比例。
- 缩放：勾选该选项，可以在对图像进行修剪后，自动放大到与序列的画面尺寸对齐。
- 羽化边缘：设置裁剪后边缘的羽化程度。

fx 裁剪
左对齐 18.0 %
顶部 18.0 %
右侧 18.0 %
底对齐 25.0 %
缩放
羽化边缘 40

图10-16 “裁剪”设置选项与应用效果

10.2.2 图像控制

图像控制类特效主要用于调整影像的颜色。该类特效包含了5个效果，如图10-17所示。

1. 灰度系数校正

该特效通过调整“灰度系数”参数的数值，可以在不改变图像高亮区域和低亮区域的情况下使图像变亮或变暗，如图10-18所示。

图10-17 图像控制类特效

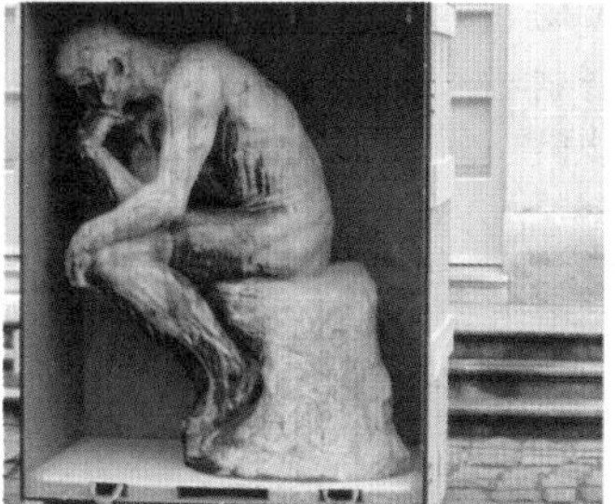

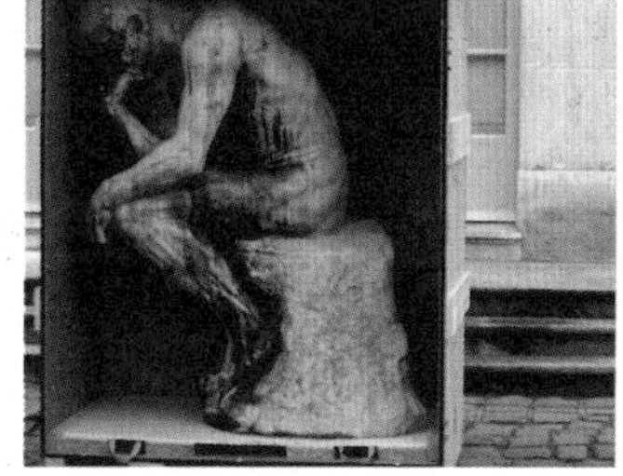

图10-18 应用“灰度系数校正”效果

2. 颜色平衡

该特效可以按RGB颜色调节影片的颜色，校正或改变图像的色彩，如图10-19所示。

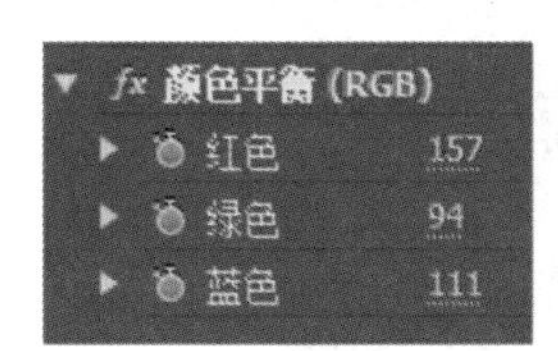

图10-19 “颜色平衡”设置选项与应用效果

3. 颜色替换

该特效可以在保持灰度不变的情况下，用一种新的颜色代替选中的色彩以及与之相似的色彩，如图10-20所示。

图10-20 "颜色替换"设置选项与应用效果

在效果控件面板中单击该效果名称后面的"设置"按钮，打开"颜色替换设置"对话框，在其中可以设置并预览颜色替换效果，如图10-21所示。

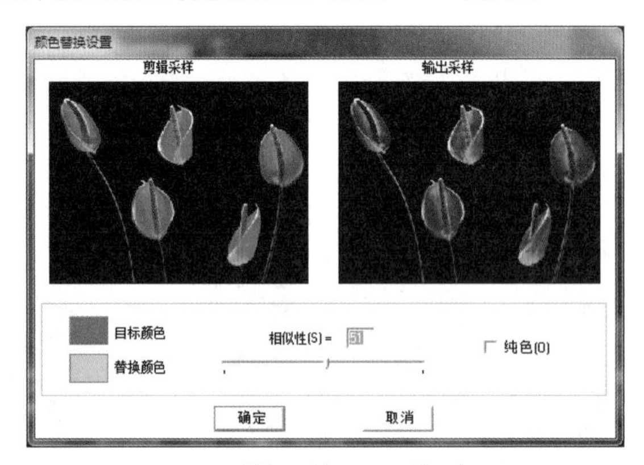

图10-21 "颜色替换设置"对话框

- 相似性：设置目标颜色与要替换颜色的相似程度。
- 目标颜色：设置要替换的颜色。
- 替换颜色：设置替换后显示的颜色。
- 纯色：选择该复选框后，将以纯色替换所选的目标颜色。

4. 颜色过滤

该特效可以将图像中没有被选中的颜色范围变为灰度色，选中的色彩范围保持不变，如图10-22所示。

图10-22 应用"颜色过滤"效果

在效果控件面板中单击"设置"按钮，打开"颜色过滤设置"对话框，在其中可以设置并预览颜色过滤效果，如图10-23所示。

图10-23 “颜色过滤设置”对话框

- 颜色：选择设置图像中需要保留过滤的颜色。
- 相似性：设置图像中的颜色与“颜色”项中选择的颜色的相似程度。
- 反向：选择该复选框后，将产生反向过滤效果。

5. 黑白

该特效可以直接将彩色图像转换为灰度图像，如图10-24所示。

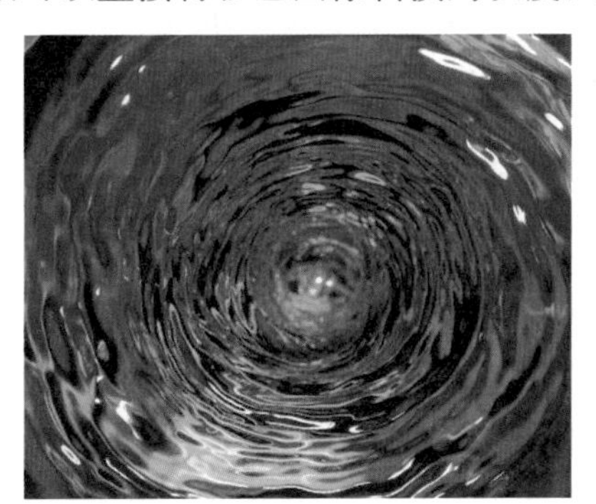
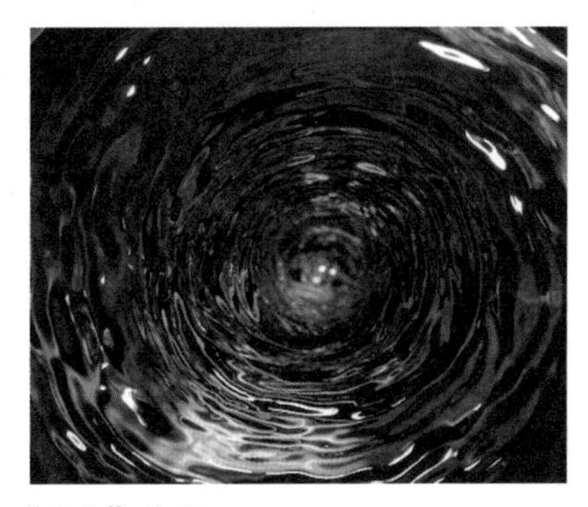

图10-24 应用“黑白”效果

10.2.3 实用程序

此类特效只包含了一个“Cineon转换器”效果，可以对图像的色相、亮度等进行快速的调整，如图10-25所示。

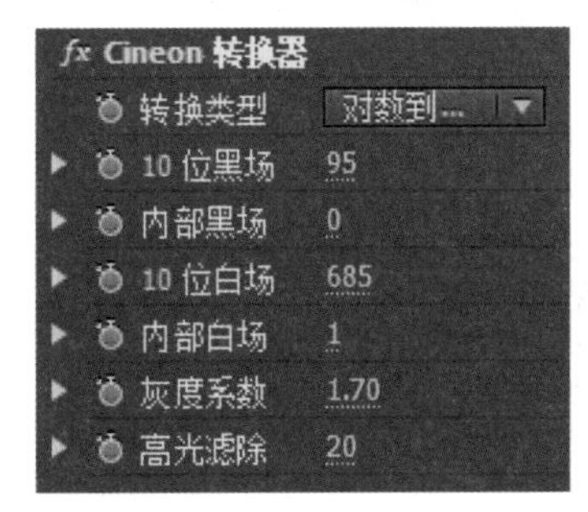

图10-25 “Cineon转换器”设置选项与应用效果

- 转换类型：在该下拉列表中可以选择色调的转换方式。
- 10位黑场/白场：以10位数据调整剪辑图像中的黑场/白场。
- 内部黑场/白场：调整剪辑图像自身的黑场/白场。
- 灰度系数：调整剪辑图像的灰度级数。
- 高光滤除：调整高光部分的过度曝光程度。

10.2.4 扭曲

扭曲类特效主要用于对图像进行几何变形。该类特效包含了13个效果，如图10-26所示。

1. Warp Stabilizer（抖动稳定）

在使用手持摄像机的方式拍摄视频时，拍摄得到的视频常常会有比较明显的画面抖动。抖动稳定特效可以用于对视频画面由于拍摄时的抖动造成的不稳定进行修复处理，减轻画面播放时的抖动问题。需要注意的是，在应用该特效时，需要素材的视频属性与序列的视频属性保持相同。在操作时，要么准备与合成序列相同视频属性的素材，要么将合成序列的视频属性修改为与所使用视频素材的视频属性一致。另外，要进行处理的视频素材最好是固定位置拍摄的同一背景画面，否则，程序可能无法进行稳定处理的分析。在为视频素材应用了该特效后，可以在效果控件面板中设置其选项参数，如图10-27所示。

图10-26　扭曲类特效

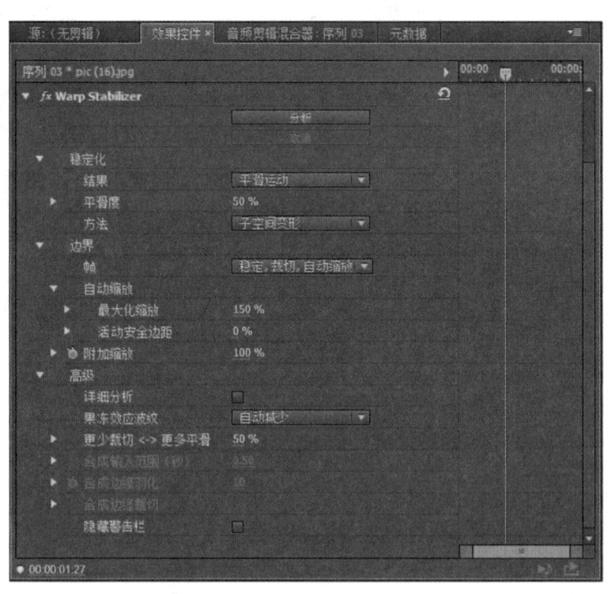

图10-27　Warp Stabilizer设置选项

- 分析/取消：单击“分析”按钮，开始对视频进行播放时前后帧的画面抖动差异进行分析；如果合成序列与视频素材的视频属性一致，在分析完成后，将显示为“应用”，单击该按钮即可应用当前的特效设置；单击“取消”按钮可以中断或取消分析。
- 结果：在该下拉列表中可以选择采用何种方式进行画面稳定的运算处理。选择“平滑运动”，则允许保留一定程度的画面晃动，使晃动变得平滑，可以在下面的“平滑度”选项中设置平滑程度，数值越大，平滑处理越好；选择“不运动”，则以画面的主体图像作为整段视频画面的稳定参考，对后续帧中因为抖动而产生位置、角度等差异，通过细微的缩放、旋转调整，得到最大化稳定效果。

- 方法：根据视频素材中画面抖动的具体问题，在此下拉列表中选择对应的处理方法，包括“位置”、“位置，缩放，旋转”、“透视”、“子空间变形”。例如，如果视频素材的画面抖动主要是上下、左右的晃动，则选择“位置”选项即可；如果抖动较为剧烈且有角度、远近等细微变化，则选择“子空间变形”选项可以得到更好的稳定效果。
- 帧：在对视频画面应用所选“方法”的稳定处理后，将会出现因为旋转、缩放、移动了帧画面而出现的画面边缘不整齐的问题，可以在此选择对所有帧的画面边缘进行整齐的方式，包括“仅稳定”、“稳定，裁切”、“稳定，裁切，自动缩放”、“稳定，合成边缘”。例如，如果选择“仅稳定”，则保留各帧画面边缘的原始状态；选择“稳定，裁切，自动缩放”，则可以对画面边缘进行裁切整齐、自动匹配合成序列画面尺寸的处理。
- 最大化缩放：该选项只在上一选项中选择了“稳定，裁切，自动缩放”时可用，用来设置对帧画面进行缩放匹配稳定时的最大放大程度。
- 活动安全边距：该选项只在上一选项中选择了“稳定，裁切，自动缩放”时可用，用以设置在对帧画面进行缩放、裁切时，保持帧边缘向内的安全距离百分比，以确保需要的主体对象不被缩放或裁切出画面外，其功能是对“最大化缩放”应用的约束，防止对画面的缩放或裁切量过大。
- 附加缩放：设置对帧画面稳定处理后的二次辅助缩放调整。
- 详细分析：勾选该选项，可以重新对视频素材进行更精细的稳定处理分析。
- 果冻效应波纹：在该选项的下拉列表中，可以选择因为缩放、旋转调整产生的画面场序波纹加剧问题的处理方式，包括“自动减少”和“增强减少”。
- 更少裁切<->更多平滑：在此设置较小的数值，则执行稳定处理时偏向保持画面完整性，稳定效果也较好；设置较大的数值，则执行稳定处理时偏向使画面更稳定、平滑，但对视频画面的处理会有更多的缩放或旋转处理，会降低画面质量。
- 合成输入范围秒：在“帧”选项中选择“稳定，合成边缘”时可用，用来设置从视频素材的第几帧开始进行分析。
- 合成边缘羽化：在“帧”选项中选择“稳定，合成边缘”时可用，设置在对帧画面边缘进行缩放、裁切处理后的羽化程度，以使画面边缘的像素变得平滑。
- 合成边缘裁切：可以在展开此选项后，手动设置对各边缘的裁切距离，可以得到更清晰整齐的边缘，单位为像素。

上机实战 Warp Stabilizer特效的应用——修复视频抖动

01 先新建一个项目文件，然后在项目窗口中创建一个合成序列。

02 按“Ctrl+I”快捷键，打开“导入”对话框，选择本书配套光盘中\Chapter 10\Media目录下的“boy.mp4”素材文件并导入，如图10-28所示。

03 将导入的视频素材从项目窗口拖入到时间轴窗口中，在弹出的“剪辑不匹配警告”对话框中单击“更改序列设置”按钮，将合成序列的视频属性修改为与视频素材一致，如图10-29所示。

图10-28 导入视频素材

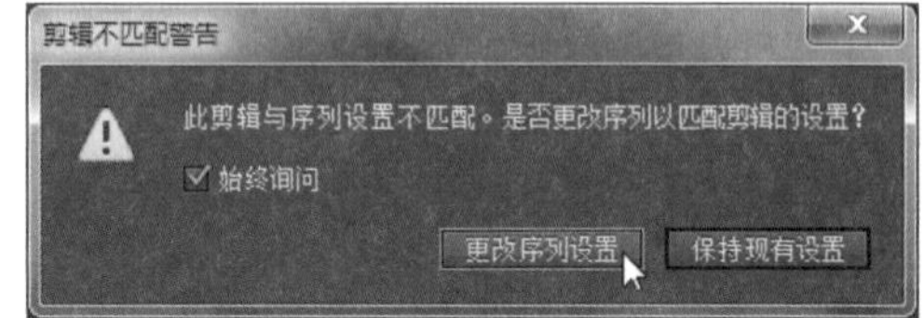

图10-29 更改序列设置

04 为方便进行稳定处理前后的效果对比，再将视频素材加入两次到时间轴窗口中，并依次排列在视频1轨道中，如图10-30所示。

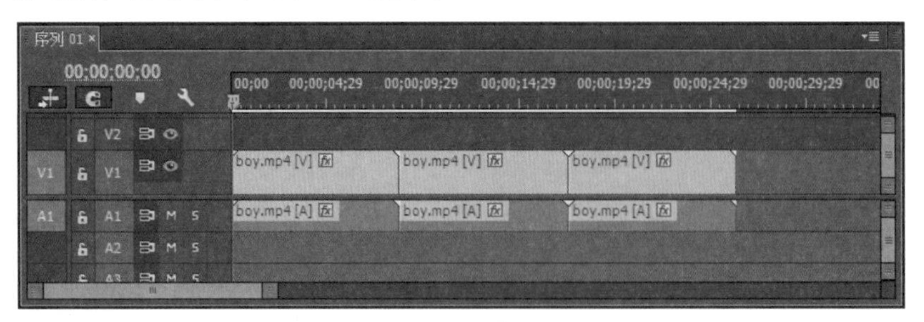

图10-30 编排素材剪辑

05 在效果面板中展开“视频效果”文件夹，在“扭曲”文件夹中选择Warp Stabilizer效果，将其时间轴窗口中的第二段素材剪辑上，程序将自动开始在后台对视频素材进行分析，并在分析完成后，应用默认的处理方式（即平滑运动）和选项参数对视频素材进行稳定处理，如图10-31所示。

图10-31 为视频素材应用稳定特效

06 再次选择Warp Stabilizer效果，将其放在时间轴窗口中的第三段素材剪辑上，然后在效果控件中单击“取消”按钮，停止程序自动开始的分析；在“结果”下拉列表中选择

“不运动”选项，然后单击“分析”按钮，以最稳定的处理方式对第三段视频素材进行分析处理，如图10-32所示。

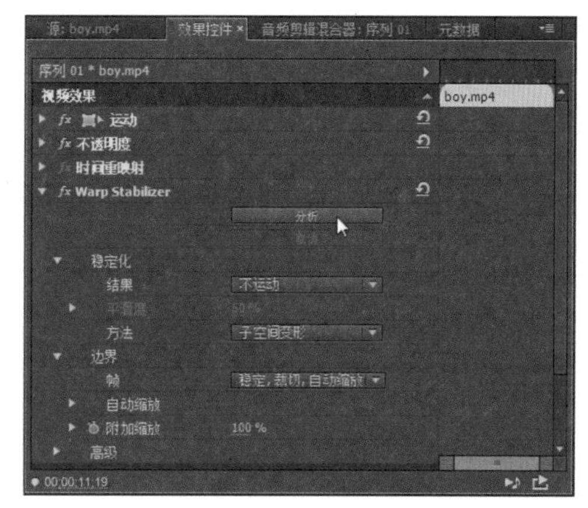

图10-32 设置特效选项并应用

07 分析完成后，按空格键或拖动时间指针进行播放预览，即可查看处理完成的画面抖动修复效果。可以看到，第一段原始的视频素材剪辑中，手持拍摄的抖动比较剧烈；第二段以“平滑运动”方式进行稳定处理的视频，抖动已经不明显，变成了拍摄角度小幅度平滑移动的效果，整体画面略有放大；第三段视频稳定效果最好，基本没有了抖动，像是固定了摄像机拍摄一样，但整体画面放大得最多，对画面原始边缘的裁切也最多，如图10-33所示。

图10-33 第一和第三个剪辑中同一时间位置的画面对比

08 编辑好需要的影片效果后，按“Ctrl+S”执行保存。

2. 位移

该特效可以根据设置的偏移量对图像进行水平或垂直方向位移，移出的图像将在对面的方向显示，如图10-34所示。

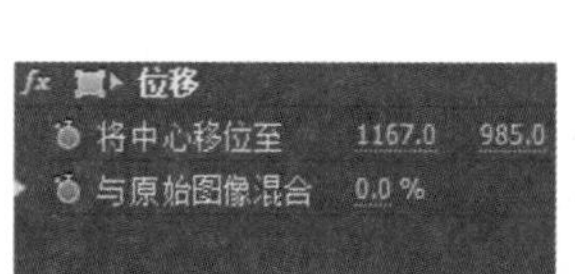

图10-34 “位移”特效设置选项与应用效果

- 将中心移位至：设置图像上下和左右的偏移量。
- 与原始图像混合：设置偏移图像和原始图像的混合程度。

3. 变换

该特效可以对图像的位置、尺寸、透明度、倾斜度等进行综合设置，如图10-35所示。

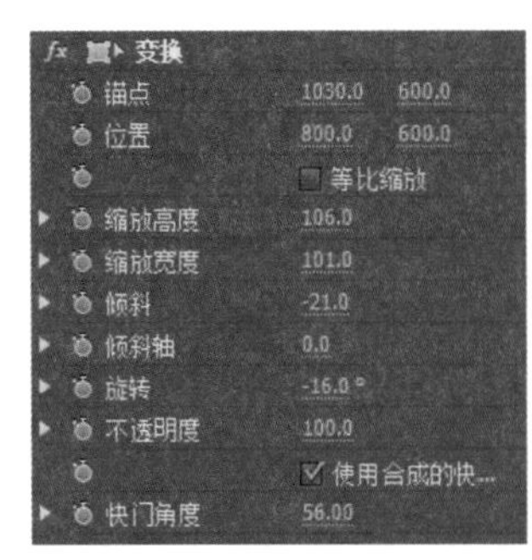

图10-35 “变换”特效设置选项与应用效果

- 锚点：设置效果图像的中心点。
- 位置：设置移动位置的效果点，控制效果图像的位置。
- 缩放高度/宽度：设置效果图像高度或宽度的缩放，如果为负值，将会使图像进行翻转。如果勾选了“等比缩放”选项，则只显示为“缩放”选项。
- 倾斜：该参数用于设置图像的倾斜程度。
- 倾斜轴：通过选择不同的轴向，可以产生不同的倾斜效果。
- 旋转：以效果图像中心点为基准，控制效果图像的旋转。
- 不透明度：用于设置效果图像的不透明度。
- 使用合成的快门速度：勾选该复选框，可以进行合成图像的快门角度设置。
- 快门角度：设置应用于效果层的运动模糊量。

4. 弯曲

该特效可以使影片画面在水平或垂直方向产生弯曲变形的效果，如图10-36所示。

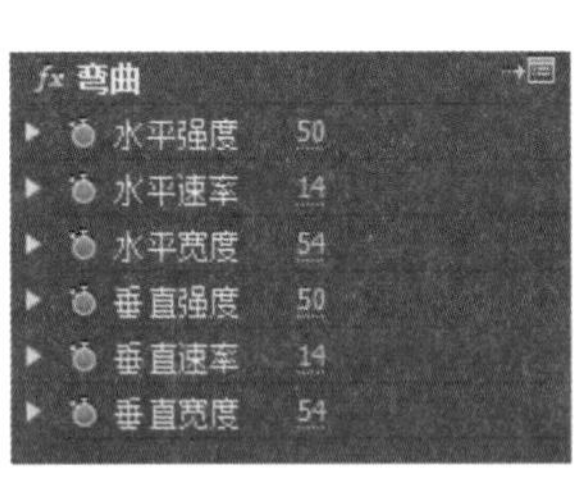

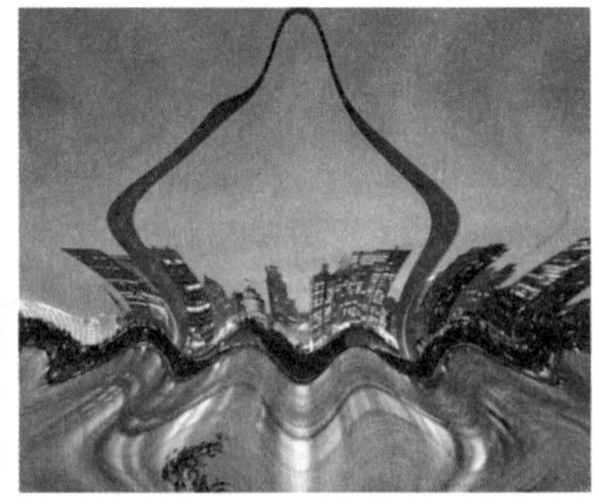

图10-36 “弯曲”特效设置选项与应用效果

在效果控件面板中单击该效果名称后面的“设置”按钮，可以打开“弯曲设置”对话框，对该效果的参数选项进行设置，如图10-37所示。

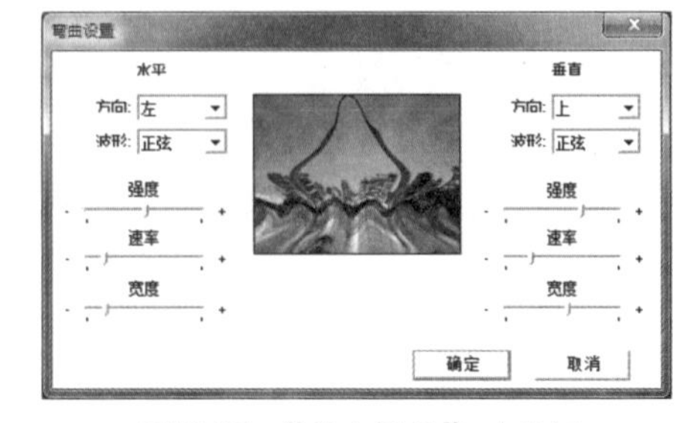

图10-37 “弯曲设置”对话框

- 方向：用于指定弯曲变形的运动方向。
- 波形：用于指定对图像进行弯曲变形的运算方式，包括“正弦”、“圆形”、“三角形”和“正方形”4个选项，如图10-38所示。

图10-38　圆形、三角形和正方形效果

- 强度：用于设置画面弯曲变形的程度。
- 速率：用于设置画面弯曲变形的频率。
- 宽度：用于设置画面弯曲变形的波纹亮度。

5. 放大

该特效可以放大图像中的指定区域，如图10-39所示。

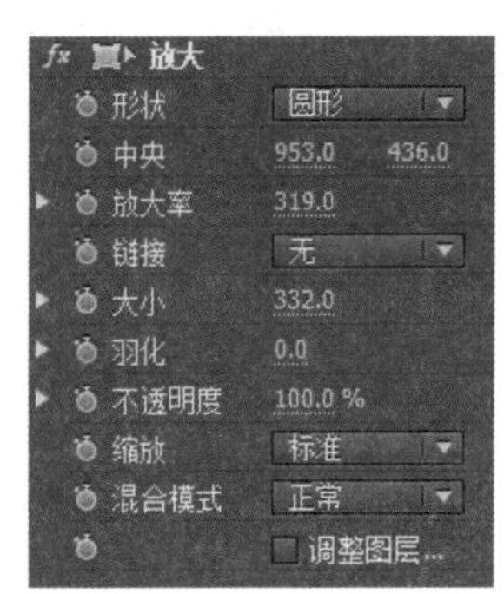

图10-39　“放大”特效设置选项与应用效果

- 形状：设置放大区域的形状，该选项的下拉列表中包括“圆形”和“正方形”两种类型。
- 中央：设置放大区域中心点的位置。
- 放大率：指定所选区域的放大倍数。
- 链接：设置图像与放大效果相匹配的方式。选择“无”，则为默认的只放大图像中的指定区域；选择“大小至放大率”，则整个图像都放大到设置的放大倍数状态，并忽略设置的羽化效果，如图10-40所示；选择“大小和羽化至放大率”，则整个图像放大到设置的放大倍数，并应用设置的羽化效果，如图10-41所示。
- 大小：用于指定放大区域的面积大小。
- 羽化：用于设置放大区域边缘像素的羽化程度。
- 不透明度：设置放大区域的不透明度。
- 缩放：用于指定放大区域中像素的显示模式。

图10-40　大小至放大率

图10-41　大小和羽化至放大率

- 混合模式：设置放大区域和原始图像之间的混合模式，包括相加、相乘、滤色、叠加、柔光、变暗、变亮、色相和饱和度等18种混合模式，如图10-42所示。

相加

叠加

变暗

图10-42　不同混合模式的效果

上机实战　放大特效的应用——海底潜望镜

01 先新建一个项目文件，然后在项目窗口中创建一个合成序列。

02 按“Ctrl+I”快捷键打开“导入”对话框，选择本书配套光盘中\Chapter 10\Media目录下的“fish.mov”和“放大镜.psd”素材文件并导入，如图10-43所示。

03 在弹出的“导入分层文件”对话框中，选择以“合并所有图层”的方式导入选择的PSD素材文件，如图10-44所示。

图10-43　导入素材

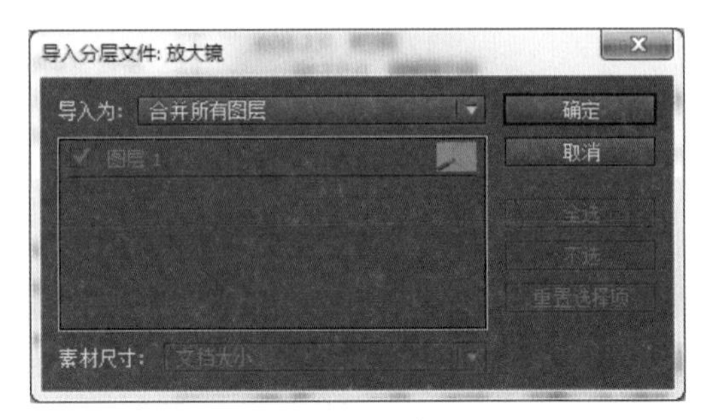

图10-44　设置PSD素材导入方式

04 将导入的视频素材从项目窗口拖入到时间轴窗口中，在弹出的“剪辑不匹配警告”对话框中单击“更改序列设置”按钮，将合成序列的视频属性修改为与视频素材一致，如图10-45所示。

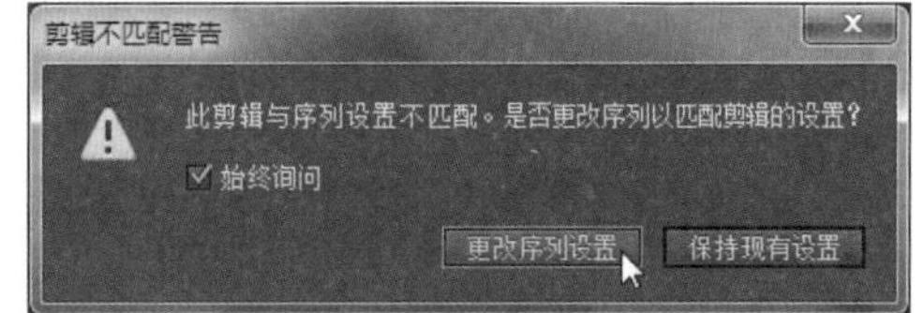

图10-45　更改序列设置

05 将导入的“放大镜.psd”加入到时间轴窗口的视频2轨道中，并延长其持续时间到与视频1轨道中的素材剪辑对齐，如图10-46所示。

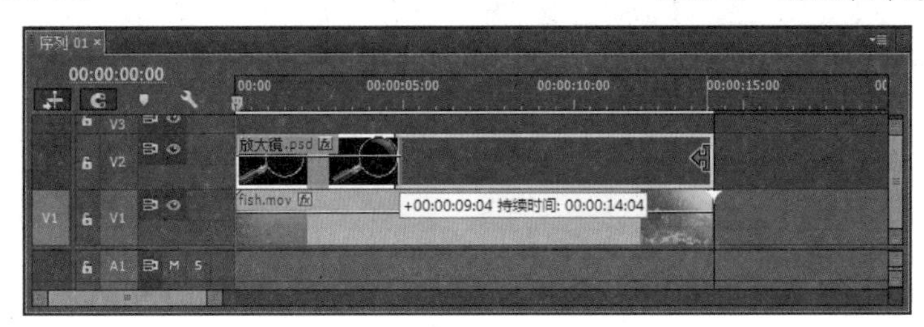

图10-46　调整素材剪辑的持续时间

06 在节目监视器窗口中双击放大镜图像，进入其编辑状态。在效果控件面板中设置“缩放”参数为60%，然后参考节目监视器中放大镜图像上的锚点位置，将其调整到放大镜镜片的中心，如图10-47所示。

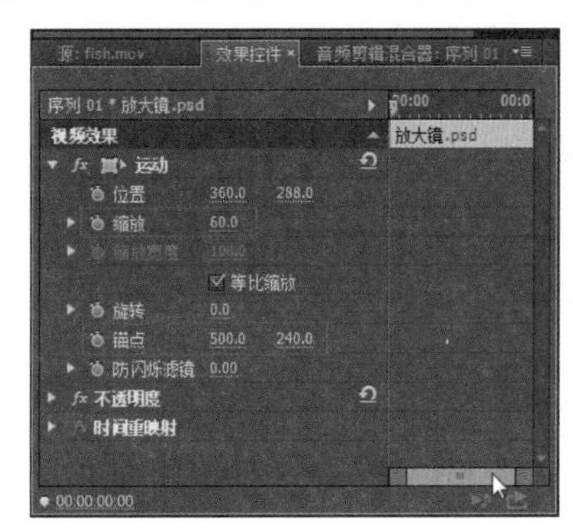

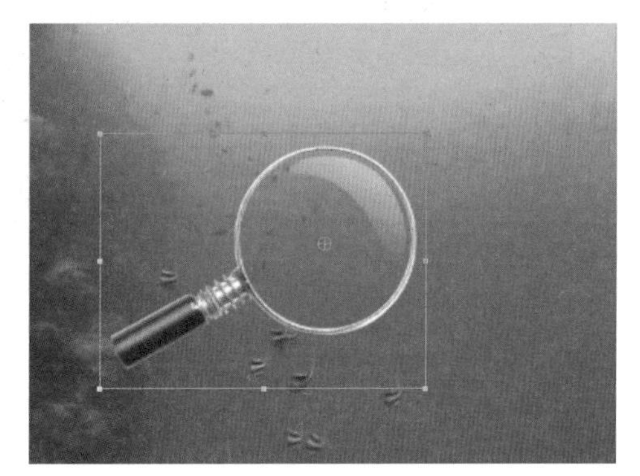

图10-47　修改图像大小与锚点位置

07 按下“位置”选项前的“切换动画”按钮创建关键帧，为放大镜图像创建在画面中移动的动画，如图10-48所示。

		00:00:00:00	00:00:05:00	00:00:12:00
	位置	265.0,135.0	560.0,200.0	280.0,380.0

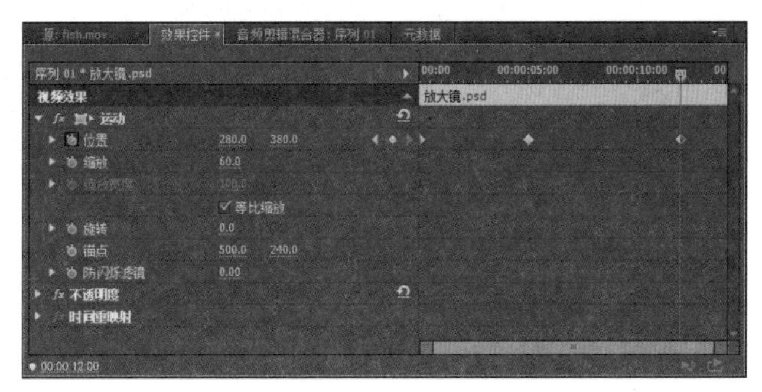

图10-48　编辑关键帧动画

08 打开效果面板，在“视频效果”文件夹中展开“扭曲”类特效，选择“放大”特效并添加到时间轴窗口中视频1轨道中的视频素材剪辑上，然后在效果控件面板中设置“放大率”为300%，“大小”为115，如图10-49所示。

图10-49 添加视频效果

09 按下“中央”选项前的“切换动画”按钮创建关键帧，为添加的“放大”特效创建与画面中放大镜图像相同的移动动画，如图10-50所示。

图10-50 编辑关键帧动画

10 按空格键或在时间轴中拖动时间指针，即可预览在放大镜图像下的图像放大并追随放大镜移动的动画效果，如图10-51所示。

图10-51 预览动画效果

11 编辑好需要的影片效果后，按“Ctrl+S”键执行保存。

6. 旋转

该特效可以使图像产生沿中心轴旋转的效果，如图10-52所示。

fx 旋转
角度 164.0 °
旋转扭曲半径 34.0
旋转扭曲中心 788.0 600.0

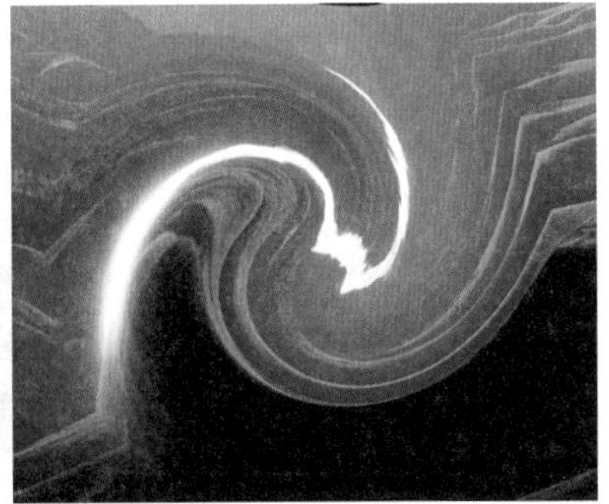

图10-52 “旋转”特效设置选项与应用效果

- 角度：用于指定旋转的角度。
- 旋转扭曲半径：用于设置旋转区域的范围大小。
- 旋转扭曲中心：用于设置旋转中心的坐标位置。

7. 果冻效应复位

该特效可以设置视频素材的场序类型，以得到需要的匹配效果，或降低隔行扫描视频素材的画面闪烁，如图10-53所示。

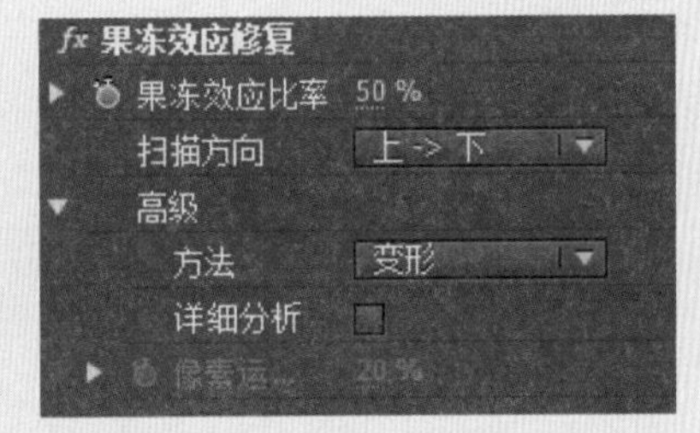

图10-53 “果冻效应复位”特效设置选项

- 扫描方向：为视频素材指定行的场序扫描方向。
- 方法：设置当前场序扫描方式的画面像素处理方式，包括“变形”和“像素运动”选项。选择“变形”，则自动根据分析结果对视频素材进行像素变化的调整。选择“像素运动”，则可以在“像素运动”选项中设置需要的图像像素在场序扫描中的运动刷新程度。

8. 波形变形

该特效类似“弯曲”效果，可以设置波纹的形状、方向及宽度，如图10-54所示。

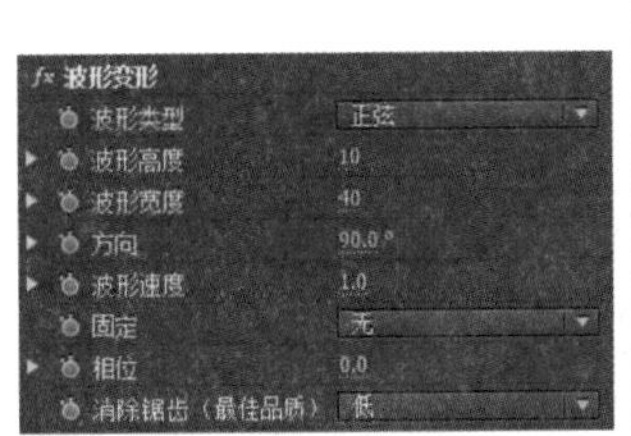

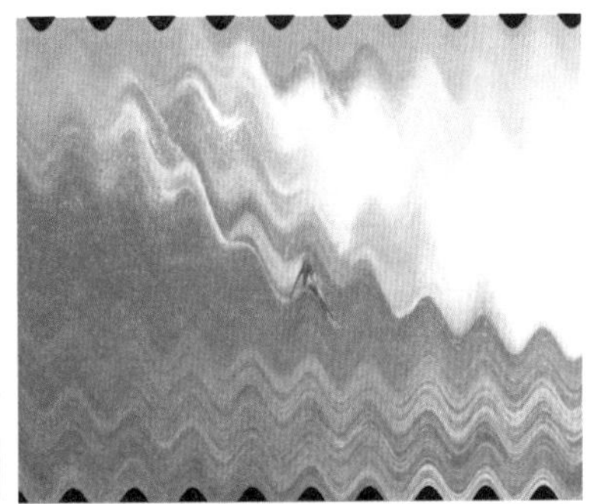

图10-54 “波形变形”特效设置选项与应用效果

- 波形类型：用于设置波形变形的类型，该选项的下拉列表中包括“正弦”、“正方形”、“三角形”、“锯齿”、“圆形”、“半圆形”、“逆向圆形”、“杂色”和“平滑杂色”9个选项，如图10-55所示。

  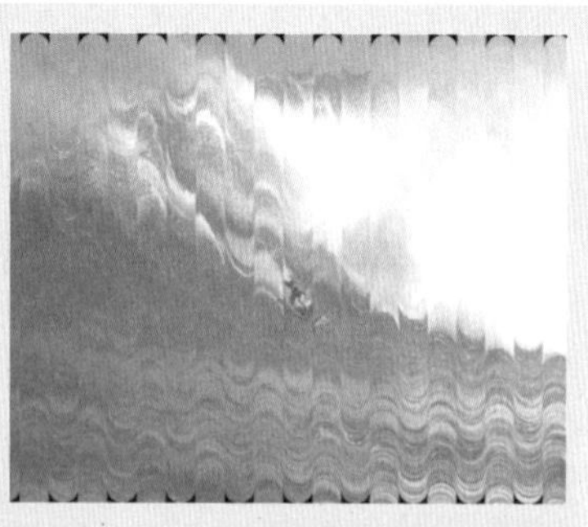

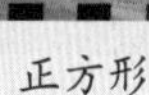

正方形　　三角形　　逆向圆形

图10-55　不同的波形效果

- 波形高度/宽度：用于设置波形的高度/宽度。
- 方向：用于设置波形在图像中的波动方向。
- 波形速度：用于设置波动的速度，可以按照该速度进行自由的波动。
- 固定：用于设置边角的位置，以及显示或者不显示图像边缘的各种波浪效果。
- 相位：用于设置波纹的相位，沿着波形框控制波浪的循环点。
- 消除锯齿（最佳品质）：用于设置处理图像后的消除锯齿程度。

9. 球面化

该特效可以在素材图像中制作出球面变形的效果，类似用鱼眼镜头拍摄的照片效果，如图10-56所示。

fx 球面化
半径 738.0
球面中心 800.0 600.0

图10-56 “球面化”特效设置选项与应用效果

- 半径：用于设置球形半径。
- 球面中心：用于设置球形中心的坐标。

10. 紊乱置换

该特效可以对素材图像进行多种方式的扭曲变形，如图10-57所示。

- 置换：在该下拉列表中可以选择对图像进行扭曲变形的方式，如图10-58所示。
- 数量：设置扭曲变形的程度大小。
- 大小：设置扭曲变形的幅度大小。
- 偏移：设置置换变形的中心位置。
- 复杂度：设置扭曲的复杂程度，数值越大，扭曲波纹越不规则。
- 演化：控制随着时间的推移，变形所发生的效果变化。
- 演化选项：设置时间变形的周期。

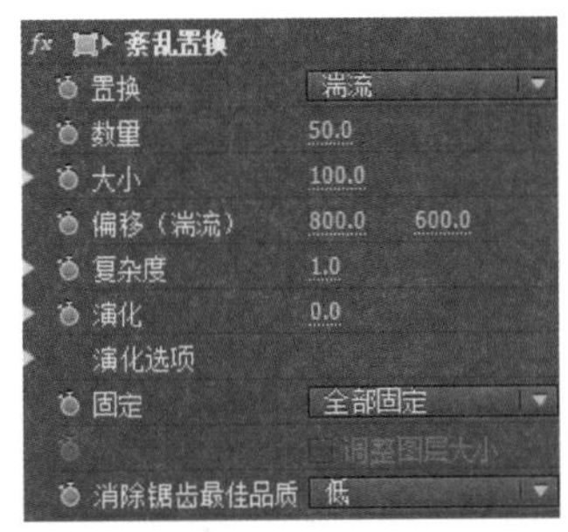

图10-57 “紊乱置换”特效设置选项与应用效果

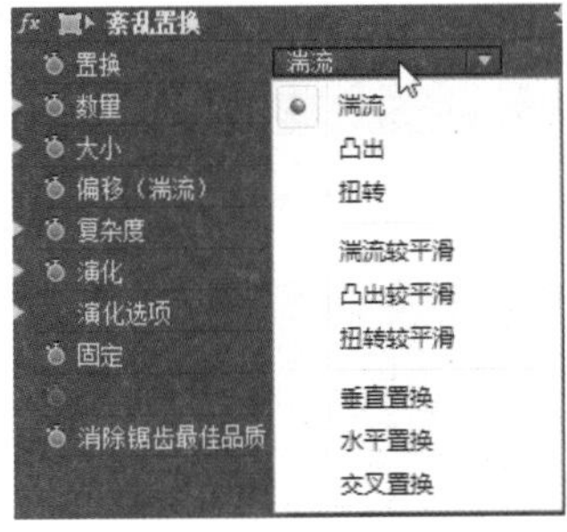

图10-58 “置换”下拉列表及“扭转”、“水平置换”效果

11. 边角定位

该特效通过参数设置重新定位图像的4个顶点位置，得到对图像扭曲变形的效果，如图10-59所示。

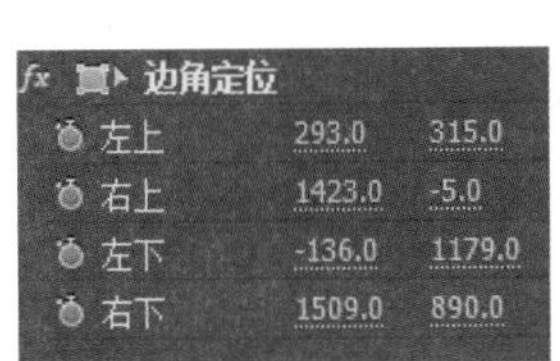

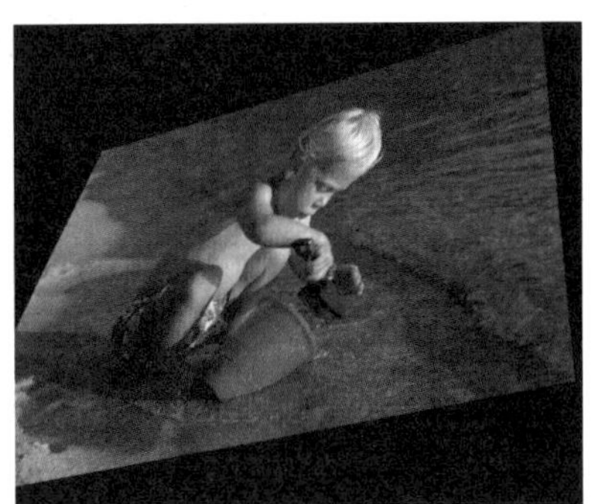

图10-59 “边角定位”特效设置选项与应用效果

上机实战 边角定位特效的应用——五画同映

01 先新建一个项目文件，然后在项目窗口中创建一个合成序列。

02 按“Ctrl+I”快捷键打开“导入”对话框，选择本书配套光盘中\Chapter 10\Media目录下的“01~05.avi”和“地理.psd”素材文件并导入，如图10-60所示。

03 在弹出的“导入分层文件”对话框中，选择以“合并所有图层”的方式导入选择的PSD素材文件，如图10-61所示。

04 本实例准备了5个视频素材和一个字幕图像文件，需要安排6个视频轨道来编排这些素材。执行“序列→添加轨道”命令，在打开的“添加轨道”对话框中设置添加3个视频轨道，如图10-62所示。

图10-60　导入素材文件

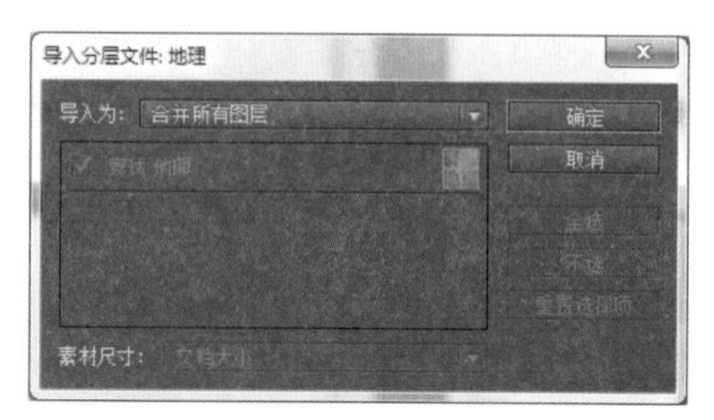

图10-61　设置PSD素材导入方式

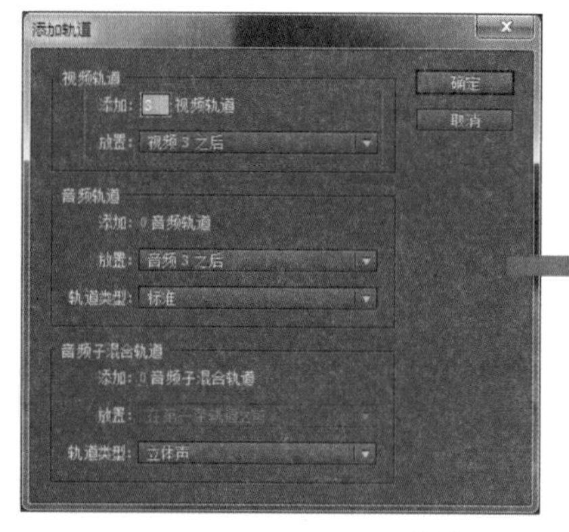

图10-62　添加视频轨道

05 将准备的视频素材依次加入到时间轴窗口中对应的视频轨道中，在弹出的“剪辑不匹配警告”对话框中单击“更改序列设置”按钮，将合成序列的视频属性修改为与视频素材一致，如图10-63所示。

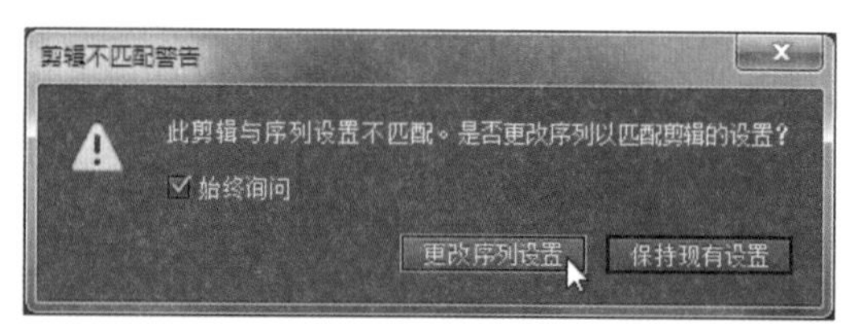

图10-63　更改序列设置

06 在将视频素材加入时间轴窗口中时，调整所有视频素材的结束点对齐，如图10-64所示。

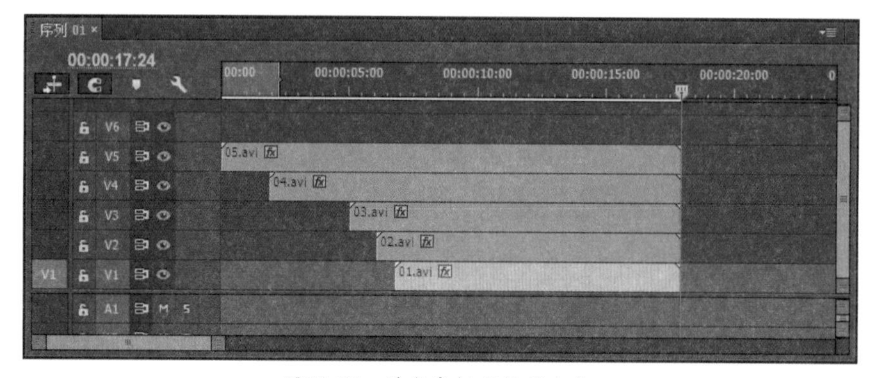

图10-64　对齐素材剪辑的出点

07 在时间轴窗口中对各视频轨道中的素材剪辑进行持续时间的调整，调整视频4轨道中的素材剪辑从第2秒开始，视频3轨道中的素材剪辑从第5秒开始，视频2、1轨道中的素材剪辑从第7秒开始，如图10-65所示。

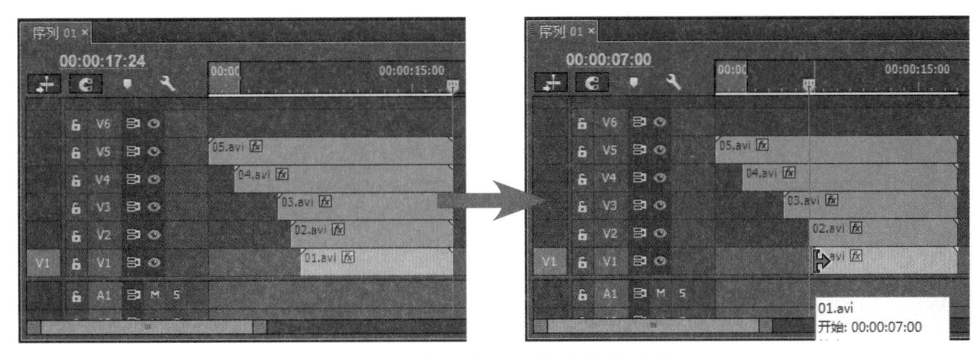

图10-65　修剪素材剪辑的持续时间

08 在本实例中将分别对上面4层中的视频素材剪辑进行单边的缩放，需要先分别对上层的4个视频素材的锚点位置进行调整：将视频5轨道中的素材剪辑的锚点位置调整到画面的左边缘，如图10-66所示。

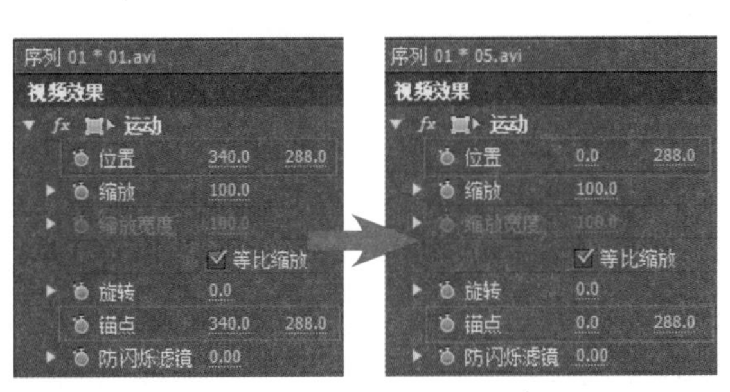

图10-66　修改素材剪辑的锚点位置

09 用同样的方法，将视频4轨道中素材剪辑的锚点调整到画面的右边缘，如图10-67所示。

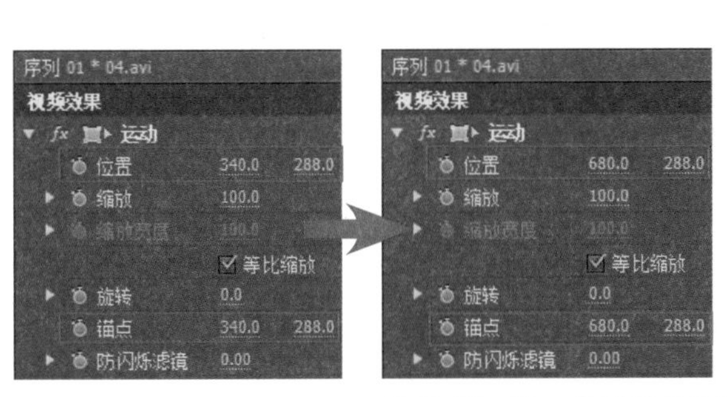

图10-67　修改素材剪辑的锚点位置

10 将视频3轨道中素材剪辑的锚点调整到画面的上边缘，如图10-68所示。

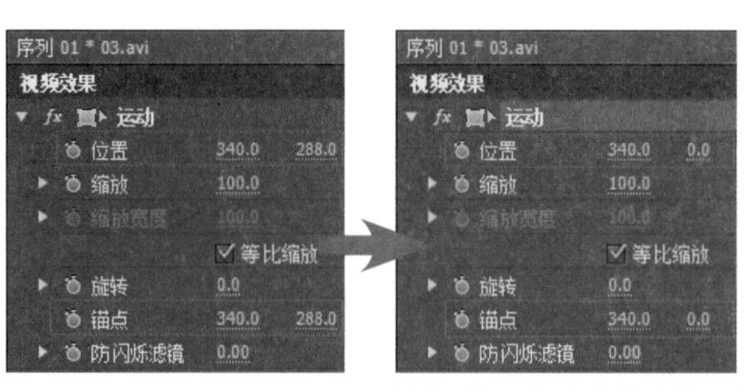

图10-68　修改素材剪辑的锚点位置

⑪ 将视频2轨道中素材剪辑的锚点调整到画面的下边缘，如图10-69所示。

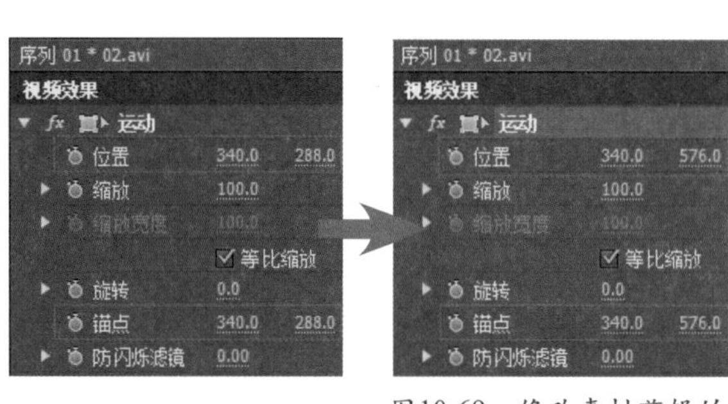

图10-69　修改素材剪辑的锚点位置

⑫ 在时间轴窗口中圈选上面4层视频轨道中的素材剪辑，然后打开效果面板，在“视频效果”文件夹中展开“扭曲”类特效，选择“边角定位”特效并添加到时间轴窗口中的视频素材剪辑上，如图10-70所示。

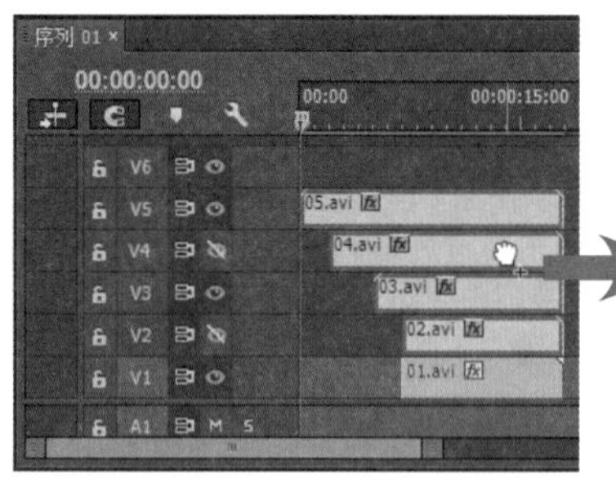

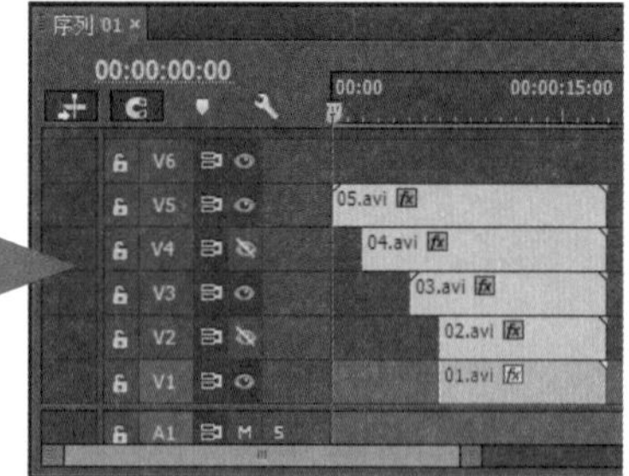

图10-70　批量添加视频效果

⑬ 选择视频5轨道中的素材剪辑，在效果控件面板中取消对“等比缩放”复选框的勾选，然后为其创建缩放和特效的关键帧动画，如图10-71所示。

		00:00:02:00	00:00:04:00	
⏱	缩放宽度	100.0%	25.0%	
⏱	右上	680.0,0.0	680.0,136.0	
⏱	右下	680.0,576.0	680.0,440.0	

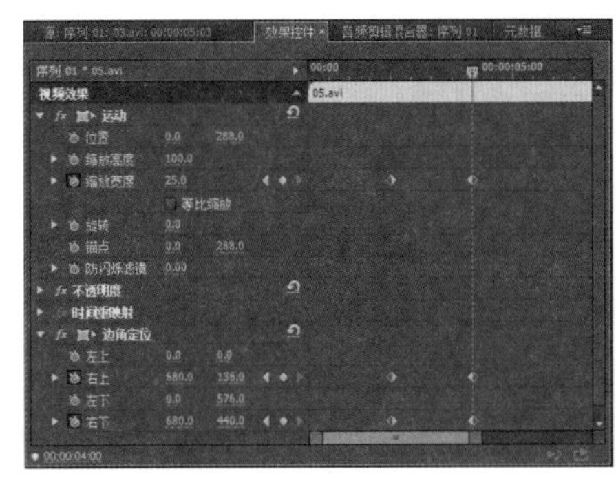

图10-71　编辑关键帧动画

⑭ 选择视频4轨道中的素材剪辑，在效果控件面板中取消对“等比缩放”复选框的勾选，然后为其创建缩放和特效的关键帧动画，如图10-72所示。

		00:00:05:00	00:00:07:00	
	缩放宽度	100.0%	25.0%	
	左上	0.0,0.0	0.0,136.0	
	左下	0.0,576.0	0.0,440.0	

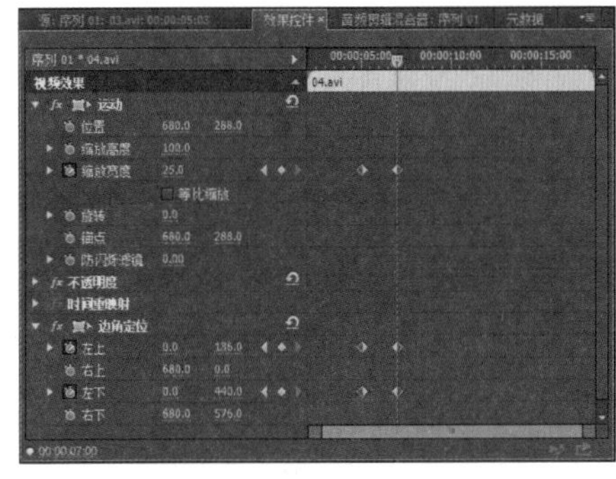

图10-72　编辑关键帧动画

⑮ 选择视频3轨道中的素材剪辑，在效果控件面板中取消对“等比缩放”复选框的勾选，然后为其创建缩放和特效的关键帧动画，如图10-73所示。

		00:00:07:00	00:00:09:00	
	缩放高度	100.0%	23.5%	
	左下	0.0,576.0	160.0,576	
	右下	680.0,576.0	520.0,576	

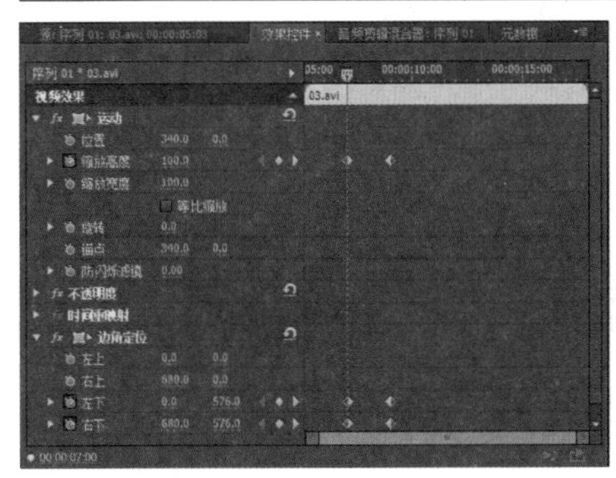

图10-73　编辑关键帧动画

16 选择视频2轨道中的素材剪辑，在效果控件面板中取消对“等比缩放”复选框的勾选，然后为其创建缩放和特效的关键帧动画，如图10-74所示。

		00:00:10:00	00:00:12:00	
	缩放高度	100.0%	23.5%	
	左上	0.0,0.0	160.0，0.0	
	右上	680.0,00	520.0，0.0	

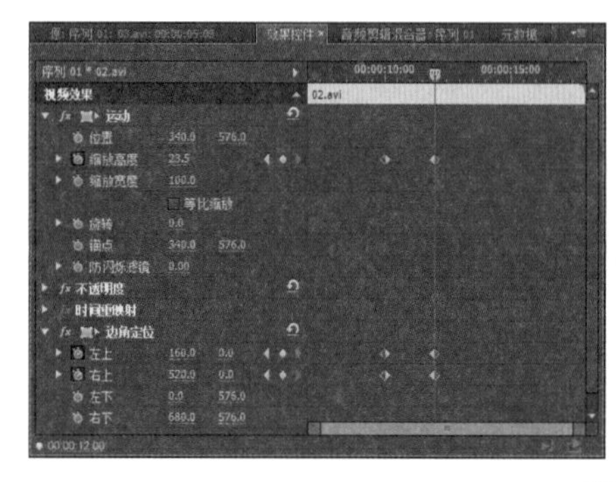

图10-74　编辑关键帧动画

17 选择视频1轨道中的素材剪辑，在效果控件面板中为其创建从第13秒到第15秒、从100%缩小到53%的缩放动画，如图10-75所示。

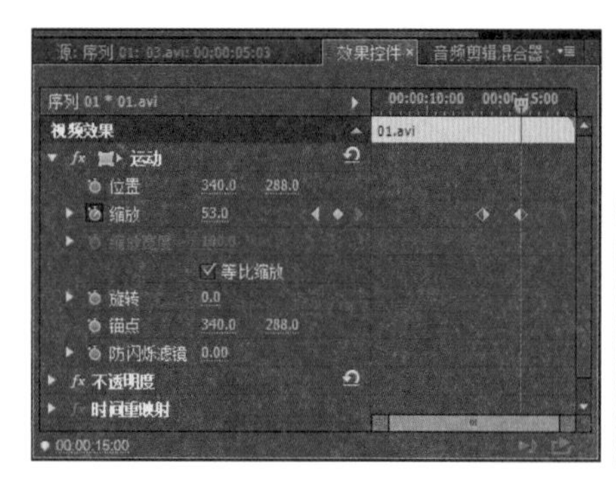

图10-75　编辑关键帧动画

18 从项目窗口中将导入的“地理.psd”素材加入到时间轴窗口的视频6轨道中，并将其出点与其他视频轨道中的出点对齐，如图10-76所示。

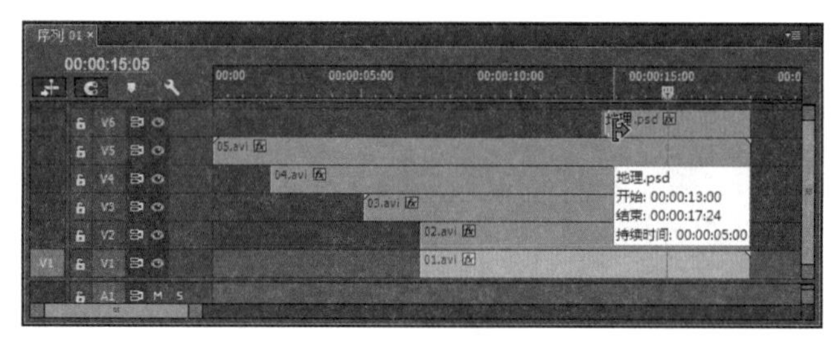

图10-76　加入标题文字素材

19 在打开的效果控件面板中，为新加入的标题文字图形素材创建从第15秒到第17秒逐渐缩小、淡入画面的关键帧动画，如图10-77所示。

		00:00:15:00	00:00:17:00	
	缩放	150.0%	80.0%	
	不透明度	0.0%	100.0%	

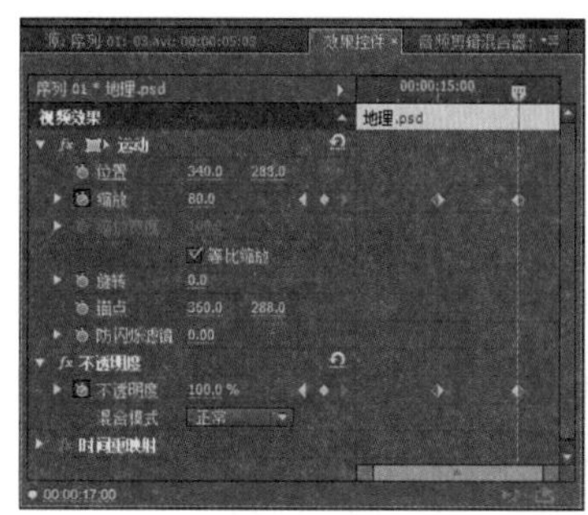

图10-77　编辑关键帧动画

⑳ 编辑好需要的影片效果后，按“Ctrl+S”键执行保存。

12. 镜像

该特效可以将图像沿指定角度的射线进行反射，制作出镜像的效果。如图10-78所示。

fx 镜像
反射中心 1600.0 600.0
反射角度 90.0 °

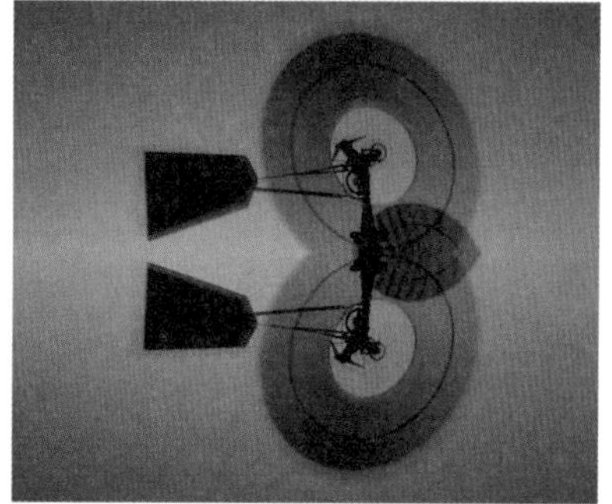

图10-78　“镜像”特效设置选项与应用效果

- 反射中心：设置进行镜像反射的中心位置。
- 反射角度：设置反射图像的角度。

13. 镜头扭曲

该特效可以将图像四角进行弯折，制作出镜头扭曲的效果，如图10-79所示。

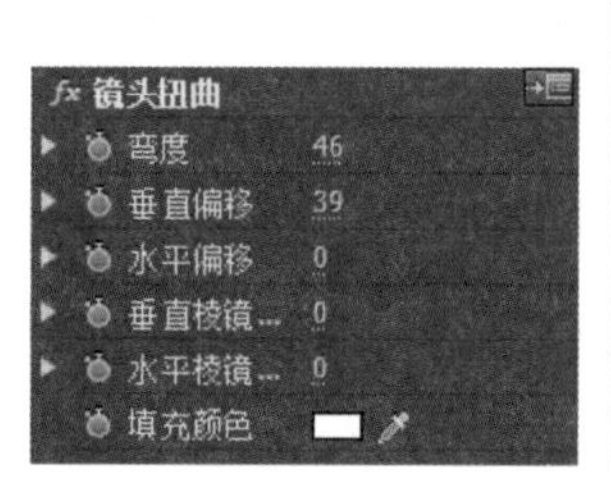

图10-79　“镜头扭曲”特效设置选项与应用效果

在效果控件面板中单击该效果名称后面的“设置”按钮，打开“镜头扭曲设置”对话框，在其中可以对图像的镜头扭曲效果进行设置，如图10-80所示。

- 弯度：设置透镜的曲率。当数值为正数时，透镜为凸透镜；当数值为负数时，该透镜为凹透镜。
- 垂直偏移：设置透镜在垂直方向上偏离圆周的比率。
- 水平偏移：设置透镜在水平方向上偏离圆周的比率。
- 垂直棱镜效果：设置透镜在垂直方向上的扭曲程度。
- 水平棱镜效果：设置透镜在水平方向上的扭曲程度。
- 填充颜色：设置图像在扭曲后露出的空间的填充颜色，默认为白色。

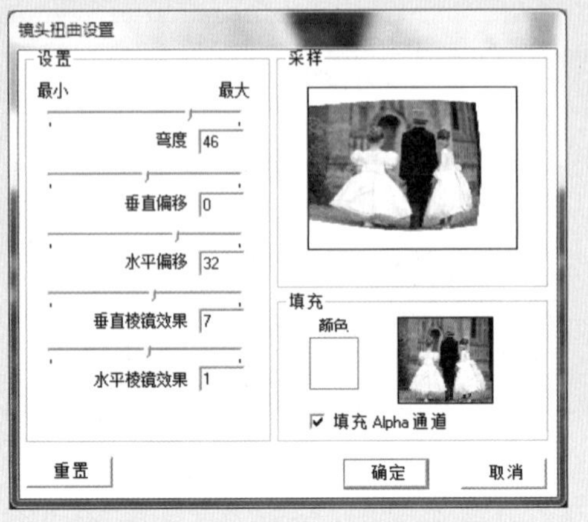

图10-80 “镜头扭曲设置”对话框

10.2.5 时间

时间类特效用于对动态素材的时间特性进行控制。该类特效包含了2个效果，如图10-81所示。

1. 抽帧时间

该特效可以为动态素材指定一个新的帧速率进行播放，产生“跳帧”的效果。与修改素材剪辑的持续时间不同，使用此特效不会更改素材剪辑的持续时间，也不会产生快放或慢放效果。该特效只有一项“帧速率”参数，当新指定的帧速率高于素材剪辑本身的帧速率时无变化；当新指定的帧速率低于素材剪辑的帧速率时，程序会自动计算出要播放的下一帧的位置，跳过中间的一些帧，以保证与素材原本相同的持续时间播放完整段素材剪辑，同时对素材剪辑的音频内容不产生影响，如图10-82所示。

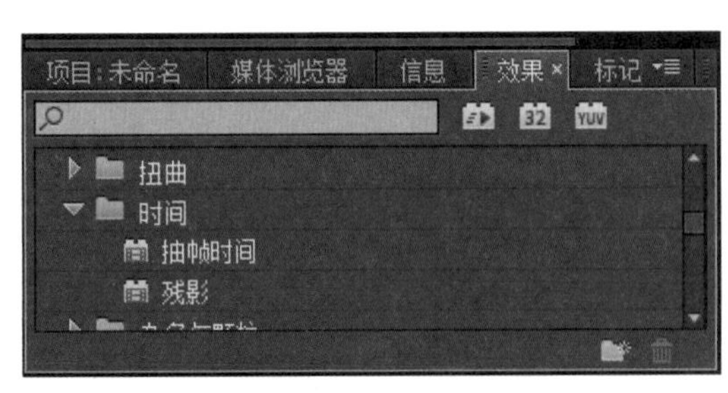

图10-81 时间类特效

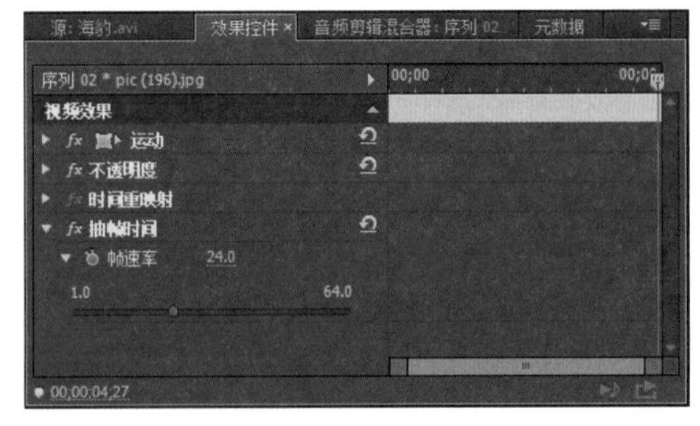

图10-82 “抽帧时间”特效设置选项

上机实战 抽帧时间特效的应用——跳帧播放视频

01 先新建一个项目文件，然后在项目窗口中创建一个DV PAL视频制式的合成序列。

02 按“Ctrl+I”快捷键打开“导入”对话框，选择本书配套光盘中\Chapter 10\Media目录下的“海豹.avi”素材文件并导入，如图10-83所示。

03 为方便进行稳定处理前后的效果对比，将视频素材加入两次到时间轴窗口中，并依次排列在视频1轨道中，如图10-84所示。

图10-83 导入素材

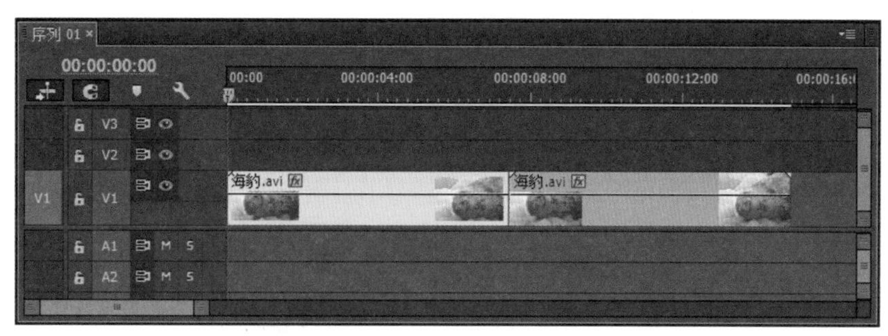

图10-84 加入素材剪辑

04 在效果面板中展开“视频效果”文件夹，在“时间”文件夹中选择“抽帧时间”效果，将其时间轴窗口中的第二段素材剪辑上，然后在效果控件面板中设置该特效的“帧速率”参数为2，如图10-85所示。

05 按空格键或拖动时间指针进行播放预览，即可查看到第一段素材剪辑中海豹晃动身体的流畅动作，在第二段应用特效的素材剪辑中变成了跳帧效果。

06 编辑好需要的影片效果后，按“Ctrl+S”键保存文件。

2. 残影

该特效可以将动态素材中不同时间的多个帧同时播放，产生动态残影效果，其设置选项如图10-86所示。

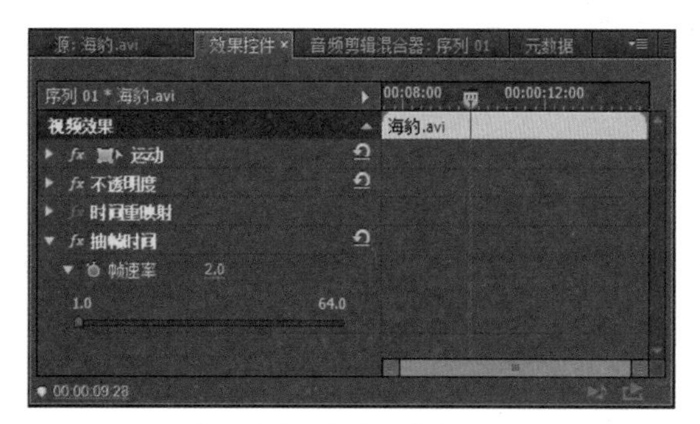

图10-85 设置效果参数

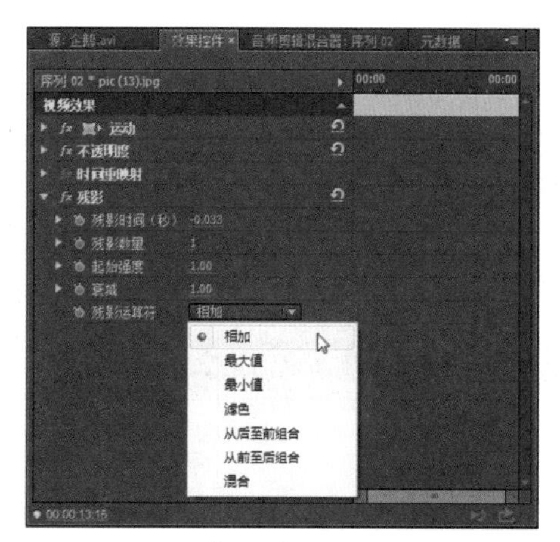

图10-86 “残影”特效设置选项

- 残影时间（秒）：设置视频原图像与残影图像之间的时间间隔，单位为秒。
- 残影数量：用于设置残影的层次数量。
- 起始强度：用于设置残影开始帧的强度。
- 衰减：用于设置残影在强度上减弱的速度。
- 残影运算符：用于设置残影重复的运算方式，主要是设置残影与原图像之间的混合模式，不同的运算方式，会产生不同的残影效果。

上机实战 残影特效的应用——运动残影

01 先新建一个项目文件，然后在项目窗口中创建一个DV PAL视频制式的合成序列。

02 按“Ctrl+I”快捷键打开“导入”对话框，选择本书配套光盘中\Chapter 10\Media目录下的“bus.avi”素材文件并导入，如图10-87所示。

图10-87 导入素材

03 为方便进行稳定处理前后的效果对比，将视频素材加入两次到时间轴窗口中，并依次排列在视频1轨道中，如图10-88所示。

04 在效果面板中展开“视频效果”文件夹，在“时间”文件夹中选择“残影”效果，将其时间轴窗口中的第二段素材剪辑上，然后在效果控件面板中设置该特效的“残影时间”为1秒，“残影数量”为2，在“残影运算符”下拉列表中选择“滤色”，如图10-89所示。

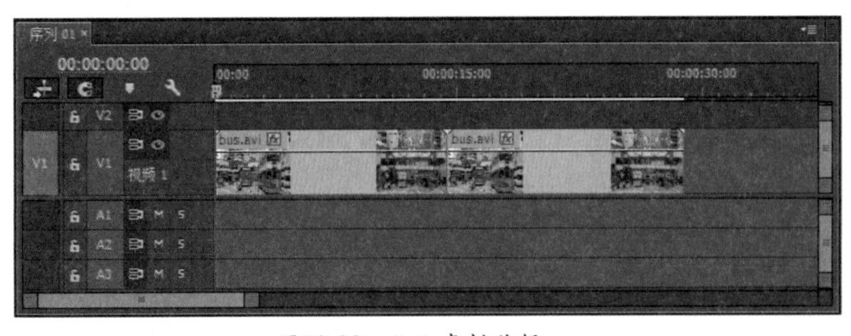

图10-88 加入素材剪辑

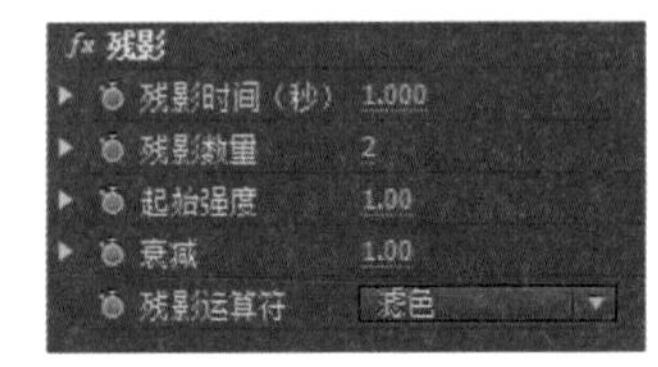

图10-89 设置图像参数

05 按空格键或拖动时间指针进行播放预览，即可查看到第二段素材剪辑中的运动图像所产生的残影效果，如图10-90所示。

图10-90 预览残影效果

06 编辑好需要的影片效果后，按“Ctrl+S”键保存文件。

10.2.6 杂色与颗粒

杂色与颗粒类特效主要用于对图像进行柔和处理，去除图像中的噪点，或在图像上添加杂色效果等。该类特效包含了6个效果，如图10-91所示。

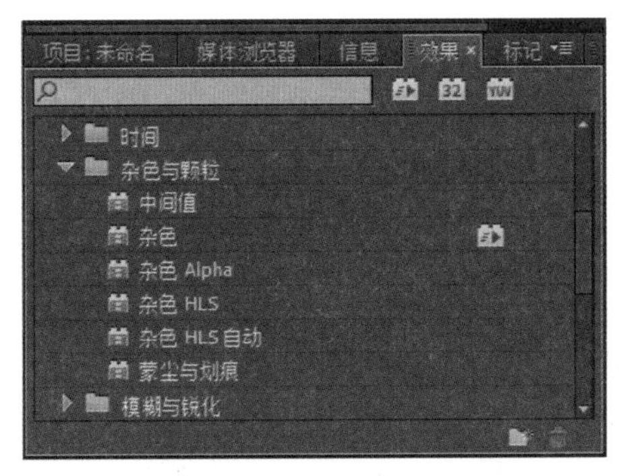

图10-91 杂色与颗粒类特效

1. 中间值

该特效可以将图像的每一个像素都用它周围像素的RGB平均值来代替，以减轻图像上的杂色噪点问题。设置较大的“半径”数值，可以使图像产生类似水粉画的效果，如图10-92所示。

图10-92 “中间值”特效设置选项与应用效果

- 半径：指定每个像素和周围多大范围内的像素，用于进行RGB值的平均计算。
- 在Alpha通道上运算：在图像包含Alpha通道时，勾选此选项，可以只对Alpha通道中的图像进行处理。

2. 杂色

该特效可以在画面中添加模拟的噪点效果，如图10-93所示。

fx 杂色
杂色数量 75.0 %
杂色类型 ☑ 使用颜色杂色
剪切 ☑ 剪切结果值

图10-93 “杂波”特效设置选项与应用效果

- 杂色数量：用于设置在图像中添加杂点的程度。
- 杂色类型：勾选该复选框，可以产生随机彩色的杂点；取消勾选，则产生与周围像素相近的杂点。
- 剪切：勾选该复选框，可以在原画面的基础上添加杂点；不勾选则对原像素进行杂点处理。

3. 杂色Alpha

该特效可以在图像的Alpha通道中生成杂色，如图10-94所示。

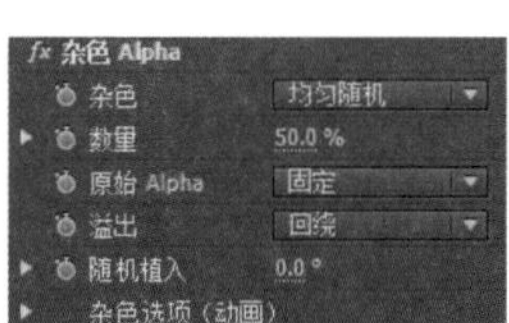

图10-94 “杂色Alpha”特效设置选项与应用效果

- 杂色：选择杂色生成的形状，该选项的下拉列表中包括“均匀随机”、“随机方形”、“均匀动画”、“方形动画”4个选项。
- 数量：用于设置杂色生成的数量程度。
- 原始Alpha：用于设置原始Alpha通道和杂色之间的关系，包括“相加”、“固定”、“比例”和“边缘”4个选项。
- 溢出：用于设置杂色溢出的方式，包括“剪切”、“反绕”和“回绕”3个选项。
- 随机植入：用于设置杂色参数的随机程度。
- 杂色选项：用于设置杂色的动画控制方式。

4. 杂色HLS

该特效可以在图像中生成杂色效果后，对杂色噪点的亮度、色调及饱和度进行设置，如图10-95所示。

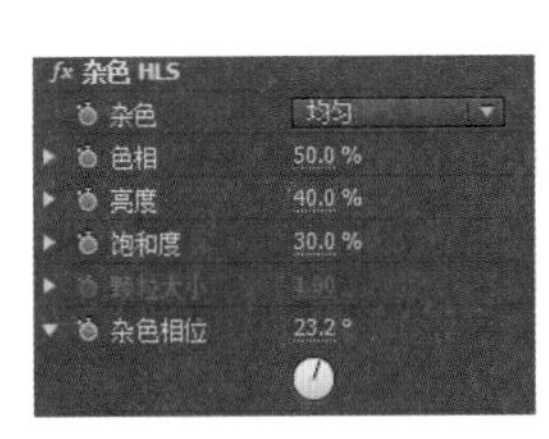

图10-95 “杂色HLS”特效设置选项与应用效果

- 杂色：用于设置杂色生成的形状，该选项的下拉列表中包括“均匀”、“方形”和“颗粒”等5个选项。
- 色相：用于设置杂色的色调。
- 亮度：用于设置杂色的亮度。
- 饱和度：用于设置杂色的饱和度。
- 颗粒大小：用于设置杂色颗粒的大小。
- 杂色相位：用于设置杂色的偏移角度。

5. 杂色HLS自动

该特效与“杂色HLS”相似，只是在设置参数中多了一个“杂色动画速度”选项，通过为该选项设置不同数值，可以得到不同杂色噪点以不同运动速度运动的动画效果，如图10-96所示。

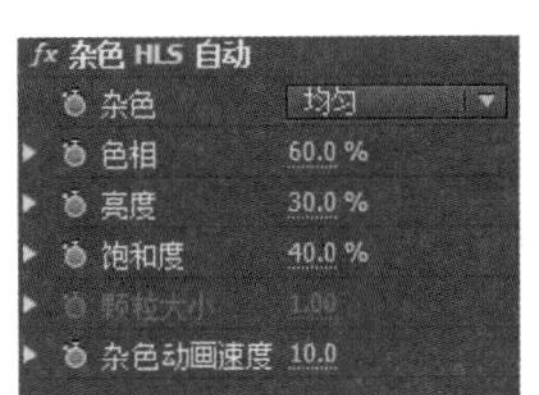

图10-96 “杂色HLS自动”特效设置选项与应用效果

6. 蒙尘与划痕

该特效可以在图像上生成类似灰尘的杂色噪点效果，如图10-97所示。

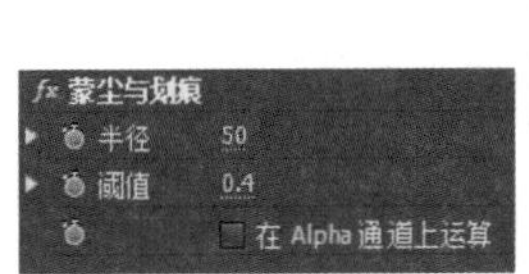

图10-97 “蒙尘与划痕”特效设置选项与应用效果

- 半径：用于设置杂色的范围。数值越大，杂色的影响范围越大。
- 阈值：用于设置杂色的开始位置。数值越大，杂色的影响越小，图像越清晰。
- 在Alpha通道上运算：在图像包含Alpha通道时，勾选此选项，可以只对Alpha通道中的图像进行处理。

10.2.7　模糊和锐化

模糊与锐化类特效主要用于调整画面的模糊和锐化效果。该类特效包含了10个效果，如图10-98所示。

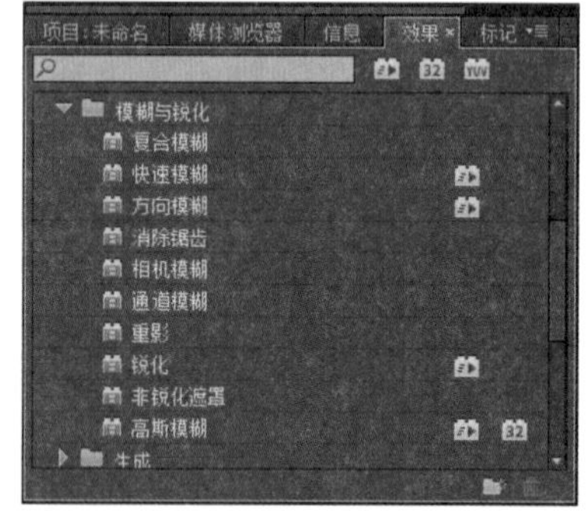

图10-98　模糊与锐化类特效

1. 复合模糊

该特效可以使素材图像产生柔和模糊的效果，如图10-99所示。

图10-99　“复合模糊”特效设置选项与应用效果

- 模糊图层：在该下拉列表中，可以将其他轨道中的图像指定为当前所选剪辑图像的模糊范围，如图10-100所示，即为视频2轨道中的素材剪辑应用“复合模糊”特效后，将视频1轨道中的图像指定为模糊图层时的图像效果。

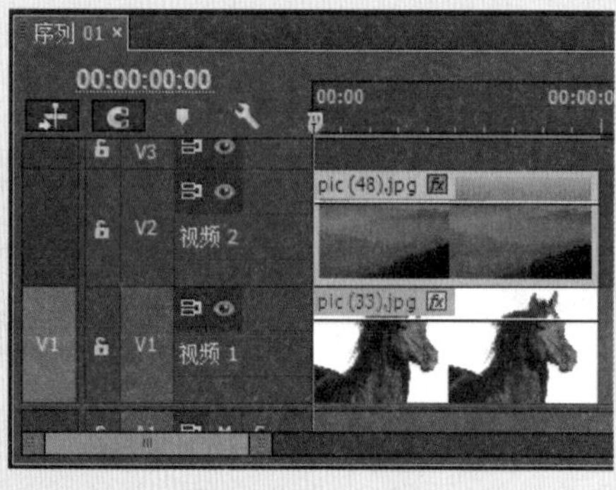

图10-100　指定模糊图层

- 最大模糊：设置模糊效果的最大程度。

- 如果图层大小不同：如果指定视频轨道中的图像大小与当前图像尺寸不一致，勾选“伸缩对应图以适应”复选框后，将自动使素材调整到合适的尺寸。
- 反转模糊：勾选该复选框，将得到与所选视频轨道中图像范围相反的模糊范围，如图10-101所示。

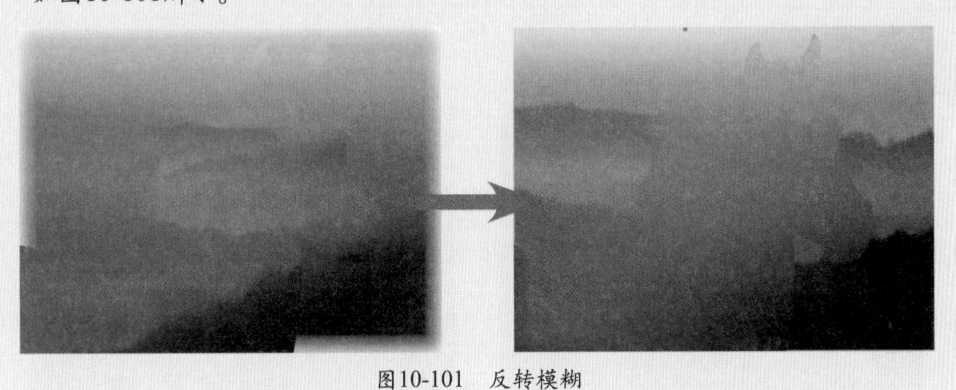

图10-101 反转模糊

2. 快速模糊

该特效可以直接生成简单的图像模糊效果，渲染速度非常快，如图10-102所示。

图10-102 “快速模糊”特效设置选项与应用效果

- 模糊度：设置模糊的程度。
- 模糊维度：设置模糊的方向，包括水平、垂直、水平和垂直3种方向。
- 重复边缘像素：重复显示边缘像素，使图像边缘变得清晰。

3. 方向模糊

该特效可以使图像产生指定方向的模糊，类似运动模糊效果，如图10-103所示。

图10-103 “方向模糊”特效设置选项与应用效果

- 方向：用于设置模糊的方向。
- 模糊长度：用于设置图像的模糊程度。

4. 消除锯齿

该特效没有参数选项，可以使图像中的成片色彩像素的边缘变得更加柔和，如图10-104所示。

图10-104 “消除锯齿”特效应用效果

5. 相机模糊

该特效可以使图像产生类似相机拍摄时没有对准焦距的“虚焦”效果，可以通过设置“百分比模糊”参数来控制模糊的程度，如图10-105所示。

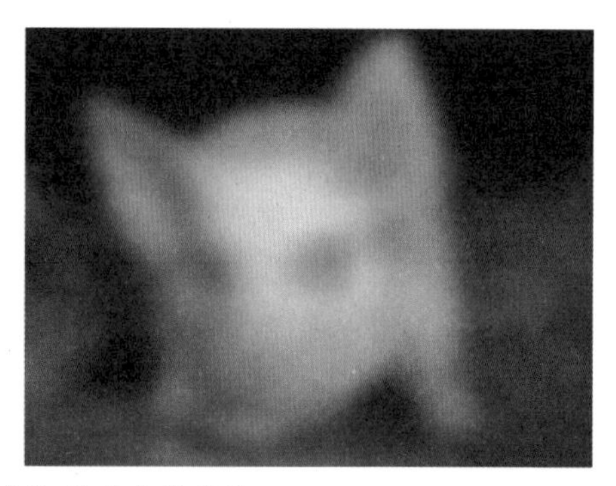

图10-105 “相机模糊”特效应用效果

6. 通道模糊

该特效可以对素材图像的红、绿、蓝或Alpha通道单独进行模糊，如图10-106所示。

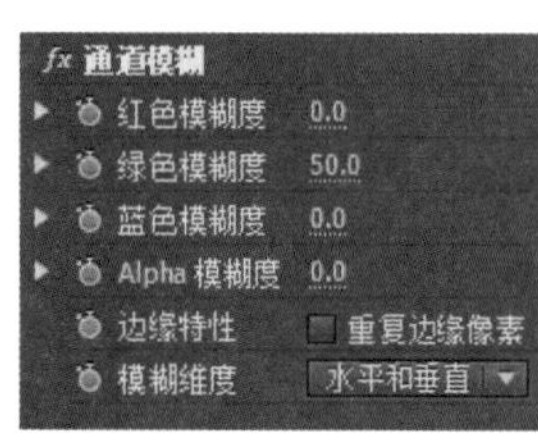

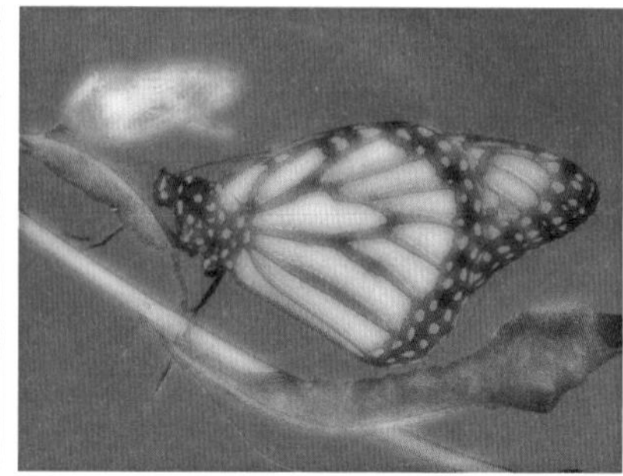

图10-106 “通道模糊”特效设置选项与应用效果

- 红色模糊度：该参数用于设置红色通道的模糊程度。
- 绿色模糊度：该参数用于设置绿色通道的模糊程度。
- 蓝色模糊度：该参数用于设置蓝色通道的模糊程度。
- Alpha模糊度：该参数用于设置Alpha通道的模糊程度。
- 边缘特性：勾选该选项中的“重复边缘那像素”复选框，可以使图像边缘更清晰。
- 模糊维度：用于调整模糊方向，包括水平、垂直、水平和垂直3个方向。

7. 重影

该特效无参数，可以将动态素材中前几帧的图像以半透明的形式覆盖在当前帧上，产生重影效果，如图10-107所示。

图10-107 “重影”特效应用效果

8. 锐化

该特效通过设置“锐化量”参数，可以增强相邻像素间的对比度，使图像变得更清晰，如图10-108所示。

图10-108 “锐化”特效应用效果

9. 非锐化遮罩

该特效用于调整图像的色彩锐化程度，如图10-109所示。

- 数量：用于设置锐化的程度。
- 半径：用于设置锐化的区域。
- 阈值：用于调整颜色区域。

图10-109 “非锐化遮罩”特效设置选项与应用效果

10. 高斯模糊

该特效的选项参数与“快速模糊”相同，可以大幅度地模糊图像，使图像产生不同程度的虚化效果，如图10-110所示。

图10-110 “高斯模糊”特效应用效果

10.2.8 生成

生成类特效主要是对光和填充色的处理应用，可以使画面看起来具有光感和动感。该类特效包含了12个效果，如图10-111所示。

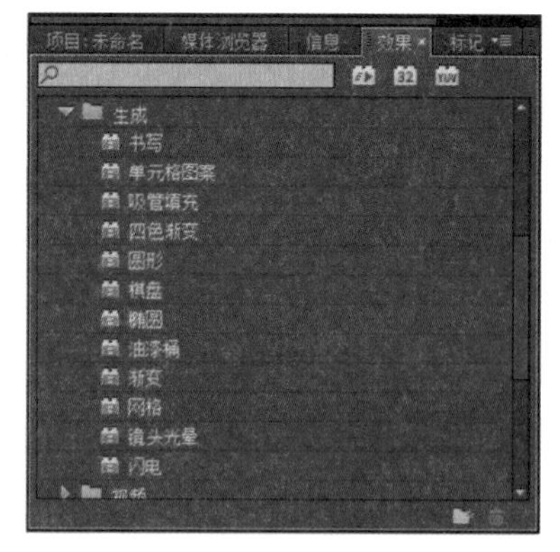

图10-111 生成类特效

1. 书写

该特效可以在图像上创建画笔运动的关键帧动画并记录运动路径，模拟出书写绘画效果，如图10-112所示。

- 画笔位置：用于设置当前画笔的位置。需要对该选项创建在不同时间画笔移动到不同位置的关键帧动画，才能生成画笔书写效果。
- 颜色：用于设置画笔的笔触颜色。
- 画笔大小：用于设置画笔的尺寸大小，范围在0~50之间。

- 画笔硬度：用于设置画笔的硬度，数值越大，边缘越清晰。
- 画笔不透明度：用于设置画笔的不透明度。
- 描边长度（秒）：用于设置笔触在合成序列中的显示时间长度，单位为秒。必须设置为大于0的数值，才能生成动画效果，记录画笔的运动过程。
- 画笔间隔（秒）：以“秒”为单位设置画笔绘制的时间间隔。
- 绘制时间属性：用于设置应用画笔的属性到每个笔触或者整个笔触。
- 画笔时间属性：用于设置画笔绘画的显示属性。
- 绘制样式：设置绘制的显示效果，指定笔触路径显示为源图像还是设置的画笔颜色，以及是否显示原始图像。

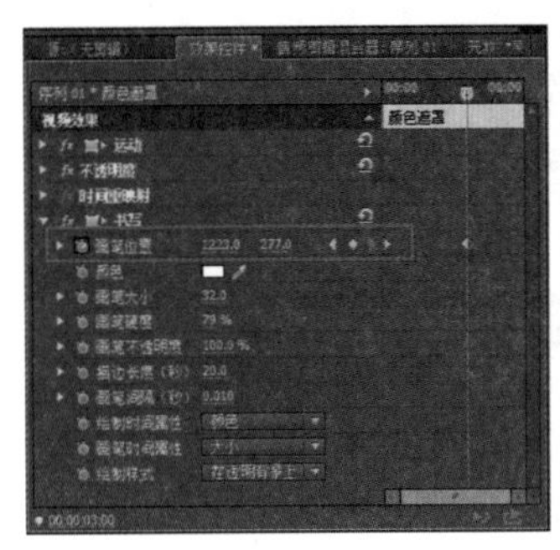

图10-112 “书写”特效设置选项与应用效果

2. 单元格图案

该特效可以在图像上模拟生成不规则的单元格效果，如图10-113所示。

- 单元格图案：在该下拉列表中可以选择要生成单元格的图案样式，包含了“气泡”、“晶体”、“印板”、“静态板”、“晶格化”、“枕状”、“管状”等12种图案模式，如图10-114所示。
- 反转：对单元格图案的颜色进行反转，即白色区域变成黑色区域，黑色区域变成白色区域。
- 对比度：用于设置单元格间的对比度。
- 溢出：用于设置单元格溢出的方式。
- 分散：用于设置分散属性，数值越大，随机性越大。
- 大小：用于设置单元格的尺寸大小。
- 偏移：用于设置单元格的偏移量。
- 平铺选项：用于设置单元格的重复属性。勾选“启用平铺”复选框后，可以在下面的“水平/垂直单元格”选项中设置要重复平铺的行列数量。
- 演化选项：用于设置单元格的运动角度变化。

图10-113 “单元格图案”特效设置选项

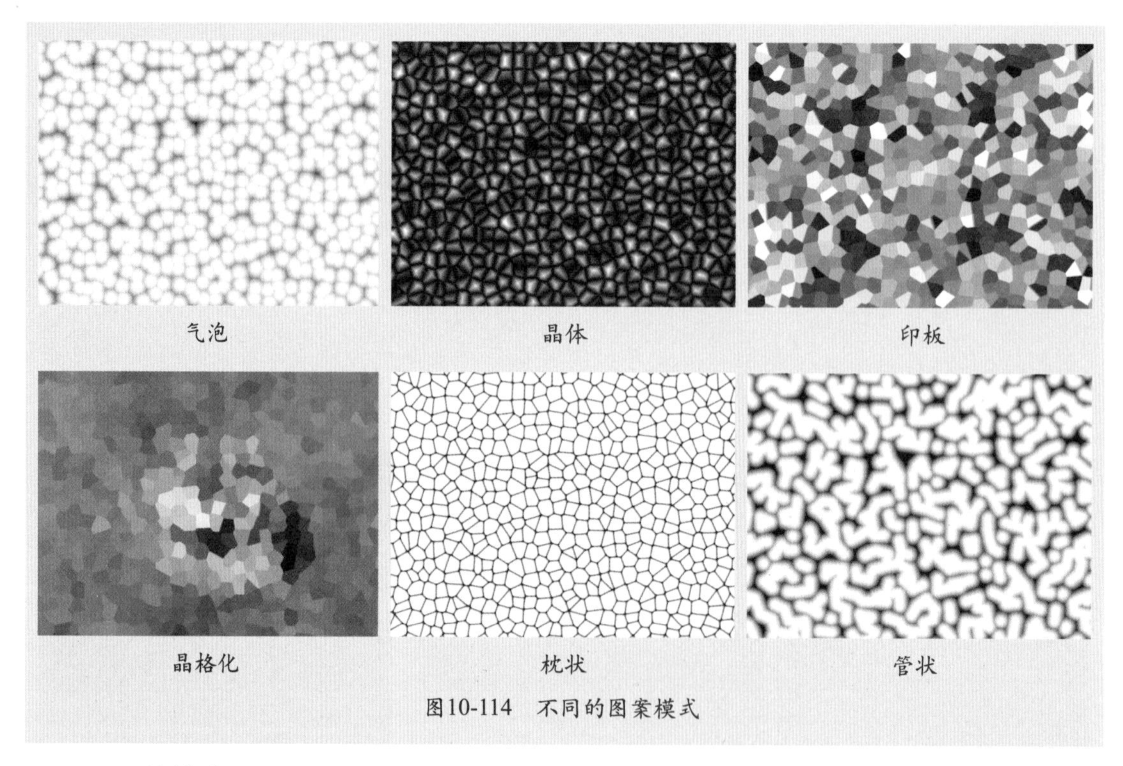

图10-114 不同的图案模式

3. 吸管填充

该特效可以提取采样坐标点的颜色来填充整个画面，通过设置与原始图像的混合度，可以得到整体画面的偏色效果，如图10-115所示。

图10-115 “吸管填充”特效设置选项与应用效果

- 采样点：用于设置提取颜色的位置。
- 采样半径：用于设置提取颜色的半径范围，单位为像素。
- 平均像素颜色：根据所提取颜色的取样点和半径范围，设置由哪种颜色值来定义提取区域的效果。
- 保持原始Alpha：勾选该复选框，将保持来源层的Alpha通道。
- 与原始图像混合：用于设置与原始图像的混合程度。

4. 四色渐变

该特效可以设置4种互相渐变的颜色来填充图像，如图10-116所示。

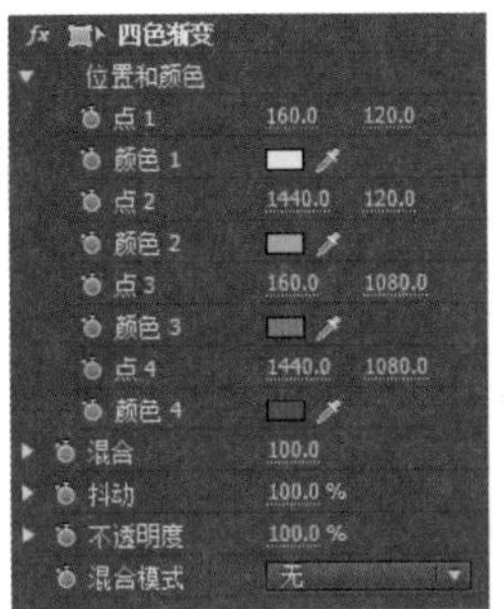

图10-116 “四色渐变”特效设置选项与应用效果

- 位置和颜色：设置4个填色的位置坐标和颜色。
- 混合：设置4种颜色的混合程度。
- 抖动：设置4种颜色相接处的抖动混合程度。
- 不透明度：设置填充图层的不透明度。
- 混合模式：设置渐变填充色与原始图像的混合模式，如图10-117所示。

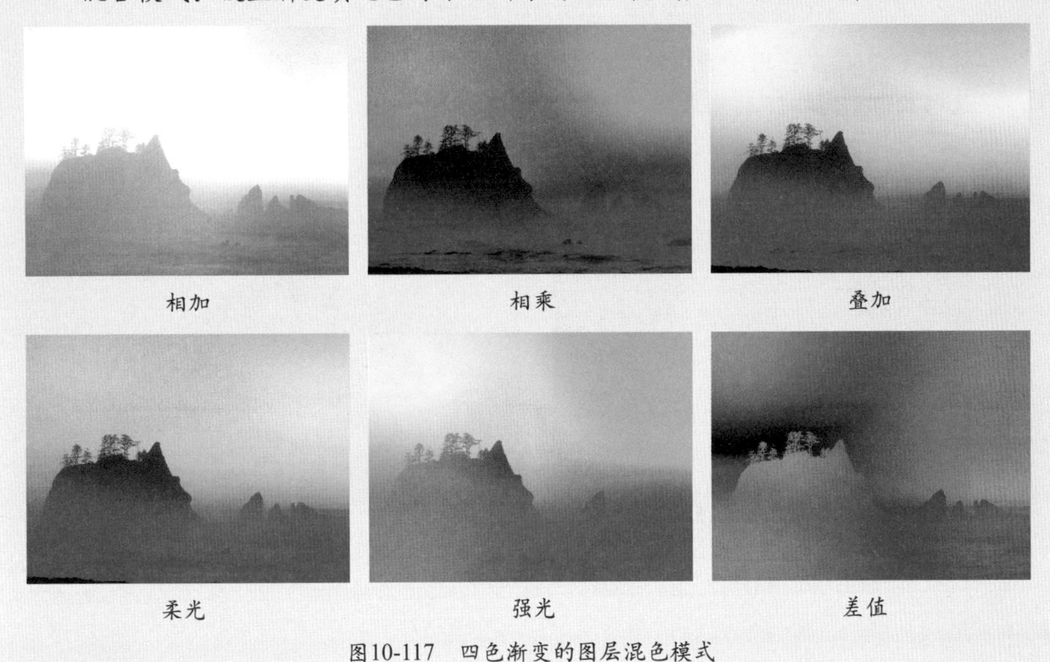

图10-117 四色渐变的图层混色模式

5. 圆形

该特效用于在图像上创建一个自定义的圆形或圆环，如图10-118所示。

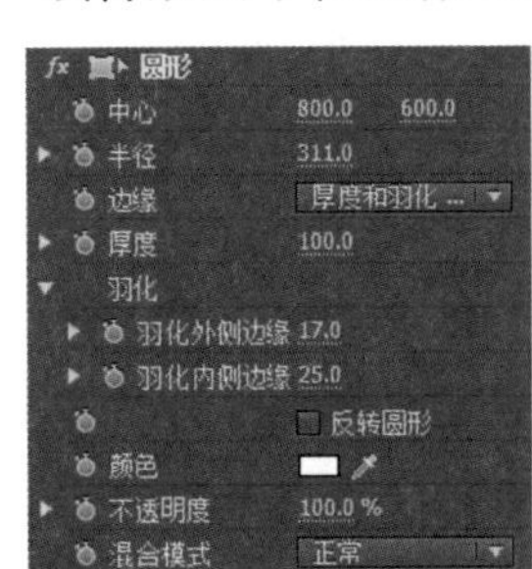

图10-118 “圆形”特效设置选项与应用效果

- 中心：用于设置圆形或圆环的中心点位置。
- 半径：用于设置圆形或圆环的半径大小。
- 边缘：用于设置圆形或圆环的边缘形态，默认为“无”，即圆形效果，还包括“边缘半径”、“厚度”、“厚度*半径”、“厚度和羽化*半径”选项，如图10-119所示。

边缘半径

厚度

厚度*半径

图10-119　不同边缘形态的显示效果

- 边缘半径/厚度：用于设置中心圆环的半径大小或内侧边缘到外侧边缘的厚度，该选项由“边缘”下拉列表中的选项决定。
- 羽化：设置圆环内侧和外侧边缘的羽化程度。
- 反转圆形：勾选该复选框，可以将圆环内外进行反转，如图10-120所示。

图10-120　反转圆形

- 颜色：用于设置圆形或圆环的填充色，如图10-121所示。
- 不透明度：用于设置圆形或圆环的不透明度，如图10-122所示。

图10-121　设置圆环填充色

图10-122　设置圆环不透明度

- 混合模式：用于设置圆形或圆环与原始图像的混合模式，如图10-123所示。

图10-123　设置不同的图像混合模式

6. 棋盘

该特效可以在图像上创建一种棋盘格的图案效果，如图10-124所示。

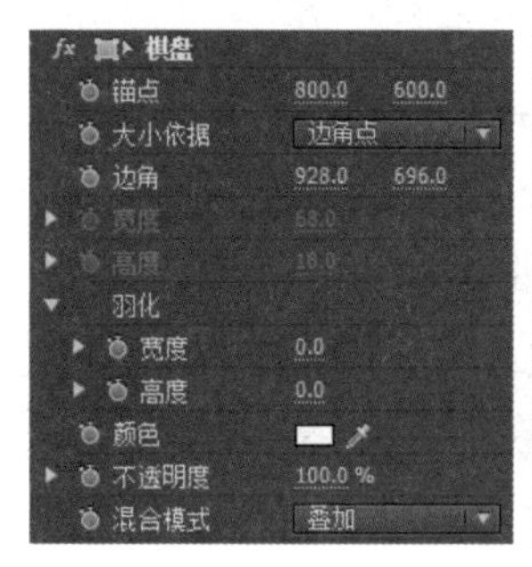

图10-124　“棋盘”特效设置选项与应用效果

- 锚点：用于设置棋盘格图案的中心位置。
- 大小依据：用于设置棋盘格的网格大小方式，包括“边角点”、“宽度滑块”、“宽度和高度滑块”3种方式。选择一个定义网格大小的类型后，在下面将显示对应的“边角”或“宽度”、“高度”选项，可以设置需要的数值来确定棋盘网格的大小。
- 羽化：用于设置棋盘格水平和垂直边缘的羽化程度。
- 颜色：用于设置棋盘格的颜色。
- 不透明度：用于设置棋盘格图案的不透明度。
- 混合模式：用于设置棋盘格与原始图像的混合模式。

7. 椭圆

该特效可以在图像上创建一个椭圆形的光圈图案效果，如图10-125所示。

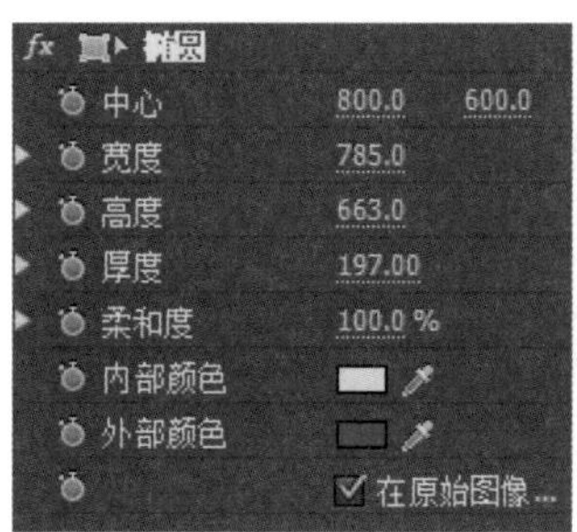

图10-125　“椭圆”特效设置选项与应用效果

- 中心：用于设置椭圆光圈的中心位置。
- 宽度/高度：用于设置椭圆的宽度与高度。
- 厚度：用于设置椭圆光圈内边缘与外边缘的距离。
- 柔和度：用于设置椭圆光圈的边缘柔和程度。
- 内部/外部颜色：用于设置光圈的中心颜色与外侧颜色。
- 在原始图像上合成：勾选该复选框，将显示出原始图像；不勾选，则只显示设置的椭圆光圈图案。

8. 油漆桶

该特效用于将图像上指定区域的颜色替换成另外一种颜色，如图10-126所示。

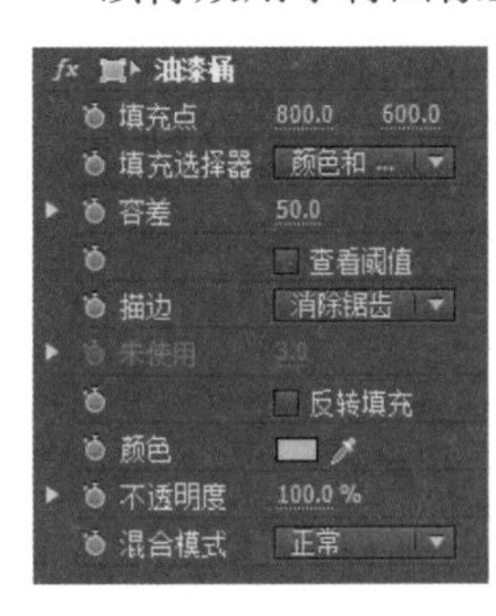

图10-126 “油漆桶”特效设置选项与应用效果

- 填充点：用于设置颜色填充的坐标位置，图像中所有与填充点的像素颜色相同的部分都会被填充。
- 填充选择器：用于选择应用填充的通道。
- 容差：用于设置填充的颜色容差大小，控制应用填充的相似范围大小。
- 描边：用于设置填充边缘的处理方式，包括“消除锯齿”、“羽化”、“扩展”、“阻塞”、“描边”5种方式。
- 反转填充：勾选该复选框，对填充区域进行反转。
- 颜色：用于设置填充区域的颜色。
- 不透明度：用于设置填充区域的不透明度。
- 混合模式：用于设置填充区域与原始图像的混合模式。

9. 渐变

该特效可以在图像上叠加一个双色渐变填充的蒙版，如图10-127所示。

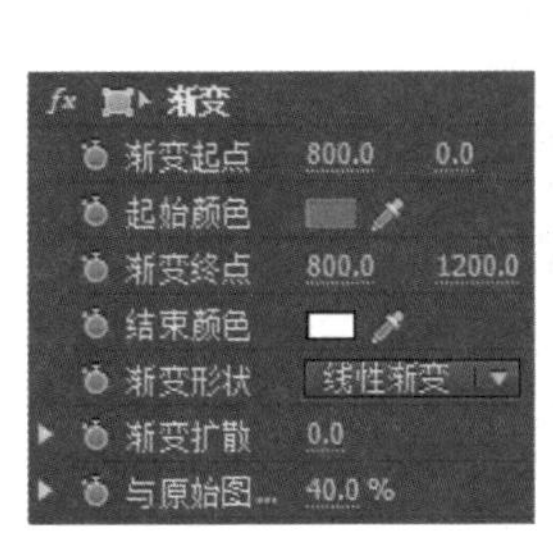

图10-127 “渐变”特效设置选项与应用效果

- 渐变起点：用于设置渐变的起始点位置。
- 起始颜色：用于设置起始点的颜色。
- 渐变终点：用于设置渐变的结束点位置。
- 结束颜色：用于设置结束点的颜色。
- 渐变形状：用于设置渐变的类型，包括了“线性渐变”和“径向渐变”两种。
- 渐变扩散：用于设置渐变色扩散的数量。
- 与原始图像混合：用于设置和原始图像之间的混合程度。

10. 网格

该特效可以在图像上创建自定义的网格效果，如图10-128所示。

图10-128 “网格”特效设置选项与应用效果

- 锚点：用于设置网格的中心交叉点。
- 大小依据：用于设置网格大小的定义方式，包括“边角点”、“宽度滑块”、“宽度和高度滑块”3种方式。选择一个定义网格大小的类型后，在下面将显示对应的“边角”或“宽度”、“高度”选项，可以设置需要的数值来确定网格的大小。
- 边框：用于设置网格框线的宽度。
- 羽化：用于设置网格羽化的程度。
- 反转网格：勾选该复选框，将反转网格透明和不透明度区域。
- 颜色：用于设置网格的颜色。
- 不透明度：用于设置网格的不透明度。
- 混合模式：用于设置网格与原始图像的混合模式。

11. 镜头光晕

该特效可以在图像上模拟出相机镜头拍摄的强光折射效果，如图10-129所示。

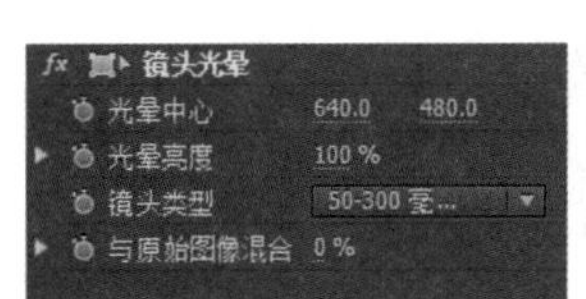

图10-129 “镜头光晕”特效设置选项与应用效果

- 光晕中心：用于设置镜头光晕中心的位置。
- 光晕亮度：用于调整光晕的亮度。
- 镜头类型：在下拉列表中可以选择需要的选项，模拟对应的相机镜头的光晕效果，如图10-130所示。

图10-130　35毫米定焦和105毫米定焦的镜头光晕效果

12. 闪电

该特效可以在图像上产生类似闪电或电火花的光电效果，如图10-131所示。

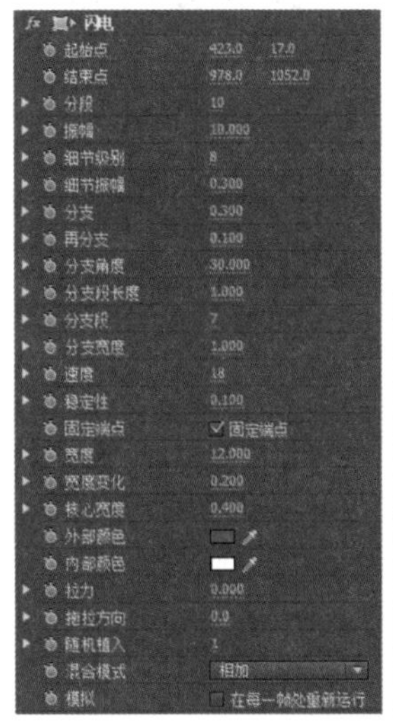

图10-131　“闪电”特效设置选项与应用效果

- 起始点：用于设置开始点的位置。
- 结束点：用于设置结束点的位置。
- 分段：用于设置光线的数量。
- 振幅：用于设置光线的振幅。
- 细节级别：用于设置光线颜色的色阶。
- 细节振幅：用于设置光线波的振幅。
- 分支：用于设置每条光线的分支。
- 再分支：用于设置光线分支的位置。
- 分支角度：用于设置光线分支的角度。

- 分支段长度：用于设置光线分支的长度。
- 分支段：用于设置光线分支的数目。
- 分支宽度：用于设置光线分支的粗细。
- 速度：用于设置光线变化的速率。
- 稳定性：用于设置固定光线的数值。
- 固定端点：勾选该复选框，可以在播放时固定光线的发生端点。
- 宽度：用于设置光线的粗细。
- 宽度变化：用于设置光线粗细的变化。
- 核心宽度：用于设置光源的中心宽度。
- 外部颜色：用于设置光线外沿的颜色。
- 内部颜色：用于设置光线内部的颜色。
- 拉力：用于设置光线推拉时的物理力度变化强度。
- 拖拉方向：用于设置光线推拉时的角度。
- 随机植入：用于设置光线辐射变化时的速度级别。
- 混合模式：用于设置光线和背景图像的混合模式。
- 模拟：勾选“在每一帧处重新运行”复选框，可以在素材剪辑的每一帧上都运行特效。

10.2.9 视频

视频类特效只包含了两个效果，用于在合成序列中显示素材剪辑的名称、时间码信息，如图10-132所示。

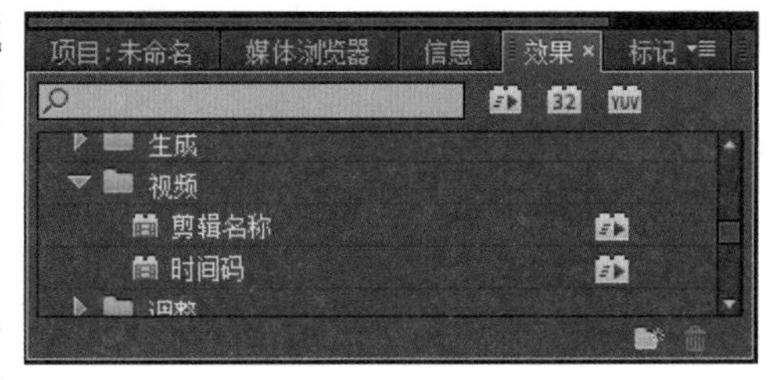

图10-132 视频类特效

1. 剪辑名称

在素材剪辑上添加该特效后，在节目监视器窗口中播放素材剪辑时，将在画面中显示该素材剪辑的名称，如图10-133所示。

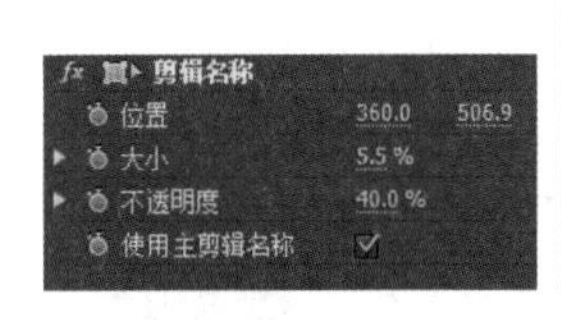

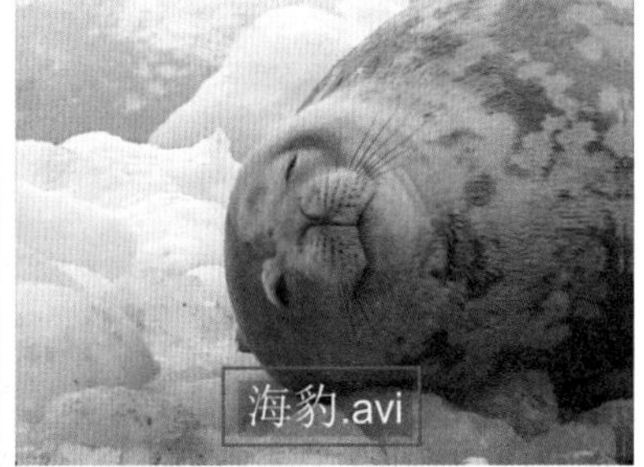

图10-133 “剪辑名称”特效设置选项与应用效果

- 位置：设置显示出来的剪辑名称的位置。
- 大小：设置剪辑名称文字的大小。
- 不透明度：设置剪辑名称文字背景的不透明度。

- 使用主剪辑名称：勾选该选项，则剪辑名称显示为该素材在项目窗口中的可自定义的素材名称；取消勾选，则显示为素材本身的文件名称。

2. 时间码

在素材剪辑上添加该特效后，可以在该素材剪辑的画面上，以时间码的方式显示该素材剪辑当前播放的时间位置，如图10-134所示。

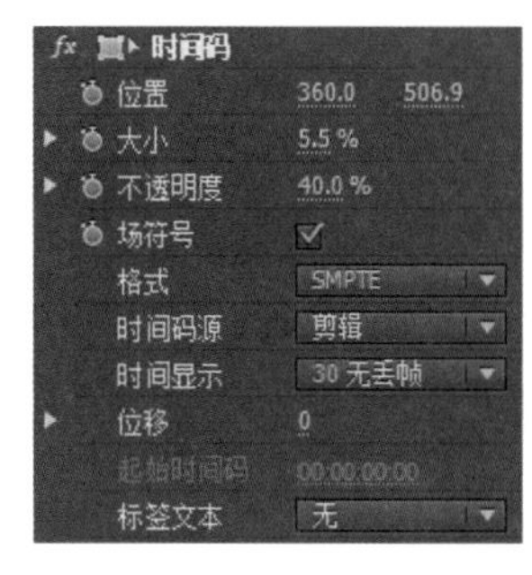

图10-134 “时间码”特效设置选项与应用效果

- 位置：用于设置时间码显示的位置。
- 大小：用于设置时间码显示的大小。
- 不透明度：用于设置时间码的不透明度。
- 场符号：勾选该复选框，将显示时间码后的符号。
- 格式：用于选择时间码显示的内容格式。
- 位移：用于设置时间码起始时间的偏移数值。

10.2.10 调整

调整类特效主要用于对图像的颜色进行调整，可以修正图像中存在的颜色缺陷，或者增强某些特殊效果。该类特效包含了9个效果，如图10-135所示。

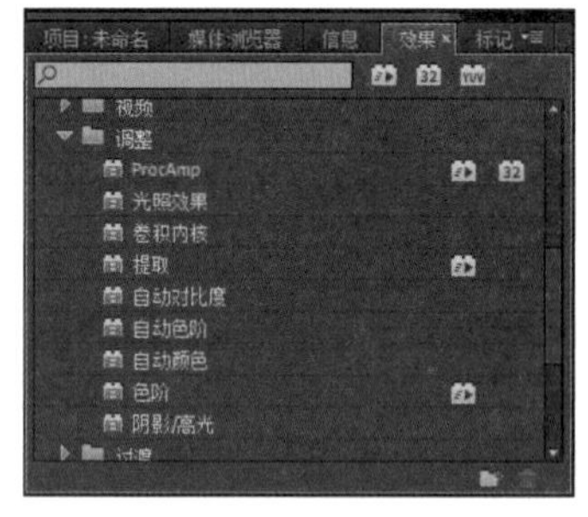

图10-135 调整类特效

1. ProcAmp

该特效可以同时调整图像的亮度、对比度、色相、饱和度，并可以设置只在图像中的部分范围应用效果，生成图像调整的对比效果，如图10-136所示。

图10-136 “ProcAmp”特效设置选项与应用效果

- 亮度：用于调整图像画面的亮度。
- 对比度：用于调整图像画面的对比度。
- 色相：用于调整图像画面的色相，改变像素色彩。
- 饱和度：用于调整图像画面的饱和度。
- 拆分屏幕：勾选该复选框后，在下面的“拆分百分比”选项中输入需要的数值，可以设置特效在水平方向上的应用范围百分比。

2. 光照效果

该特效可以在图像上添加灯光照射的效果，通过对灯光的类型、数量、光照强度等进行设置，模拟逼真的灯光效果，如图10-137所示。

- 光照1~5：最多可以在图像上开启5个灯光照射效果，每个“光照”选项的参数都是相同的，可以为每个灯光设置不同的属性参数。
- 光照类型：用于设置灯光的光源类型，包括“无”、“平行光”、“全光源”和“点光源”4个选项，选择不同的灯光类型，下面的选项参数也会有对应的变化。需要注意的是，“无”并不表示无效果，而是指无灯光，其效果类似于夜晚无灯光的昏暗效果，如图10-138所示。
- 光照颜色：用于设置灯光的颜色。
- 中央：用于设置灯光中心光线的照射位置。
- 主要半径：用于设置主要光线的半径大小。
- 次要半径：用于设置边缘光线的半径大小。

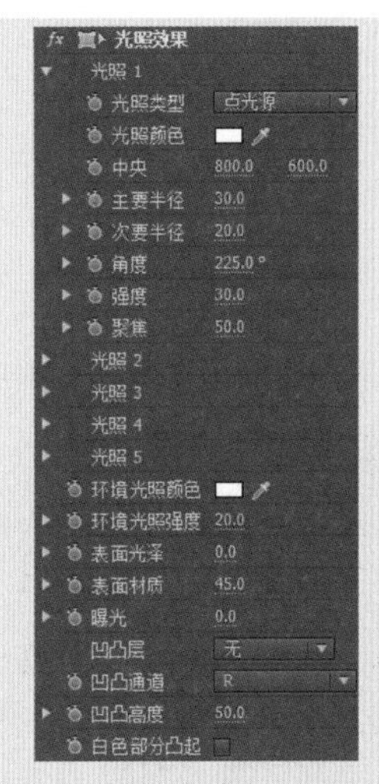

图10-137 “光照效果”特效设置选项与应用效果

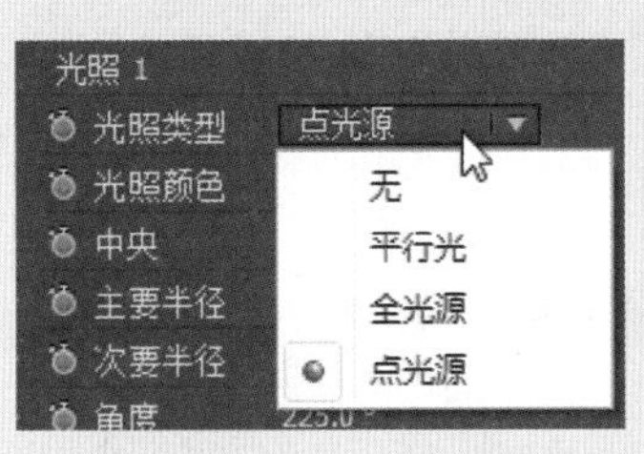

“光照类型”下拉列表

原图

无

平行光

全光源

点光源

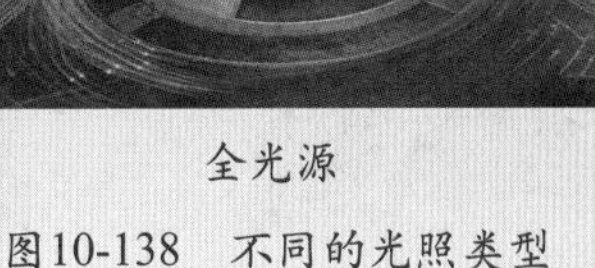

图10-138 不同的光照类型

- 角度：用于调节光线照射的角度。
- 强度：用于设置光照的强度。
- 聚焦：用于设置光线照射时聚集的程度。
- 环境光照颜色：用于设置环境光照的颜色，影响整体色彩氛围。
- 环境光照强度：用于调节周围环境光照的强度。
- 表面光泽：调整图像表面光线的扩散程度。
- 表面材质：调节画面中材质的光线强度。
- 曝光：设置光线的曝光程度。
- 凹凸层：设置光照效果的光线反射图层。在该选项的下拉列表中可以选择任意视频轨道上的图像作为反射画面。
- 凹凸通道：设置所选反射图层的哪一个色彩通道来应用效果。
- 凹凸高度：设置在所选图层上的光照反射效果的强度。
- 白色部分凸起：勾选该复选框，则反射图层中的白色部分保持原样，不受影响。

3. 卷积内核

该特效可以改变素材中每个亮度级别的像素的明暗度，如图10-139所示。

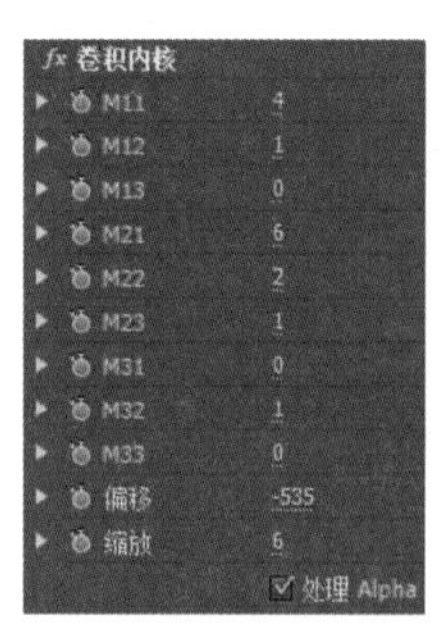

图10-139 “卷积内核”特效设置选项与应用效果

- M11~M33：分别代表图像中各级亮度的像素，可以调整其数值改变对应像素区域的亮度，数值在-30~30之间。
- 偏移：对图像的亮度进行整体的偏移调整。
- 处理Alpha：勾选该复选框，可以对图像中包含的Alpha通道应用效果。

4. 提取

该特效可以在视频素材中提取颜色，生成一个有纹理的灰度蒙版，可以通过定义灰度级别来控制应用效果，如图10-140所示。

图10-140 “提取”特效设置选项与应用效果

在效果控件面板中单击该效果名称后面的“设置”按钮，可以打开“提取设置”对话框，在其中可以对该效果的参数选项进行设置，如图10-141所示。

- 输入黑色阶：黑色输入级别，表示画面中黑色的提取情况。
- 输入白色阶：白色输入级别，表示画面中白色的提取情况。
- 柔和度：用于调整画面的灰度，数值越大，其灰度越高。
- 反转：勾选该复选框，将对黑色和白色的像素范围进行反转。

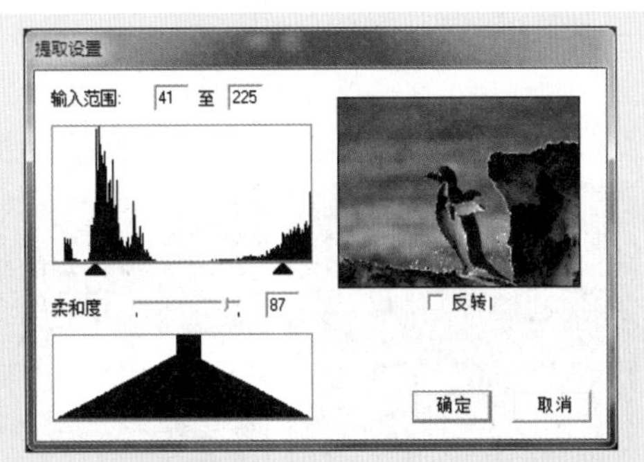

图10-141 “提取设置”对话框

5. 自动对比度

该特效用于调整素材图像的色彩对比度，如图10-142所示。

fx 自动对比度
瞬时平滑（秒）0.00
场景检测
减少黑色像素 0.10 %
减少白色像素 0.10 %
与原始图... 0.0 %

图10-142 “自动对比度”特效设置选项与应用效果

- 瞬时平滑（秒）：在动态素材上应用此效果时，在此设置对图像进行对比度调节的刷新时间。
- 减少黑色像素：调节画面中黑色的比例。
- 减少白色像素：调节画面中白色的比例。
- 与原始图像混合：设置应用的颜色调节效果与原始图层之间的混合程度。

6. 自动色阶

该特效用于对素材图像的色阶亮度进行自动调整，其参数选项与“自动对比度”效果的选项基本相同，如图10-143所示。

fx 自动色阶
瞬时平滑（秒）0.00
场景检测
减少黑色像素 4.10 %
减少白色像素 2.40 %
与原始图... 0.0 %

图10-143 “自动色阶”特效设置选项与应用效果

7. 自动颜色

该特效用于对素材图像的色彩进行自动调整，其参数选项与“自动对比度”效果的选项基本相同，如图10-144所示。

fx 自动颜色
瞬时平滑（秒）0.00
场景检测
减少黑色像素 10.00 %
减少白色像素 10.00 %
对齐中性...
与原始图... 0.0 %

图10-144 “自动颜色”特效设置选项与应用效果

8. 色阶

该特效用于调整图像的亮度和对比度，如图10-145所示。

fx 色阶
(RGB) 输入... 0
(RGB) 输入... 255
(RGB) 输出... 0
(RGB) 输出... 255
(RGB) 灰度系数 100
(R) 输入黑色阶 0
(R) 输入白色阶 255
(R) 输出黑色阶 0
(R) 输出白色阶 255
(R) 灰度系数 100
(G) 输入黑色阶 0
(G) 输入白色阶 255
(G) 输出黑色阶 0
(G) 输出白色阶 255
(G) 灰度系数 100
(B) 输入黑色阶 0
(B) 输入白色阶 255
(B) 输出黑色阶 0
(B) 输出白色阶 255
(B) 灰度系数 100

图10-145 “色阶”特效设置选项与应用效果

在效果控件面板中单击该效果名称后面的“设置”按钮，可以打开“色阶设置”对话框，在其中可以对该效果的参数选项进行设置，如图10-146所示。

- 通道：在该选项的下拉列表中，可以选择需要进行颜色亮度和对比度调整的通道。
- 输入色阶：用于调整色阶的输入级别。拖动下方的三角形滑块，可以改变图像中高亮度、中间调、暗部的颜色对比度。
- 输出色阶：用于调整色阶的输出级别。在该数值框中输入有效的数值，可以对素材的输出亮度进行修改。
- 加载：导入以前存储的调整设置。

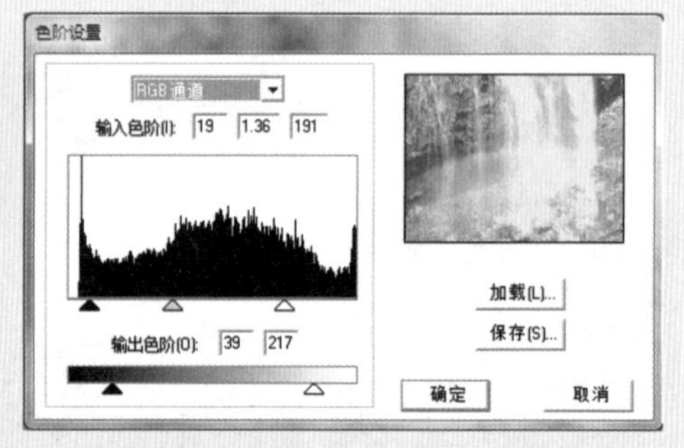

图10-146 “色阶设置”对话框

- 保存：保存当前的设置。

9. 阴影/高光

该特效可以调整素材中的阴影和高光部分，包括阴影和高光的数量、范围、宽度及色彩修正等，如图10-147所示。

图10-147 “阴影/高光”特效设置选项与应用效果

- 自动数量：勾选该复选框，可以自动修正图像中阴影和高光的数量程度。
- 阴影数量：调节阴影对画面的影响程度。
- 高光数量：调节高光对画面的影响程度。
- 阴影色调宽度：用于调整画面中阴影色调的宽度。
- 阴影半径：用于设置画面中阴影的范围。
- 高光色调宽度：用于调整画面中亮度色调的宽度。
- 高光半径：用于设置画面中亮度的范围。
- 颜色校正：用于设置画面中对颜色进行修正的程度。
- 中间调对比度：用于对画面中中间色的对比程度进行设置。
- 减少黑色像素：用于调节图像中黑色像素的范围。
- 减少白色像素：用于调节图像中白色像素的范围。
- 与原始图像混合：用于设置特效的调节效果与原始图像的混合程度。

10.2.11 过渡

过渡类特效的图像效果与应用视频过渡的效果相似。不同的是过渡类特效默认是对整个素材图像进行处理，也可以通过创建关键帧动画编辑素材之间、视频轨道之间的图像连接过渡效果，该类特效包含了5个效果，如图10-148所示。

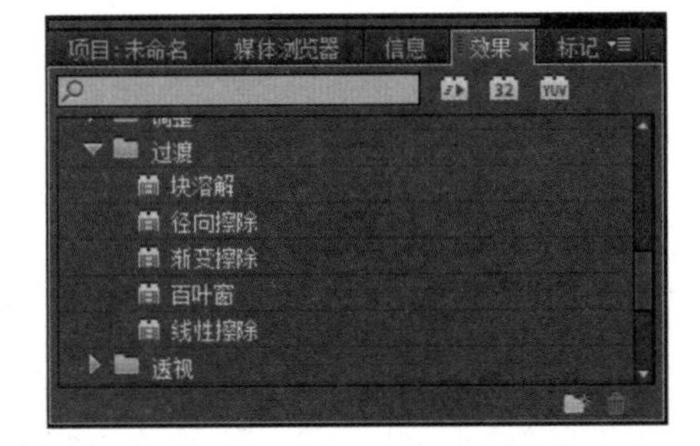

图10-148 过渡类特效

1. 块溶解

该特效可以在图像上产生随机的方块对图像进行溶解，如图10-149所示。

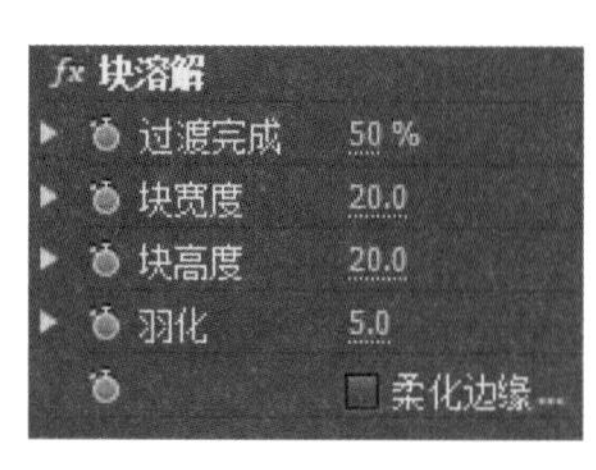

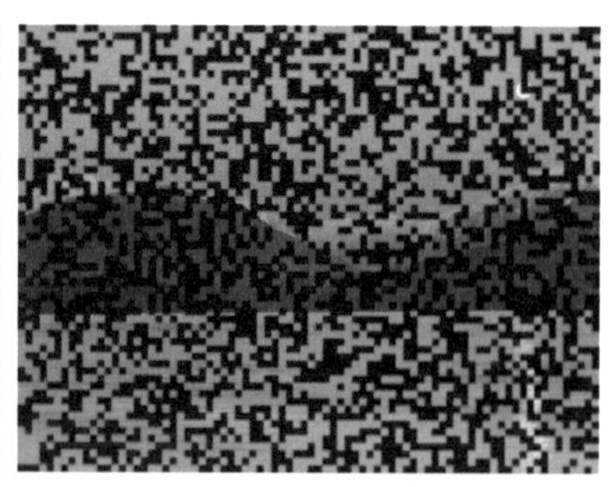

图10-149 “块溶解”特效设置选项与应用效果

- 过渡完成：用于设置图像的溶解程度，数值为100%时完全显示出下层图像。
- 块宽度/块高度：用于设置方块的高度和宽度。
- 羽化：用于设置方块边缘的羽化程度。
- 柔化边缘：勾选该复选框，将对方块边缘进行柔化处理。

2. 径向擦除

该特效可以围绕指定点以旋转的方式将图像擦除，如图10-150所示。

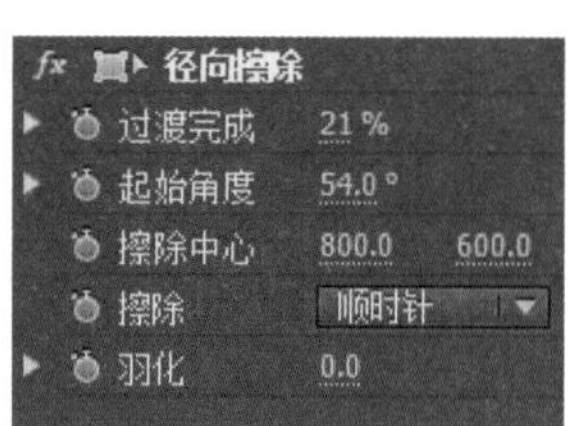

图10-150 “径向擦除”特效设置选项与应用效果

- 过渡完成：用于设置径向擦除效果的完成百分比值。
- 起始角度：用于设置径向擦除的开始角度。
- 擦除中心：用于设置径向擦除的中心点位置。
- 擦除：用于设置擦除的方向类型。
- 羽化：用于设置擦除边缘的羽化程度。

3. 渐变擦除

该特效可以根据两个图层的亮度值建立一个渐变层，在指定层和原图层之间进行渐变切换，如图10-151所示。

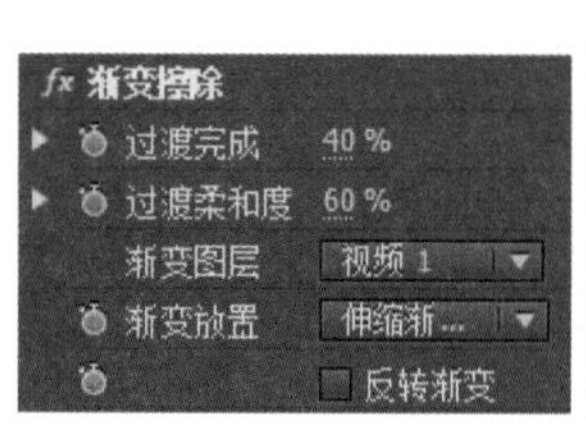

图10-151 “渐变擦除”特效设置选项与应用效果

- 过渡完成：设置渐变擦除效果的完成百分比。
- 过渡柔和度：设置渐变擦除的柔化程度。
- 渐变图层：设置选择哪一个视频轨道中的图像作为渐变依据。
- 渐变放置：用于设置渐变图层放置的位置。
- 反转渐变：勾选该复选框，将对渐变图层进行反转。

4. 百叶窗

该特效通过对图像进行百叶窗式的分割，形成图层之间的过渡切换，如图10-152所示。

图10-152 “百叶窗”特效设置选项与应用效果

- 过渡完成：设置渐变擦除效果的完成百分比。
- 方向：用于设置擦拭的角度方向。
- 宽度：用于设置百叶窗的分割宽度。
- 羽化：用于设置擦除边缘的羽化程度

5. 线性擦除

该特效通过线条划过的方式，在图像上形成擦除效果，如图10-153所示。

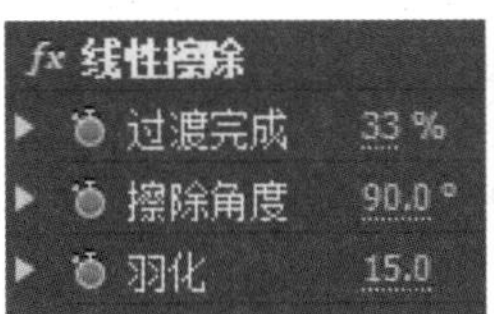

图10-153 “线性擦除”特效设置选项与应用效果

- 过渡完成：设置渐变擦除效果的完成百分比。
- 擦除角度：用于设置擦拭的角度方向
- 羽化：用于设置擦除边缘的羽化程度。

10.2.12 透视

透视类特效可以对图像进行空间变形，使图像看起来具有立体空间的效果。该类特效包含了5个效果，如图10-154所示。

图10-154　透视类特效

1. 基本3D

该特效可以在一个虚拟的三维空间中操作图像。在虚拟空间中，图像可以绕水平和垂直的轴转动，可以产生图像运动的移动效果，还可以在图像上增加反光的效果，从而产生更逼真的空间特效，如图10-155所示。

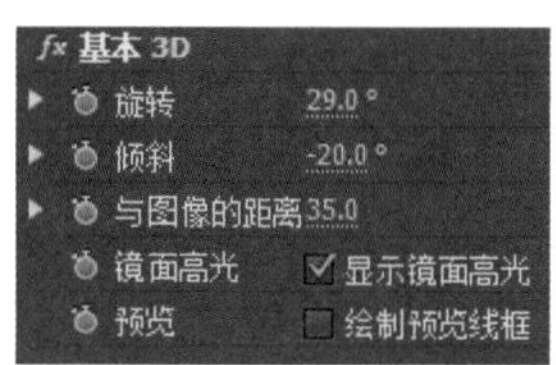

图10-155　“基本3D”特效设置选项与应用效果

- 旋转：用于控制水平旋转的角度。
- 倾斜：用于控制垂直旋转的角度。
- 与图像的距离：用于设置图像移近或移远的距离。
- 镜面高光：勾选“显示镜面高规格”复选框，将在图像中加入光照效果。
- 预览：勾选“绘制预览线框”复选框，在对图像进行移动、缩放等操作时，图像就会以线框的形式显示，而不渲染空间效果，还可以加快操作速度。

2. 投影

该特效可以为图像添加阴影效果，如图10-156所示。

图10-156　“投影”特效设置选项与应用效果

- 阴影颜色：用于设置投影的颜色。
- 不透明度：用于设置投影的不透明度。
- 方向：用于设置投影的方向角度。
- 距离：用于设置投影位置的距离。
- 柔和度：用于设置投影的边缘柔和度。
- 仅阴影：勾选该复选框，只显示投影。

3. 放射阴影

该特效将在指定位置产生的光源照射到图像上，在下层图像上投射出阴影的效果，如图10-157所示。

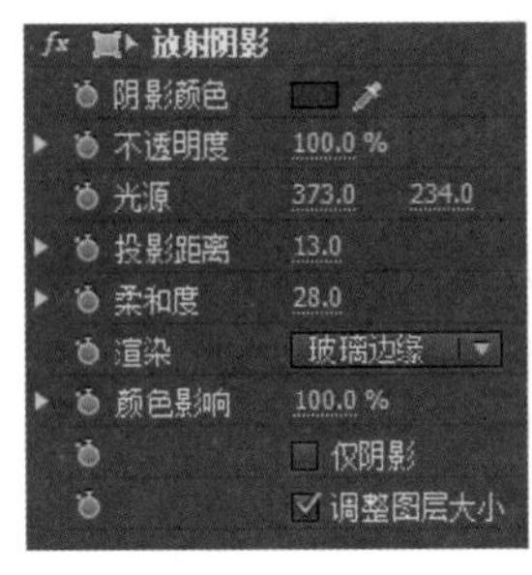

图10-157 “放射阴影”特效设置选项与应用效果

- 阴影颜色：用于设置投影的颜色。
- 不透明度：用于设置投影的不透明度。
- 光源：用于设置光源的位置。
- 投影距离：用于设置投影位置的距离。
- 柔和度：用于设置投影的边缘柔和度。
- 渲染：用于设置投影的预览类型，包括“常规”和“玻璃边缘”两种。
- 颜色影响：用于调节颜色投影的影响范围。
- 仅阴影：勾选该复选框，只显示投影。
- 调整图层大小：勾选该复选框，将调整投影适配层图像，而忽略层的尺寸。

4. 斜角边

该特效可以使图像四周产生斜边框的立体凸出效果，如图10-158所示。

图10-158 “斜角边”特效设置选项与应用效果

- 边缘厚度：用于设置斜边边缘的厚度。
- 光照角度：用于设置光线的角度。
- 光照颜色：用于选择光线的颜色。
- 光照强度：用于设置斜边边缘的光强度。强度越高，立体感越强；反之，平面感越强。

5. 斜面Alpha

该特效可以使图像中的Alpha通道产生斜面效果。如果图像中没有保护Alpha通道，则直接在图像的边缘产生斜面效果，其设置选项与“斜角边”相同，如图10-159所示。

图10-159 “斜面Alpha”特效设置选项与应用效果

10.2.13 通道

通道类特效可以对素材的通道进行处理，可以改变图像颜色、色调、饱和度和亮度等颜色属性。该类特效包含了7个效果，如图10-160所示。

1. 反转

该特效可以将指定通道的颜色反转成相应的补色，对图像的颜色信息进行反转，如图10-161所示。

图10-160 通道类特效

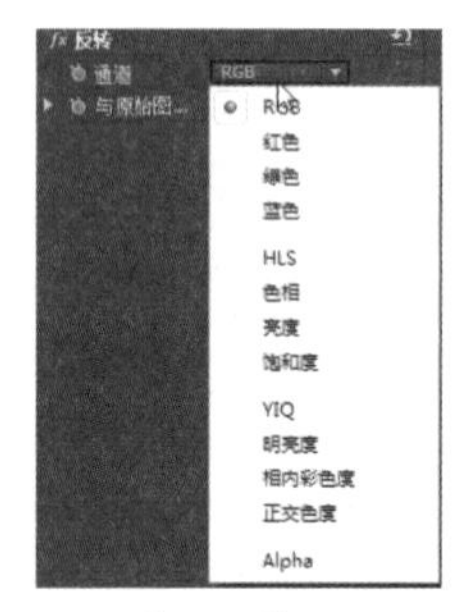

图10-161 “反转”特效设置选项

- 通道：在该下拉列表中可以选择需要执行反转效果的通道，各通道的反转效果如图10-162所示。

图10-162 不同通道的反相效果

- 与原始图像混合：用于设置与原始图像的混合程度。

2. 复合运算

该特效可以用数学运算的方式合成当前层和指定层的图像，如图10-163所示。

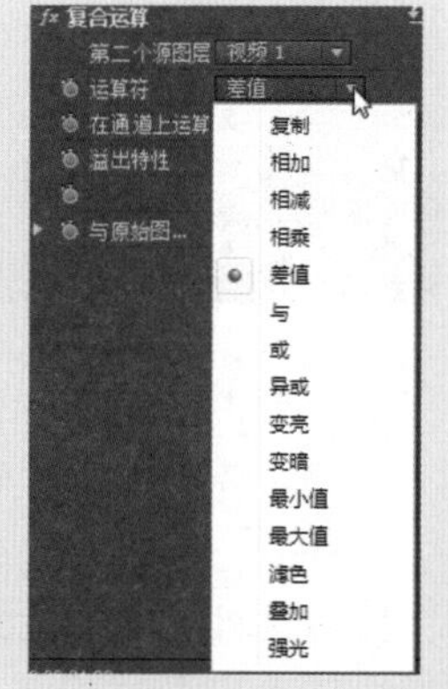

图10-163 “复合运算”特效设置选项

- 第二个源图层：用于指定要与当前层图像进行复合运算的图层。
- 运算符：在该下拉列表中可以选择需要的运算方法，如图10-164所示。
- 在通道上运算：指定要进行复合运算的通道。
- 溢出特性：指定如何处理超出允许范围的像素值，包括“剪切”、“回绕”、“缩放”3个选项。
- 伸缩第二个源以适合：用于缩放指定层，使其大小与当前层相匹配。如果没有勾选该复选框，指定层将按照自身尺寸进行放置。
- 与原始图像混合：用于设置与原始图像的混合程度。

相加 相减 相乘 差值

与 变亮 叠加 强光

图10-464 不同的运算方法

3. 混合

该特效可以将当前图像与指定轨道中的素材图像进行混合，如图10-165所示。

- 与图层混合：在该下拉列表中可以选择要与当前图像进行混合的图层。
- 模式：在该下拉列表中可以选择混合模式，效果如图10-166所示。
- 与原始图像混合：用于设置与原始图像的混合程度。
- 如果图层大小不同：用于对图层的对齐方式进行设置。该选项的下拉列表中包括“居中”和“伸缩以适合”。

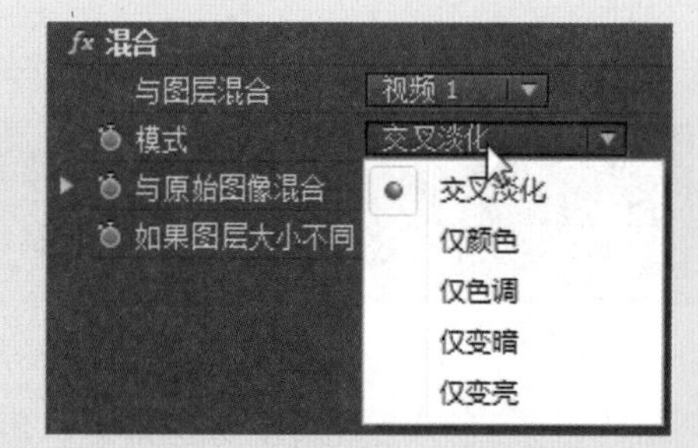

图10-165 “混合”特效设置选项

交叉淡化

仅颜色

仅变暗

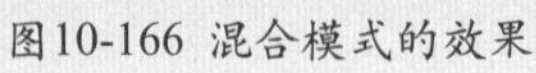
图10-166 混合模式的效果

4. 算术

该特效可以对图像的色彩通道进行简单的数学运算，如图10-167所示。

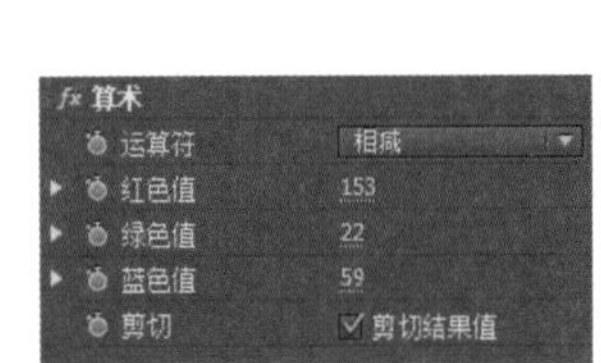

图10-167 “算术”特效设置选项与应用效果

- 运算符：在该下拉列表中可以选择运算方法，与“复合运算”中的选项相同。
- 红/绿/蓝色值：分别对图像的各个颜色通道进行设置，确定图像颜色后应用运算效果。
- 剪切：勾选该选项，可以防止设置颜色值的所有功能函数超出限定的范围。

5. 纯色合成

该特效可以应用一种设置的颜色与图像进行混合，如图10-168所示。

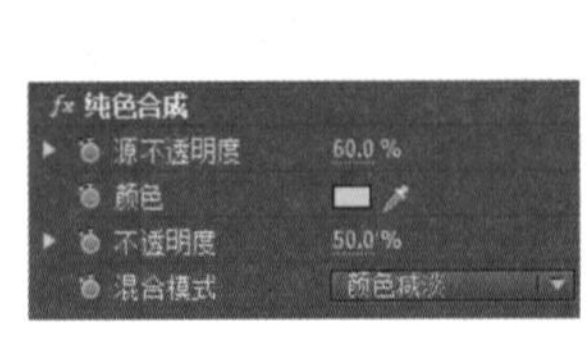

图10-168 “纯色合成”特效设置选项与应用效果

- 源不透明度：用于指定素材层的不透明度。
- 颜色：用于设置新填充图像的颜色。
- 不透明度：控制新填充图像的不透明度。
- 混合模式：设置素材层和新填充图像以何种方式混合。

6. 计算

该特效通过混合指定的通道来调整颜色，如图10-169所示。

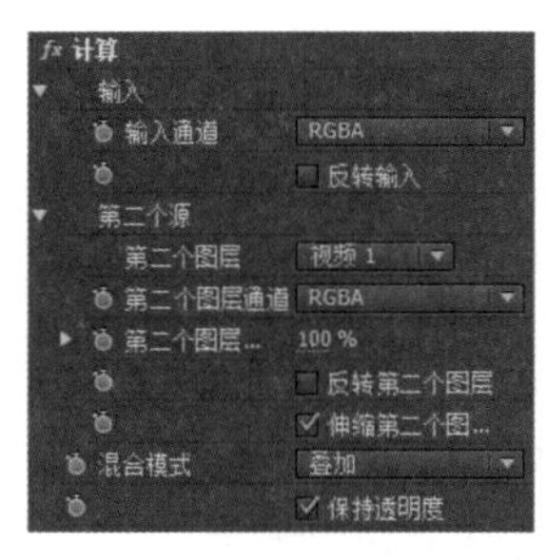

图10-169 “计算”特效设置选项与应用效果

- 输入通道：用于指定当前图像中需要进行运算的通道。
- 反转输入：勾选该复选框，可以对所选输入通道的颜色进行反转。
- 第二个图层：在该下拉列表中可以选择需要与当前图像进行混合计算的图层。
- 第二个图层通道：在该下拉列表中可以选择指定图层中需要与当前层进行混合计算的通道。
- 第二个图层的不透明度：设置第二个图层的不透明度。
- 反转第二个图层：勾选该复选框，可以对第二个图层的通道的颜色进行反转。
- 伸缩第二个图层以适合：如果指定视频轨道中的图像大小与当前图像尺寸不一致，勾选该复选框后，将自动使第二个图层中的图像调整到合适的尺寸。
- 混合模式：在该下拉列表中可以为设置的两个图层的图像选择需要的混合模式。
- 保持透明度：如果选择的两个图层的图像包含透明内容，勾选该复选框，可以保持原有透明度进行混合计算。

7. 设置遮罩

该特效以当前层中的Alpha通道取代指定层中Alpha通道，使之产生运动屏蔽的效果，如图10-170所示。

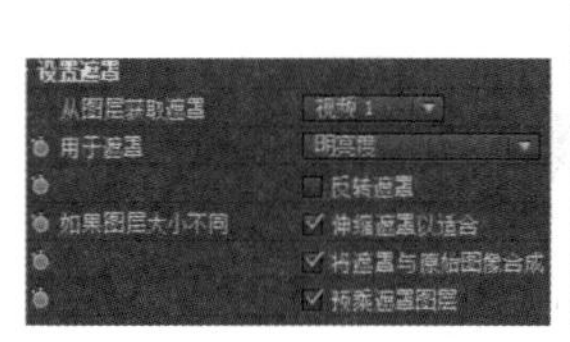

图10-170 “设置遮罩”特效设置选项与应用效果

- 从图层获取遮罩：用于指定作为遮罩的图层。
- 用于遮罩：选择指定遮罩层中用于效果处理的通道或颜色信息。
- 反转遮罩：反转遮罩层的透明度。

- 如果图层大小不同：如果指定视频轨道中的图像大小与当前图像尺寸不一致，勾选“伸缩遮罩以适合”复选框后，将自动使素材调整到合适的尺寸。
- 将遮罩与原始图像合成：勾选该复选框，可以使当前层合成新的遮罩，而不是替换原始素材层。
- 预乘遮罩图层：勾选该复选框，则预先与所选遮罩层执行一次混合计算。

10.2.14 键控

键控类特效主要用在有两个重叠的素材图像时产生各种叠加效果，以及清除图像中指定部分的内容形成抠像效果。该类特效包含了15个效果，如图10-171所示。

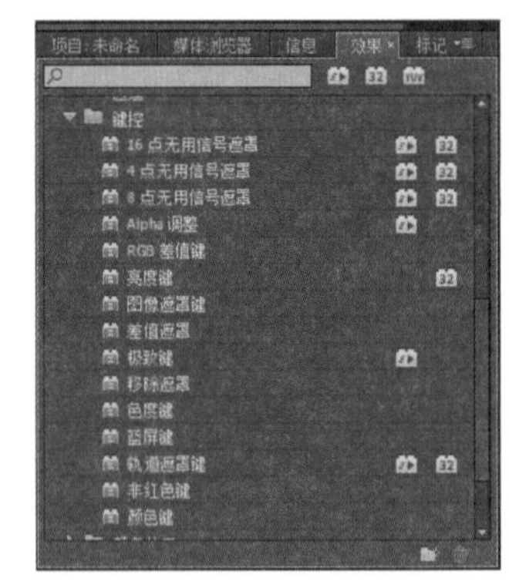

图10-171 键控类特效

1. 16点无用信号遮罩

该特效通过在图像的每个边上安排4个控制点得到16个控制点，通过对每个点的位置修改编辑遮罩形状来改变图像的显示形状，如图10-172所示。

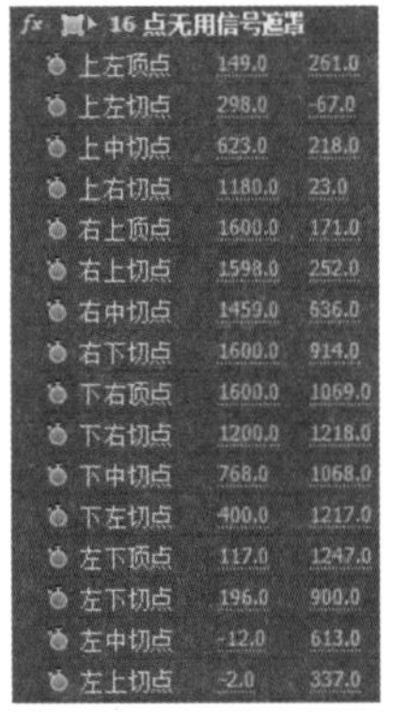

图10-172 “16点无用信号遮罩”特效设置选项与应用效果

2. 4点无用信号遮罩

该特效通过在图像的4个角上安排控制点，通过对每个点的位置修改编辑遮罩形状来改变图像的显示形状，如图10-173所示。

fx 4点无用信号遮罩

上左	65.0	97.0
上右	1596.0	181.0
下右	1479.0	1133.0
下左	86.0	1138.0

图10-173 “4点无用信号遮罩”特效设置选项与应用效果

3. 8点无用信号遮罩

该特效通过在图像的边缘上安排8个控制点，通过对每个点的位置修改编辑遮罩形状来改变图像的显示形状，如图10-174所示。

fx 8点无用信号遮罩		
上左顶点	142.0	116.0
上中切点	891.0	11.0
右上顶点	1478.0	137.0
右中切点	1357.0	267.0
下右顶点	1538.0	779.0
下中切点	859.0	1041.0
左下顶点	218.0	1085.0
左中切点	0.0	600.0

图10-174 “8点无用信号遮罩”特效设置选项与应用效果

4. Alpha调整

该特效可以应用上层图像中的Alpha通道来设置遮罩叠加效果，如图10-175所示。

- 不透明度：设置上层图像的不透明度。
- 忽略Alpha：忽略上层图像中的Alpha通道，显示全部图像内容，如图10-176所示。

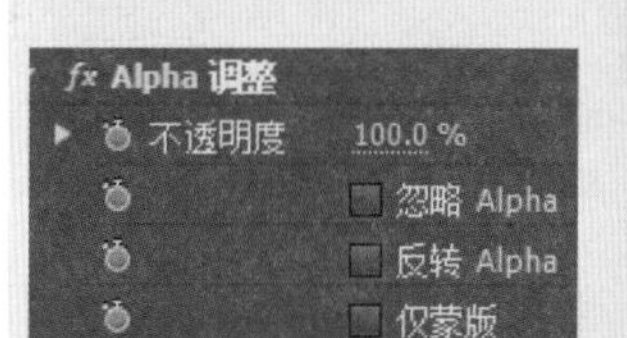

图10-175 “Alpha调整”特效设置选项

图10-176 原两层图像与忽略上层图像Alpha通道后的效果

- 反转Alpha：对图像中的Alpha通道范围进行反转，如图10-177所示。
- 仅蒙版：只显示Alpha通道的图像范围，其他范围以白色显示，如图10-178所示。

图10-177 反转Alpha

图10-178 仅蒙版

5. RGB差值键

该特效可以将图像中指定的颜色清除，显示出下层图像，如图10-179所示。

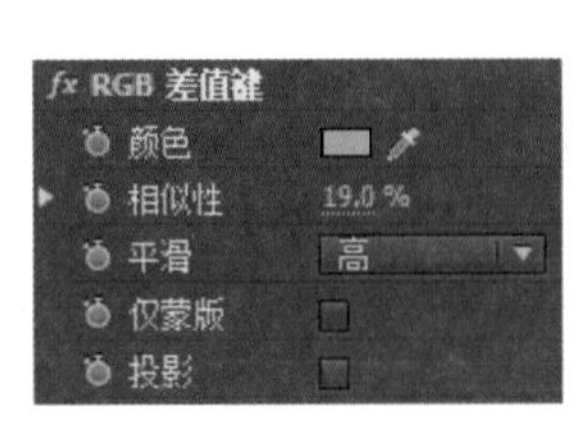

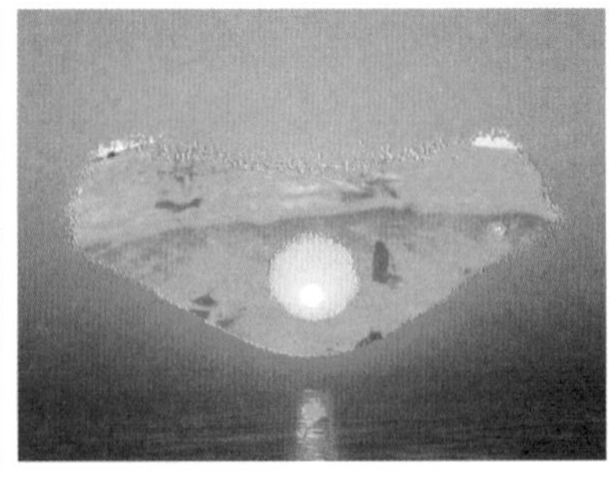

图10-179 “RGB差值键”特效设置选项与应用效果

- 颜色：设置需要清除的颜色，也可以单击后面的吸管按钮，在图像中需要清除的颜色位置单击以吸取颜色。
- 相似性：设置与所选颜色的相似范围程度来进行清除。
- 平滑：设置清除所选颜色像素范围后的边缘平滑度。
- 仅蒙版：勾选该复选框，被清除的像素范围以外的部分以白色显示。
- 投影：在清除的像素范围下产生投影效果。

6. 亮度键

该特效可以将生成图像中的灰度像素设置为透明，并且保持色度不变。该特效对明暗对比十分强烈的图像十分有用，如图10-180所示。

图10-180 “亮度键”特效设置选项与应用效果

- 阈值：用于设置图像中需要清除的像素的亮度范围。
- 屏蔽度：设置对所设置清除范围的屏蔽程度。

7. 图像遮罩键

通过单击该效果名称后面的“设置”按钮，可以在打开的对话框中选择一个外部素材作为遮罩，控制两个图层中图像的叠加效果。遮罩素材中的黑色叠加部分变为透明，白色部分不透明，灰色部分不透明，如图10-181所示。

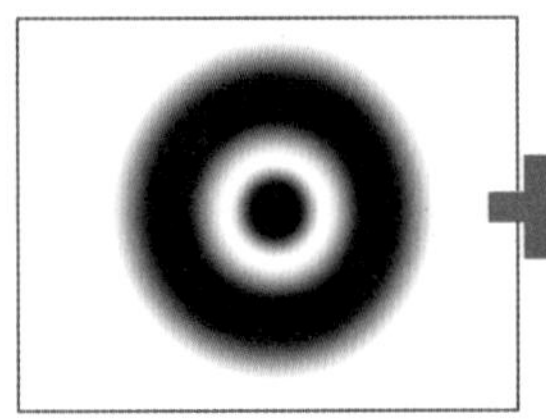

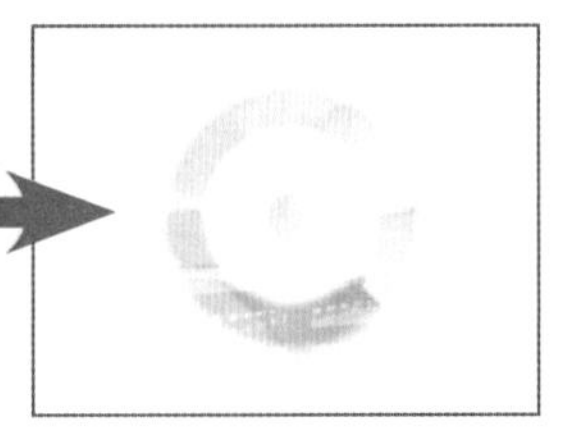

图10-181 “图像遮罩键”特效设置选项与应用效果

8. 差值遮罩

该特效可以叠加两个图像中相互不同部分的纹理，保留对方的纹理颜色，如图10-182所示。

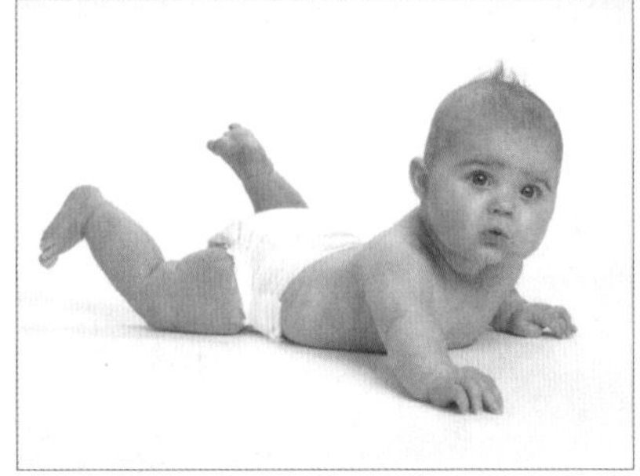

图10-182 “差值遮罩”特效设置选项与应用效果

- 视图：用于设置两个图像之间使用的遮罩模式。
- 差值图层：选择需要进行遮罩处理的图层轨道。
- 如果图层的尺寸不同：用于对图层的对齐方式进行设置。该选项的下拉列表中包括“居中”和“伸缩以适合”。
- 匹配容差：用于调节进行遮罩处理的相似颜色的范围大小。
- 匹配柔和度：用于设置图像透明区域上的平滑度。
- 差值前模糊：用于设置遮罩透明处理后的边缘模糊度。

9. 极致键

该特效可以将图像中的指定颜色范围生成遮罩，并通过参数设置对遮罩效果进行精细调整，得到需要的抠像效果，如图10-183所示。

图10-183 “极致键”特效设置选项与应用效果

- 输出：设置以何种方式输出遮罩处理结果。

- 设置：在该下拉列表中可以选择进行遮罩处理的方式，包括“默认”、“强效”、“弱效”和“自定义”。选择不同的处理方式，在下面的几个选项中也会有相应的参数。
- 主要颜色：设置需要清除的颜色，也可以单击后面的吸管按钮，在图像中需要清除的颜色位置单击以吸取颜色。
- 遮罩生成：用于生成遮罩效果的主要控制参数。包括对生成透明度的控制，对图像中高光、阴影部分的清除程度设置，对所选颜色清除程度的容差范围控制，以及对颜色清除的基础值进行设置。
- 遮罩清除：用于对遮罩清除效果的辅助控制。包括对像素清除的程度抑制、对遮罩透明边缘的柔化处理、对透明区域与保留区域对比度的设置、对中间色调的清除程度调整等。
- 溢出抑制：用于对遮罩清除程度的调整控制。包括调低或调高清除程度、调整需要进行溢出控制的范围大小、亮度范围等。
- 颜色校正：用于对遮罩清除后图像色调变化的校正处理。包括对图像饱和度、色相、明亮度的调整校正。

10. 移除遮罩

该特效用于清除图像遮罩边缘的白色残留或黑色残留，是对遮罩处理效果的辅助处理，如图10-184所示。

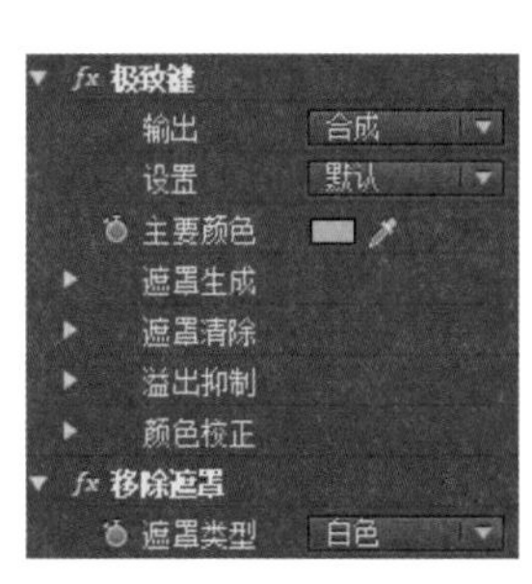

图10-184 “移除遮罩”特效设置选项与应用效果

11. 色度键

该特效可以将图像上的某种颜色及其相似范围的颜色处理为透明，显示出下层的图像，适用于有纯色背景的画面抠像，如图10-185所示。

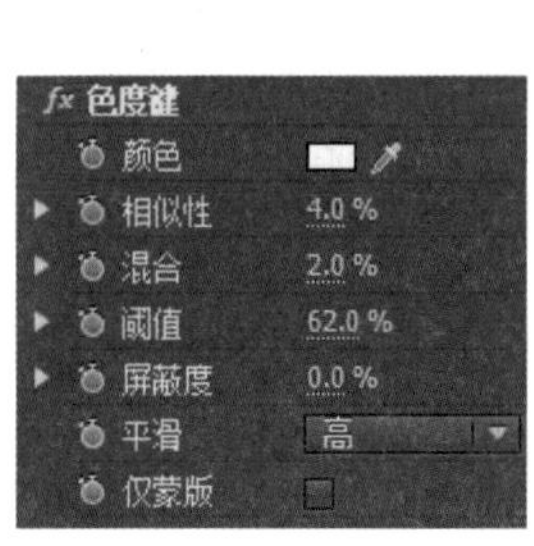

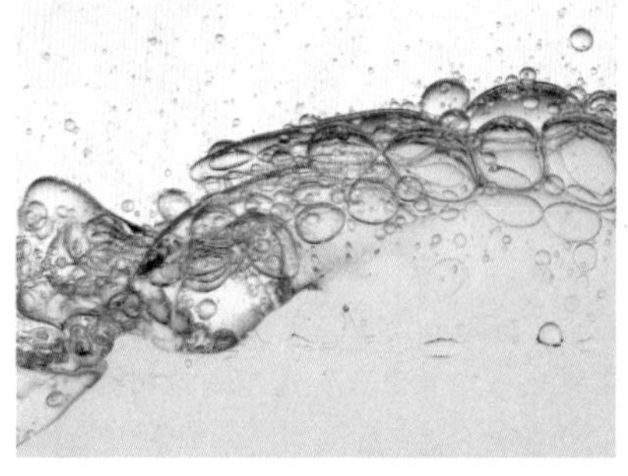

图10-185 “色度键”特效设置选项与应用效果

- 颜色：设置需要清除的颜色，也可以单击后面的吸管按钮，在图像中需要清除的颜色位置单击以吸取颜色。
- 相似性：用于设置与所选颜色相近的范围大小。
- 混合：用于设置所选颜色与相似颜色的混合程度。
- 阈值：用于选择颜色阴暗部分的大小。
- 平滑：用于设置抠像处理后透明边缘的平滑度。
- 仅蒙版：将抠像处理后保留的范围以白色显示。

12. 蓝屏键

该特效可以清除图像中的蓝色像素，在影视编辑工作中常用于进行蓝屏抠像，如图10-186所示。

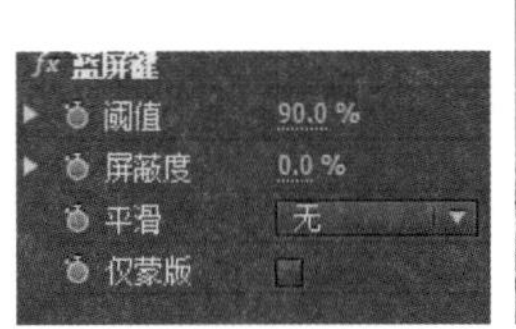

图10-186 “蓝屏键”特效设置选项与应用效果

- 阈值：用于调节对蓝色部分的抠像程度。
- 屏蔽度：用于调节前景图像的对比度。
- 平滑：用于设置抠像处理后透明边缘的平滑度。
- 仅蒙版：将抠像处理后保留的范围以白色显示。

13. 轨道遮罩键

该特效可以将当前图层上的某一轨道中的图像指定为遮罩素材，完成与背景图像的合成，如图10-187所示。

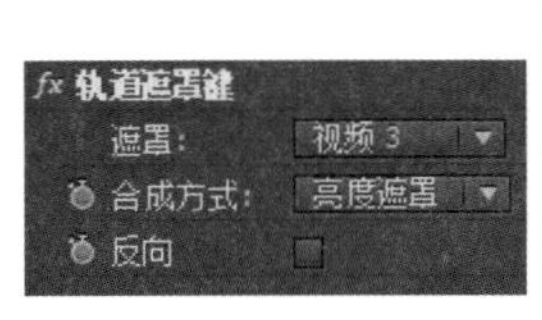

图10-187 “轨道遮罩键”特效设置选项与应用效果

- 遮罩：指定需要作为遮罩素材的轨道图层。
- 合成方式：选择对两个图层进行遮罩合成的方式。
- 反向：勾选该复选框，可以将遮罩效果的范围进行反转。

14. 非红色键

该特效用于去除图像中除红色以外的其他颜色，即蓝色或绿色，如图10-188所示。

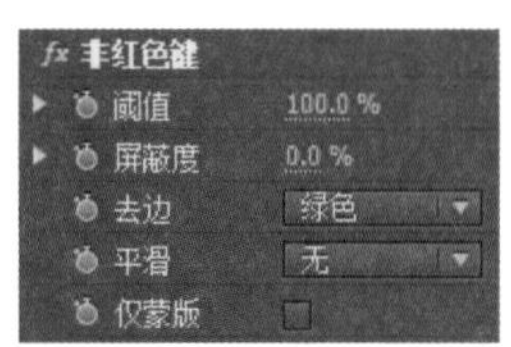

图10-188 “非红色键”特效设置选项与应用效果

- 阈值：用于调节对清除部分的抠像程度。
- 屏蔽度：用于调节去色后图像的对比度。
- 去边：在该下拉列表中选择要去除的颜色，包括“无”、“绿色”和“蓝色”。
- 平滑：用于设置去色处理的平滑度。
- 仅蒙版：将去色处理后保留的范围以白色显示。

15. 颜色键

该特效可以将图像中指定颜色的像素清除，是更常用的抠像特效，如图10-189所示。

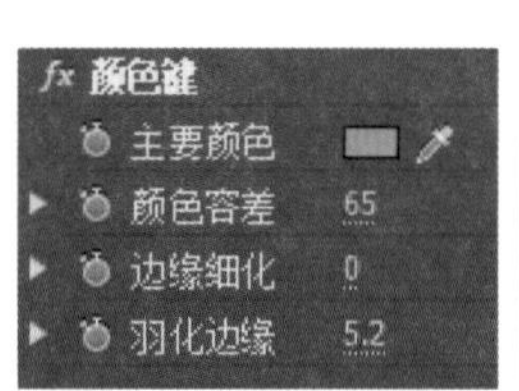

图10-189 “颜色键”特效设置选项与应用效果

- 主要颜色：设置需要清除的颜色，也可以单击后面的吸管按钮，在图像中需要清除的颜色位置单击以吸取颜色。
- 颜色容差：用于设置与所选颜色相近的范围大小。
- 边缘细化：用于对抠像后透明区域边缘的进一步抠除，单位为像素。
- 羽化边缘：用于对抠像后透明区域边缘进行羽化。

上机实战 颜色键特效的应用——绿屏抠像

01 先新建一个项目文件，然后在项目窗口中创建一个合成序列。

02 按“Ctrl+I”快捷键打开“导入”对话框，打开本书配套光盘中\Chapter 10\Media目录下的“绿底人像”对话框，选择其中的第一个图像文件后，勾选下面的“图像序列”复选框，然后单击“打开”按钮，如图10-190所示。

03 按“Ctrl+I”快捷键打开“导入”对话框，选择本书配套光盘中\Chapter 10\Media目录下的“pic（155）.jpg”并导入，如图10-191所示。

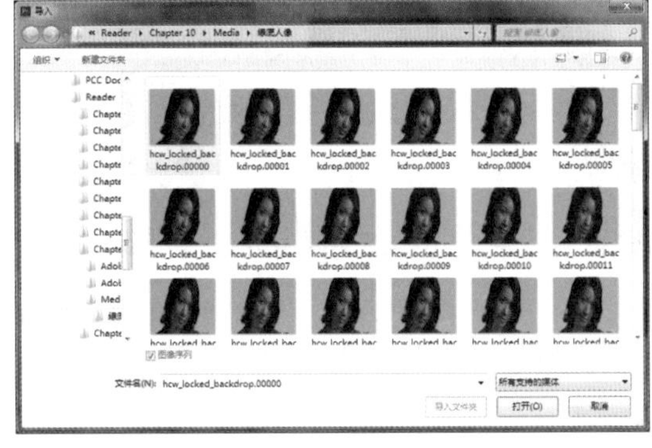

图10-190 导入图像序列素材

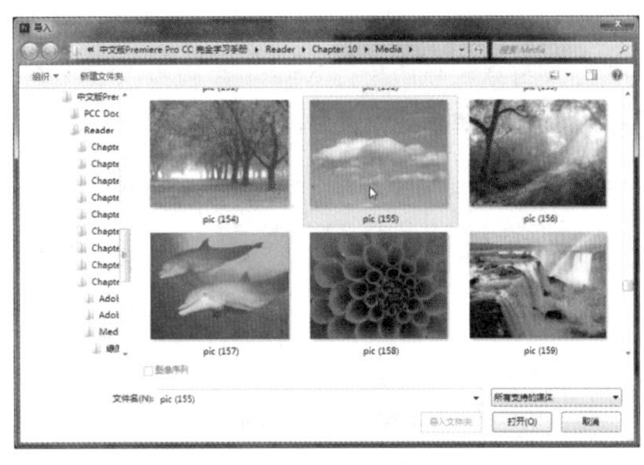

图10-191 导入素材

04 将导入的图像序列素材加入到时间轴窗口中的视频轨道2中，在弹出的“剪辑不匹配警告”对话框中单击“更改序列设置”按钮，将合成序列的视频属性修改为与图像序列素材一致，如图10-192所示。

图10-192 更改序列设置

05 在监视器窗口中可以查看到该图像素材为绿底人像，本实例将清除图像中的绿色像素。为方便抠像处理的前后效果对比，在时间轴窗口中加入两次并相邻排列。

06 从项目窗口中将导入的图像素材加入时间轴窗口中的视频轨道1中，并将其出点对齐到视频2轨道中素材剪辑的出点，如图10-193所示。

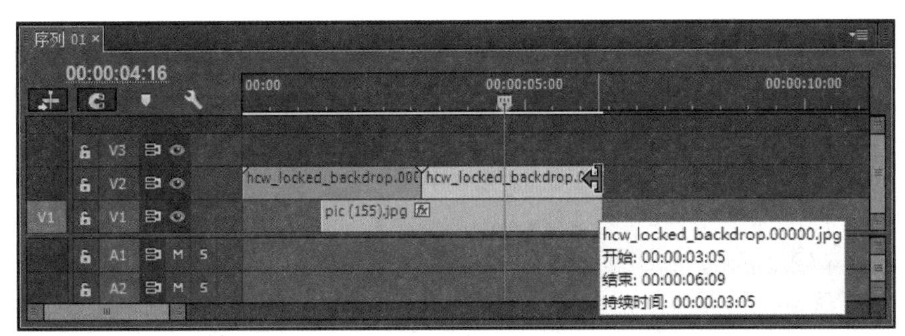

图10-193 编排素材剪辑

07 打开效果面板，在“视频效果”文件夹中展开“键控”类特效，选择“色度键”特效并添加到时间轴窗口中视频2轨道中的第二段素材剪辑上。

08 在时间轴窗口中将时间指针定位在视频2轨道中的第二段素材剪辑上，在效果控件面板中展开“色度键”特效选项组，单击“颜色”选项后面的吸管按钮，在节目监视器窗口中图像的绿色背景上单击以拾取要清除的颜色。

09 在效果控件面板中设置“色度键”特效的“相似性”参数为10%，“混合”参数为75%，即可在节目监视器窗口中查看到抠像完成的效果，如图10-194所示。

10 编辑好需要的影片效果后，按“Ctrl+S”键保存文件。

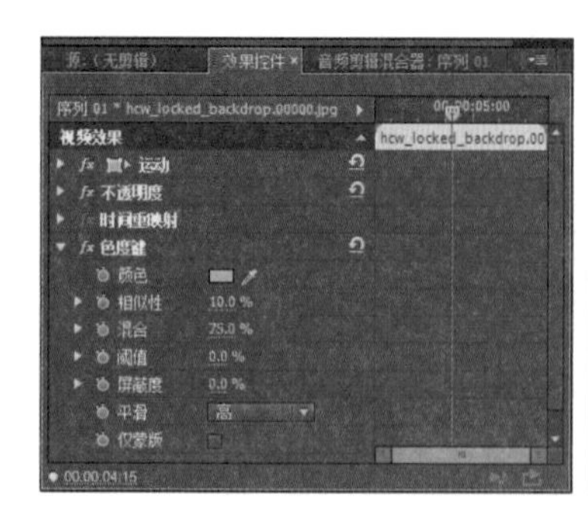

图10-194 应用“色度键”特效

10.2.15 颜色校正

颜色校正类特效主要用于对素材图像进行颜色的校正，该类特效包含了18个效果，如图10-195所示。

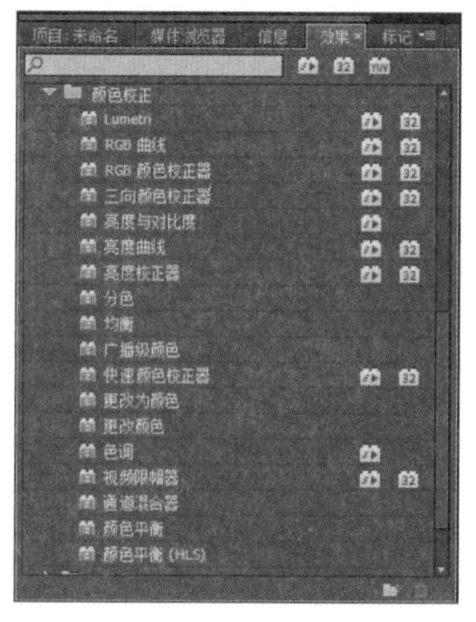

图10-195 颜色校正类特效

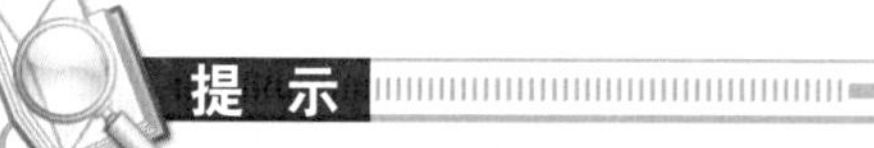

Premiere Pro CC中对于图像处理的视频效果，很多都具有相同的部分选项，尤其是颜色校正类特效，这些选项参数的功能基本相同，后面在介绍到之前介绍过的选项时，将对完全相同选项不再赘述，查看前面的介绍即可。

1. Lumetri

为素材图像应用该特效后，在效果控件面板中单击该效果名称后面的“设置”按钮，可以在打开的对话框中选择外部 Lumetri looks颜色分级引擎链接文件，应用其中的色彩校正预设项目，对图像进行色彩校正。Premiere Pro CC中预置了部分Lumetri颜色校正引擎特效，可以在效果面板中直接选择应用，如图10-196所示。

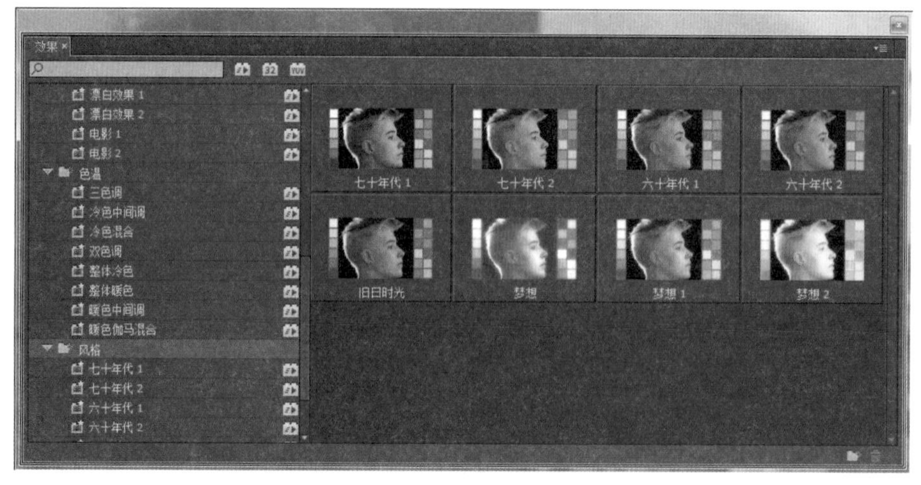

图10-196 Lumetri Looks特效

2. RGB曲线

该特效通过曲线调整红色、绿色和蓝色通道中的数值，达到改变图像色彩的目的。其中的“辅助颜色校正”选项主要用于设置二级色彩修正。如图10-197所示。

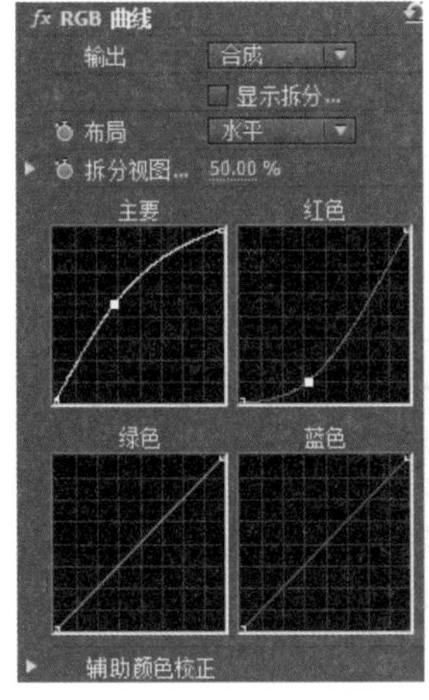

图10-197 “RGB曲线”特效设置选项与应用效果

3. RGB颜色校正器

该特效主要通过修改RGB三个色彩通道的参数改变图像色彩，如图10-198所示。

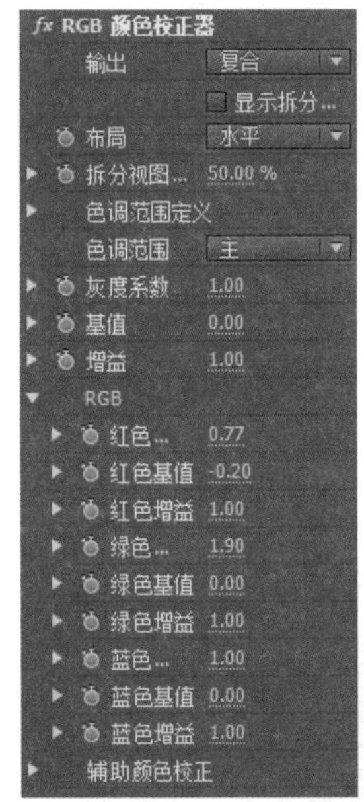

图10-198 “RGB颜色校正器”特效设置选项与应用效果

4. 三向颜色校正器

该特效通过旋转阴影、中间调、高光3个控制色盘来调整颜色的平衡，并可以调节图像的色彩饱和度、色阶亮度，如图10-199所示。

5. 亮度与对比度

该特效用于直接调整素材图像的亮度和对比度，如图10-200所示。

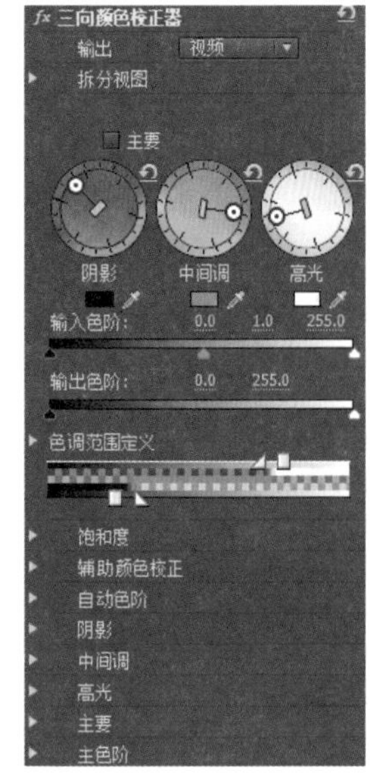

图10-199 “三向颜色校正器”特效设置选项与应用效果

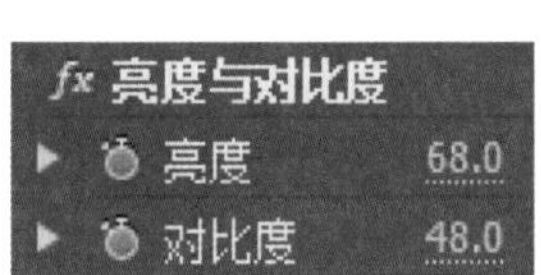

图10-200 “亮度与对比度”特效设置选项与应用效果

6. 亮度曲线

该特效通过调整亮度曲线图实现对图像亮度的调整，如图10-201所示。

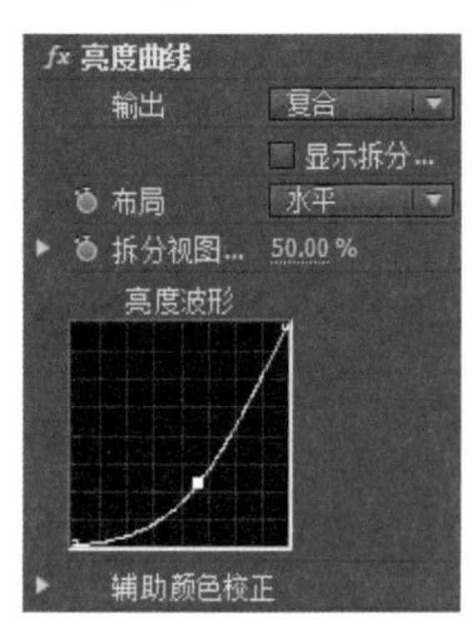

图10-201 “亮度曲线”特效设置选项与应用效果

7. 亮度校正器

该特效用于对图像的亮度进行校正调整，可以增加或降低图像中的亮度，尤其对中间调作用更明显，如图10-202所示。

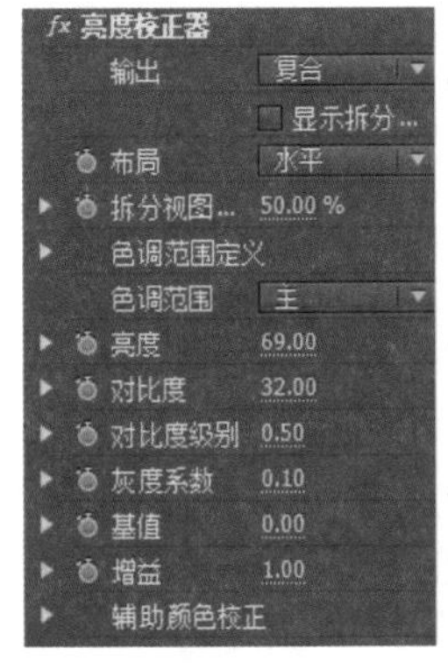

图10-202 “亮度校正器”特效设置选项与应用效果

- 输出：设置校正处理的输出方式，包括“复合”、“亮度”和“色调范围”，如图10-203所示。

图10-203 “亮度”和“色调范围”输出效果

- 色调范围：在该下拉列表中可以选择需要调整的区域。
- 对比度级别：用于设置对比度的级别。
- 灰度系数：用于调整图像中像素的灰度层级。

8. 分色

该特效可以清除图像中指定颜色以外的其他颜色，将其变为灰度色，如图10-204所示。

图10-204 “分色”特效设置选项与应用效果

- 脱色量：设置对指定保留的颜色以外颜色的清除程度。
- 要保留的颜色：设置图像中需要保留的颜色，可以使用吸管工具进行拾取。
- 容差：用于对所选颜色的容差程度进行调整。

- 边缘柔和度：用于对去色后颜色分界边缘的柔化程度进行设置。
- 匹配颜色：设置分色处理所根据的颜色模式。

9. 均衡

该特效用于对图像中像素的颜色值或亮度等进行平均化处理，如图10-205所示。

fx 均衡
均衡 Photosh...
均衡量 99.0 %

图10-205 “均衡”特效设置选项与应用效果

- 均衡：在该下拉列表中可以选择要进行平均化处理的图像属性。
- 均衡量：设置进行平均化处理的程度。

10. 广播级颜色

该特效可以校正广播级的颜色和亮度，使影视作品在电视机中进行精确的播放，如图10-206所示。

图10-206 “广播级颜色”特效设置选项与应用效果

- 广播区域设置：用于选择要应用的电视制式，包括PAL和NTSC。
- 确保颜色安全的方式：在该下拉列表中选择实现安全色的方法。
- 最大信号振幅：限制最大的信号幅度。

11. 快速颜色校正器

该特效用于快速地修正图像颜色，如图10-207所示。

- 输出：设置校正处理的输出方式，包括“合成”和“亮度”两个选项。
- 白平衡：用于设置图像中白平衡的参考色。
- 色相平衡和角度：用于调整色调平衡和角度，可以直接使用色盘改变画面中的色调。
- 色相角度：修改数值，改变上面色盘中外圈色相环的角度。

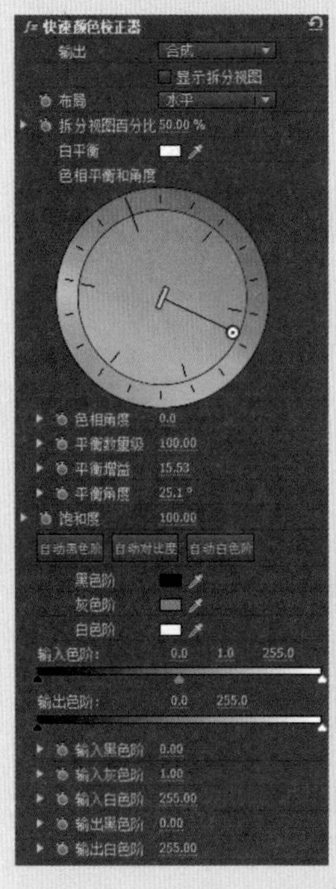

图10-207 “快速颜色校正器”特效设置选项与应用效果

- 平衡数量级：设置平衡的数量程度。
- 平衡增益：设置白色平衡附加大小。
- 平衡角度：设置白色平衡的应用角度。
- 饱和度：用于设置画面颜色的饱和度。
- 自动黑色阶：单击该按钮，将自动调整黑色级别。
- 自动对比度：单击该按钮，将自动调整对比度。
- 自动白色阶：单击该按钮，将自动调整白色级别。
- 黑色阶：用于设置黑色级别的颜色。
- 灰色阶：用于设置灰色级别的颜色。
- 白色阶：用于设置白色级别的颜色。
- 输入色阶：对输入的颜色进行级别调整，拖动该选项颜色条下的3个滑块，将对“输入黑色阶”、“输入灰色阶”和“输入白色阶”3个参数产生影响。
- 输出色阶：对输出的颜色进行级别调整，拖动该选项颜色条下的两个滑块，将对“输出黑色阶”和“输出白色阶”两个参数产生影响。
- 输入黑色阶：用于调节黑色输入时的级别。
- 输入灰色阶：用于调节灰色输入时的级别。
- 输入白色阶：用于调节白色输入时的级别。
- 输出黑色阶：用于调节黑色输出时的级别。
- 输出白色阶：用于调节白色输出时的级别。

12. 更改为颜色

该特效可以将在图像中选定的一种颜色更改为另外一种颜色，如图10-208所示。

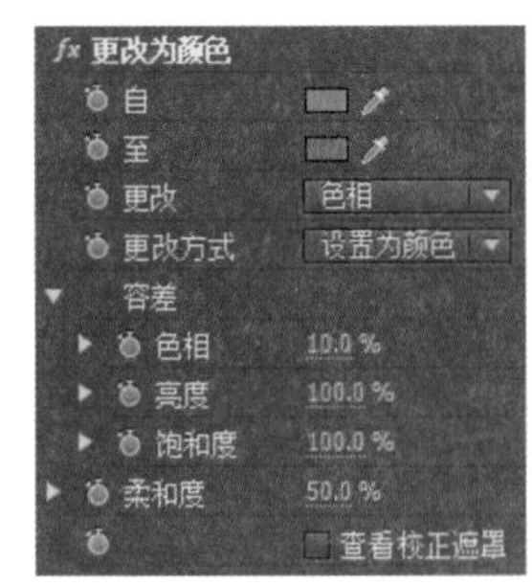

图10-208 “更改为颜色”特效设置选项与应用效果

- 自：设置当前图像中需要更改的颜色。
- 至：设置更改后的新颜色。
- 更改：在该下拉列表中选择更改颜色的方式，包括只更改色相、色相和亮度、色相和饱和度，以及同时更改色相、亮度和饱和度。
- 更改方式：设置颜色更改的方式是直接设置为新的颜色，还是对原来的颜色进程变换处理来更改。
- 容差：设置进行两个颜色的更改转换时，色相、亮度和饱和度的容差值。
- 柔和度：通过百分度控制更改转换的柔和度。
- 查看校正遮罩：勾选该复选框，图像将以黑白灰显示更改转换的范围和程度。白色部分为颜色更改了的部分，黑色部分为未改变的部分。

13. 更改颜色

该特效可以更改图像中指定颜色的色相、亮度、饱和度等，如图10-209所示。

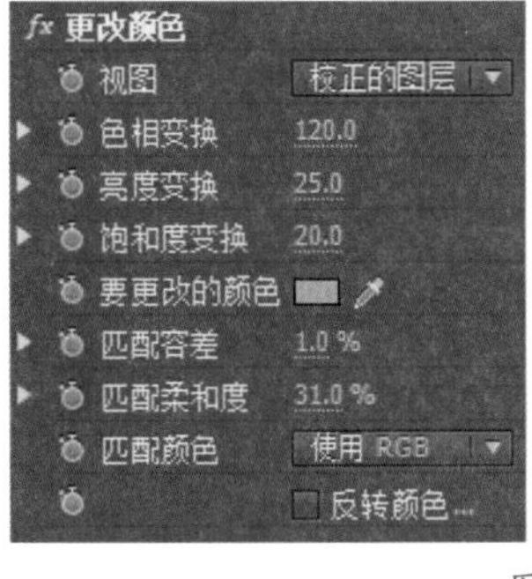

图10-209 “更改颜色”特效设置选项与应用效果

- 视图：用于设置在合成图像中观看的效果是颜色校正后的效果，还是以黑白灰遮罩的方式显示图像中色彩更改的范围和程度。
- 色相变换：调整色相，以“度”为单位改变所选颜色的区域。
- 亮度变换：用于设置所选颜色的明暗度。
- 饱和度变换：设置所选颜色的色调。
- 要更改的颜色：设置图像中要改变颜色的区域。
- 匹配容差：设置颜色匹配的相似程度。
- 匹配柔和度：设置颜色的柔和度。
- 匹配颜色：设置进行颜色更改的方式。

- 反转颜色校正蒙版：勾选该复选框，可以对颜色进行反向校正更改。

14. 色调

该特效用于将图像中的黑色调和白色调映射转换为其他颜色，如图10-210所示。

图10-210 “色调”特效设置选项与应用效果

- 将黑色映射到：设置图像中的黑色像素要映像转换的颜色。
- 将白色映射到：设置图像中的白色像素要映像转换的颜色。
- 着色量：设置进行颜色映射转换的程度。

15. 视频限幅器

该特效利用视频限幅器对图像的颜色进行调整，如图10-211所示。

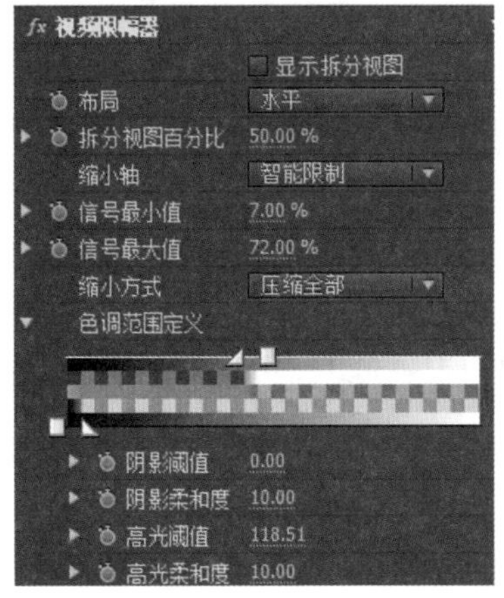

图10-211 “视频限幅器”特效设置选项与应用效果

- 缩小轴：在该下拉列表中选择进行视频电平减少的内容。选择不同的选项时，下面的“最小值”、“最大值”两个选项会进行相应的改变。
- 缩小方式：在该下拉列表中选择进行视频电平减少的限制方式。
- 色调范围定义：在该选项中，可以用视频画面中需要进行电平减少的色调范围进行自定义设置。

16. 通道混合器

该特效可以分别对图像中的R、G、B颜色通道进行色彩通道的转换，实现图像颜色的调整，如图10-212所示。

fx 通道混合器

红色 - 红色	-1
红色 - 绿色	-108
红色 - 蓝色	102
红色 - 恒量	-61
绿色 - 红色	4
绿色 - 绿色	100
绿色 - 蓝色	34
绿色 - 恒量	-17
蓝色 - 红色	46
蓝色 - 绿色	14
蓝色 - 蓝色	100
蓝色 - 恒量	0
单色	

图10- 212 “通道混合器”特效设置选项与应用效果

17. 颜色平衡

该特效可以分别对图像的阴影、中间调、高光范围中的R、G、B颜色通道进行增加或降低的调整，实现图像颜色的平衡校正，如图10-213所示。

fx 颜色平衡

阴影红色平衡	34.0
阴影绿色平衡	17.0
阴影蓝色平衡	-42.0
中间调红色平衡	-99.0
中间调绿色平衡	0.0
中间调蓝色平衡	0.0
高光红色平衡	79.0
高光绿色平衡	41.0
高光蓝色平衡	25.0
	保持发光度

图10-213 “颜色平衡”特效设置选项与应用效果

18. 颜色平衡（HLS）

该特效可以分别对图像中的色相、亮度、饱和度进行增加或降低的调整，实现图像颜色的平衡校正，如图10-214所示。

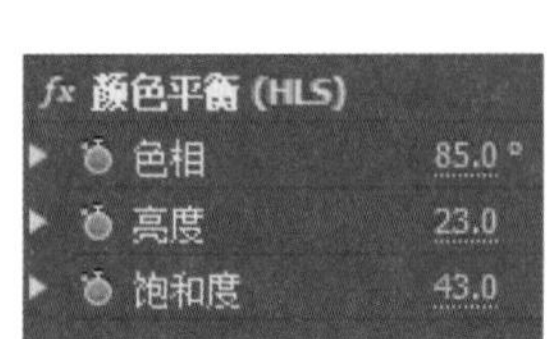

图10-214 “颜色平衡（HLS）”特效设置选项与应用效果

10.2.16 风格化

风格化类特效与Photoshop中的风格化类滤镜的应用效果基本相同，主要用于对图像进行艺术风格的美化处理，该类特效包含了13个效果，如图10-215所示。

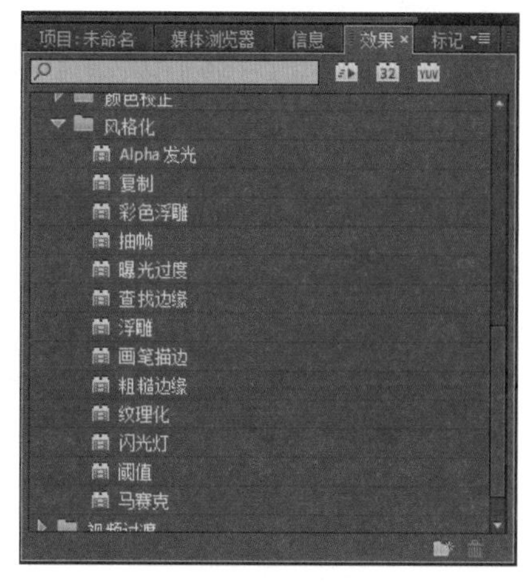

图10-215 风格化类特效

1. Alpha发光

该特效可以对含有Alpha通道的图像素材起作用，可以在Alpha通道的边缘向外生成单色或双色过渡的发光效果，如图10-216所示。

- 发光：用于设置发光的伸展长度。
- 亮度：用于设置发光的亮度。
- 起始颜色：用于设置发光内圈的开始色彩。
- 结束颜色：用于设置发光外圈的结束色彩。

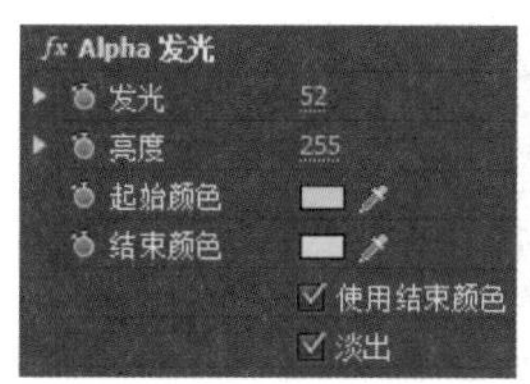

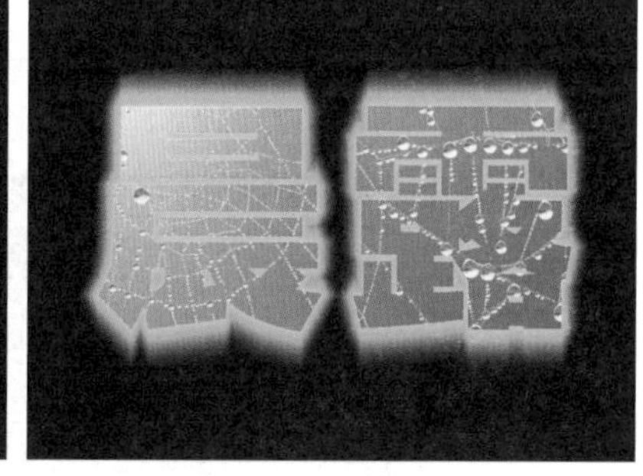

图10-216 “Alpha发光”特效设置选项与应用效果

2. 复制

该特效只有一个“计数”参数，用于设置对图像画面的复制数量，复制得到的每个区域都将显示完整的画面效果，如图10-217所示。

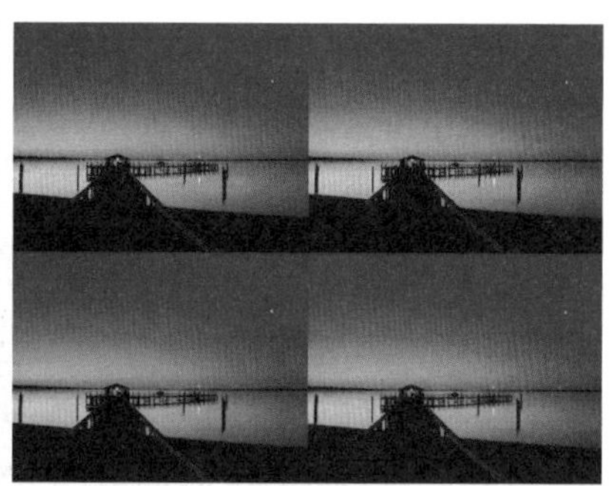

图10-217 “复制”特效设置选项与应用效果

上机实战 复制特效的应用——动态电视墙

01 先新建一个项目文件，然后在项目窗口中创建一个DV PAL视频制式的合成序列。

02 按“Ctrl+I”快捷键打开“导入”对话框，选择本书配套光盘中\Chapter 10\Media目录下的“野花.avi”素材文件并导入，如图10-218所示。

图10-218 导入素材

03 从项目窗口中将导入的视频素材加入到时间轴窗口中的视频轨道1中，在工具面板中选择剃刀工具，对素材剪辑在第2、4、6、8、9、10秒的位置进行分割，得到7段素材剪辑，如图10-219所示。

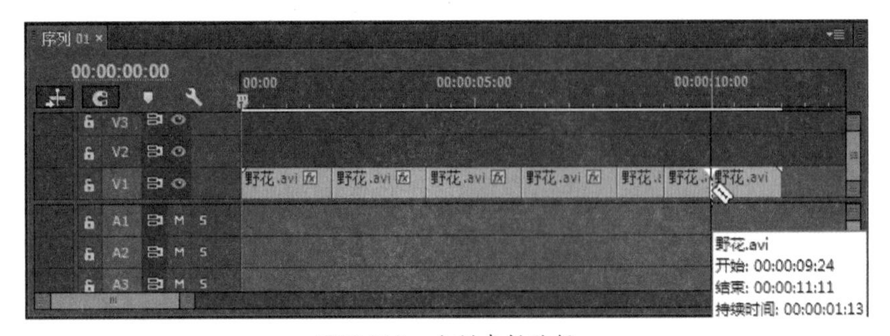

图10-219 分割素材剪辑

04 在时间轴窗口中选中分割出来的中间5段素材剪辑，然后打开效果面板，在“视频效果”文件夹中展开“风格化”类特效，选择“复制”特效并添加到时间轴窗口中选择的素材剪辑上，如图10-220所示。

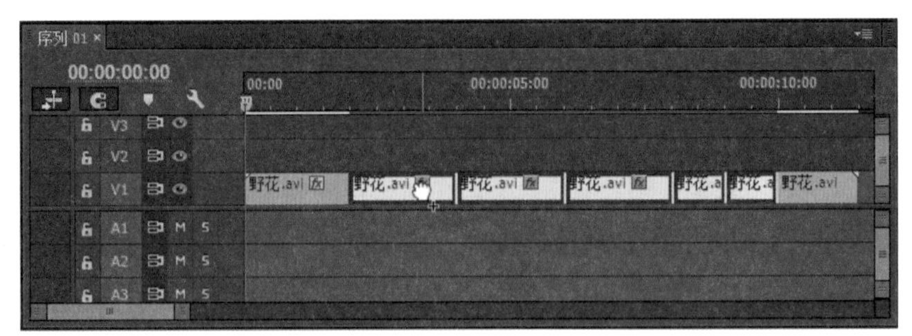

图10-220 添加特效

05 打开效果控件面板，分别为各段素材剪辑的“复制”特效设置对应的“计数”参数：第2段→2，第3段→3，第4段→4，第5段→3，第6段→2，这样就得到了整段影片中，复制特效从无到逐渐增加，再逐渐降低到恢复原状的变化效果，如图10-221所示。

图10-221 特效应用效果

3. 彩色浮雕

该特效可以将图像画面处理成类似轻浮雕的效果，如图10-222所示。

fx 彩色浮雕
方向 159.0 °
起伏 8.00
对比度 135
与原始图... 1 %

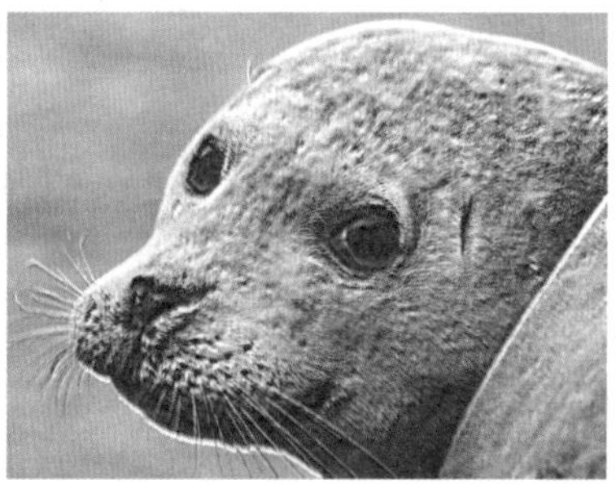

图10-222 “彩色浮雕”特效设置选项与应用效果

- 方向：用于设置浮雕的方向角度。
- 起伏：用于设置浮雕产生的幅度。
- 对比度：用于设置浮雕产生的对比度的强弱。

4. 抽帧

该特效可以改变图像画面的色彩层次数量，其中，“级别”选项的数值越大，画面色彩层次越丰富；数值越小，画面色彩层次越少，色彩对比度也越强烈，如图10-223所示。

fx 抽帧
级别 2
2 32

图10-223 “抽帧”特效设置选项与应用效果

5. 曝光过度

该特效可以将画面处理成类似相机底片曝光的效果，“阈值”参数值越大，曝光效果越强烈，如图10-224所示。

fx 曝光过度
阈值 99
0 100

图10-224 “曝光过度”特效设置选项与应用效果

6. 查找边缘

该特效可以对图像中颜色相同的成片像素以线条进行边缘勾勒，如图10-225所示。

fx 查找边缘
反转
与原始图像混合 0 %

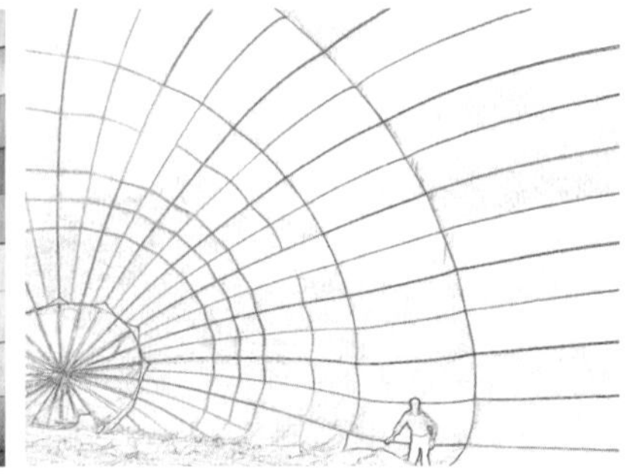

图10-225 “查找边缘”特效设置选项与应用效果

7. 浮雕

该特效可以在画面上产生浮雕效果，同时去掉原有的颜色，只在浮雕效果的凸起边缘保留一些高光颜色，如图10-226所示。

图10-226 “浮雕”特效设置选项与应用效果

8. 画笔描边

该特效可以模拟画笔绘制的粗糙外观，得到类似油画的艺术效果，如图10-227所示。

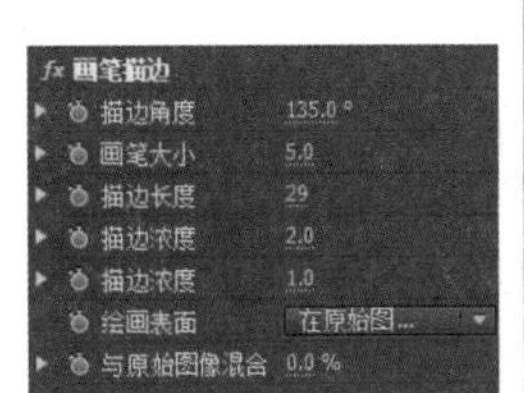

图10-227 “画笔描边”特效设置选项与应用效果

- 描边角度：用于设置画笔笔触的角度。
- 画笔大小：用于设置笔触的大小。
- 描边长度：用于设置笔触的长度。
- 描边浓度：用于设置笔触的密度。数值越大，笔触越密集。
- 绘画表面：指定在哪一个区域应用笔触效果。

9. 粗糙边缘

该特效可以将图像的边缘粗糙化，模拟边缘腐蚀的纹理效果，如图10-228所示。

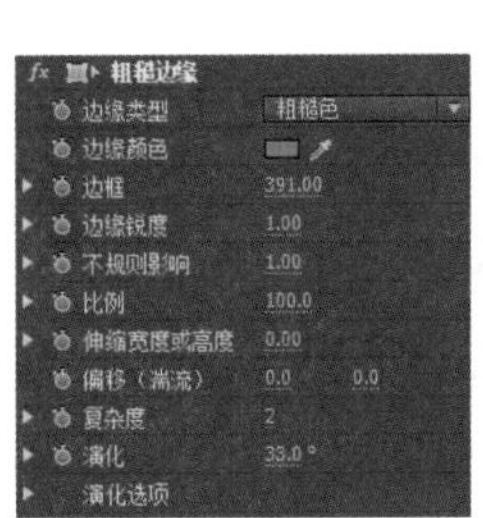

图10-228 “粗糙边缘”特效设置选项与应用效果

- 边缘类型：在该下拉列表中可以选择要模拟的边缘效果。
- 边缘颜色：用于设置边缘类型的颜色。
- 边框：用于设置边缘的延伸度。
- 边缘锐度：用于设置轮廓边缘的清晰度。
- 不规则影响：用于设置不规则的影响程度。
- 比例：用于设置边缘的缩放比例。
- 伸缩宽度或高度：用于设置高度和宽度的延伸程度。
- 偏移（湍流）：用于设置边缘粗糙在原始图像中的偏移。
- 复杂度：用于设置边缘的复杂度。
- 演化：用于设置边缘的粗糙变化。
- 演化选项：用于设置边缘的变化属性。

10. 纹理化

该特效可以指定图层中的图像作为当前图像的浮雕纹理，如图10-229所示。

fx 纹理化
纹理图层 视频 2
光照方向 135.0°
纹理对比度 2.0
纹理位置 平铺纹理

图10-229 “纹理化”特效设置选项与应用效果

- 纹理图层：在该下拉列表中可以选择要作为纹理的素材所在的轨道。
- 光照方向：用于设置浮雕效果的光照方向。
- 纹理对比度：用于设置纹理效果的对比强度。
- 纹理位置：用于选择置入纹理的铺展方式。

11. 闪光灯

该特效可以在素材剪辑的持续时间范围内，将指定间隔时间的帧画面上覆盖指定的颜色，从而使画面在播放过程中产生闪烁效果，如图10-230所示。

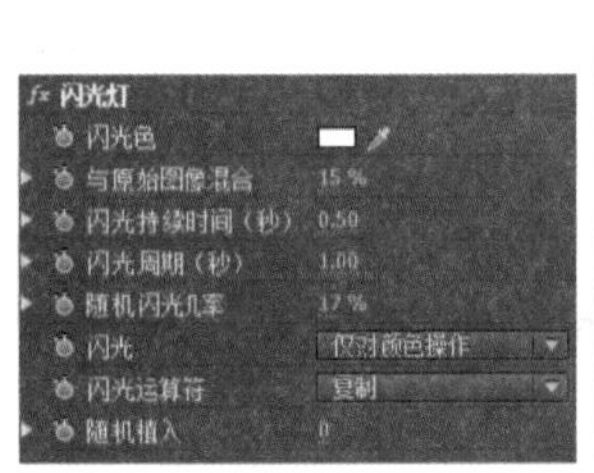

图10-230 “闪光灯”特效设置选项与应用效果

- 闪光色：用于设置闪烁画面的颜色。
- 闪光持续时间（秒）：设置闪烁画面的持续时间，单位为“秒”。
- 闪光周期（秒）：用于设置间隔的时间，单位为“秒”。
- 随机闪光几率：用于设置闪烁的随机性大小。
- 闪光：用于设置闪烁的表现方式。
- 闪烁运算符：在该下拉列表中可以选择闪烁画面与原图的叠加方式。
- 随机植入：用于设置闪烁的随机阈值。

12. 阈值

该特效可以将图像变成黑白模式，通过设置“级别”参数，可以调整图像的转换程度，如图10-231所示。

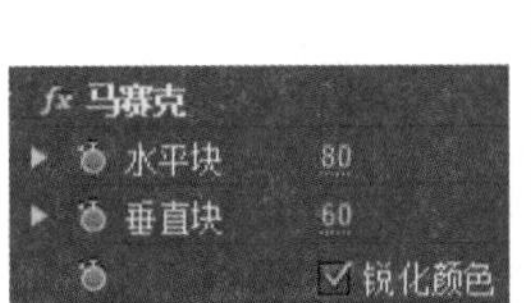

图10-231 “阈值”特效设置选项与应用效果

13. 马赛克

该特效可以在画面上产生马赛克效果，将画面分成若干方格，每一格都用该方格内所有像素的平均颜色值进行填充，如图10-232所示。

图10-232 “马赛克”特效设置选项与应用效果

- 水平/垂直块：用于设置水平或垂直方向上分割的马赛克格子数目。
- 锐化颜色：勾选该复选框，可以对马赛克效果的颜色进行锐化。

第11章 编辑字幕

编辑字幕是影视编辑处理软件中的一项基本功能，可以在影视项目中添加字幕、提示文字、标题文字等信息表现元素。字幕除了可以帮助影片更完整地展现相关内容信息外，还可以起到美化画面、表现创意的作用。在Premiere Pro CC中，主要通过字幕设计器窗口中提供的各种文字编辑、属性设置以及绘图功能进行字幕的编辑。

11.1 创建字幕

1. 通过文件菜单创建字幕

在启动Premiere Pro CC并打开一个项目文件后，执行“文件→新建→字幕”命令，打开“新建字幕”对话框，在对话框中进行视频设置和名称设置后，单击“确定”按钮，即可打开一个新的字幕设计器窗口，在其中可以编辑创建的字幕文件，如图11-1所示。

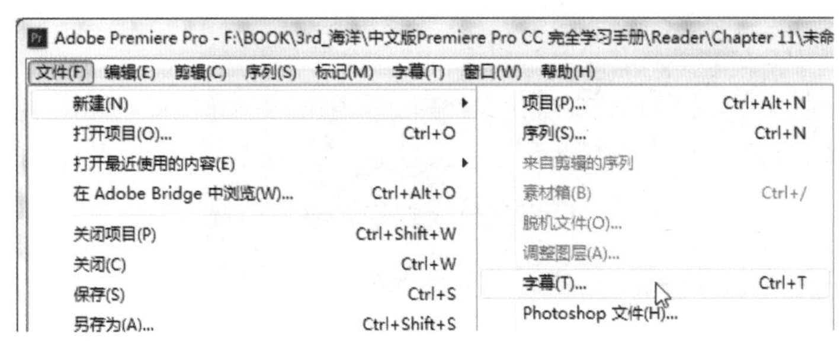

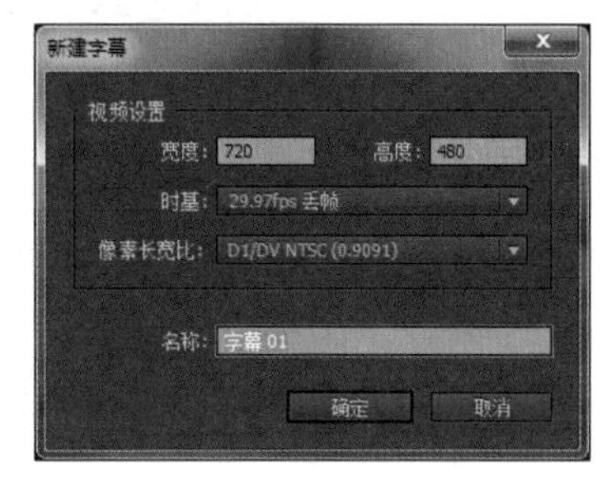

图11-1 通过文件菜单创建字幕

2. 通过字幕菜单命令创建字幕

在打开或新建一个项目文件后，执行“字幕→新建字幕”命令，可以在弹出的命令菜单中选择要创建的字幕类型，新建该类型的字幕文件，如图11-2所示。

3. 在项目窗口中创建字幕

打开或新建一个项目文件后，单击项目窗口下方的“新建项”按钮，在弹出的命令选单中选择“字幕”命令，即可打开“新建字幕”对话框，创建需要的字幕文件，如图11-3所示。

图11-2 通过字幕菜单命令创建字幕

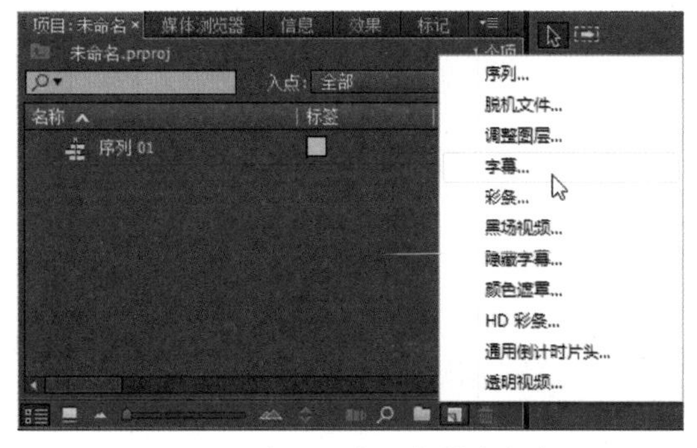

图11-3 在项目窗口中创建字幕

11.2 字幕设计器窗口

执行创建字幕的命令后，在打开的“新建字幕”对话框中设置好视频属性和名称，单击“确定”按钮，即可打开字幕设计器窗口，如图11-4所示。

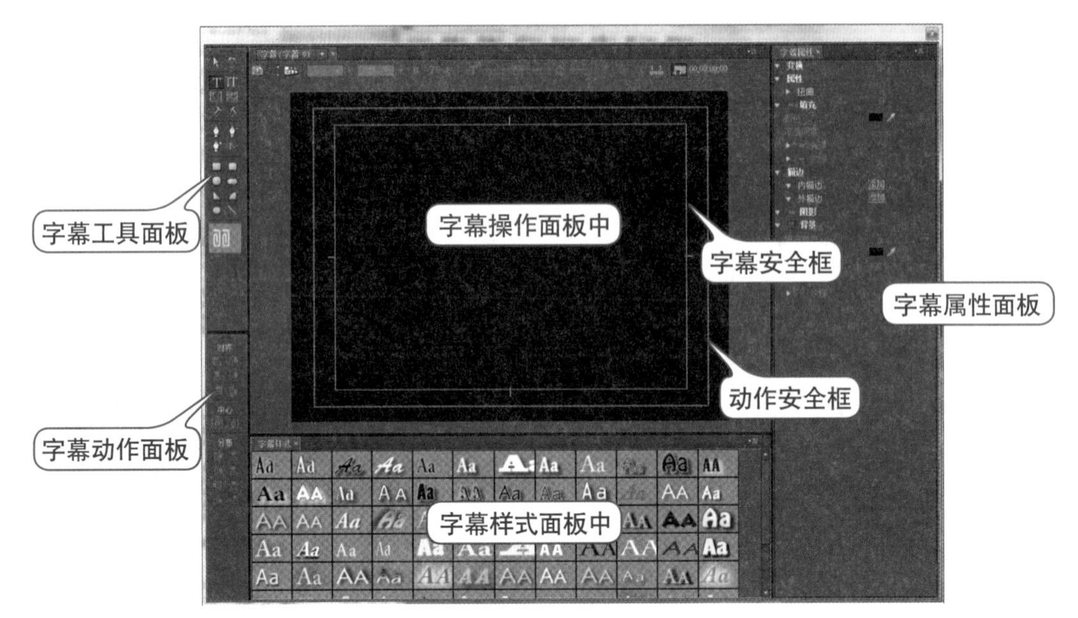

图11-4 字幕设计器窗口

11.2.1 字幕工具面板

字幕工具面板中的工具可以用来在字幕编辑窗口中创建字幕文本、绘制简单的几何图形，还可以定义文本的样式，如图11-5所示。

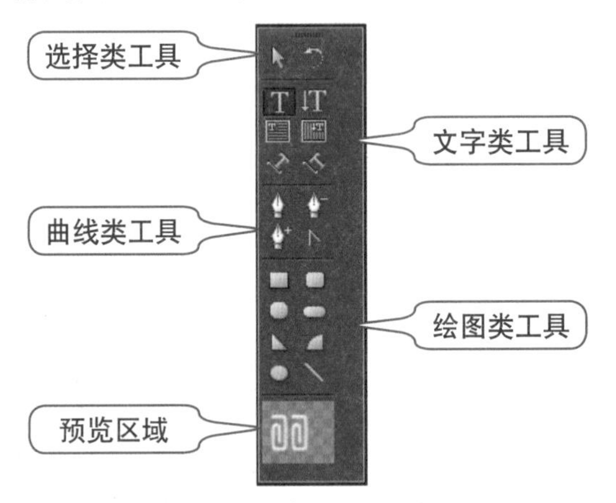

图11-5 字幕工具面板

字幕工具面板主要由5部分组成，分别为选择类工具、文字类工具、曲线类工具、绘图类工具和预览区域。

1. 选择类工具

- 选择工具：用于在字幕编辑窗口中选择、移动以及缩放文字或图像对象，配合“Shift”键，可以同时选择多个对象。当文本被选中后，将会在该文本周围出现8个控制点，如图11-6所示。将鼠标移动到这些控制点上，在鼠标光标改变形状后按住该工具并拖拽鼠标，可以改变文本对象的大小，如图11-7所示。

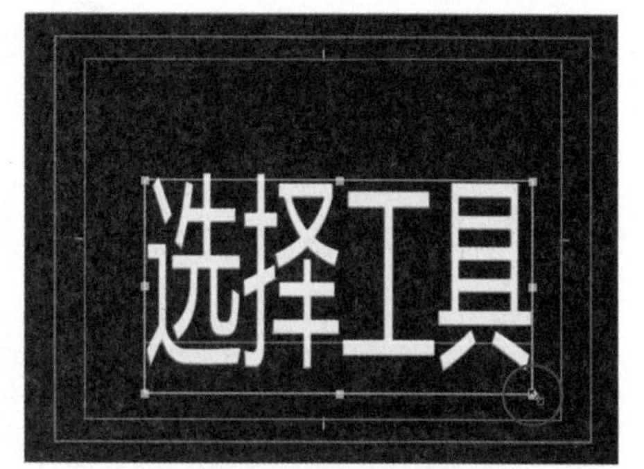

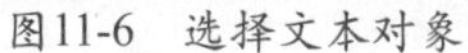
图11-6　选择文本对象　　图11-7　缩放文本对象

● 旋转工具：用于对文本或图形对象进行旋转操作。使用该工具时，将鼠标移动到所选对象边框的控制点上，在鼠标光标改变形状后按住该工具并拖拽鼠标即可进行旋转，如图11-8所示。

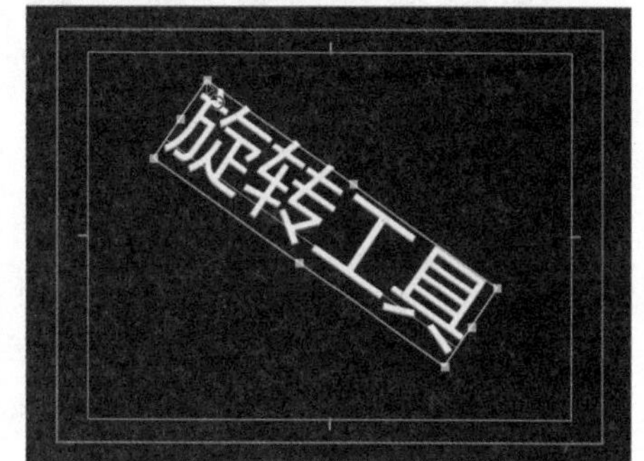

图11-8　旋转文本对象

2. 文字类工具

● 文字工具：使用该工具可以在字幕编辑窗口中输入水平方向的文字。选择水平文字工具后，将鼠标移动到字幕编辑窗口的安全区内，单击鼠标左键，在出现的矩形框内即可输入文字，如图11-9所示。

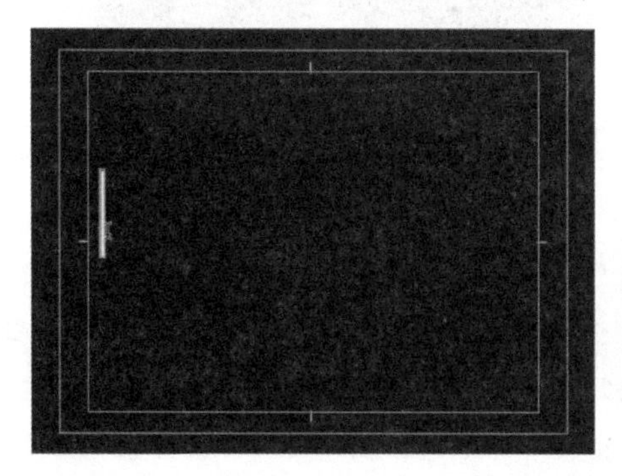

图11-9　输入水平文本

● 垂直文字工具：使用该工具可以在字幕编辑窗口中输入垂直方向的文字。选择垂直文字工具后，将鼠标移动到字幕编辑窗口的安全区，单击鼠标左键，在出现的矩形框内即可输入文字，如图11-10所示。

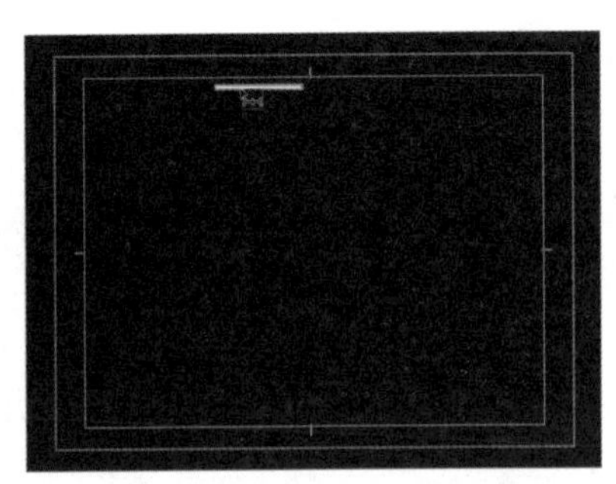

图11-10　输入垂直文本

- 区域文字工具：使用该工具可以在字幕编辑窗口中输入水平方向的多行文本。选择该工具后，将鼠标移动到字幕编辑窗口的安全区内，按住鼠标左键并拖动，即可在出现的矩形框内输入文字，如图11-11所示。

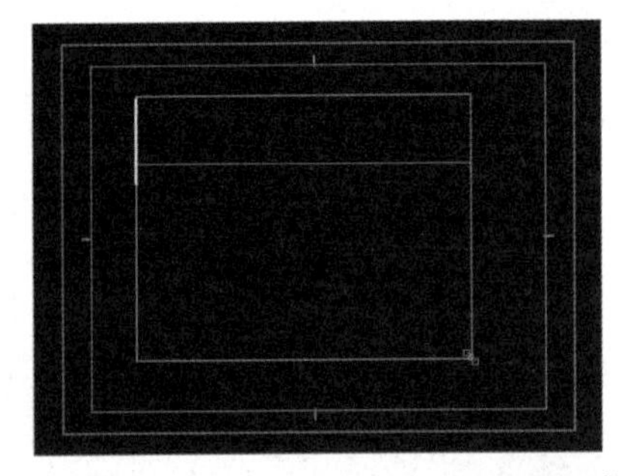
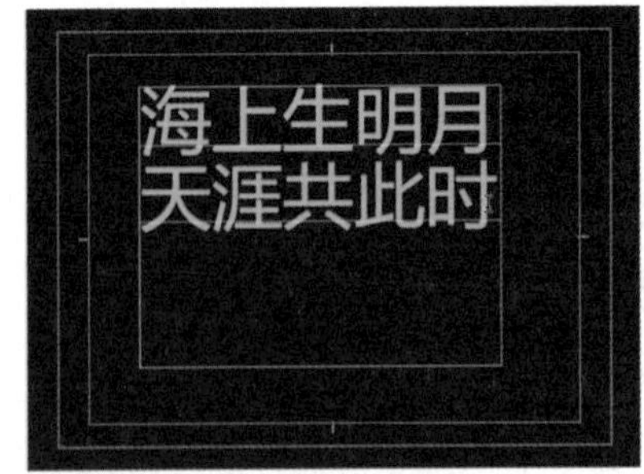

图11-11　输入区域文本

- 垂直区域文字工具：使用该工具可以在字幕编辑窗口中输入垂直方向的多行文本。选择该工具后，将鼠标移动到字幕编辑窗口的安全区内，按住鼠标左键并拖动，即可在出现的矩形框内输入文字，如图11-12所示。

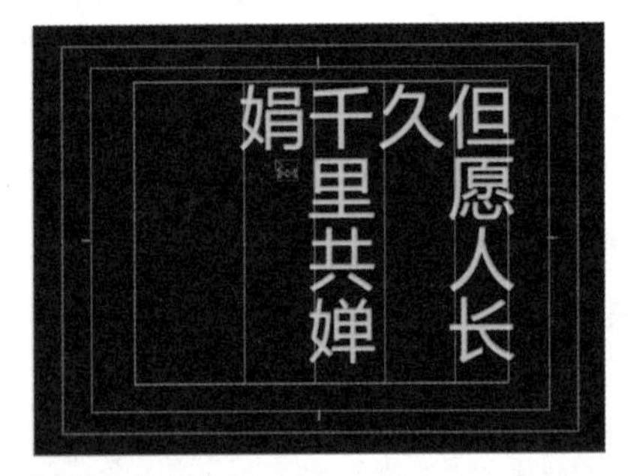

图11-12　输入垂直区域文本

- 路径文字：使用该工具可以创建出沿路径弯曲且平行于路径的文本。选择路径文字工具后，将先自动切换为路径绘制工具，在字幕编辑窗口中绘制出需要的路径后，再次选择该工具，在字幕编辑窗口中的路径范围上单击鼠标左键，即可在输入光标显示出来后输入文字，如图11-13所示。
- 垂直路径文字：使用该工具可以创建出沿路径弯曲且垂直于路径的文本。选择该路径文字工具后，将鼠标移动到字幕编辑窗口的安全区内，单击鼠标指定文本的显示路径，再输入文字，如图11-14所示。

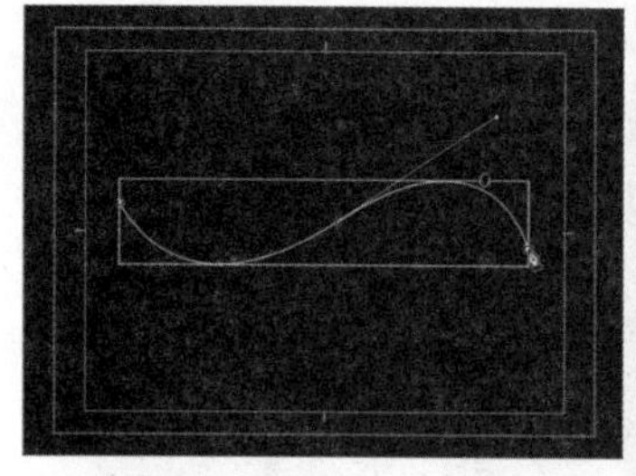
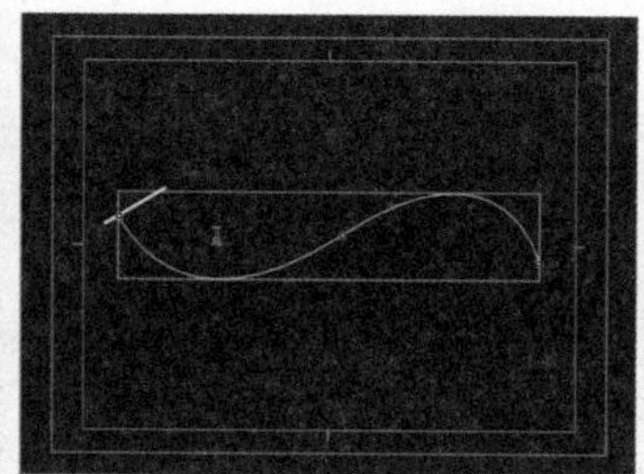
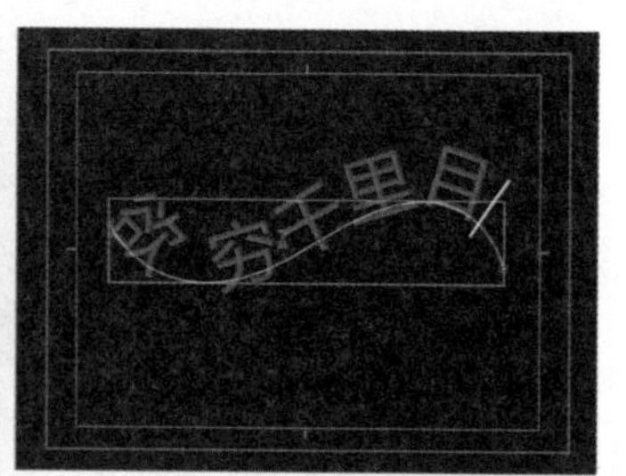

图11-13　输入路径文本

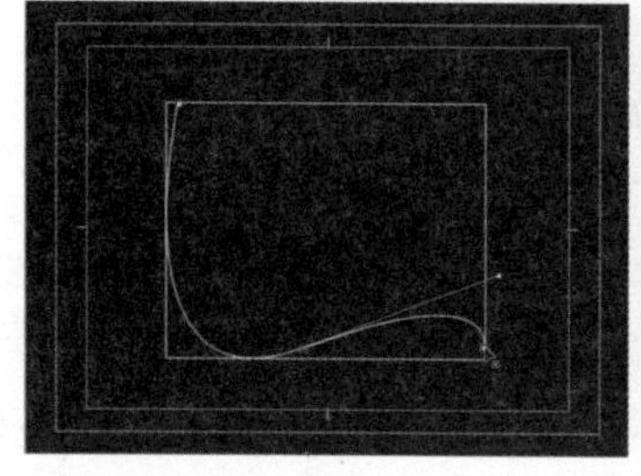
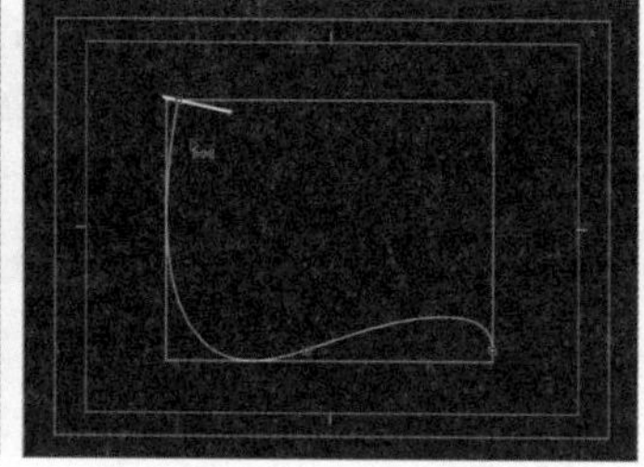

图11-14　输入垂直路径文本

3. 曲线类工具

- 钢笔工具：该工具用于绘制和调整路径曲线，如图11-15所示。另外，还可以用于调节使用路径文字工具和垂直路径文字工具所创建路径文本的路径。选择钢笔工具后，将鼠标移动到路径文本的路径节点上，就可以对文本的路径进行调整，如图11-16所示。

图11-15　绘制路径曲线

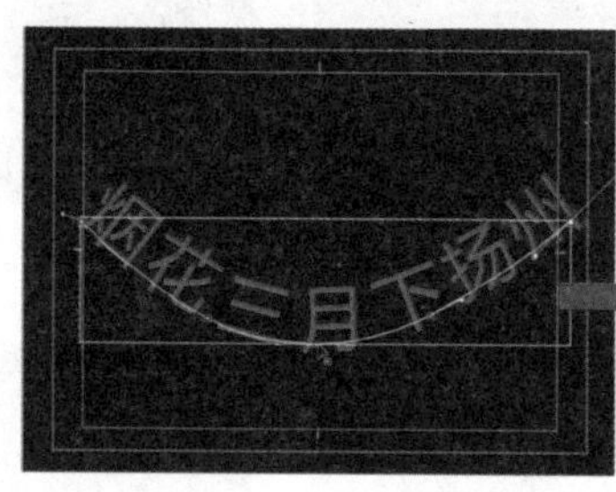

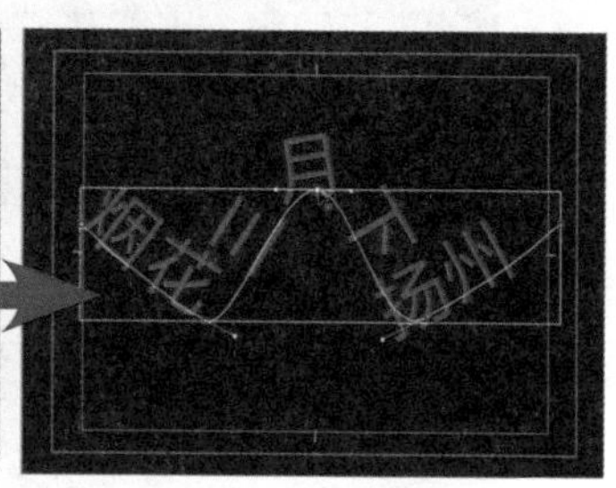

图11-16　调整文本路径

- 添加锚点工具：该工具用于在所选曲线路径或文本路径上增加锚点，以便对路径进行曲线形状的调整，如图11-17所示。

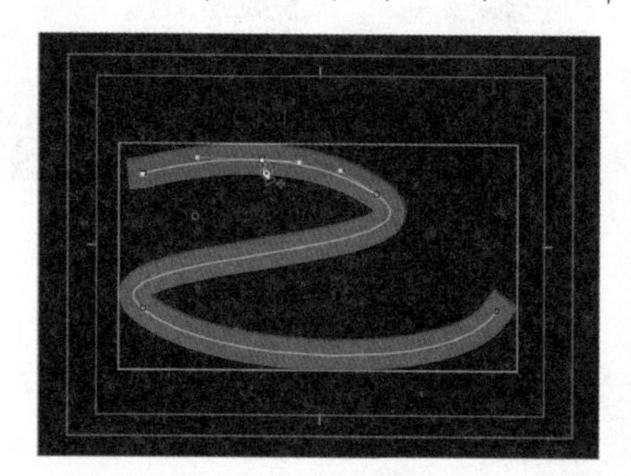
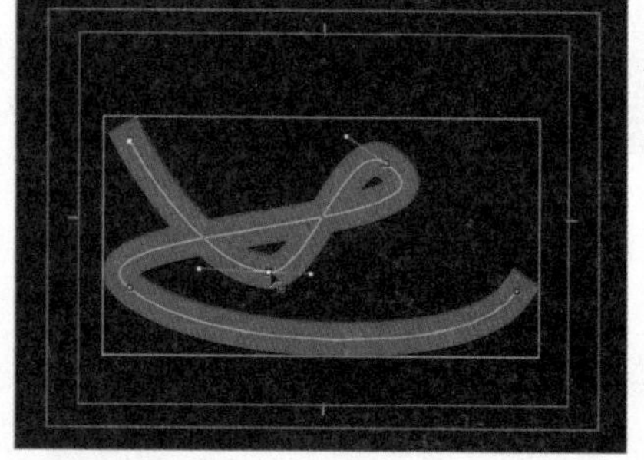

图11-17　增加锚点并调整路径曲线

- 删除锚点工具：该工具用于删除曲线路径和文本路径上的锚点，如图11-18所示。

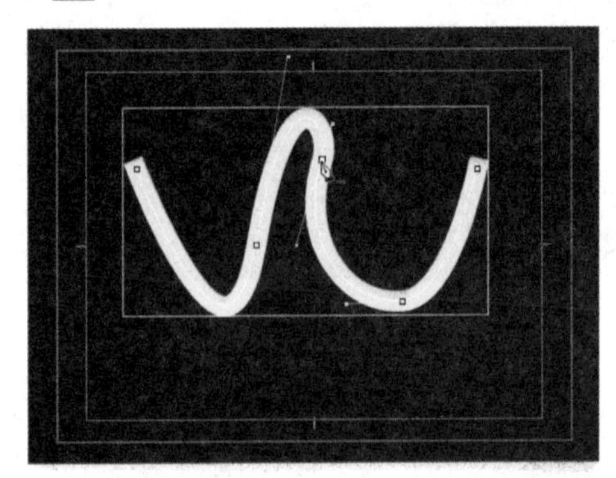
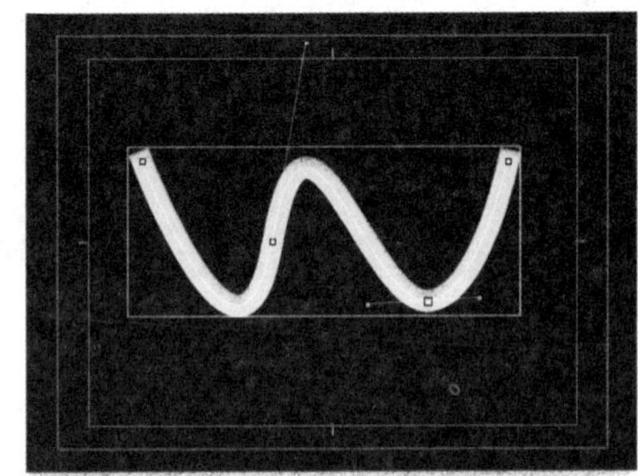

图11-18　删除锚点并调整路径曲线

- 转换锚点工具：使用该工具单击路径上的圆滑锚点，可以将其转换为尖角锚点，如图11-19所示。在尖角锚点上按住该工具并拖动鼠标，可以拖拽出锚点控制柄。将尖角锚点转换为圆滑锚点，如图11-20所示。拖动路径锚点的控制柄，可以调整锚点两端路径的平滑度。

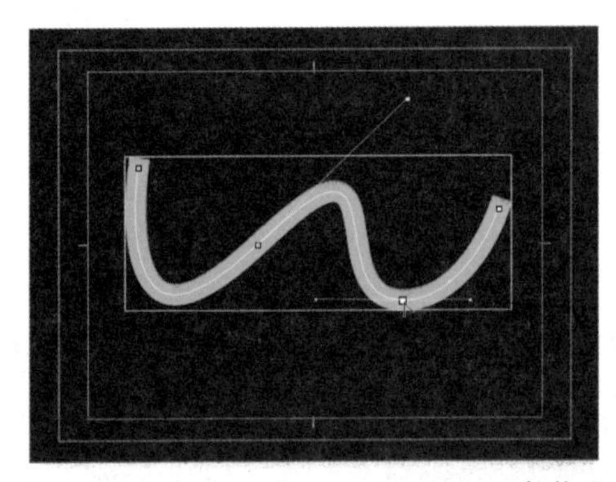
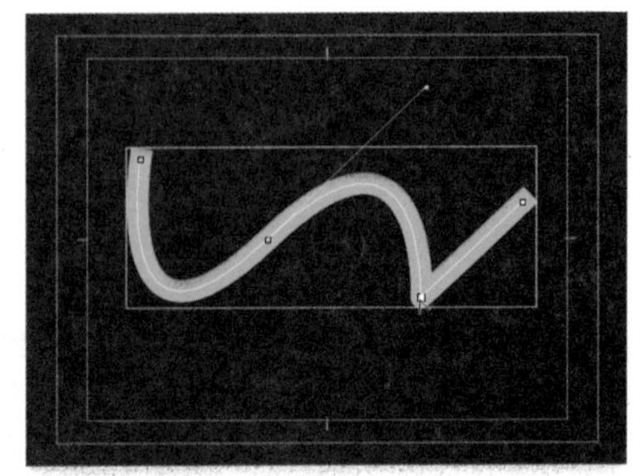

图11-19　转换圆滑锚点为尖角锚点

图11-20　转换尖角锚点为圆滑锚点

4. 绘图类工具

- 矩形工具：用于在字幕编辑窗口中绘制矩形，在按下"Shift"键的同时单击该工具并拖动鼠标，可以绘制出正方形。通过字幕属性面板，可以定义矩形的填充色和线框色等，如图11-21所示。

- 圆角矩形工具：用于绘制圆角矩形，使用方法和矩形工具一样，如图11-22所示。

图11-21 绘制矩形

图11-22 绘制圆角矩形

- 切角矩形工具：用于绘制切角矩形，如图11-23所示。
- 圆边矩形工具：用于绘制边角为圆形的矩形，如图11-24所示。

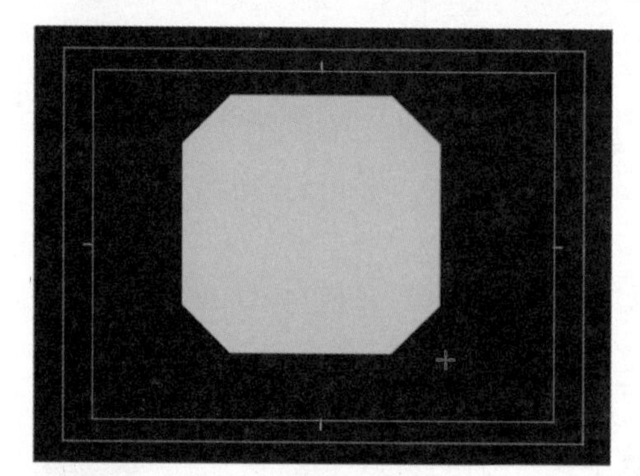
图11-23 绘制切角矩形

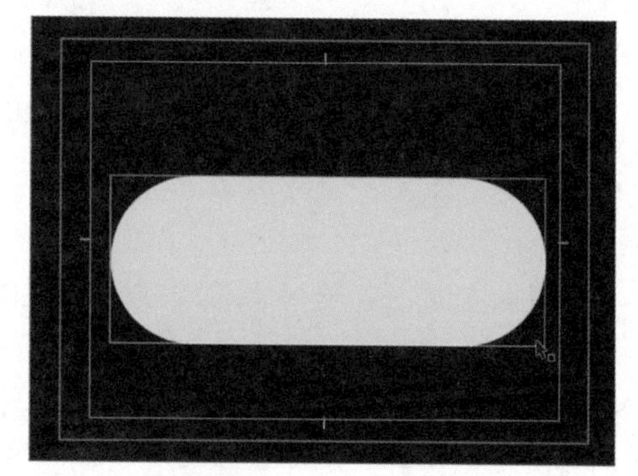
图11-24 绘制圆边矩形

- 楔形工具：用于绘制三角形。在按下“Shift”键的同时单击该工具并拖动鼠标，可以绘制等边直角三角形，如图11-25所示。
- 弧形工具：该工具用于绘制弧形，如图11-26所示。

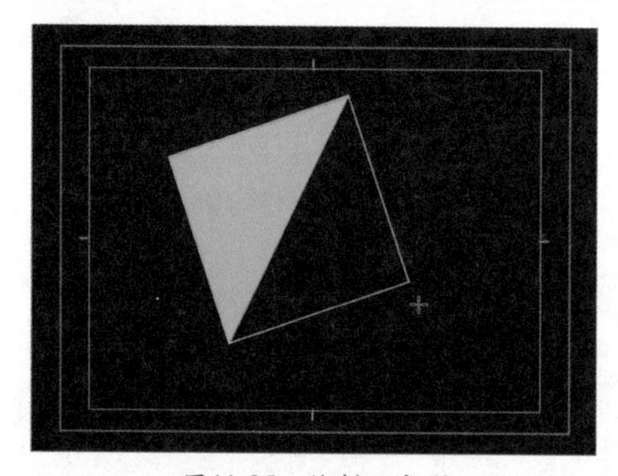
图11-25 绘制三角形

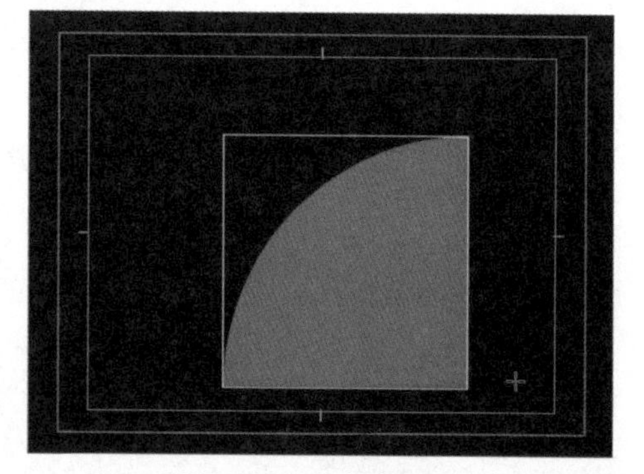
图11-26 绘制圆弧形

- 椭圆形工具：该工具用于绘制椭圆形，在按下“Shift”键的同时单击该工具并拖动鼠标，可以绘制出正圆形，如图11-27所示。
- 直线工具：该工具用于绘制直线线段，如图11-28所示。

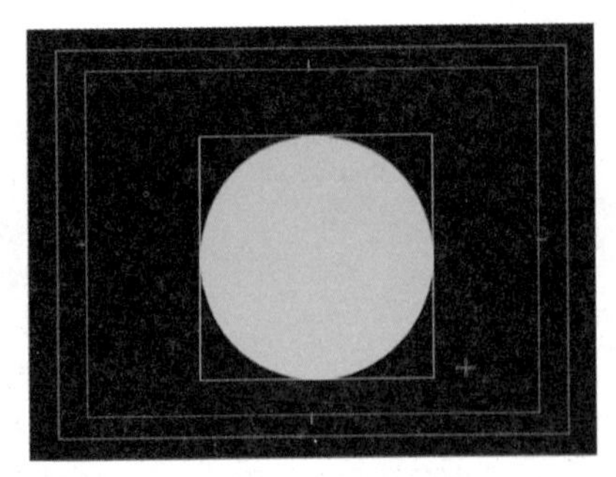
图11-27　绘制椭圆形

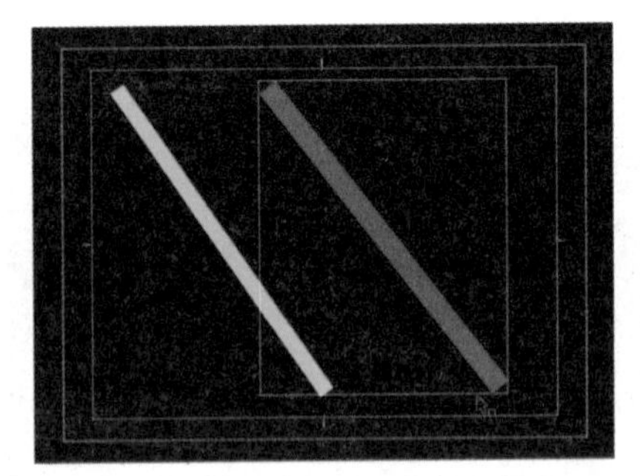
图11-28　绘制直线

11.2.2　字幕动作面板

字幕动作面板主要用于对单个或者多个对象进行对齐、排列和分布的调整，如图11-29所示。

1. 排列对齐

单击按钮可以对选中的单个或者多个对象进行排列位置的对齐调整。

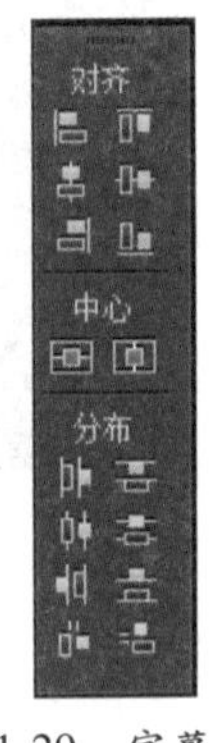

图11-29　字幕动作面板

- 水平靠左：使对象在水平方向上靠左边对齐显示，如图11-30所示。
- 垂直靠上：使对象在垂直方向上靠顶部对齐显示，如图11-31所示。
- 水平居中：使对象在水平方向上居中显示，如图11-32所示。
- 垂直居中：使对象在垂直方向上居中显示，如图11-33所示。
- 水平靠右：使对象在水平方向上靠右边对齐显示，如图11-34所示。
- 垂直靠下：使对象在垂直方向上靠底部对齐显示，如图11-35所示。

图11-30　水平靠左

图11-31　垂直靠上

图11-32　水平居中

图11-33　垂直居中

图11-34　水平靠右

图11-35　垂直靠下

2. 居中对齐

单击对应的按钮可以对选中的单个或者多个对象，在画面中的水平居中或垂直居中的位置进行排列对齐，如图11-36所示。

- 垂直居中：使所选对象进行垂直方向上的居中对齐。
- 水平居中：使所选对象进行水平方向上的居中对齐。

图11-36 初始位置、水平居中、垂直居中

3. 均匀分布

单击对应的按钮可以对选中的多个对象，在水平或垂直方向进行间距的分布对齐。

- 水平靠左：对3个或3个以上的对象进行水平方向上的左对齐，并且每个对象左边缘之间的间距相同。
- 垂直靠上：对3个或3个以上的对象进行垂直方向上的顶部对齐，并且每个对象上边缘之间的间距相同。
- 水平居中：对3个或3个以上的对象进行水平方向的居中均匀对齐。
- 垂直居中：对3个或3个以上的对象进行垂直方向的居中均匀对齐。
- 水平靠右：对3个或3个以上的对象进行水平方向上的右对齐，并且每个对象右边缘之间的间距相同。
- 垂直靠下：对3个或3个以上的对象进行垂直方向上的底部对齐，并且每个对象下边缘之间的间距相同。
- 水平等距间隔：对3个或3个以上的对象进行水平方向上的均匀分布对齐。
- 垂直等距间隔：对3个或3个以上的对象进行垂直方向上的均匀分布对齐。

11.2.3 字幕操作面板

字幕操作面板在字幕设计器窗口的中间，包括效果设置按钮区域和字幕编辑窗口，如图11-37所示。

1. 效果设置按钮区域

该区域中的功能按钮用于新建字幕、设置字幕动画类型、设置文本字体、字号、字体样式、对齐方式等常用的字幕文本编辑。

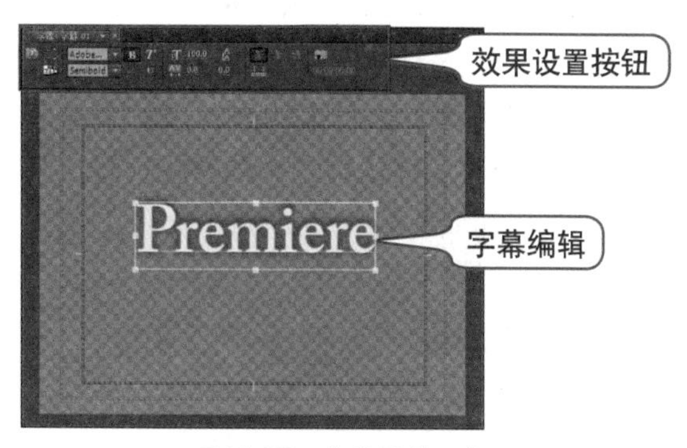

图11-37 字幕操作面板

- 基于当前字幕新建字幕：单击该按钮，在弹出的“新建字幕”对话框中进行视频设置和名称设置后，单击“确定”按钮，可以基于当前字幕创建新的字幕，新的字幕中将保留与当前字幕窗口中相同的内容，以便在当前字幕内容的基础上编辑新的字幕效果，如图11-38所示。
- 滚动/游动选项：单击该按钮，将打开“滚动/游动选项”对话框，在其中可以对字幕的类型和运动方式进行设置，如图11-39所示。

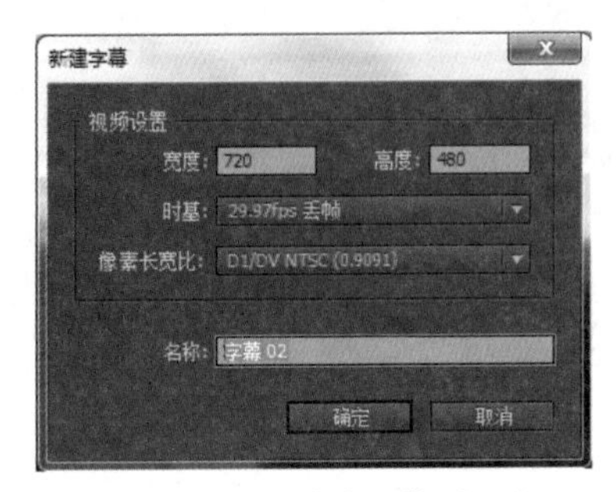

图11-38 “新建字幕”对话框

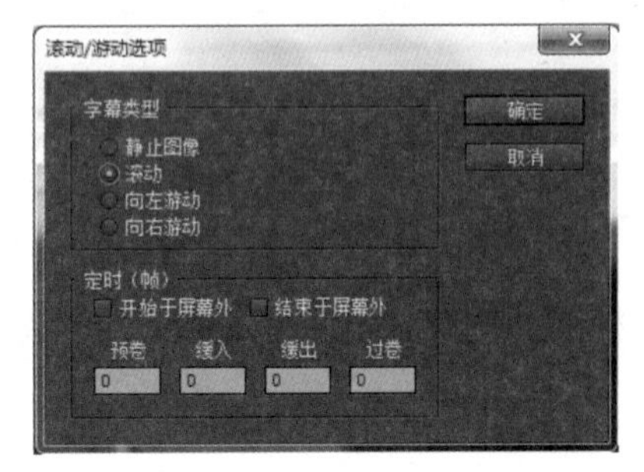

图11-39 “滚动/游动选项”对话框

- 模板：单击该按钮，可以打开“模板”对话框，在其中包含了程序自带的字幕模板文件，选择需要的模板后单击下面的“确定”按钮，即可创建基于该模板内容的字幕文件。单击右上角的按钮，可以在弹出的命令选单中选择导入当前字幕为模板、导入文件为模板、重置默认模板等操作，如图11-40所示。
- Adobe... 字体：在该下拉列表中可以选择需要的字体，如图11-41所示。

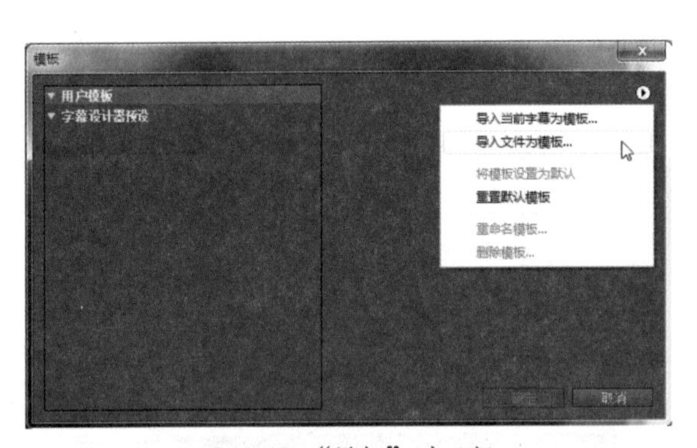

图11-40 “模板”对话框

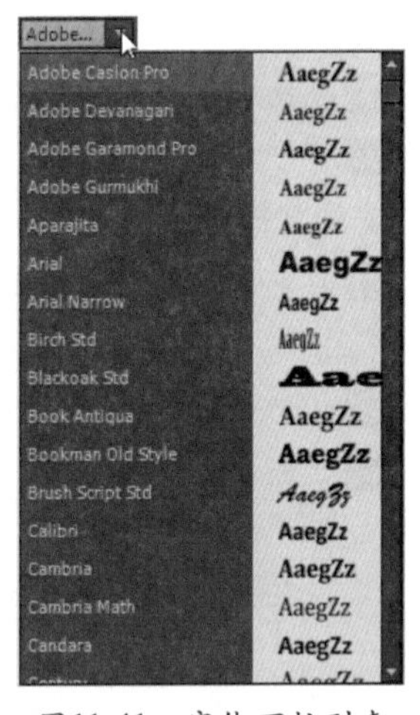

图11-41 字体下拉列表

- Regular 样式：在该下拉列表中可以选择需要的文本样式，包括Bold（加粗）、Bold Italic（斜粗）、Italic（斜体）、Regular（常规）、Semibold（半粗）、Semibold Italic（半粗斜）等，如图11-42所示。
- 粗体、斜体、下划线：单击对应的按钮，可以将所选文本对象设置为对应的字体样式，如图11-43所示。
- 100.0 大小：在该选项的文字按钮上按住鼠标左键并左右拖动，或直接单击并输入数值，可以设置字号大小。

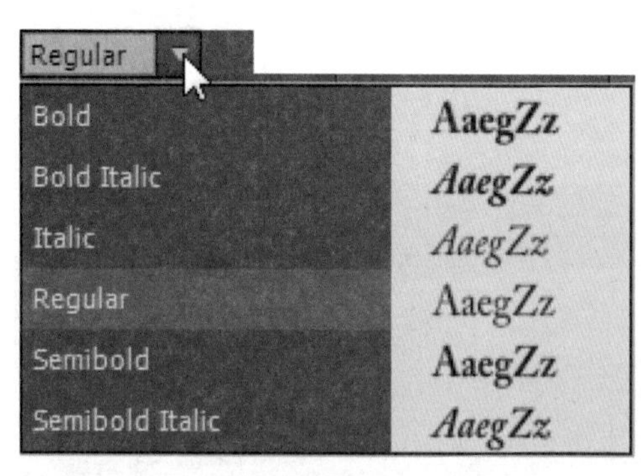

图11-42　样式下拉列表

图11-43　设置文字样式

- 字偶间距：通过调整文字按钮或直接单击并输入数值，可以设置文本字符间距，如图11-44所示。
- 行距：通过调整文字按钮或直接单击并输入数值，可以设置文本段落中文字行之间的间距，如图11-45所示。

图11-44　设置字符间距

图11-45　设置段落文字行距

- 靠左、居中、靠后：单击对应的按钮，可以将所选文本段落对象设置为对应的对齐方式，如图11-46所示。

Adobe
Premiere Pro CC
Enjoy it :)

图11-46　设置段落对齐

- 显示背景视频：按下该按钮，可以在字幕编辑区域中显示合成序列中当前时间指针所在位置的图像画面。调整该按钮下面的时间码数值，可以调整需要显示的画面时间位置，如图11-47所示。
- 制表位：单击该按钮，可以在打开的“制表位”对话框中对所选段落文本的制表位进行设置，对段落文本进行排列的格式化处理，如图11-48所示。

图11-47 显示背景视频

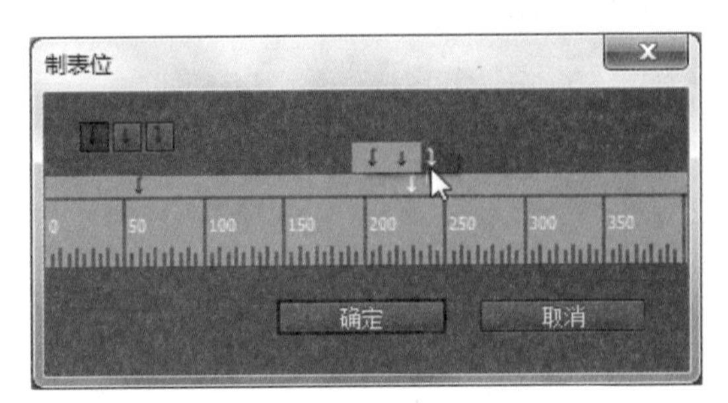

图11-48 “制表位”对话框

2. 字幕编辑窗口

字幕编辑窗口是对字幕内容进行编辑操作的主要区域，并可以实时预览当前的编辑效果。在字幕编辑窗口中显示了两个实线框，内部线框是字幕安全框，外部线框是动作安全框。如果文字或图形在动作安全框外，那么它们将可能不会在某些NTSC制式的显示器或电视中显示出来，即使是在NTSC显示器上显示出来，也会出现模糊或变形的状态，这是编辑字幕时需要注意的地方。

11.2.4 字幕属性面板

字幕属性面板中的选项可以用来对字幕文本进行多种效果和属性的设置，包括设置变换效果、设置字体属性、设置文本外观以及其他选项的参数设置，如图11-49所示。

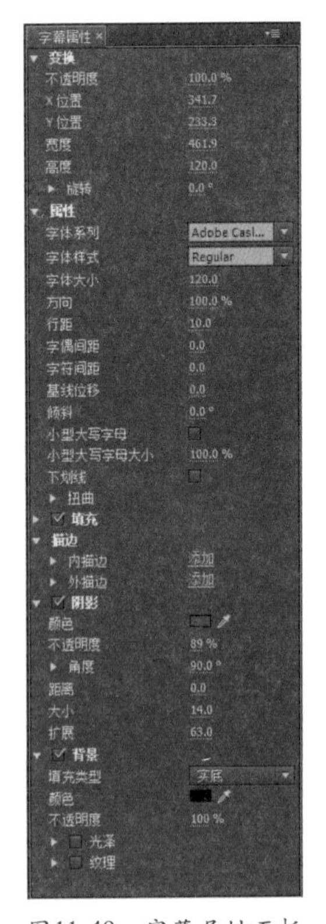

图11-49 字幕属性面板

1. 变换

“变换”选项组中的选项可以调整文本对象的不透明度、位置、大小与旋转角度，如图11-50所示。

2. 属性

“属性”选项组中的选项可以设置文本对象的字体、字体样式、字号大小、字符间距、行距、倾斜、字母大写方式、字符扭曲等基本属性，如图11-51所示。

图11-50　文本对象的变换处理

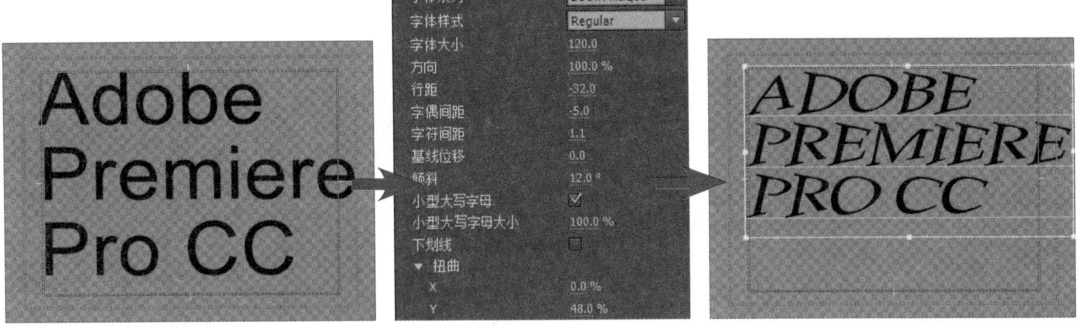

图11-51　设置文本基本显示属性

3. 填充

“填充”选项组中的选项可以设置文本对象的填充样式、填充色、光泽、填充纹理等显示效果，如图11-52所示。

- 填充：勾选该复选框，才可以对文字应用填充效果；取消对该选项的勾选，则不显示出文字的填充效果，可以显示出设置的文字阴影或描边，如图11-53所示。

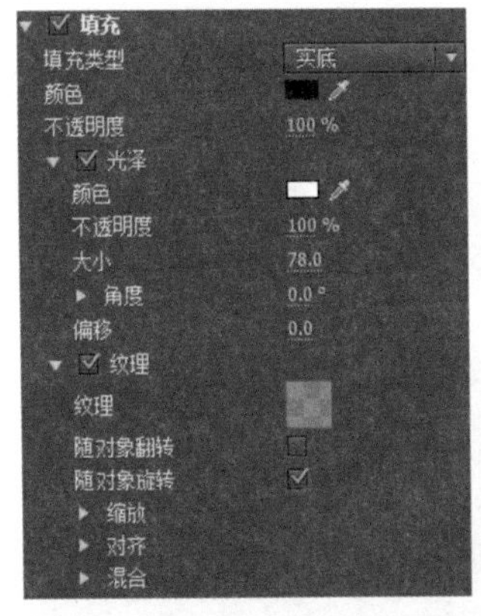

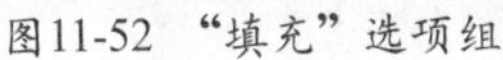
图11-52　“填充”选项组

图11-53　取消勾选“填充”复选框

- 填充类型：在该选项的下拉列表中选择一种填充类型后，在下面将显示对应的设置选项，分别编辑对应的色彩填充效果。
  - ◆ 实底：单色填充，默认的填充类型。可以为文本对象设置一个填充色与填充的不透明度，如图11-54所示。

图11-54　实底填充

◆ 线性渐变：设置从一种颜色以一定角度渐变到另一个颜色的填充，并单独设置每个颜色的填充不透明度，以及渐变填充的角度、渐变重复次数等，如图11-55所示。

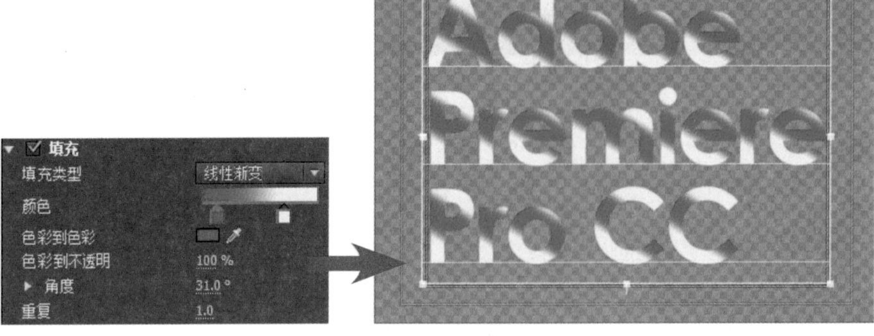

图11-55　线性渐变

◆ 径向渐变：设置一种颜色从中心向外渐变到另一个颜色的填充，设置选项与“线性渐变”相同，如图11-56所示。

图11-56　径向渐变

◆ 四色渐变：可以分别设置4个角的填充色，为每个字符应用四色渐变填充，如图11-57所示。

图11-57　四色渐变

◆ 斜面：该填充类型可以分别为文字设置高光色和阴影色，并设置光照强度与角度，模拟立体浮雕效果，如图11-58所示。

图11-58　斜面填充

◆ 消除：该填充类型没有设置选项，可以消除文字内容的填充色，只显示设置的描边边框和边框的阴影，常与“描边”和“阴影”选项配合进行效果设置，如图11-59所示。

图11-59　消除

◆ 重影：该填充类型没有设置选项，效果与“消除”相似，只显示设置的描边边框和原文字阴影，常与“描边”和“阴影”选项配合进行效果设置，如图11-60所示。

图11-60　重影

- 光泽：勾选该选项，可以为字幕文本在当前填充效果上添加光泽效果，还可以配合渐变填充效果，设置多色渐变效果，如图11-61所示。

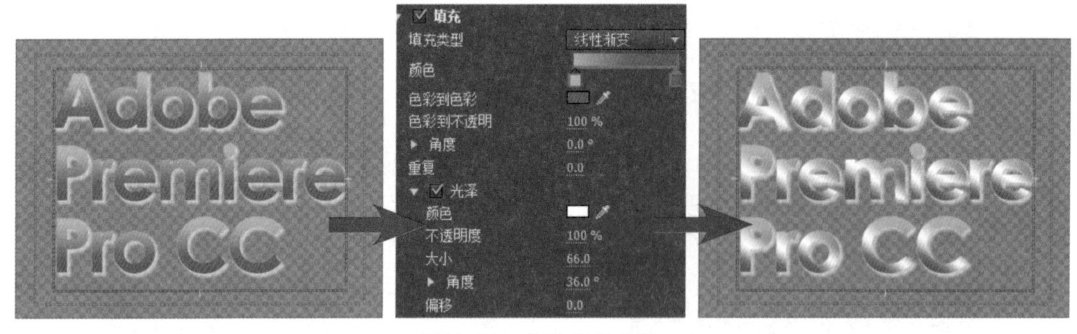

图11-61　光泽应用效果

- 纹理：勾选该选项，可以为字幕文本在当前填充效果上添加位图纹理效果。单击“纹理”选项后面的预览框▇，在弹出的“选择纹理图像”对话框中选择需要作为填充纹理的位图并单击“打开”按钮，即可将其应用为字幕文本的填充纹理，然后通过下面的选项参数，可以对应用的纹理效果进行缩放、对齐、混合效果等设置，如图11-62所示

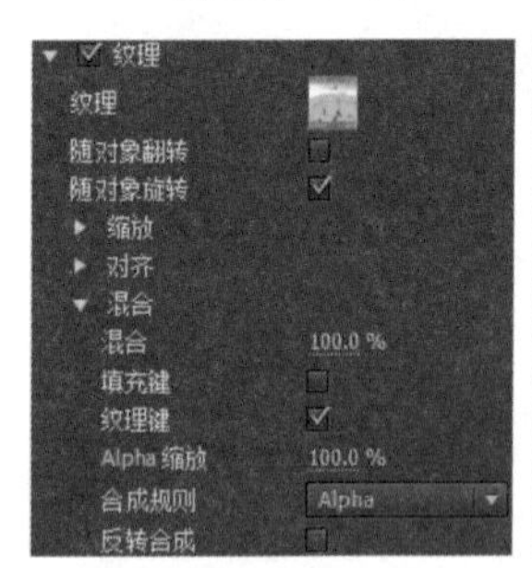

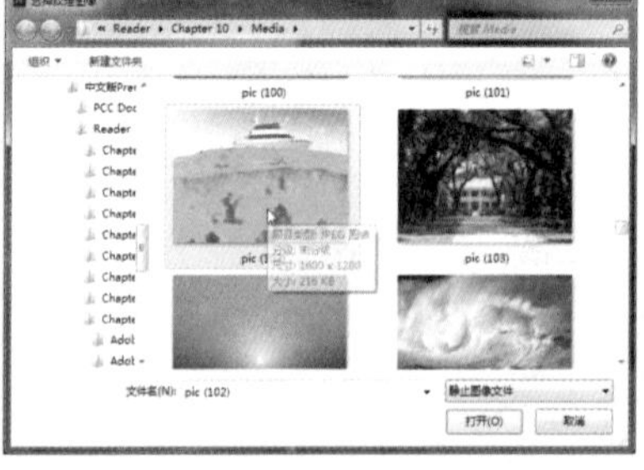

图11-62　纹理应用效果

4. 描边

对文本对象的轮廓边缘描边包括内描边和外描边两种方式，可以根据需要为文本添加多层描边效果。如果需要增加内描边或外描边，只需要单击对应选项后面的“添加”按钮，然后对出现的选项参数进行设置即可，如图11-63所示。

- 内描边/外描边：勾选对应的选项，可以为字幕文本应用对应的描边效果。单击后面的“添加”按钮，可以添加一层对应的轮廓描边；对于不再需要的轮廓描边，可以单击该描边后面的“删除”按钮删除。
- 类型：在该下拉列表中选择文字轮廓的描边类型，包括“深度”、“边缘”和“凹进”3种，以内描边为例，它们的应用效果如图11-64所示。
- 大小：用于设置描边轮廓线框的宽度。
- 填充类型：与“填充”选项组中的“填充类型”相同，可以在该下拉列表中为描边轮廓选择并设置实底、线性渐变、径向渐变、四色渐变等填色效果，如图11-65所示。

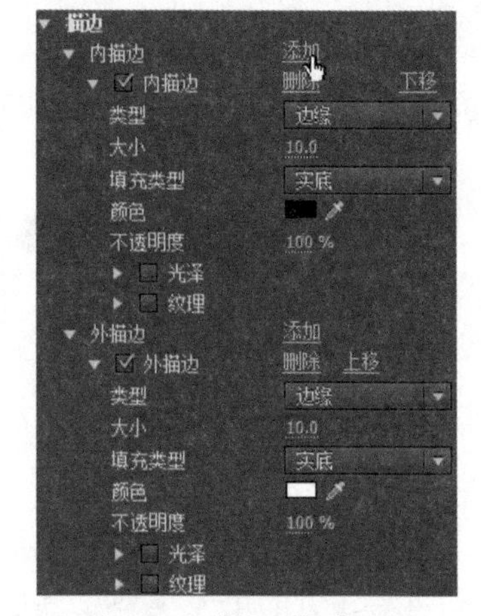

图11-63 “描边”选项组

- 光泽：与“填充”选项组中的“光泽”相同，勾选该复选框后，可以为描边轮廓设置光泽填色效果，如图11-66所示。

图11-64 深度、边缘和凹进描边效果

图11-65 线性渐变的描边

图11-66 描边的光泽效果

- 纹理：与“填充”选项组中的“纹理”相同，勾选该复选框后，可以为描边轮廓设置纹理填充效果。

5. 阴影

“阴影”选项组中的选项可以为字幕文本设置阴影效果。勾选“阴影”复选框后，即可对阴影的颜色、不透明度、角度、距离、大小、扩展等进行设置，如图11-67所示。

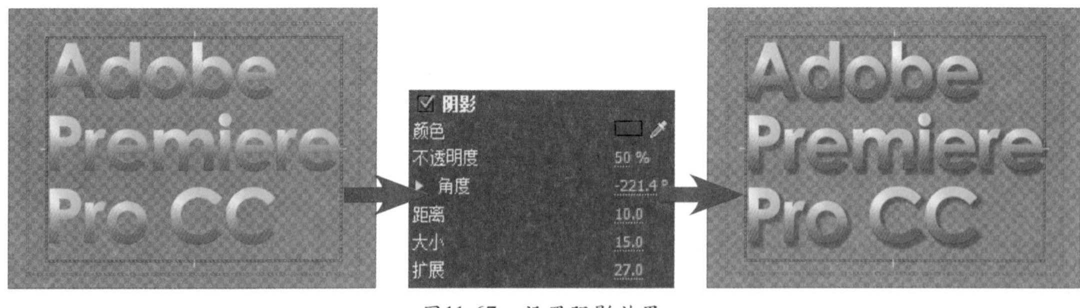

图11-67 设置阴影效果

6. 背景

“背景”选项组中的选项可以为字幕文本设置背景填充效果。勾选“背景”复选框后，即可对背景的填充类型、颜色、光泽等进行设置；勾选“纹理”复选框后，还可以将外部素材文件导入作为字幕的背景图像，如图11-68所示。

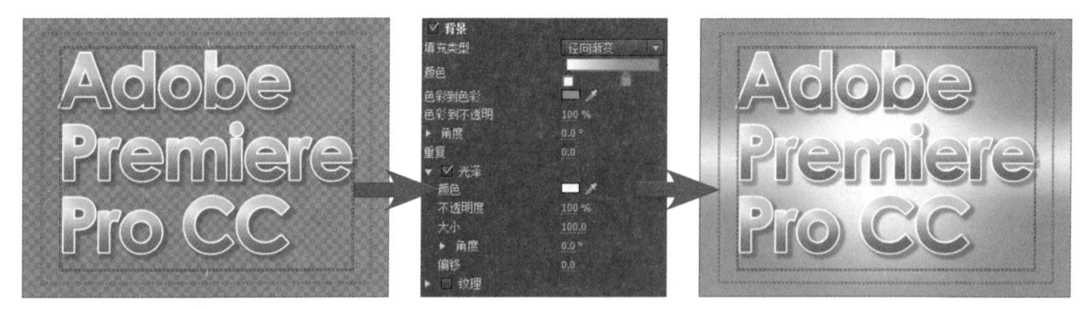

图11-68 设置背景效果

11.2.5 字幕样式面板

字幕样式是编辑好了字体、填充色、描边以及投影等效果的预设样式，存放在字幕设计器窗口下方的字幕样式面板中，可以直接选择应用或通过菜单命令应用一个样式中的部分内容，还可以自定义新的字幕样式或导入外部样式文件。

1. 应用字幕样式

选择字幕文本后，在字幕样式面板中单击需要的字幕样式，即可应用该字幕样式，快速编辑字幕文本的效果，如图11-69所示。

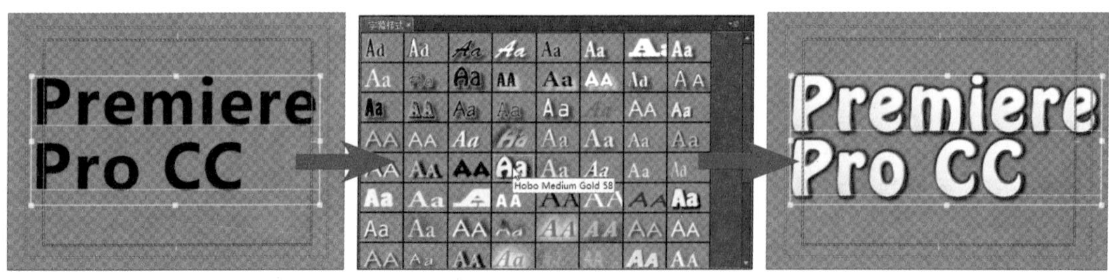

图11-69 应用字幕样式

选择字幕文本后，在需要应用的样式缩览图上单击鼠标右键，可以在弹出的命令选单中选择应用该样式中的全部或部分设置，如图11-70所示。

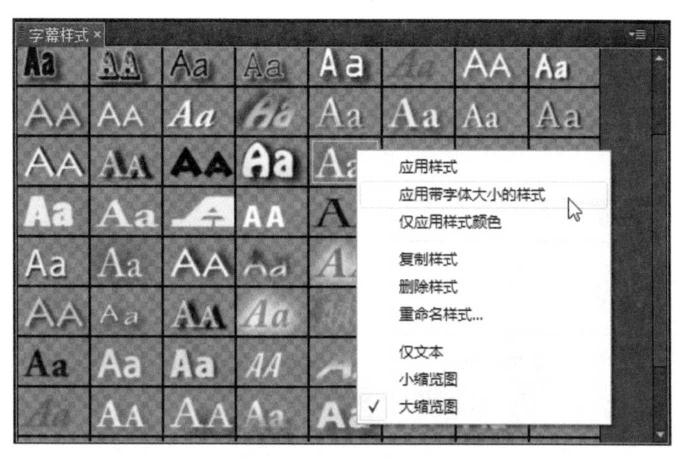

图11-70　右键命令选单

- 应用样式：应用该样式的基本效果设置，包括字体、填充色、描边、阴影等。
- 应用带字体大小的样式：应用该样式的全部效果设置，包括字体大小也变成与样式设置相同，如图11-71所示。

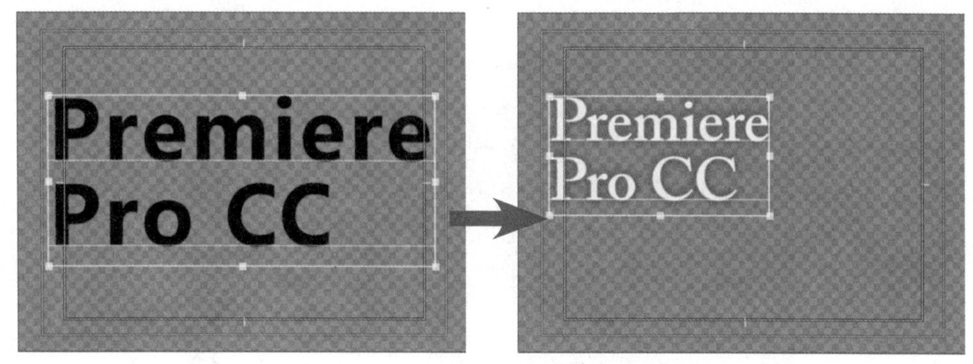

图11-71　应用带字体大小的样式

- 仅应用样式颜色：应用该样式中除字体、字号等文字属性以外的其他效果属性，如图11-72所示。

图11-72　仅应用样式颜色

2. 创建自定义字幕样式

Premiere Pro CC允许用户将编辑好的字幕文本效果，创建为新的字幕样式保存在字幕样式面板中，方便以后快速选择应用。

编辑好字幕文本的效果后，单击字幕样式面板右上角的按钮，或在字幕样式面板中的空白处单击鼠标右键，在弹出的命令选单中选择“新建样式”命令，然后在弹出的“新建样式”对话框中为新建的字幕样式命名，单击“确定”按钮，即可在字幕样式面板中将当前所选择字幕文本的属性与效果创建为新的样式，如图11-73所示。

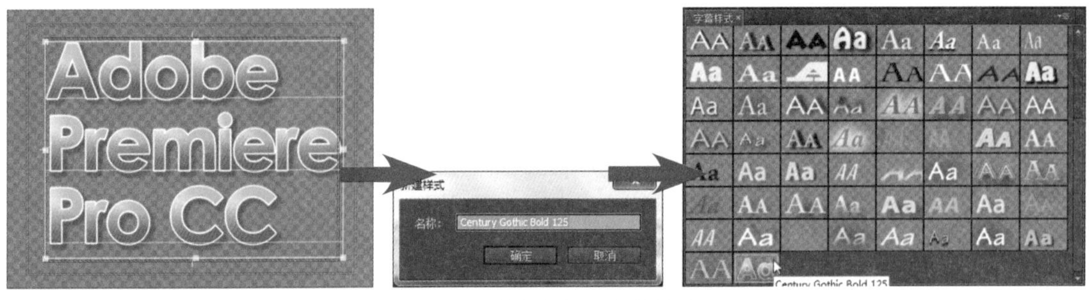

图11-73　创建自定义字幕样式

3. 字幕样式的管理

单击字幕样式面板右上角的按钮，可以在弹出的命令选单中选择对应的命令，对字幕样式面板中的样式进行复制、删除、重命名、追加、重置等管理，如图11-74所示。

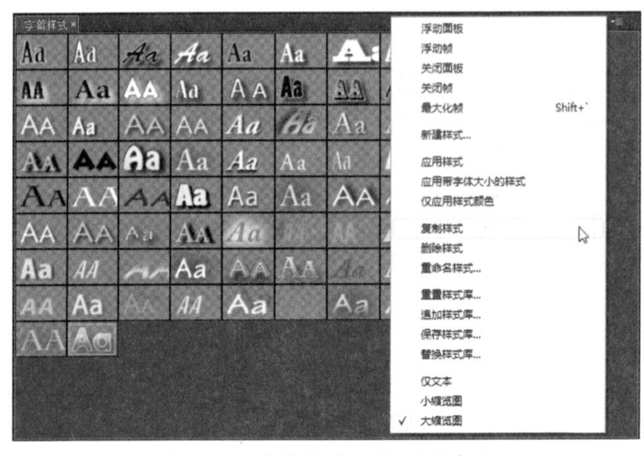

图11-74　字幕样式面板扩展命令

- 复制样式：对当前选择的样式进行复制，在样式列表的末尾复制出一个相同效果设置的副本。
- 删除样式：对于不再需要的字幕样式，可以在选择后执行该命令，在弹出的对话框中单击“确定”按钮，即可将其从字幕样式面板中删除，如图11-75所示。
- 重命名样式：默认情况下，字幕样式的名称以其应用的字体名称和字号大小来命名。选择一个字幕样式后执行该命令，在弹出的“重命名样式”对话框中为该样式输入新的名称，然后单击“确定”按钮，即可对该样式重命名，如图11-76所示。

图11-75　删除所选样式

图11-76　重命名样式

- 重置样式库：执行该命令，在弹出的对话框中单击“确定”按钮，可以将字幕样式面板中的字幕样式列表恢复为默认状态，新创建的字幕样式将不再出现，被删除的预设样式也将恢复，如图11-77所示。
- 追加样式库：执行该命令，在弹出的“打开样式库”对话框中选择外部字幕样式库文件（*.prsl），可以将外部样式库文件中的样式添加到当前字幕样式列表中，如图11-78所示。

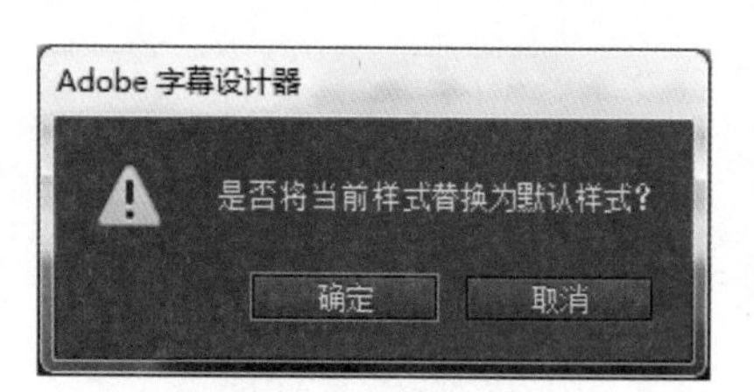

图11-77 重置样式库

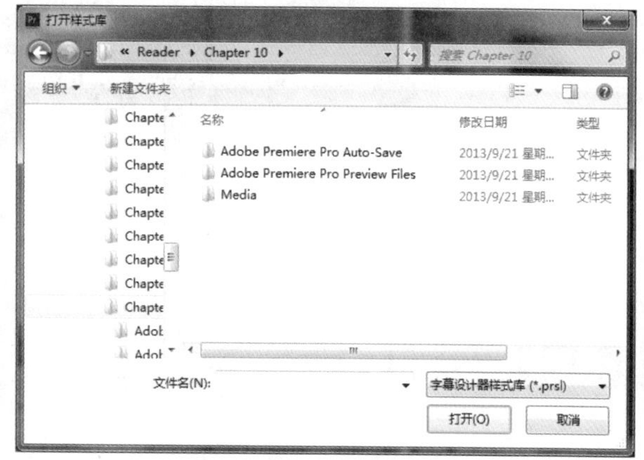

图11-78 “打开样式库”对话框

- 保存样式库：在创建了多个自定义字幕样式后，执行该命令，可以将当前字幕样式列表中的所有样式，保存为一个字幕样式库文件，方便在以后的编辑工作中导入使用。
- 替换样式库：执行该命令，可以在打开的对话框中选择其他样式库文件，将其导入并替换掉字幕样式面板中当前的所有样式。
- 仅文本：执行该命令，可以将字幕样式面板中的样式以名称文字的方式显示，如图11-79所示。

图11-79 文本列表显示

- 小缩览图：执行该命令，可以将字幕样式面板中的样式以小图标的方式显示，如图11-80所示。

- 大缩览图：默认的样式列表方式。执行该命令，可以将字幕样式面板中的样式以大图标的方式显示。

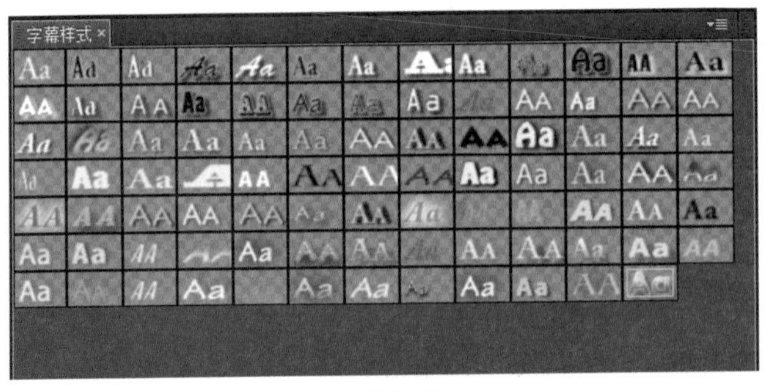

图11-80　小缩览图列表显示

11.3 字幕的类型

在Premiere Pro CC中可以创建静态字幕、滚动字幕和游动字幕3种字幕类型。

11.3.1 创建静态字幕

静态字幕是默认的字幕类型，通常用于编辑影片的标题文字或提示文字。静态字幕没有动画效果，但是可以在加入到时间轴窗口中后，通过效果控件面板对其创建位置、缩放、不透明度等属性的关键帧动画效果，或添加视频过渡特效，编辑更丰富的字幕效果。静态字幕的应用效果，如图11-81所示。

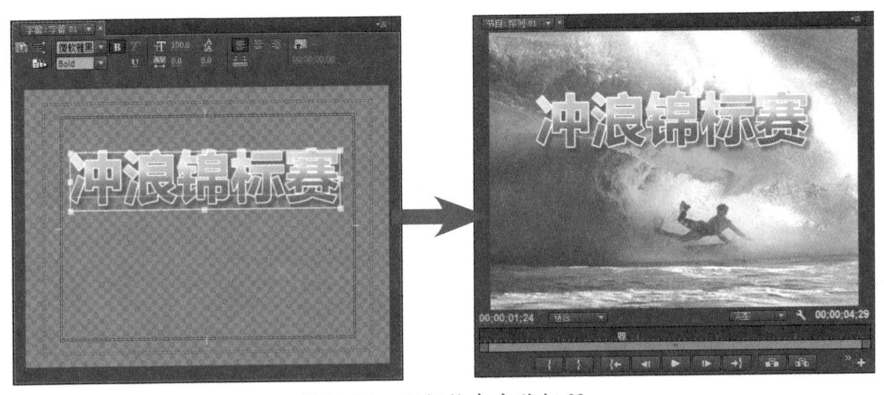

图11-81　编辑静态字幕标题

11.3.2 创建滚动字幕

滚动字幕是指在画面的垂直方向从下往上运动的动画字幕，下面通过一个实例介绍滚动字幕的编辑方法与应用。

上机实战 滚动字幕——世界地球日

01 先新建一个项目文件，然后在项目窗口中创建一个DV NTSC视频制式的合成序列。

02 按“Ctrl+I”快捷键打开“导入”对话框，选择本书配套光盘中\Chapter 11\Media目录下的“the earth 01~10.jpg”素材文件并导入，如图11-82所示。

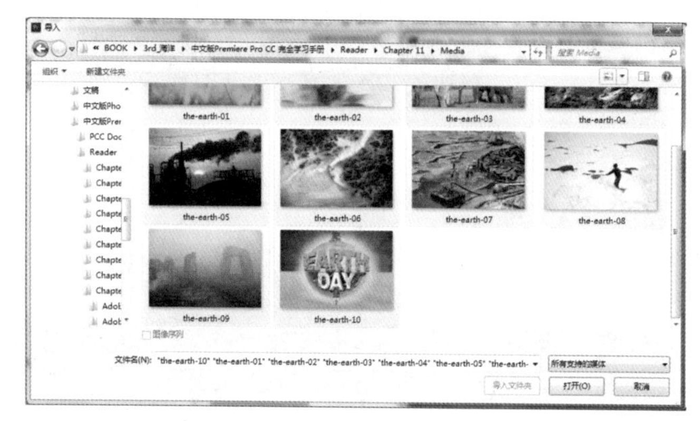

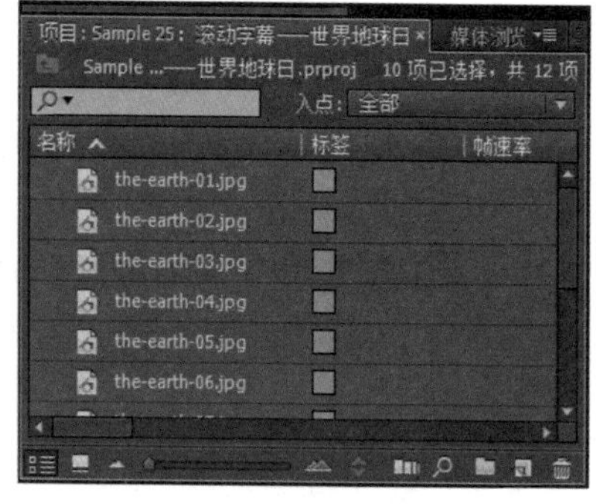

图11-82　导入素材

03 将导入的图像素材按文件名序号依次加入到时间轴窗口的视频1轨道中，如图11-83所示。

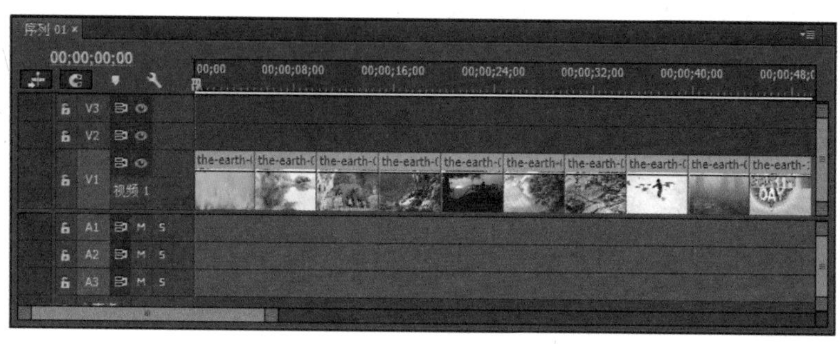

图11-83　加入素材剪辑

04 按“Shift+7”键打开效果面板，单击“视频过渡”文件夹前面的三角形按钮▶，将其展开。选择适合的视频过渡效果，添加到时间轴窗口中相邻的图像素材之间，并在效果控件面板中设置所有视频过渡效果的对齐方式为“中心切入”，编辑好所有图片的幻灯播放效果，如图11-84所示。

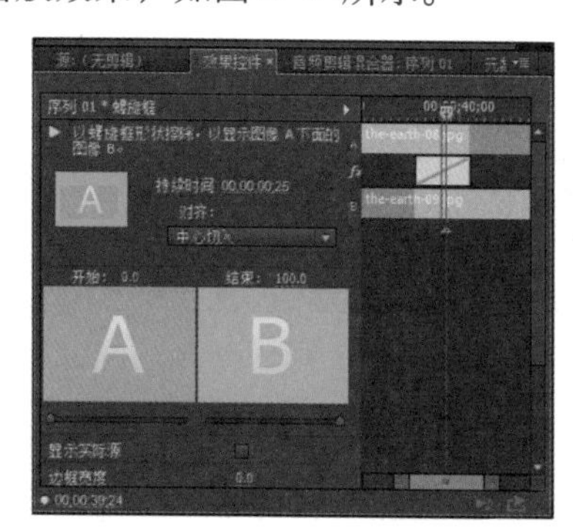

图11-84　编辑视频过渡效果

05 单击“字幕→新建→默认滚动字幕”命令，在打开的“新建字幕”对话框中输入字幕名称，然后单击“确定”按钮，打开字幕设计器窗口，如图11-85所示。

06 在字幕工具面板中选择“区域文字工具”，在字幕编辑窗口中绘制一个文本输入框，如图11-86所示。

07 在字幕属性面板中设置输入文本的字体为微软雅黑，字号为24，输入文本内容，如图11-87所示。

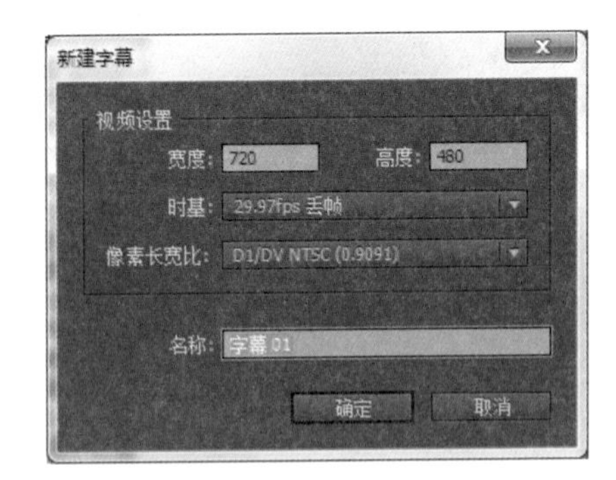

图11-85 “新建字幕”对话框

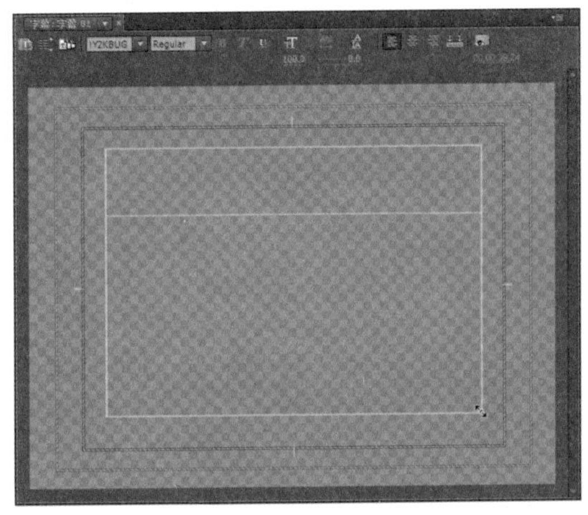

图11-86 绘制文本框

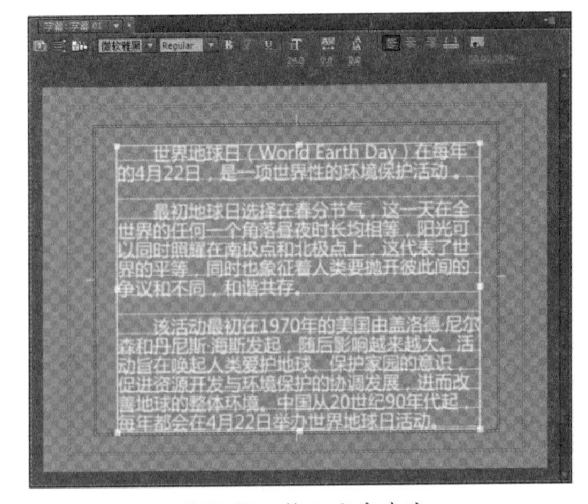

图11-87 输入文字内容

08 在字幕属性面板中的“填充”选项组中，设置“填充类型”为“线性渐变”，为字幕文本设置从黄色到红色的线性渐变色。单击“外描边”选项后面的“添加”按钮，为其设置大小为20的深红色描边色，如图11-88所示。

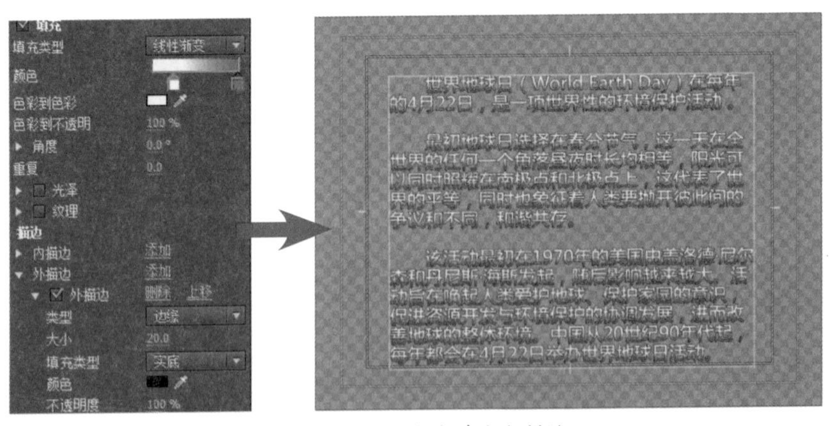

图11-88 设置文本填充与描边

09 在字幕工具面板中选择“矩形工具”，在字幕编辑窗口中绘制一个覆盖所有文字范围的矩形，然后在字幕属性面板中设置其填充色为50%不透明度的绿色到50%不透明度的蓝色的线性渐变，并取消描边边框，如图11-89所示。

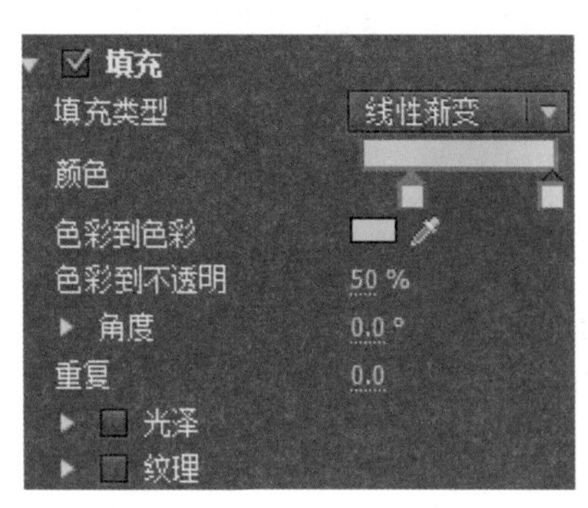

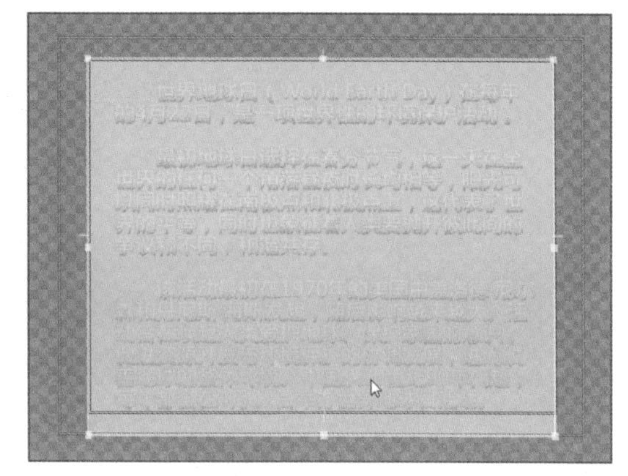

图11-89　绘制矩形并设置填充色

⑩ 新绘制的矩形位于字幕文本的上层，需要将其移到文本的下层作为背景色：在矩形上单击鼠标右键并选择“排列→移到最后”命令，即可将其移动到字幕文本的下层，如图11-90所示。

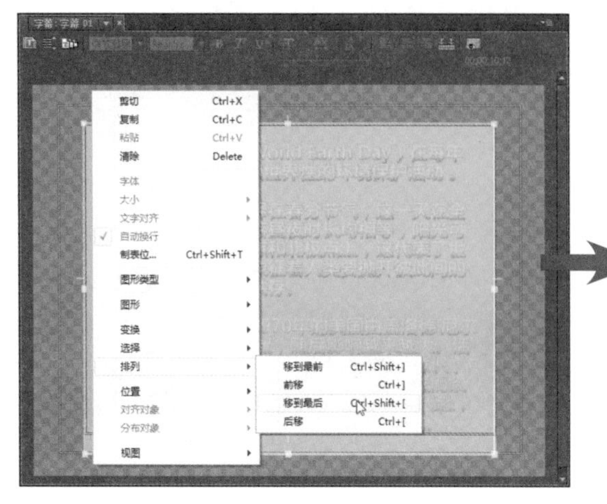

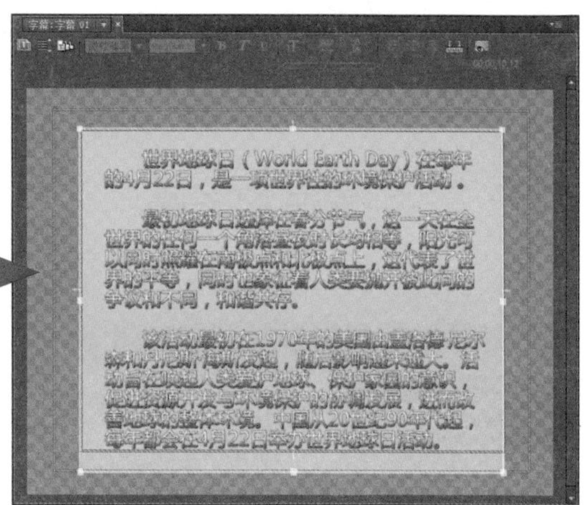

图11-90　移动矩形到下层

⑪ 单击“滚动/游动选项”按钮，在打开的“滚动/游动选项”对话框中，勾选“开始于屏幕外”和“结束于屏幕外”复选框，然后单击“确定”按钮，使编辑的字幕在影片开始时从画面底部向上滚动，在影片结束时滚动出画面顶部，如图11-91所示。

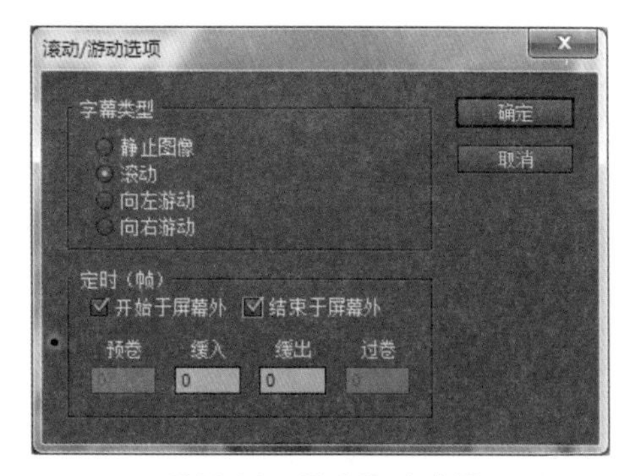

图11-91　设置滚动时间

⑫ 关闭字幕设计器窗口，回到项目窗口中，将编辑好的字幕素材加入到时间轴窗口的视频2轨道中，并延长其持续时间到与视频1轨道中的素材剪辑结束时间对齐，如图11-92所示。

⑬ 编辑好需要的影片效果后，按“Ctrl+S”键保存文件。按空格键预览编辑完成的影片效果，如图11-93所示。

图11-92 加入字幕素材

图11-93 预览影片效果

11.3.3 创建游动字幕

滚动字幕是指在画面的水平方向从左向右或从右向左运动的动画字幕，下面通过一个实例介绍游动字幕的编辑方法与应用。

上机实战 游动字幕——认识火山

01 先新建一个项目文件，然后在项目窗口中创建一个DV NTSC视频制式的合成序列。

02 按“Ctrl+I”快捷键打开“导入”对话框，选择本书配套光盘中\Chapter 11\Media目录下的“火山 01~10.jpg”素材文件并导入，如图11-94所示。

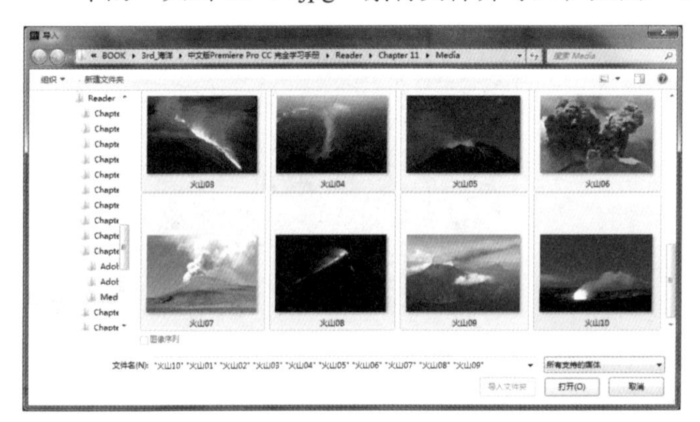

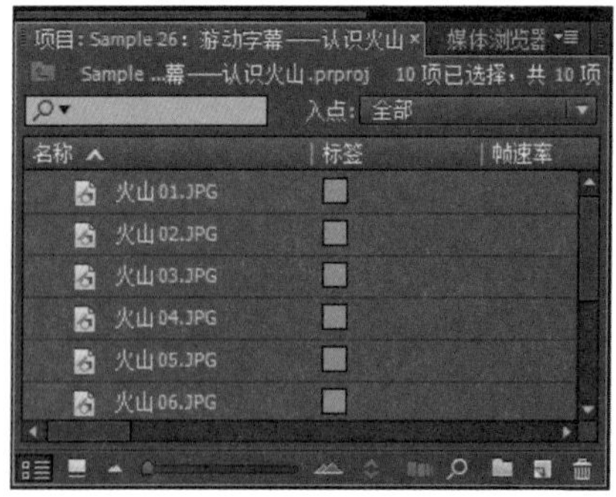

图11-94 导入素材

03 将导入的图像素材按文件名序号依次加入时间轴窗口的视频1轨道中，如图11-95所示。

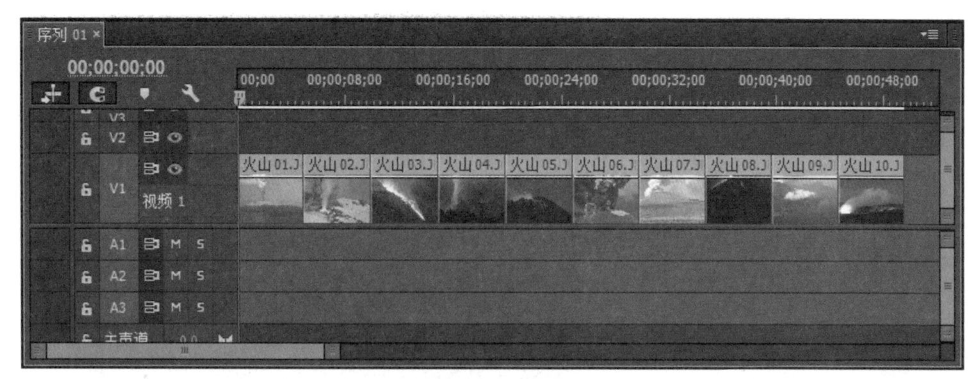

图11-95　加入素材剪辑

04 按“Shift+7”键打开效果面板，单击“视频过渡”文件夹前面的三角形按钮▶，将其展开。选择适合的视频过渡效果，添加到时间轴窗口中相邻的图像素材之间，并在效果控件面板中设置所有视频过渡效果的对齐方式为“中心切入”，编辑好所有图片的幻灯播放效果，如图11-96所示。

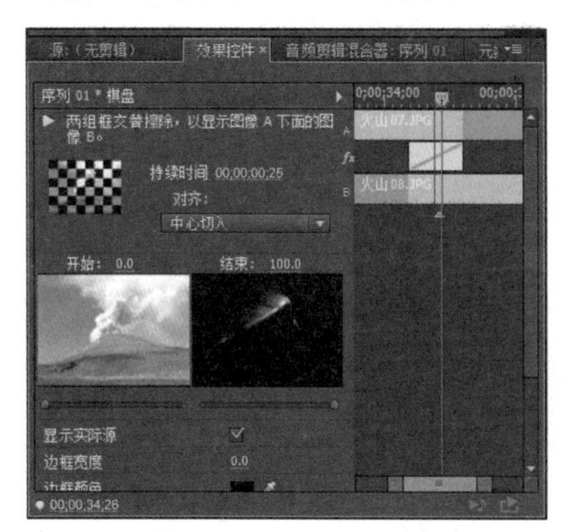

图11-96　编辑视频过渡效果

05 单击“字幕→新建→默认游动字幕”命令，在打开的“新建字幕”对话框中输入字幕名称，然后单击“确定”按钮，打开字幕设计器窗口。选择“文字工具”T，设置字体为微软雅黑，字号为35，在字幕编辑窗口中字幕安全框的左下角单击确定输入光标位置，输入文字内容，如图11-97所示。

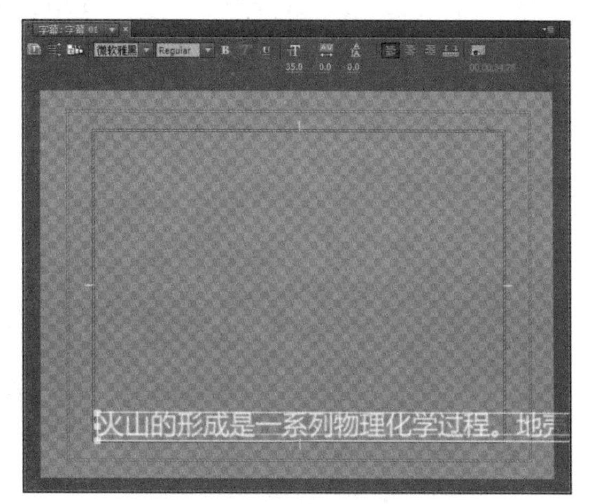

图11-97　输入文字

06 在字幕属性面板中的“填充”选项组中，设置“填充类型”为“线性渐变”，为字幕文本设置从浅蓝色到深蓝色的线性渐变色。单击“外描边”选项后面的“添加”按钮，为其设置类型为“深度”、大小为40、角度为45°的深紫色描边色，如图11-98所示。

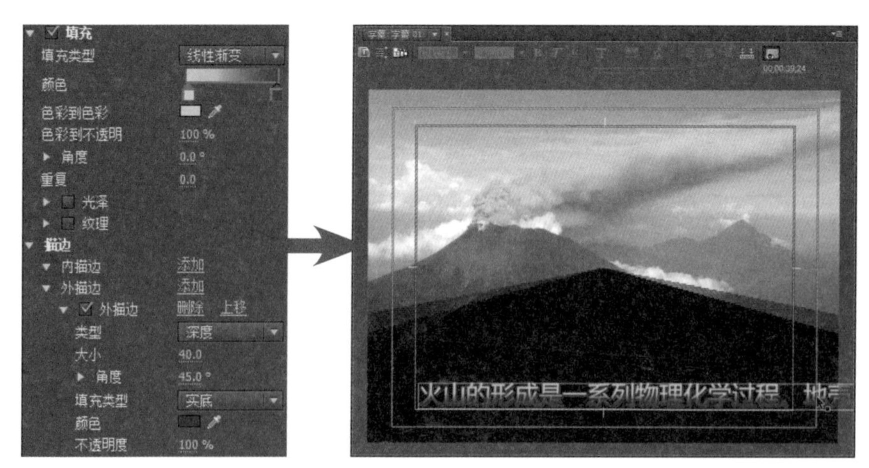

图11-98　设置字幕填充色

07 单击“滚动/游动选项”按钮，在打开的“滚动/游动选项”对话框中，勾选“开始于屏幕外”和“结束于屏幕外”复选框，设置“缓入”、“缓出”的时间为15帧，然后单击“确定”按钮，使编辑的字幕在影片开始后，从第15帧开始从画面右边向左游动进入，在影片结束前15帧向左游动出画面左边，如图11-99所示。

08 关闭字幕设计器窗口，回到项目窗口中，将编辑好的字幕素材加入时间轴窗口的视频3轨道中，并延长其持续时间到与视频1轨道中的素材剪辑结束时间对齐，如图11-100所示。

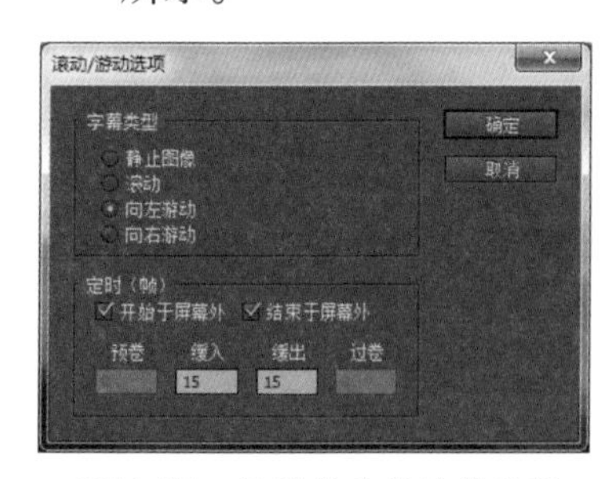

图11-99　设置游动的持续时间

图11-100　加入字幕素材

09 单击项目面板下面的“新建项”按钮，在弹出的命令选单中选择“颜色遮罩”命令，在弹出的“新建颜色遮罩”对话框中单击“确定”按钮，在打开的“拾色器”窗口中设置新建颜色遮罩的色彩为黄色（#D8FF00），如图11-101所示。

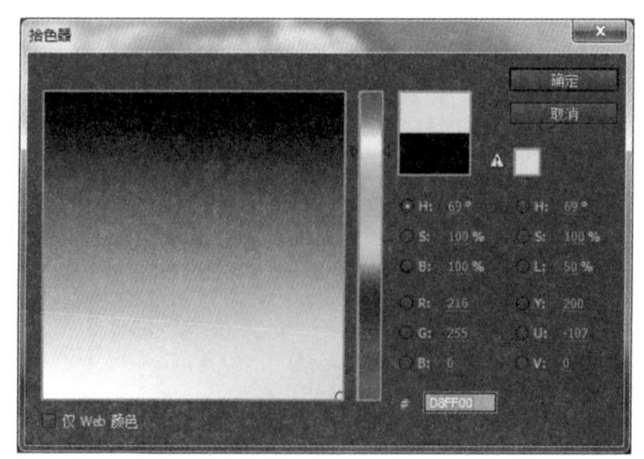

图11-101　新建并设置颜色遮罩

⑩ 单击“确定”按钮并在弹出的对话框中为新建颜色遮罩命名后，单击“确定”按钮，然后将项目面板中新增的颜色遮罩素材加入时间轴窗口的视频2轨道中，并延长其持续时间到与视频1轨道中的素材剪辑结束时间对齐，如图11-102所示。

图11-102　加入颜色遮罩素材

⑪ 打开效果控件面板，取消“运动”选项组中对“等比缩放”选项的勾选，设置“缩放高度”为10，将其移动到画面中字幕文本的下层对应位置。为其创建从开始到第15帧，“不透明度”选项从0～40%的关键帧动画，作为字幕文字的背衬色条，使字幕的显示可以更清晰，如图11-103所示。

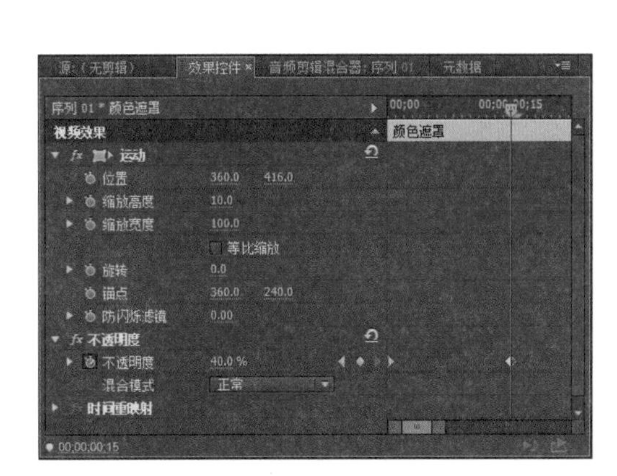

图11-103　编辑颜色遮罩的显示

⑫ 编辑好需要的影片效果后，按“Ctrl+S”键保存文件。按空格键预览编辑完成的影片效果，如图11-104所示。

图11-104　预览影片效果

第12章 音频编辑

声音是影片重要的组成内容，起着配合影片内容的表现、烘托影片气氛的作用。在Premiere Pro CC中提供了丰富的音频编辑处理功能，可以对影片中的音频内容进行编辑处理。本章主要介绍在Premiere Pro CC中进行音频基本编辑的方法和各种常用音频特效的应用与设置等。

12.1 音频编辑基础

1. 音频素材的导入与应用

音频素材的导入与添加应用，与图像、视频素材的导入与应用方法相同。在导入音频素材时，也可以通过3种方法来完成。

方法1 通过执行导入命令或按“Ctrl+I”快捷键，打开“导入”对话框，选择音频素材执行导入操作。

方法2 打开媒体浏览器面板，展开音频素材的保存文件夹，将需要导入的一个或多个音频文件选中，然后单击鼠标右键并选择“导入”命令，即可完成音频素材的导入。

方法3 在文件夹（资源管理器）窗口中将需要导入音频文件选中，然后按住并拖入Premiere的项目窗口中，即可快速地完成指定素材的导入。

将音频素材加入到合成序列中，也与图像素材的添加应用方法基本相同，可以通过以下几种方法来完成。

方法1 选择导入到项目窗口中的音频素材，按住并拖入时间轴窗口的音频轨道中。

方法2 在项目窗口中双击音频素材，将其在源监视器窗口中打开，对其进行编辑处理后（如修剪入点或出点、添加标记等），通过单击“插入”按钮或“覆盖”按钮，将音频素材添加到工作轨道中时间指针所在的位置。

方法3 在文件夹窗口中选择音频素材文件后，直接将其按住并拖入合成序列的时间轴窗口中，即可快速将音频素材加入到需要的位置，如图12-1所示。

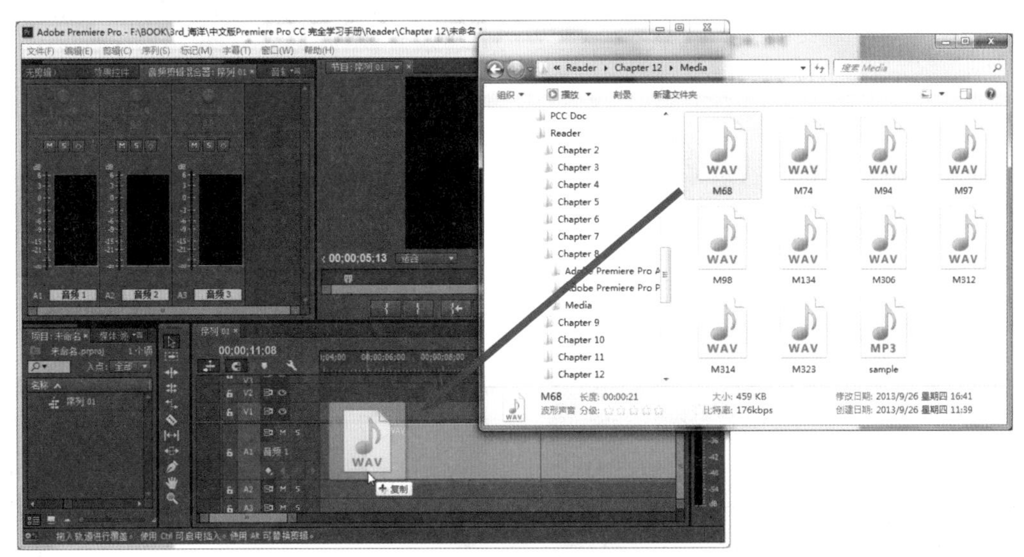

图12-1 快速添加音频素材

2. 音效的编辑方式

在Premiere Pro CC中可以通过以下5种方式对音频素材或音频剪辑进行编辑处理。

（1）在时间轴窗口的音频轨道中，可以对音频剪辑进行持续时间调整与修剪，以及通过添加、删除关键帧，移动关键帧的位置、调整关键帧控制线等操作，对音频内容进行音量调节、特效设置等处理，如图12-2所示。

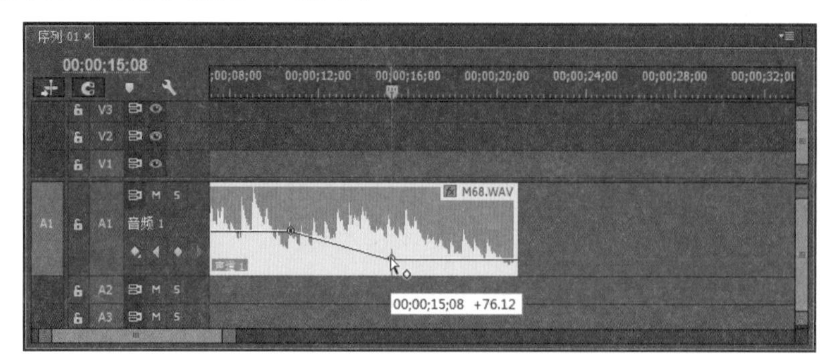

图12-2　对音频素材进行关键帧编辑

（2）使用菜单中相应的命令，对所选音频素材或音频剪辑进行对应的编辑。例如，在选中音频素材后，在“剪辑”菜单中可以选择修改音频声道、调整音频增益、修改音频剪辑播放速度或持续时间的命令，进行相应的编辑修改，如图12-3所示。

（3）在效果控件面板中，为音频剪辑的基本属性选项或添加的音频特效进行参数设置，可以改变音频剪辑的应用播放效果，如图12-4所示。

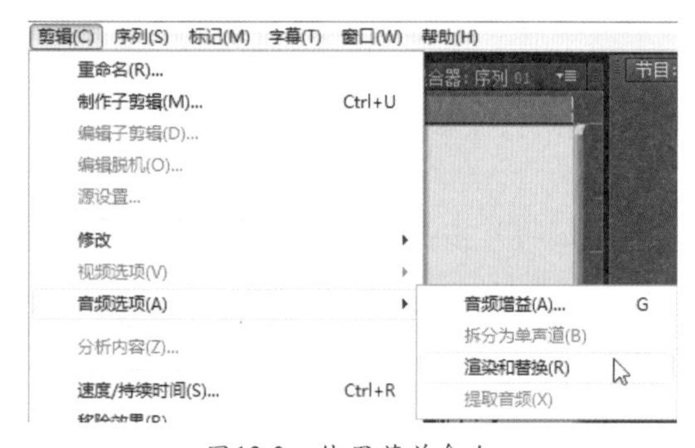

图12-3　使用菜单命令

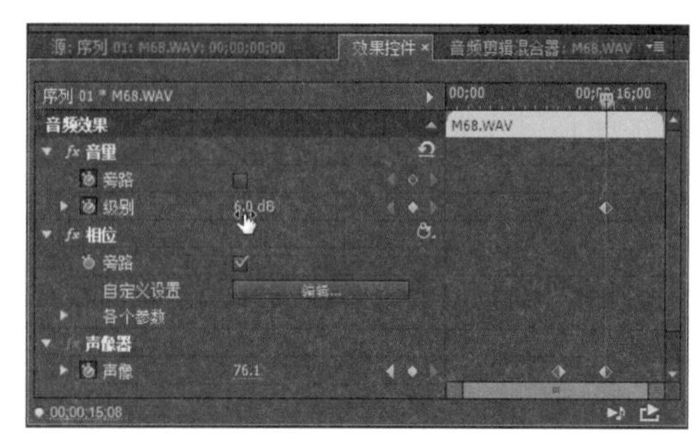

图12-4　编辑音频效果

（4）双击视音频素材或音频剪辑，在源监视器中打开该音频素材，可以在其中对音频素材进行播放预览、持续时间的修剪、添加标记、插入到指定音频轨道中等基本编辑处理，如图12-5所示。

（5）在音轨混合器或音频剪辑混合器面板中，可以对音频素材或音频剪辑进行调整音量、调整声道平衡、添加特效等编辑处理，如图12-6所示。

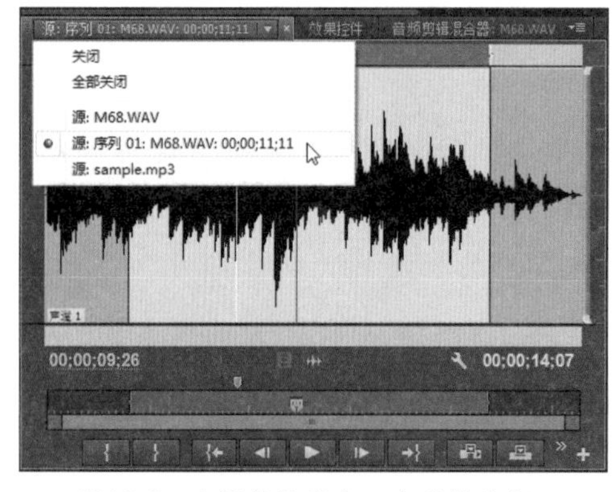

图12-5　在源监视器窗口中编辑音频

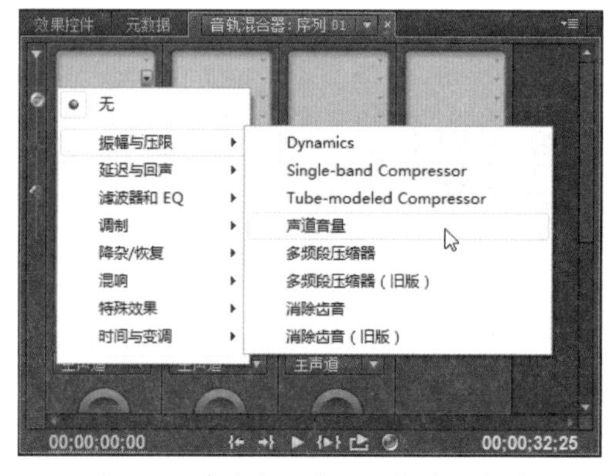

图12-6　在音轨混合器面板中编辑音频

12.2 音频素材的编辑

音频素材的编辑包括对音频素材或剪辑播放速度、持续时间的调整，对音频剪辑音量的控制，设置音频音量增益等。

12.2.1 调整音频持续时间和播放速度

调整加入合成序列中的音频素材的持续时间有两种不同方式。一种方式是不改变音频内容的播放速率，通过调整音频剪辑的入点和出点位置，对音频剪辑的持续时间进行修剪，使音频剪辑在影片中播放时只播放其中的部分内容，如图12-7所示。

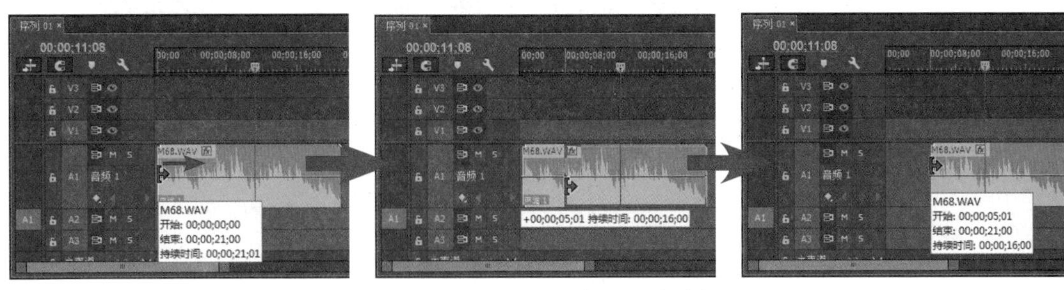

图12-7 修剪音频剪辑的持续时间

另一种方式是对音频的播放速度进行修改，可以加快或减慢音频内容的播放速度，进而改变音频剪辑在影片中应用的持续时间。与调整视频素材播放速率一样，调整音频素材的播放速率也包括对项目窗口中的音频素材与对时间轴窗口中的音频剪辑的不同处理。

选择项目窗口中的音频素材后，执行“剪辑→速度/持续时间”命令，在打开的“剪辑速度/持续时间”对话框中，显示了在原始播放速度状态下的素材持续时间，可以通过输入新的百分比数值或调整持续时间数值，修改所选素材对象的默认持续时间，如图12-8所示。这样修改后，在每次将该素材加入到合成序列中时，都将在音频轨道中显示新的持续时间。

选择时间轴窗口中的音频剪辑后，执行“剪辑→速度/持续时间”命令，在打开的“剪辑速度/持续时间”对话框中修改数值，可以单独对该音频剪辑的播放速度与持续时间进行调整，并不会对项目窗口中的该音频素材产生影响，如图12-9所示。

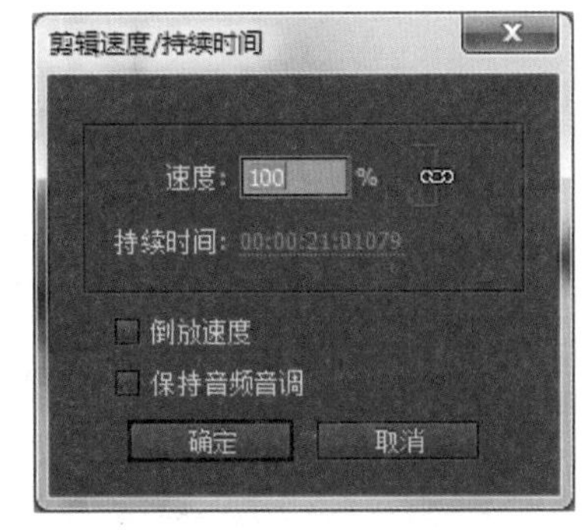

图12-8 修改音频素材的播放速度

图12-9 修改音频剪辑的播放速度

提 示

对时间轴窗口中的音频剪辑执行修改持续时间操作时，在“剪辑速度/持续时间”对话框中勾选“波纹编辑，移动尾部剪辑”复选框，可以使用波纹编辑模式调整剪辑的持续时间，在单击“确定”按钮进行应用后，音频轨道中该素材剪辑后面的剪辑，将根据该素材持续时间的变化而自动前移或后移，如图12-10所示。

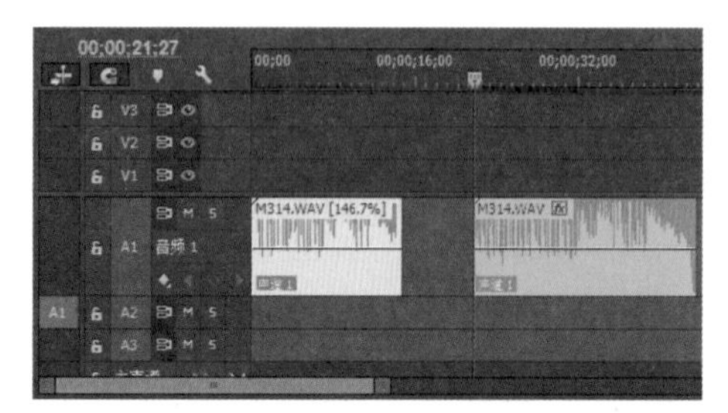

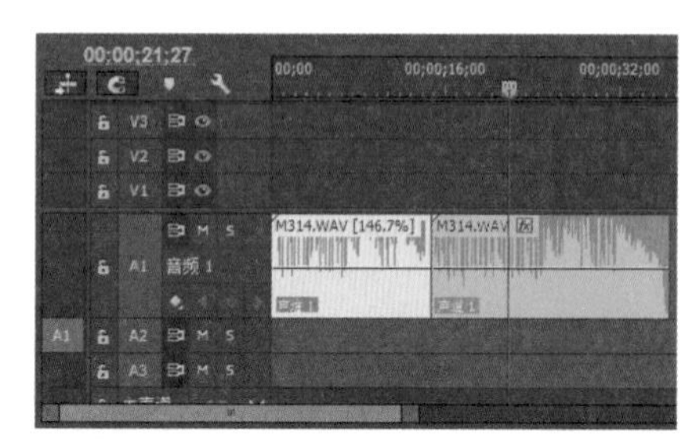

图12-10　勾选“波纹编辑，移动尾部剪辑”选项的前后对比

12.2.2 调节音频剪辑的音量

可以通过以下3种方法调节音频剪辑在影片中播放时的音量。

方法1 选中音频素材，在效果控件面板中展开“音量”选项组，修改“级别”选项的数值，即可调节该音频剪辑的音量，如图12-11所示。

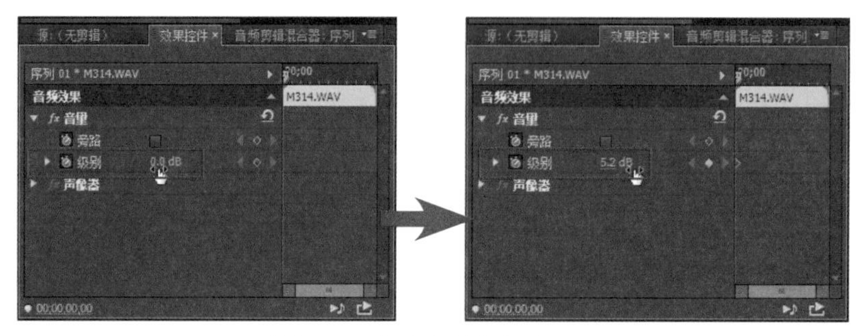

图12-11　修改音频剪辑的音量

方法2 在时间轴窗口中单击“时间轴显示设置”按钮，在弹出的命令选单中选中“显示音频关键帧”命令，然后单击音频剪辑上的图标，在弹出的命令选单中选中“音量→级别”选项后，即可通过上下拖动音频剪辑上的关键帧控制线来调整音频剪辑的音量，如图12-12所示。

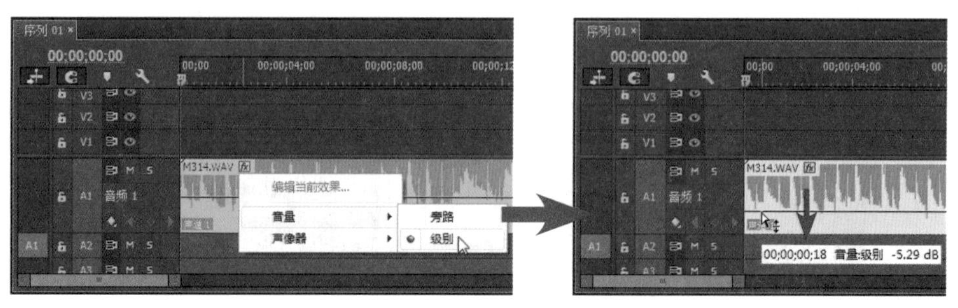

图12-12　拖动关键帧控制音量

方法3 选择音频轨道中的音频剪辑，然后打开音频剪辑混合器面板，向上或向下拖动该音频剪辑所在轨道控制选项组中的音量调节器，即可修改该音频素材的音量，如图12-13所示。在调整了音量调节器的位置后，可以看见音频轨道中该音频剪辑的音量控制线也会发生相应的调整。

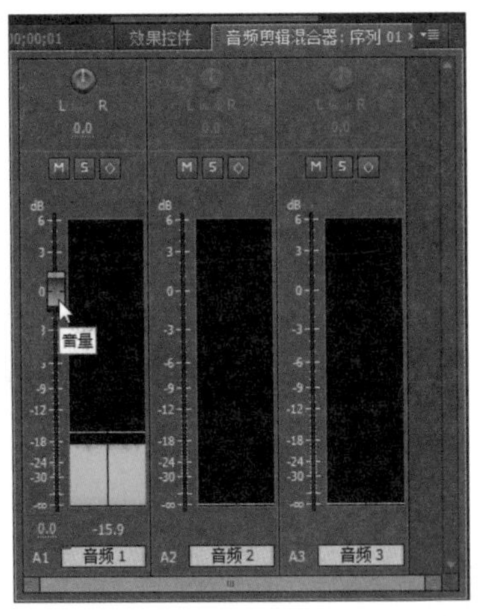

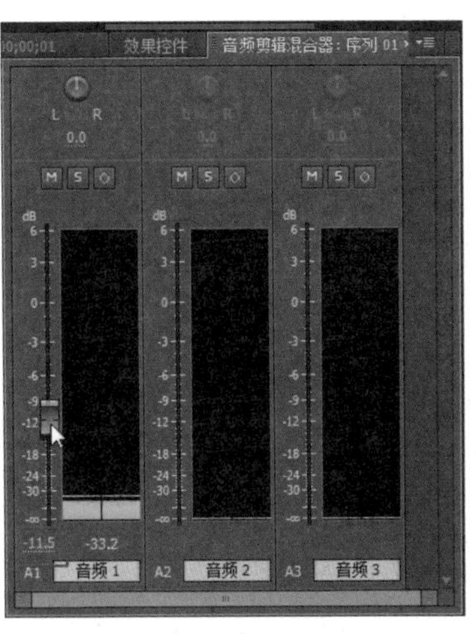

图12-13　通过音频剪辑混合器面板修改音频剪辑音量

12.2.3　调节音频轨道的音量

通过向上或向下拖动音频轨道混合器面板中的音量调节器，可以对音频轨道的音量进行整体控制，使该音频轨道中的所有音频剪辑的音量，都在原来音量的基础上增加或降低设定数值的音量，如图12-14所示。

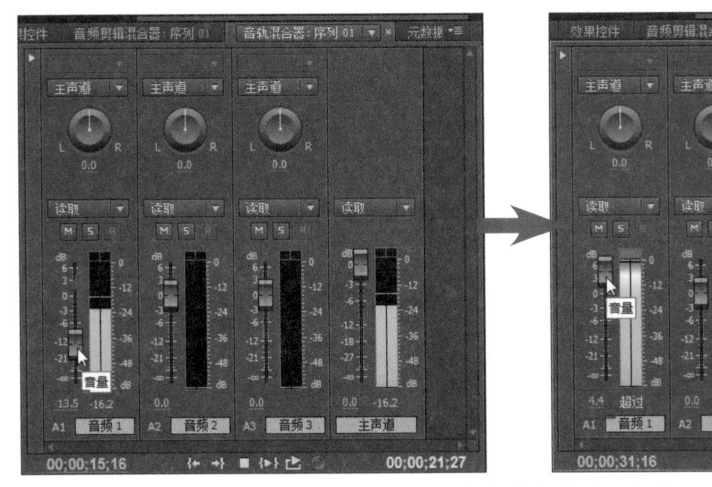

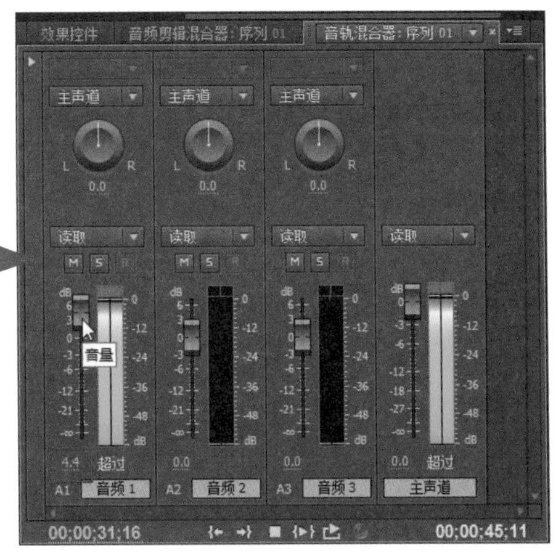

图12-14　调整音频轨道的音量

提　示

在音频剪辑混合器面板或音频轨道混合器面板中调整了音量调节器的位置后，双击音量调节器，可以将其快速恢复到默认的音量位置（即0.0dB）。

12.2.4 调节音频增益

音频增益是在音频素材或音频剪辑原有音量的基础上，通过对音量峰值的附加调整，增加或降低音频的频谱波形幅度，从而改变音频素材或音频剪辑的播放音量。与调整音频素材和音频剪辑的播放速率一样，对音频素材和音频剪辑执行的音频增益调整，同样会产生不同的影响。

选择项目窗口中的音频素材，或选择音频轨道中的音频剪辑后，执行“剪辑→音频选项→音频增益”命令，在弹出的“音频增益”对话框中，根据需要进行调整设置并单击“确定”按钮，即可在源监视器窗口或音频轨道中查看到音频频谱的改变，其在播放时的音量也将发生相应的改变，如图12-15所示。

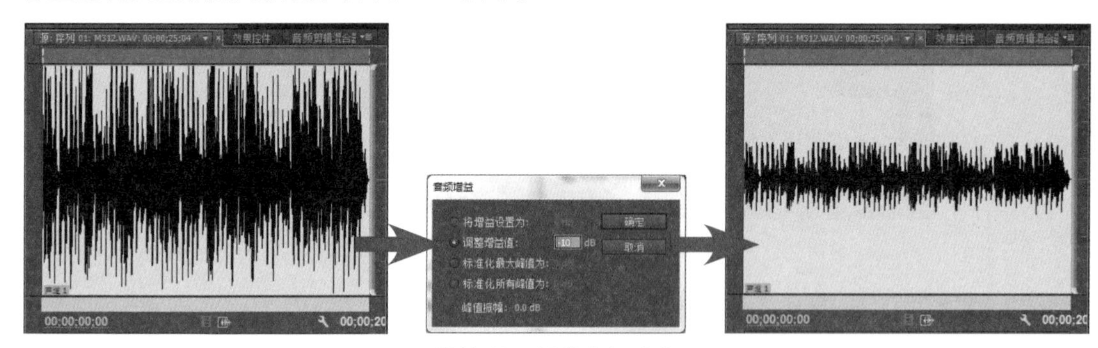

图12-15　调节音频增益

- 将增益设置为：可以将音频素材或音频剪辑的音量增益指定为一个固定值。
- 调整增益值：输入正数值或负数值，可以提高或降低音频素材或音频剪辑的音量。
- 标准化最大峰值为：输入数值，可以为音频素材或音频剪辑中的音频频谱设定最大峰值音量。
- 标准化所有峰值为：输入数值，可以为音频素材或音频剪辑中音频频谱的所有峰值设定限定音量。

12.2.5 单声道和立体声之间的转换

在编辑操作中常用的音频素材，通常为单声道或立体声两种声道格式。在Premiere Pro CC中对音频素材编辑时，也会涉及左右声道的处理，某些音频特效也只适用于单声道音频或立体声音频。如果导入的音频素材的声道格式不符合编辑需要，就需要对其进行声道格式的转换处理。

上机实战 转换单声道为立体声

01 先新建一个项目文件，然后在项目窗口中创建一个合成序列。

02 按“Ctrl+I”快捷键打开“导入”对话框，选择本书配套光盘中\Chapter 12\Media目录下的“单声道.wav”素材文件并导入，如图12-16所示。

图12-16 导入音频素材文件

03 在项目窗口中双击导入的音频素材，可以在源监视器窗口中将其打开，可以看到该音频文件是只有一个波形频谱的单声道音频，如图12-17所示。

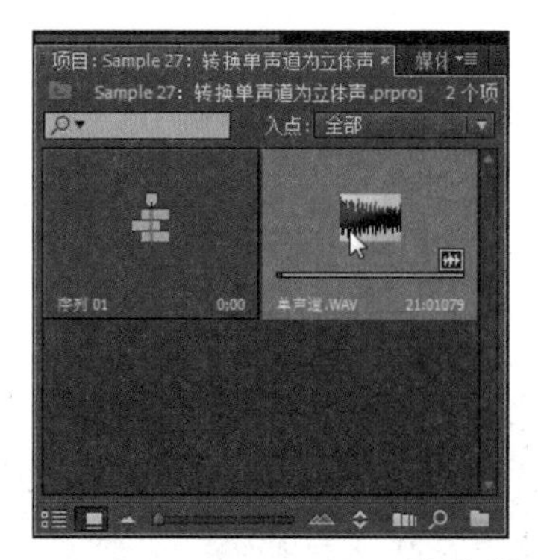

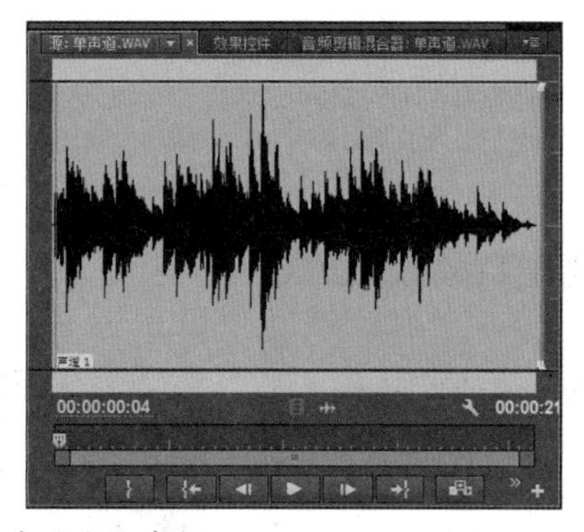

图12-17 查看音频素材

04 为方便进行声道格式转换前后的效果对比，先将当前的单声道音频素材加入一次到时间轴窗口的音频轨道1中，可以看见音频轨道中的音频剪辑也是显示为一个波形频谱，如图12-18所示。

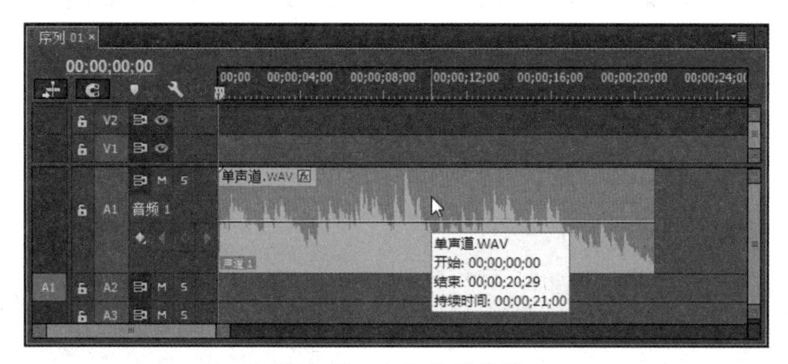

图12-18 加入音频剪辑

05 选择项目窗口中的单声道音频素材，执行“剪辑→修改→音频声道”命令，在打开的“修改剪辑”对话框中，可以在声道列表中查看到当前音频素材只有一个声道。单击“声道格式”选项后的下拉按钮并选择“立体声”，然后在声道列表中单击新增的声道条目名称，在其下拉列表中选择“声道1”选项，即可将原音频的单声道复制为立体声音频的右声道，原来的单声道则自动设置为左声道，如图12-19所示。

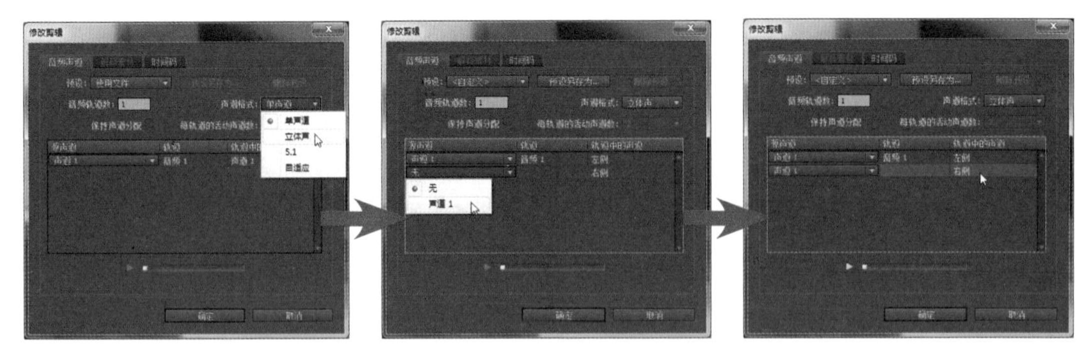

图12-19　转换声道格式

06 单击“确定”按钮，程序将弹出提示框，提示用户对音频声道格式的修改不会对已经加入到合成序列中的音频剪辑发生作用，将在以后新加入到合成序列中时应用为立体声。

07 应用对音频素材声道格式的修改后，即可看见在源监视器窗口中的音频素材变成了立体声的波形，如图12-20所示。

08 再次将该音频素材加入到音频轨道中前一音频剪辑的后面，即可查看到两段音频剪辑的波形不同，如图12-21所示。按空格键进行播放预览，可以分辨出音频在播放时的效果差别。

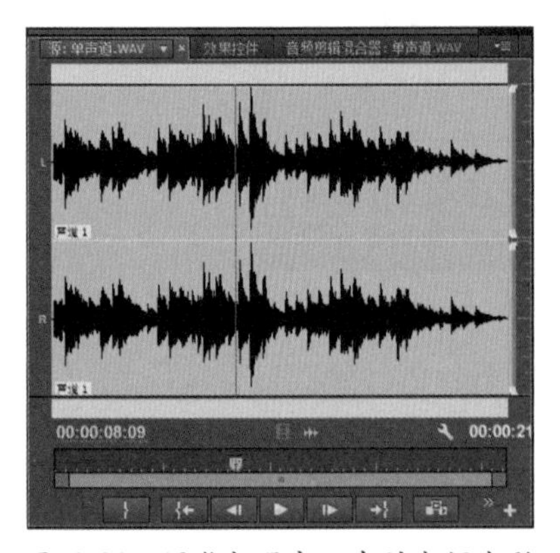

图12-20　源监视器窗口中的音频波形

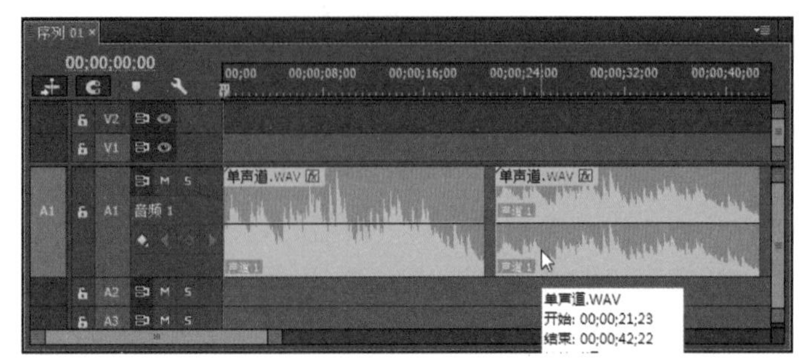

图12-21　加入音频素材

使用同样的方法，也可以将立体声音频素材转换为单声道素材。在“修改剪辑”对话框中单击“声道格式”选项后的下拉按钮并选择“单声道”，然后在声道列表中单击声道条目名称，在其下拉列表中选择要保留的声道内容即可，如图12-22所示。

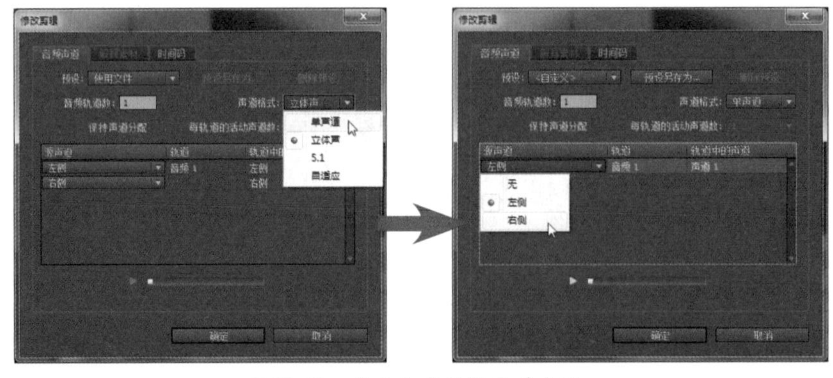

图12-22　将立体声转换为单声道

立体声音频的左右两个声道中可以包含不同的音频内容，通常应用在影视项目中，可以在一个声道中保存语音内容，另一个声道保存音乐内容。在项目窗口中选中立体声音频素材后，执行“剪辑→音频选项→拆分为单声道”命令，即可将立体声素材的两个声道拆分为两个单独的音频素材，得到两个包含单独声道内容的音频素材，以便适合影片编辑的需要，如图12-23所示。

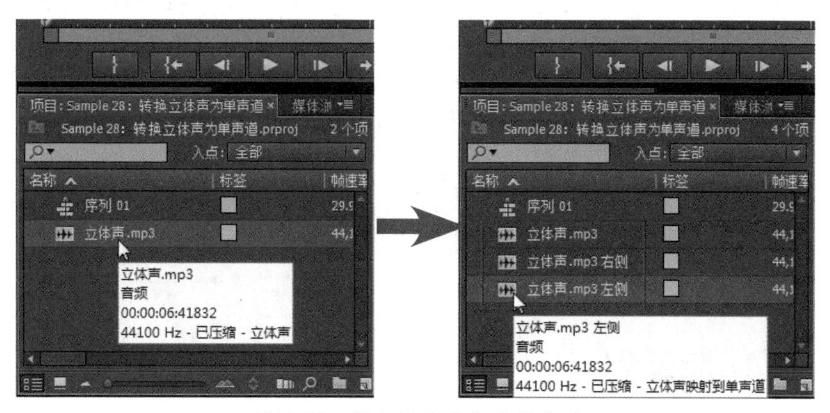

图12-23 将立体声分离为单声道

12.3 音频过渡的应用

音频过渡效果与视频过渡效果的用途相似，可以用于添加在音频剪辑的头尾或相邻音频剪辑之间，使音频剪辑产生淡入淡出效果，或在两个音频剪辑之间产生播放过渡效果。

在效果面板中展开“音频过渡”文件夹，在其中的“交叉淡化”文件夹中提供了“恒定功率”、“恒定增益”、“指数淡化”3种音频过渡效果，它们的应用效果基本相同，将其添加到音频剪辑中后，在效果控件面板中设置好需要的持续时间、对齐方式即可，如图12-24所示。

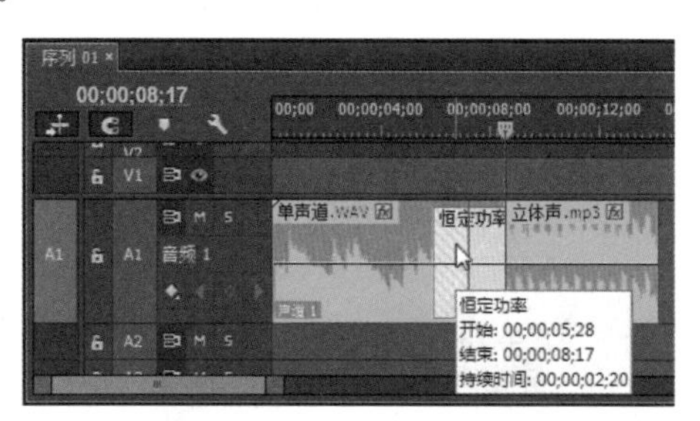

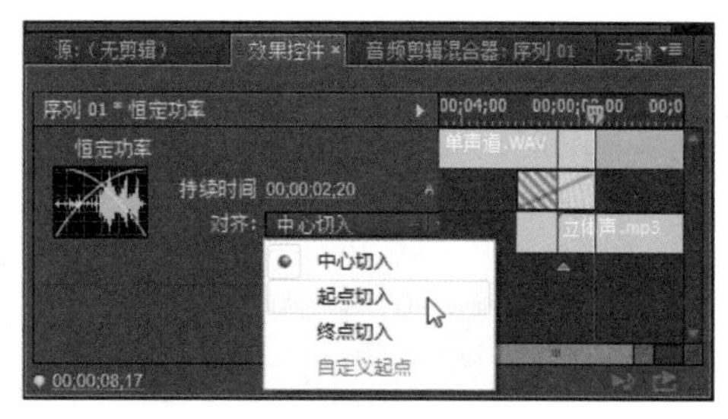

图12-24 添加音频过渡效果

12.4 音频效果的应用

Premiere Pro CC提供了大量的音频效果，可以满足多种音频特效的编辑需要。

音频效果的应用方法与视频特效一样，只需要在添加到音频剪辑中后，在效果控件面板中对其进行参数选项设置即可，如图12-25所示。

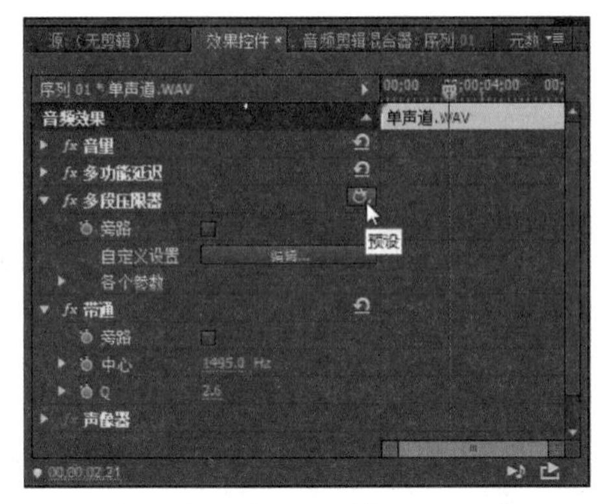

图12-25　音频效果文件夹与音频效果设置选项

12.4.1　多功能延迟

延迟效果可以使音频剪辑产生回音效果，“多功能延迟”特效则可以产生4层回音，可以通过参数设置，对每层回音发生的延迟时间与程度进行控制，如图12-26所示。

- 延迟1～4：指定原始音频与回声之间的时间量。
- 反馈1～4：指定延时信号的叠加程度，以产生多重衰减回声的百分比。
- 级别1～4：控制每一层回声的音量大小。
- 混合：控制延迟声音与和原始音频的混合程度。

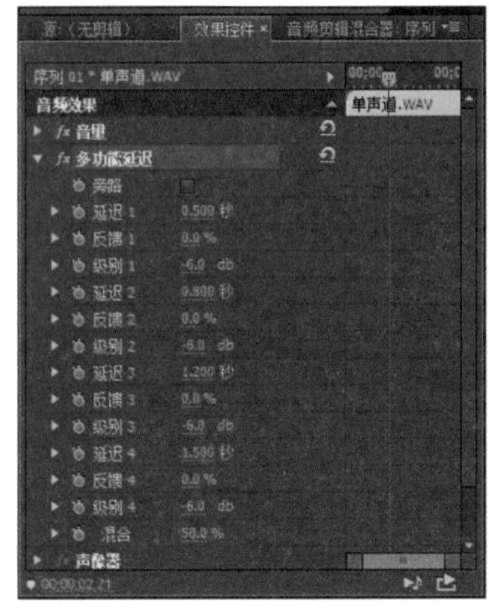

图12-26　多功能延迟

12.4.2　DeNoiser（降噪）

这是比较常用的音频效果之一。可以用于自动探测音频中的噪声并将其消除，其参数如图12-27所示。

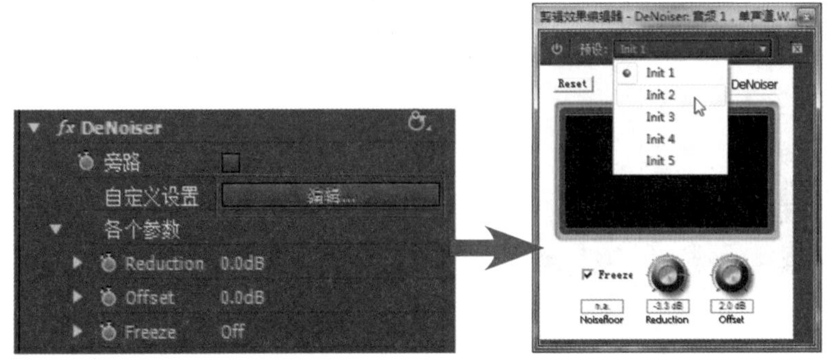

图12-27　DeNoiser（降噪）

- Noise floor（基线）：指定素材播放时的噪声基线。
- Freeze（冻结）：将噪声基线停止在当前值，使用这个控制确定素材消除的噪声量。
- Reduction（消减）：指定消除在-20～0dB范围内的噪声数量。
- Offset（偏移）：设置自动消除噪声和用户指定基线的偏移量。当自动降噪不充分时，通过设置偏移来调整附加的降噪控制。

12.4.3 EQ（均衡器）

该特效类似一个多变量均衡器，可以通过调整音频多个频段的频率、带宽以及电平，改变音频的音响效果，通常用于提升背景音乐的效果。它和常见音频播放器程序中的EQ均衡器的作用相同，除了可以自行设置调整参数，还可以选择多种预设的均衡方案，例如，Master eq（主均衡）、Bass enhance（低音增强）、Notch（降级）、Sweep maker（清澈）等，如图12-28所示。

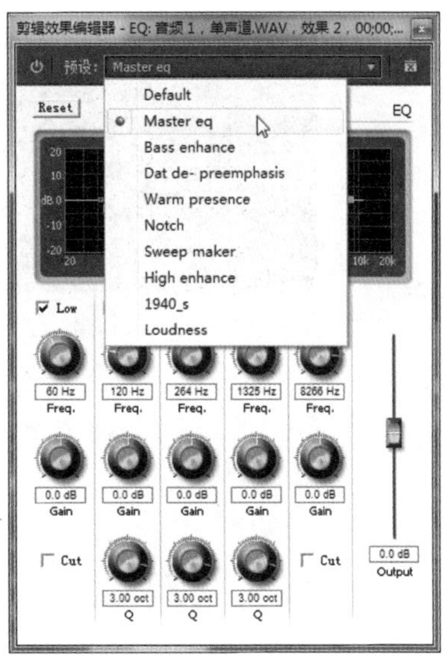

图12-28 EQ（均衡器）

12.4.4 低通/高通

低通效果用于删除高于指定频率界限的频率，使音频产生浑厚的低音音场效果；高通效果用于删除低于指定频率界限的频率，使音频产生清脆的高音音场效果，如图12-29所示。

12.4.5 低音/高音

低音效果用于提升音频的波形中低频部分的音量，使音频产生低音增强效果；高音效果用于提升音频的波形中高频部分的音量，使音频产生高音增强效果，如图12-30所示。

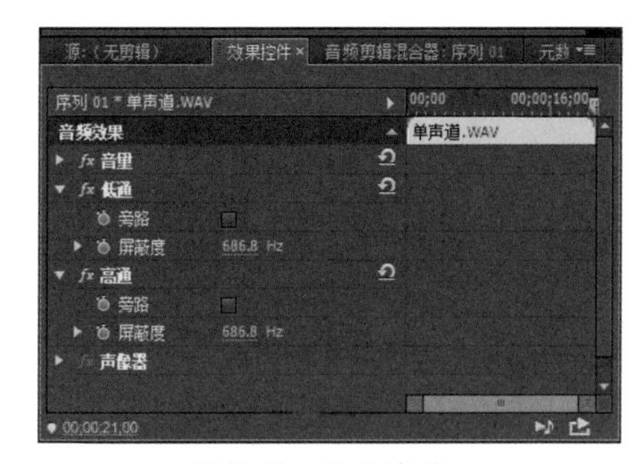

图12-29　低通/高通

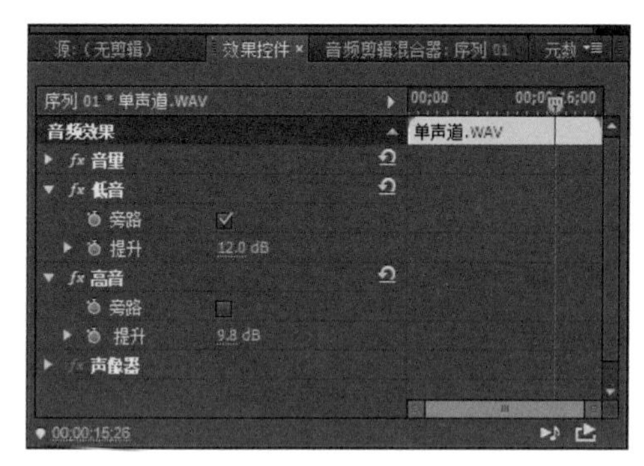

图12-30　低音/高音

12.4.6 Pitch Shifter（变调）

该效果用来调整音频的输入信号基调，使音频的波形产生扭曲的效果，通常用于处理人物语音的声音，改变音频的播放音色，例如，将年轻人的声音变成老年人的声音、模拟机器人语音效果灯，如图12-31所示。

图12-31　Pitch Shifter（变调）

- Pitch（倾斜）：指定半音过程中定调的变化。
- FineTune（微调）：确定定调参数的半音格之间的微调。
- Formant Preserve（共振保护）：保护音频素材的共振峰免受影响。

12.4.7 Reverb（回响）

该特效可以对音频素材模拟出在室内剧场中的音场回响效果，可以增强音乐的感染氛围，如图12-32所示。

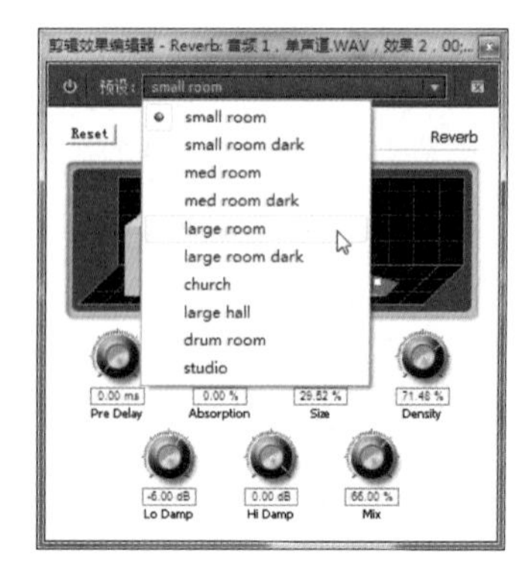

图12-32　Reverb（回响）

- PreDelay（预延迟）：指定信号与回声之间的时间。
- Absorption（吸收）：指定声音被吸收的百分比。
- Size（大小）：指定空间大小的百分比。
- Density（密度）：指定回响声音拖尾效果的密度。
- Lo Damp（低频衰减）：指定低频的衰减。衰减低频可以防止嗡嗡声造成的回响。
- Hi Damp（高频衰减）：指定高频的衰减。低的设置可以使回响的声音柔和。
- Mix（混合）：设置回响声音与原音频的混合程度。

12.4.8 平衡

该特效只能用于立体声音频素材，用于控制左右声道的相对音量。该效果只有一个“平衡”参数，当参数值为正值时增大右声道的分量，为负值时增大左声道的分量。

12.4.9 消除齿音

该特效主要用于对人物语音音频的清晰化处理，可以消除人物对着麦克风说话时产生的齿音。在其参数设置中，可以根据语音的类型和实际情况，选择对应的预设处理方式，对指定的频率范围进行限制，快速完成音频内容的优化处理，如图12-33所示。

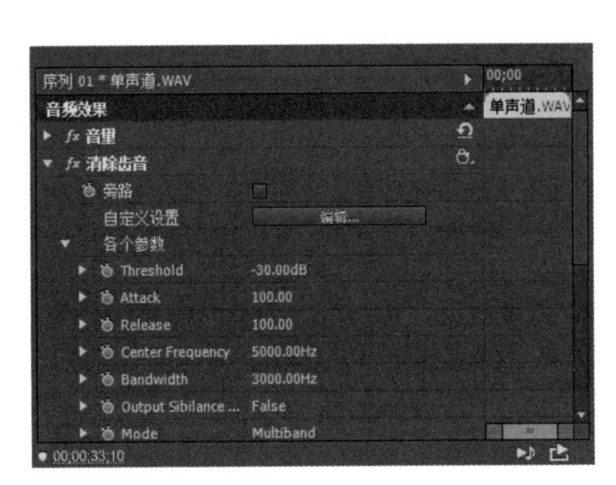

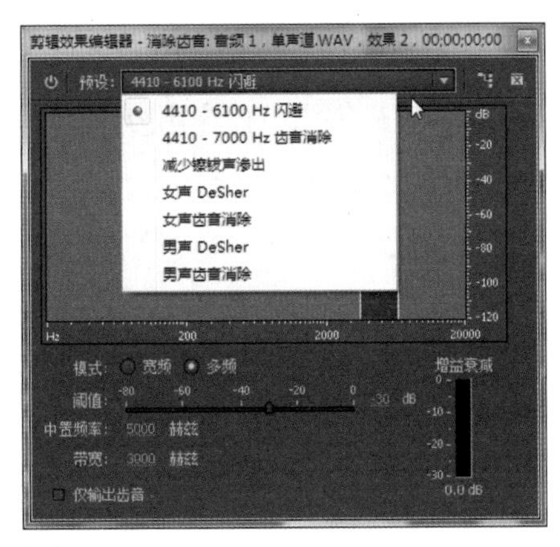

图12-33 消除齿音

第13章 影片的输出设置

在完成了影片项目的内容编辑后，最后一个工作步骤就是将编辑好的项目文件输出为可以独立播放的视频文件或其他文件格式。Premiere Pro CC提供了多种输出方式，可以输出不同的文件类型。

13.1 影片的输出类型

Premiere Pro CC支持多种类型和文件格式的项目输出，可以满足多种项目应用的需求。在编辑好项目文件后，在“文件→导出”命令菜单中选择对应的命令，即可将影片项目输出为指定的文件内容，如图13-1所示。

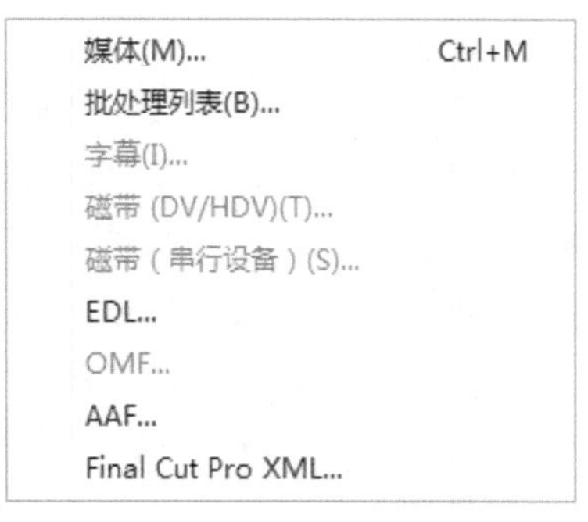

图13-1 “导出”命令子菜单

13.2 影片的导出设置

在实际编辑工作中，将编辑完成的影片项目输出为视频影片文件是最基本的导出方式。下面打开本书配套光盘中\Chapter 13目录下的“导出示例.prproj”项目文件，以该项目文件为例，详细介绍Premiere Pro CC中的影片导出设置。

13.2.1 导出设置选项

在项目窗口中选择要导出的合成序列，然后执行“文件→导出→媒体”命令，打开“导出设置”对话框，如图13-2所示。

图13-2 “导出设置”对话框

“导出设置”中的选项可以用来确定影片项目的导出格式、导出路径、导出文件名称等。

- 与序列设置匹配：勾选该复选框，则需要用与合成序列相同的视频属性进行导出。
- 格式：在该下拉列表中可以选择导出生成的文件格式，可以选择视频、音频或图像等格式；选择不同的导出文件格式，下面也将显示相应的设置选项。
- 预设：在该下拉列表中可以选择导出文件格式对应的预设制式类型。
- 注释：用来输入附加到导出文件中的文件信息注释，不会影响导出文件的内容。
- 输出名称：单击该选项后面的文字钮，在弹出的“另存为”对话框中可以为将要导出生成的文件指定保存目录和输入需要的文件名称。
- 导出视频/音频：勾选对应的选项，可以在导出生成的文件中包含对应的内容。对于视频影片，默认为全部选中。
- 摘要：显示目前设置的选项信息，以及将要导出生成的文件格式、内容属性等信息。

13.2.2 视频设置选项

“视频”选项卡中的设置选项可以对导出文件的视频属性进行设置，包括视频编解码器、影像质量、影像画面尺寸、视频帧速率、场序、像素长宽比等。选中不同的导出文件格式，设置选项也不同，可以根据实际需要进行设置，或保持默认的选项设置执行输出，如图13-3所示。

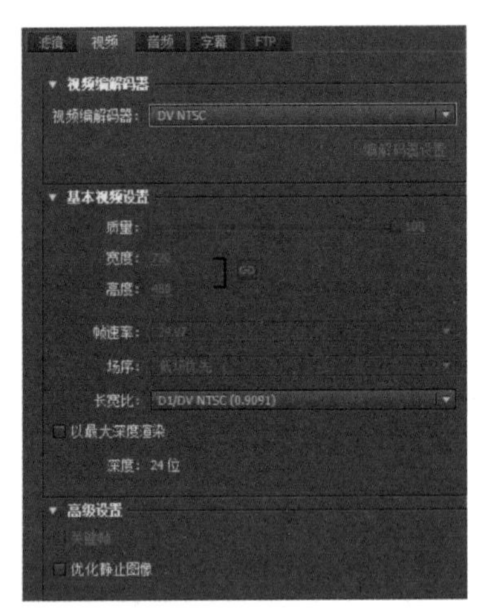

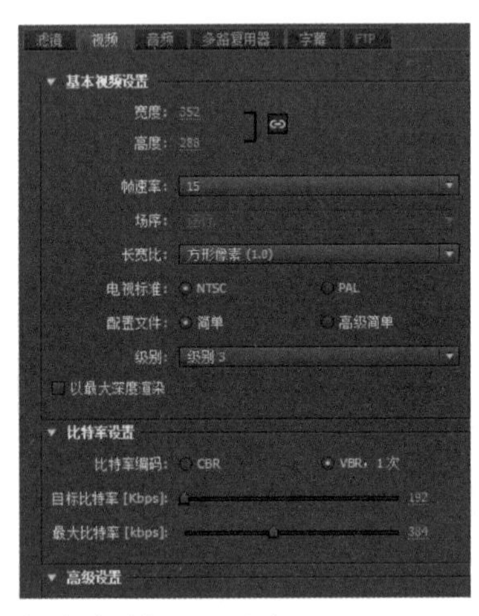

图13-3　选择AVI和MPEG4格式时的视频设置选项

13.2.3 音频设置选项

“音频”选项卡中的设置选项可以对导出文件的音频属性进行设置，包括音频编解码器类型、采样率、声道格式等，如图13-4所示。需要注意的是，采用比源音频素材更高的品质进行输出，并不会提升音频的播放音质，反而会增加文件大小，在实际工作中应根据实际需要进行设置，或保持默认的选项设置执行输出。

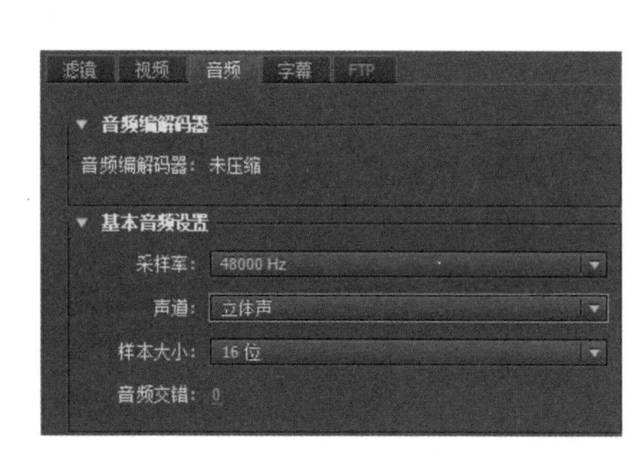

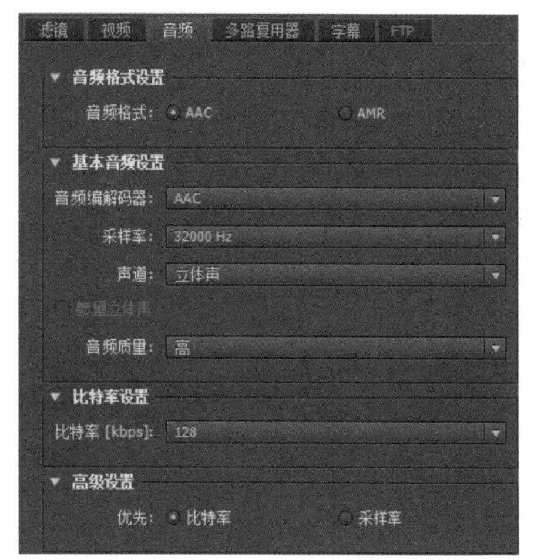

图13-4　选择AVI和MPEG4格式时的音频设置选项

13.2.4　滤镜设置选项

“滤镜”选项卡是在选择导出格式为图像、视频类文件时才有的选项，勾选其中的“高斯模糊”复选框，可以为输出影像应用高斯模糊滤镜，可以在其中的“模糊度”参数中设置模糊的程度，也可以在“模糊尺寸”下拉列表中选择模糊方向进行应用，如图13-5所示。

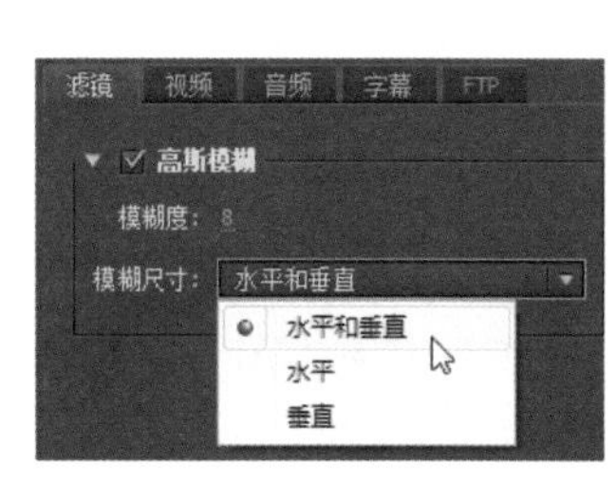

图13-5　应用高斯模糊滤镜

13.2.5　其他设置选项

“导出设置”对话框中的其他选项的用途分别如下。

- 源缩放：在选择的导出格式与合成序列的视频属性不一致时，就会因输出文件画面比例不匹配而在画面两侧或上下出现黑边的问题，可以在此选项的下拉列表中选择对应的选项来进行画面比例的调整或选择对出现的黑边的处理方式，如图13-6所示。
- 源范围：在该下拉列表中选择合成序列中要输出成目标格式文件的时间范围，如图13-7所示。选择“自定义”选项时，可以通过调整视频预览窗口下方时间标尺头尾的标记来设置入点与出点，确定合成序列中间需要单独输出的部分内容。

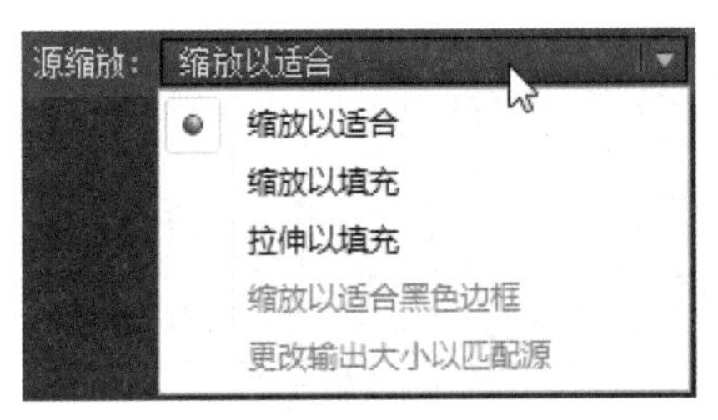

图13-6 “源缩放”选项

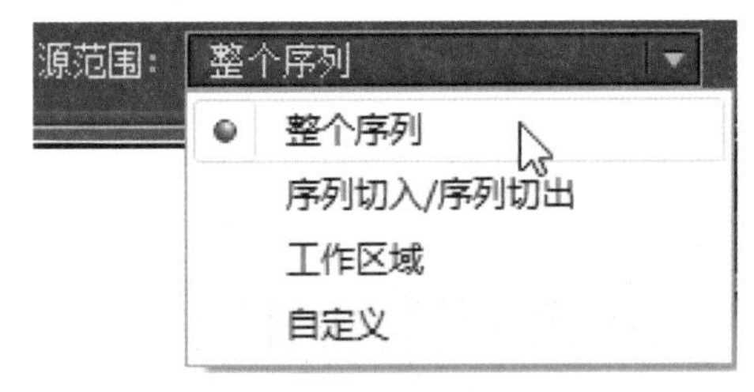

图13-7 “源范围”选项

- 使用最高渲染质量：勾选该复选框，在时间标尺上拖动时间指针进行预览时，将使用最高渲染质量渲染序列影像。
- 使用预览：在设置将合成序列导出为序列图像时，勾选该复选框，可以启用对输出后序列图像的效果预览。
- 使用帧混合：勾选该复选框，可以启用输出影像画面的帧融合效果。
- 导入到项目中：勾选该复选框，可以在完成影片导出后，将导出生成的文件自动导入到项目窗口中。

13.3 输出单独的帧画面图像

在实际编辑工作中，有时候需要将项目中的某一帧画面输出为静态图片文件，例如，对影片项目中制作的视频特效画面进行取样，或者将某一画面单独作为素材进行使用等。

上机实战 输出单独的帧画面图像

01 通过预览窗口下面的时间标尺，定位需要单独输出的帧画面，如图13-8所示。

02 在“导出设置”选项的“格式”下拉列表中选择图像文件格式，单击“输出名称”后面的文字按钮，在弹出的对话框中为输出生成的图像文件设置保存目录和文件名称，然后在“视频”选项卡中取消对“导出为序列”选项的勾选，如图13-9所示。

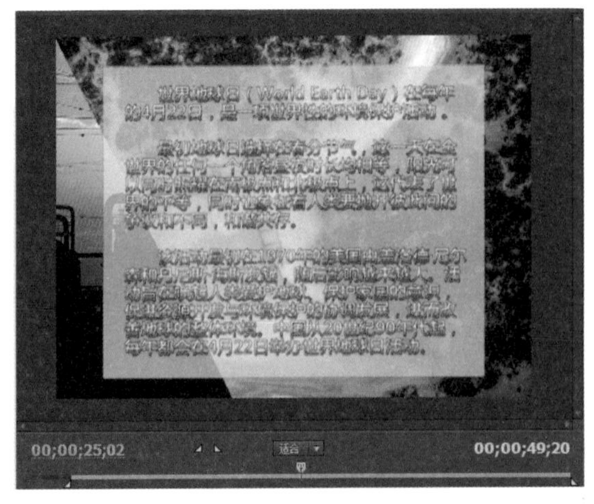

图13-8 设置需要输出的帧画面

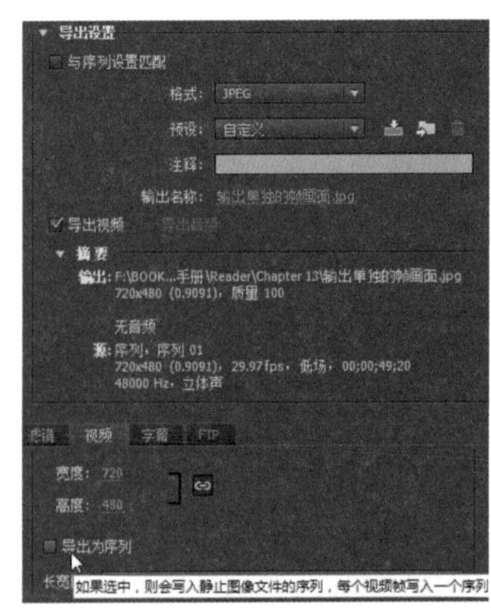

图13-9 取消勾选“导出为序列”

03 保持其他选项的默认状态，单击“导出”按钮，即可将所选帧画面单独输出成图像文件。

13.4 单独输出音频内容

单独将合成序列中的音频内容输出成音频文件，与输出单独的帧画面的操作相似。首先同样需要在“源范围”中选择并设置输出的时间范围。在“格式”下拉列表中选择音频文件格式后，为输出生成的音频文件设置好保存目录和文件名称，然后在“音频”选项卡中设置音频属性选项，单击“导出”按钮，即可将合成序列中的音频内容单独输出，如图13-10所示。

图13-10　音频输出设置

第14章 视频电子相册——夏天乡村里的快乐童年

视频电子相册，通常是指将生活中拍摄的若干的照片、录像片段等，以一个特定的主题集合在一起，应用特效、字幕、修剪合成等处理方法，编排并输出得到的一个完整视频影片。常见的电子相册类型有旅游照片电子相册、生活影像记录相册、婚纱以及婚礼纪念视频光盘等，在制作方法上都基本相同。要编辑出优美、精彩的视频电子相册，除了要熟练运用Premiere Pro CC的各项编排、剪辑功能外，还需要发挥独到的创意，以及利用其他媒体处理软件（例如Photoshop）对媒体素材进行必要的前期处理或美化，相互配合优势功能，顺利完成编辑创作。

实例欣赏

本实例是一个典型的视频电子相册影片，是使用Premiere Pro CC进行影片编辑中常见的项目类型。可以打开本书配套光盘中\Chapter 14\Export目录下的“夏天乡村里的快乐童年.flv”，欣赏本实例的完成效果，如图14-1所示。

图14-1　欣赏实例完成效果

实例分析

（1）本实例综合应用了视频、图像、字幕、音频等多种类型的媒体素材，根据内容主题的不同进行分节制作。为减少在Premiere Pro CC中的工作量，提高工作效率，对图像素材和标题文字的处理都提前在Photoshop中完成。

（2）为方便应用过渡效果，各主题小节的图片动画都单独安排在一个合成序列中，然后将其作为一个动态素材剪辑嵌入最终合成序列中，可以使项目内容结构清晰，避免在单一合成序列中应用大量素材剪辑进行繁复编辑而造成误操作。

上机实战　制作视频电子相册

（1）编辑片头动画

01 启动Premiere Pro CC，新建一个项目并命名为“夏天乡村里的快乐童年”，将其保存到指定的文件目录。

02 按“Ctrl+N”快捷键，打开“新建序列”对话框并展开“设置”选项卡，在“编辑模式”下拉列表中选择“自定义”选项，然后设置视频帧大小为1280×720，像素长宽比为方形像素，场序类型为“无场（逐行扫描）”，设置序列名称为“标题片头”后，单击“确定”按钮，如图14-2所示。

03 单击项目窗口下方的“新建素材箱”按钮，新建一个素材箱并命名为“标题片头”。双击该素材箱，打开其项目窗口后，按“Ctrl+I”快捷键导入本书配套光盘中\Chapter 14\Media目录下的“001.jpg”～“009.jpg”素材文件，再以“合并所有图层”方式导入该目录中的“title.psd”图像文件，如图14-3所示。

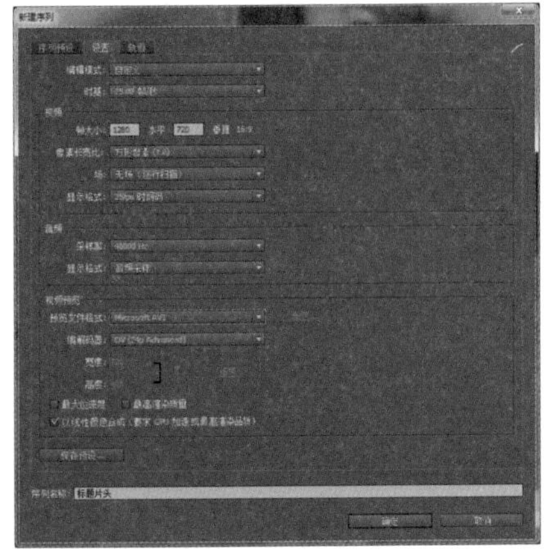

图14-2　新建合成序列

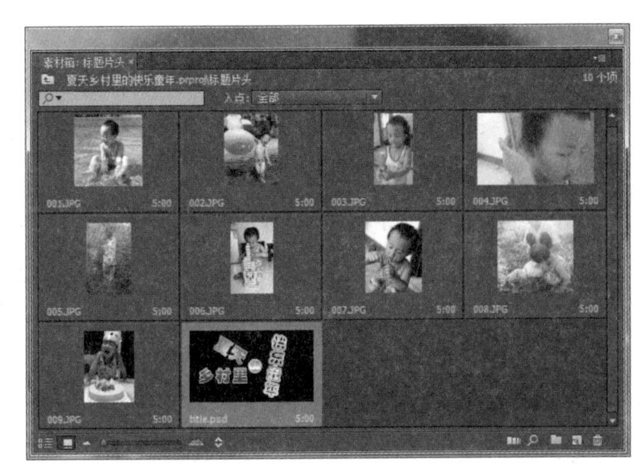

图14-3　导入素材

04 执行“序列→添加轨道”命令，在打开的对话框中设置添加7个视频轨道，然后单击“确定”按钮，如图14-4所示。

05 将“001.jpg”加入到视频1轨道中，并延长其持续时间到15秒，如图14-5所示。

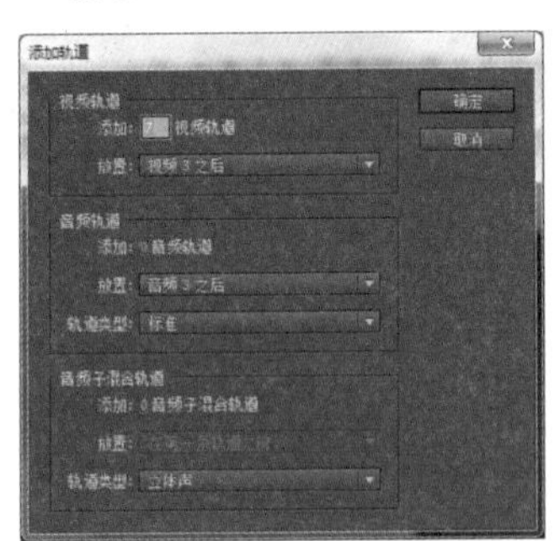

图14-4　添加视频轨道

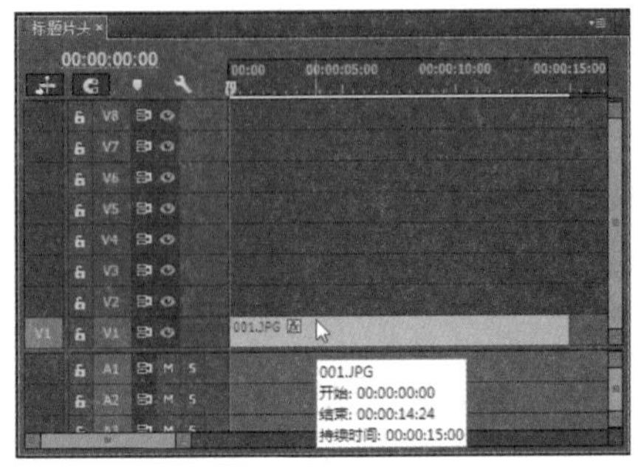

图14-5　延长持续时间

06 打开效果控件面板，在节目监视器窗口中配合鼠标操作，为“001.jpg”剪辑创建从0到1秒，从外面中间以一定角度缩小并移动到画面右上角、不透明度从0到100%的关键帧动画，如图14-6所示。

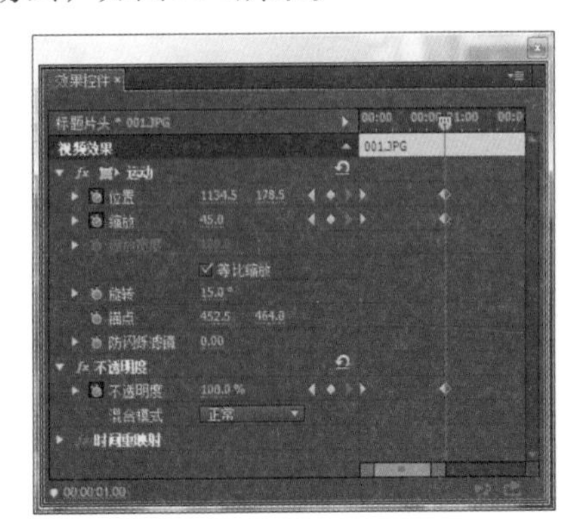

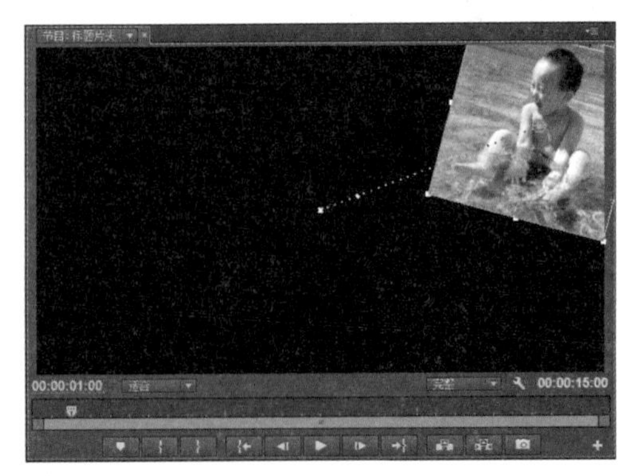

图14-6　创建关键帧动画

07 将“002.jpg”加入到视频2轨道中，设置其持续时间为从第2秒到15秒；打开效果控件面板，在节目监视器窗口中配合鼠标操作，为其创建从1到2秒，从外面中间以一定角度缩小并移动到画面左上角、不透明度从0到100%的关键帧动画，如图14-7所示。

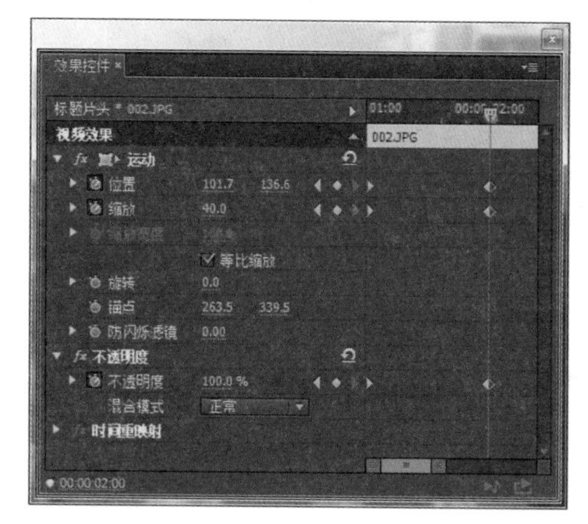
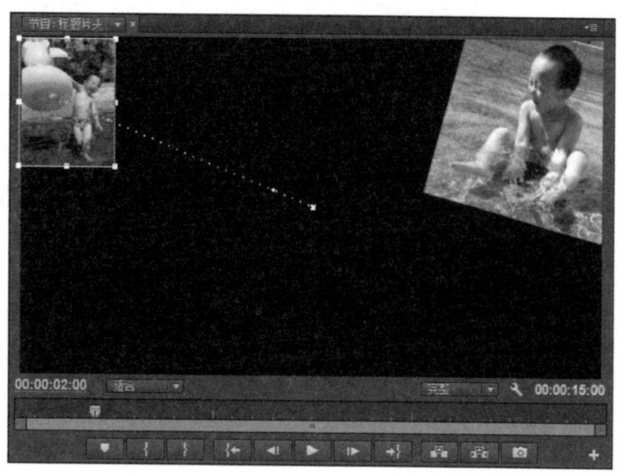

图14-7 创建关键帧动画

08 使用同样的编辑方法，将“003.jpg”~“009.jpg”分别加入“标题片头”的视频3~视频9轨道中，并依次延迟一秒开始显示，编辑同样的关键帧动画，分别在动画结束时将图像定位在画面中的不同位置，直至完全铺满整个画面，完成效果如图14-8所示。

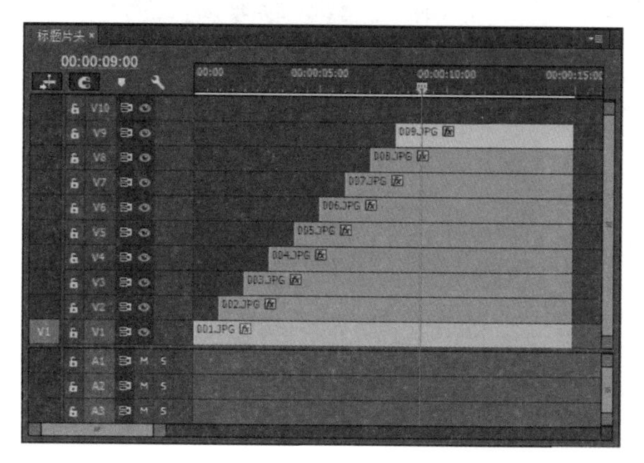

图14-8 编排素材剪辑

09 将“title.psd”加入到视频10轨道中，设置其持续时间为从第9秒到15秒。打开效果控件面板，为其创建从第9秒到11秒的关键帧动画，如图14-9所示。

		00:00:09:00	00:00:11:00	
⏱	缩放	200%	100%	
⏱	旋转	1x	0	
⏱	不透明度	0	100%	

10 按空格键播放预览编辑完成的动画效果，对于需要调整的地方及时处理。按“Ctrl+S”键保存文件。

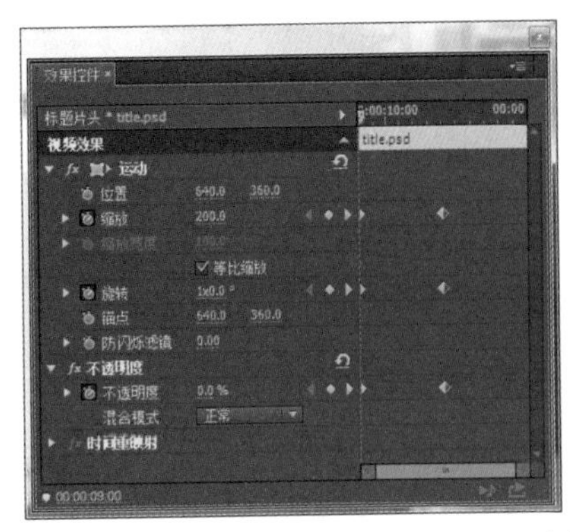

图14-9　编辑标题文字的显示动画

（2）编辑分节序列动画

01 在项目窗口中的空白处双击鼠标左键，打开“导入”对话框，导入本实例素材文件夹中的其他所有素材，如图14-10所示。

02 按“Ctrl+N”新建一个合成序列“序列片头A”，并设置与“标题片头”相同的序列属性，如图14-11所示。

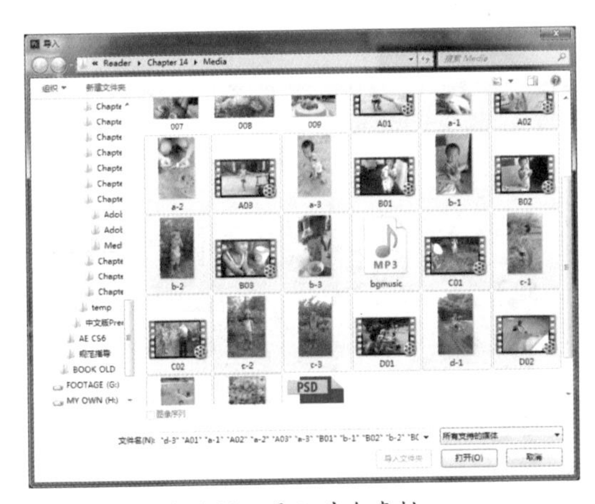

图14-10　导入其余素材

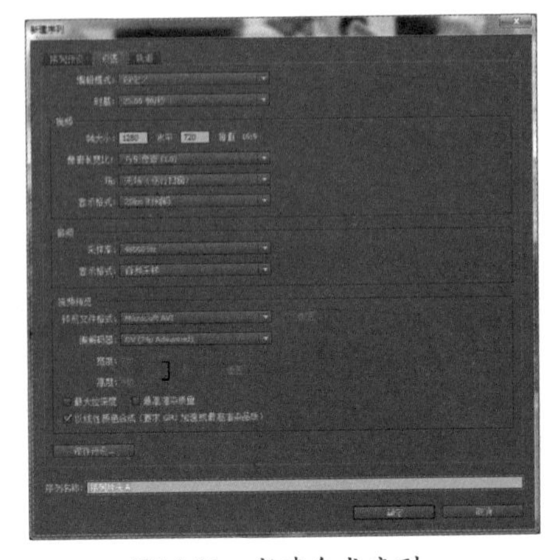

图14-11　新建合成序列

03 将“a-1.jpg”、“a-2.jpg”、“a-3.jpg”分别加入新建的合成序列的3个视频轨道中。选择“a-1.jpg”剪辑对象，为其创建从开始到第1秒，在画面右侧外快速移动到左边缘对齐画面左边的关键帧动画，如图14-12所示。

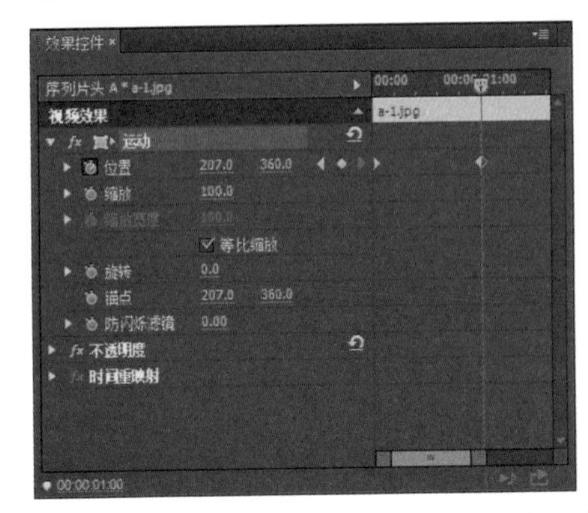

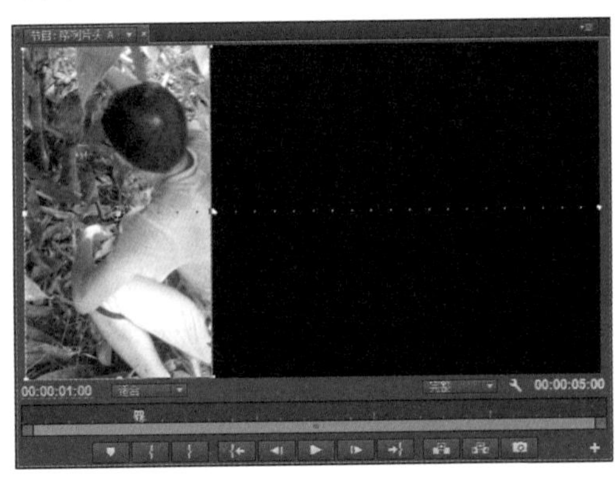

图14-12　编辑位置关键帧动画

04 选择“a-2.jpg”剪辑对象，为其创建从第1秒到第2秒，在画面右侧外快速移动到左边缘对齐“a-1.jpg”图像右边缘的关键帧动画，如图14-13所示。

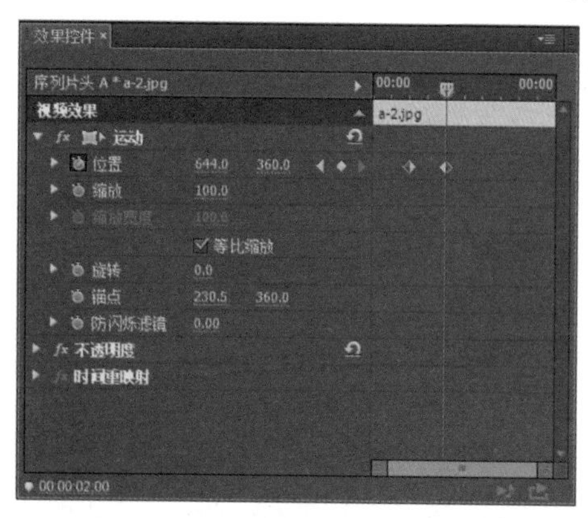

图14-13 编辑位置关键帧动画

05 选择“a-3.jpg”剪辑对象，为其创建从第2秒到第3秒，在画面右侧外快速移动到左边缘对齐“a-2.jpg”图像右边缘的关键帧动画，如图14-14所示。

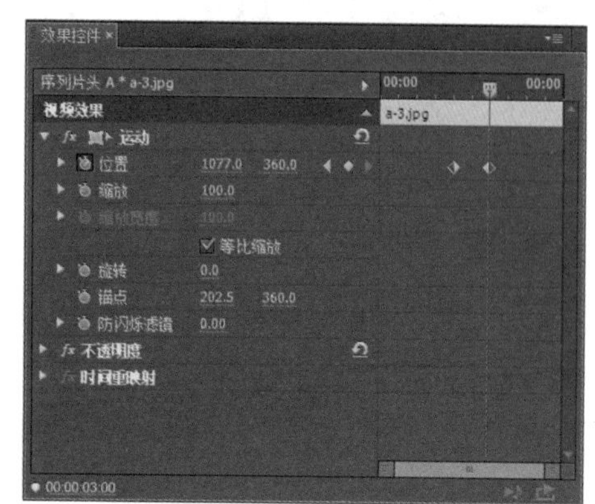

图14-14 编辑位置关键帧动画

06 执行“序列→添加轨道”命令，在打开的对话框中设置添加1个视频轨道，然后单击“确定”按钮，如图14-15所示。

07 单击项目窗口下方的“新建项”按钮并选择“字幕”命令，新建一个字幕素材并命名为“字幕A”，如图14-16所示。

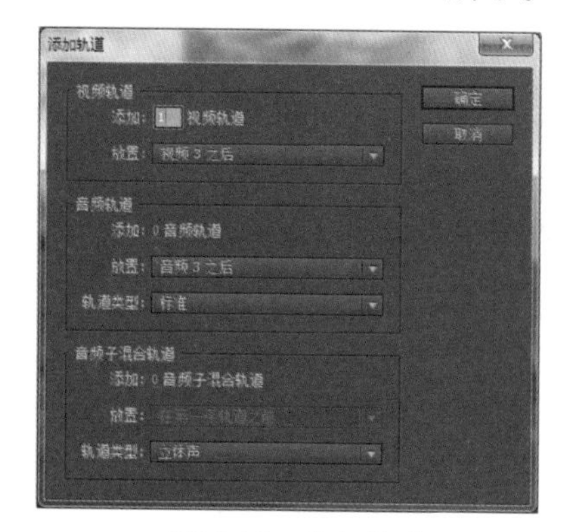

图14-15 添加轨道

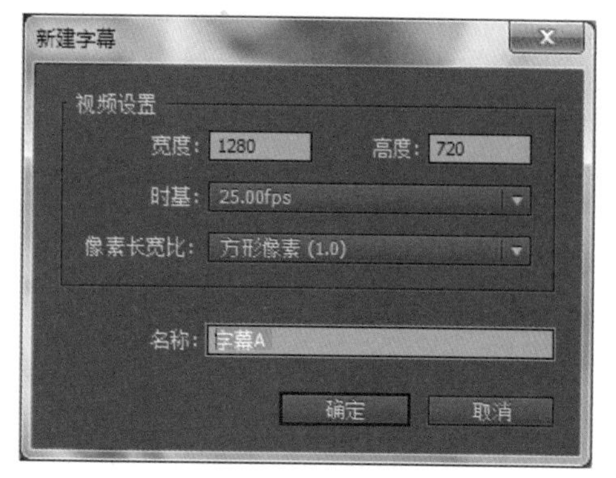

图14-16 新建字幕

08 打开字幕设计器窗口后，输入主题文字“捕捉乐趣~”，然后为其应用一种字幕样式，并设置字体为“微软雅黑”，完成效果如图14-17所示。

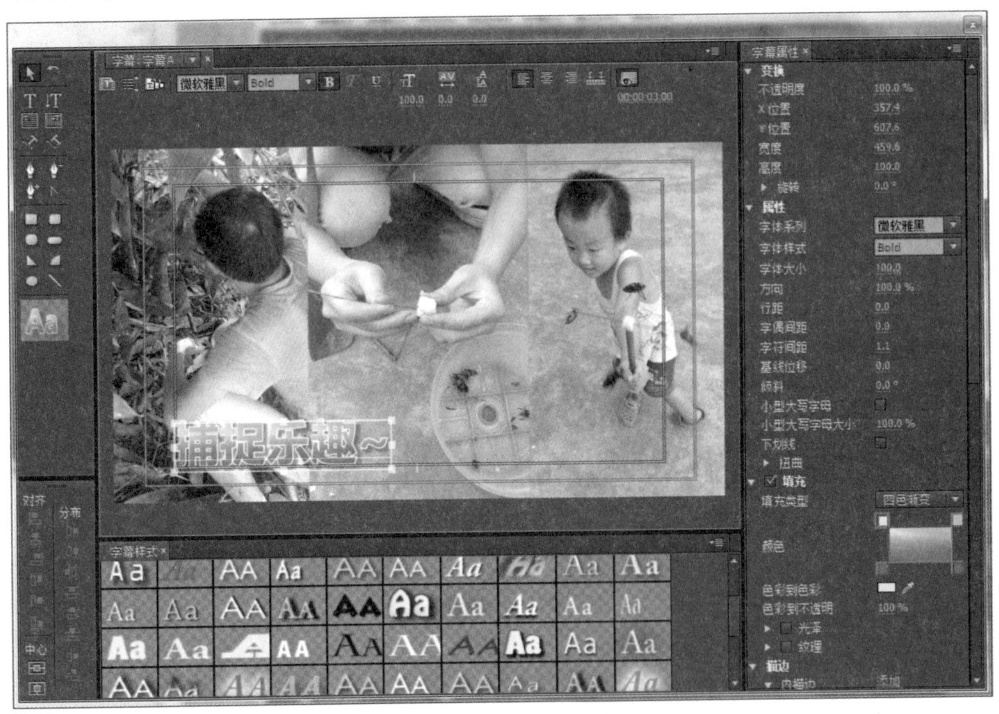

图14-17 编辑字幕内容

09 关闭字幕设计器窗口，将编辑好的字幕素材加入到新添加的视频轨道中，为其创建从第3秒到3秒10帧，不透明度从0到100%的关键帧动画，如图14-18所示。

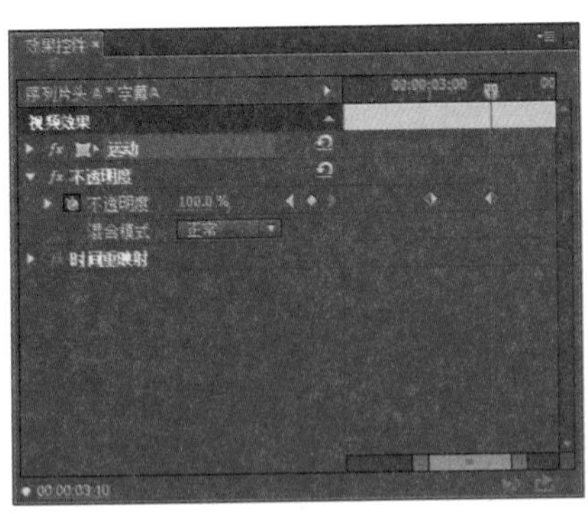

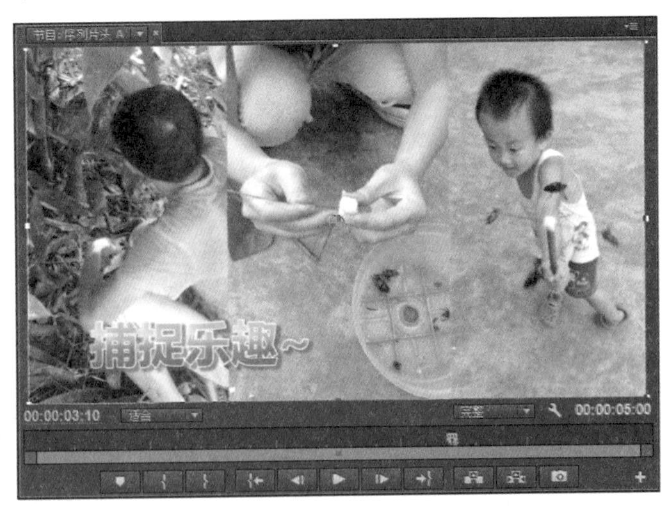

图14-18 编辑不透明度关键帧动画

10 按“Ctrl+S”键保存文件。使用同样的方法，新建序列“序列片头B”、“序列片头C”、“序列片头D”，分别应用准备的素材，编辑出各序列中照片图像的关键帧动画和字幕标题效果。也可以根据喜好，对关键帧动画的方式自行设置，如图14-19所示。

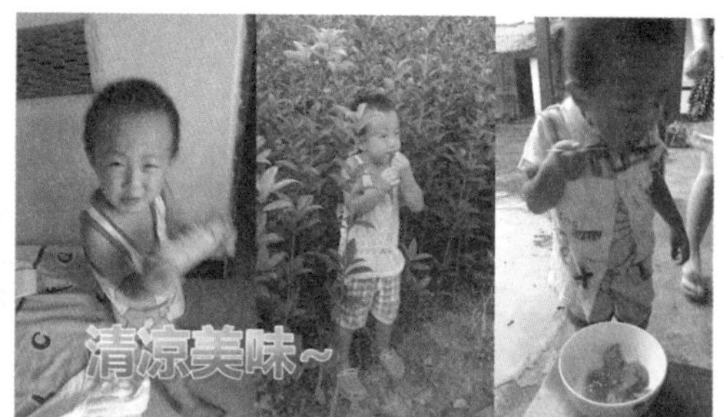

图14-19　编辑其他合成序列

（3）编辑整合序列

01 按“Ctrl+N”快捷键，新建一个相同序列属性的合成序列，从项目窗口中将编辑好的序列“标题片头”加入到视频1轨道中的开始位置。

02 将“序列片头A”加入到视频1轨道中“标题片头”剪辑的后面，然后将准备的视频素材“A01.mp4”、“A02.mp4”、“A03.mp4”依次加入到“序列片头A”剪辑的后面并前后紧密对齐，如图14-20所示。

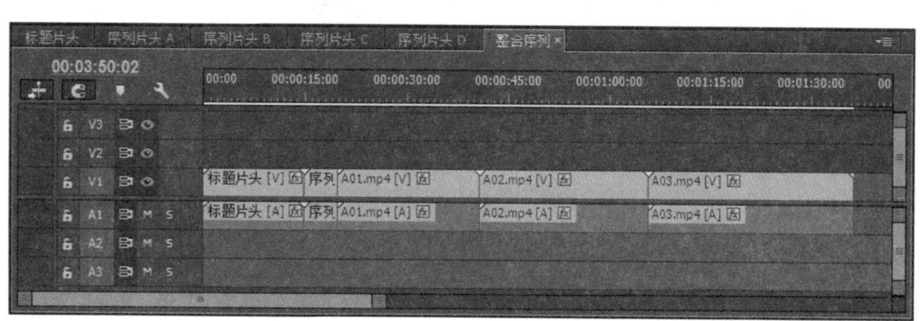

图14-20　编排素材剪辑

03 使用同样的方法，依次将其与几个片头序列，以及为其准备的对应视频素材加入到整合序列中，完成效果如图14-21所示。

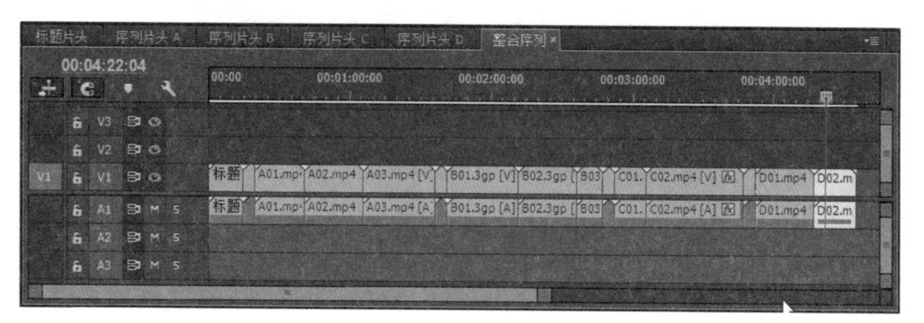

图14-21　编排素材剪辑

04 打开效果面板并展开“视频过渡”文件夹，选择“交叉溶解”过渡效果并添加到整合序列中各片头序列与其后视频剪辑之间，在效果控件面板中设置过渡效果的持续时间为1秒，对齐方式为“中心切入”，如图14-22所示。

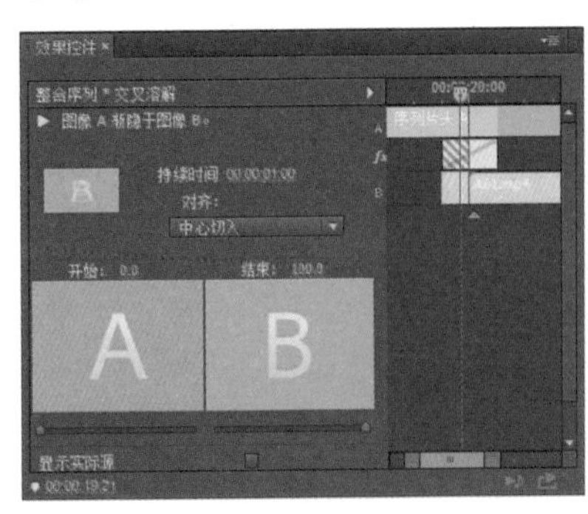

图14-22　添加视频过渡效果

05 从项目窗口中将准备的音频素材“bgmusic.wav”加入5次到音频2轨道中，并修剪最后一个音频剪辑的结束点到与视频轨道的结束点对齐，如图14-23所示。

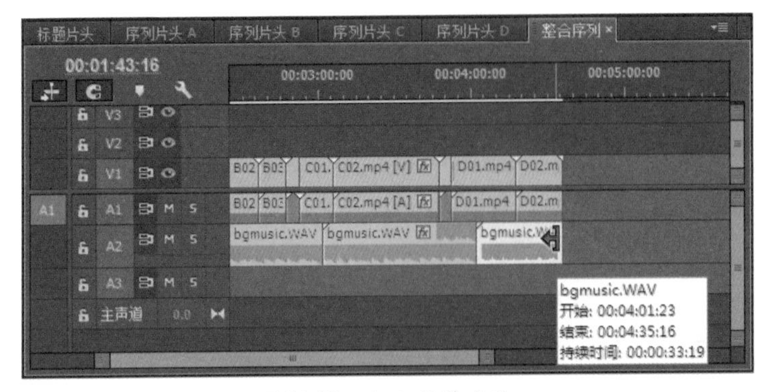

图14-23　加入背景音乐

06 打开音轨混合器面板，将音频2轨道的音量降低到-6.0dB，如图14-24所示。

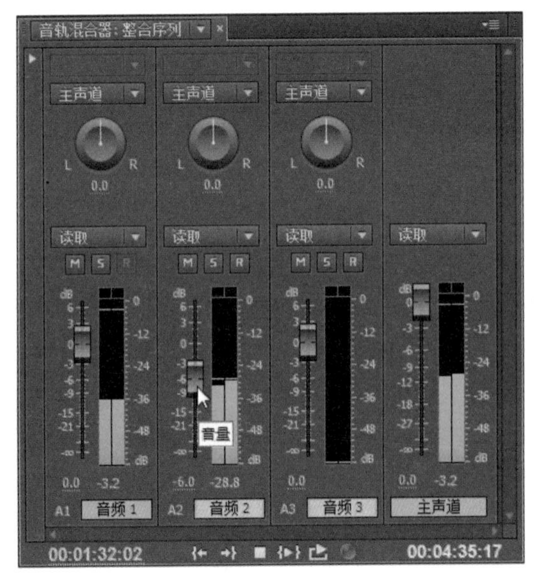

图14-24　降低轨道音量

07 按空格键预览编辑完成的影片，对于发现的问题及时处理。按“Ctrl+S”键保存文件。

(4) 输出影片

01 执行“文件→导出→媒体”命令或按“Ctrl+M”快捷键打开“导出设置”对话框。

02 在“格式”下拉列表中选择FLV，在“预设”下拉列表中选择“Web-1280×720”选项。单击“输出名称”后面的文字按钮，在弹出的对话框中为输出影片设置好保存目录和文件名称。保持其他选项的默认设置，单击“导出”按钮开始执行影片输出，如图14-25所示。

图14-25　设置影片导出选项

03 影片输出完成后，使用视频播放器播放影片的完成效果，如图14-26所示。

图14-26　欣赏影片完成效果

第15章 宣传片片头——安仁古镇

Premiere Pro CC以其专业的非线性影视编辑功能，在各类商业影视项目中也广泛应用，常见的有影片剪辑特效合成、电视广告的后期处理合成、片头动画的设计制作等。商业影视项目的编辑，更注重对主题的有力表现。除非特殊的表现需要，通常不会使用大量的视频特效，以免造成视觉的混乱，削弱对主体的表现力度。同时，与其他媒体编辑处理软件的配合也非常重要，在前期的准备工作中，应尽量详细地考虑好编辑过程中的各种实际需要，并努力在表现效果中制造亮点。

实例欣赏

本实例是为有“中国博物馆小镇”之称的旅游城镇——“安仁古镇”的风情宣传片制作的片头。可以打开本书配套光盘中\Chapter 15\Export目录下的“安仁古镇.flv”，欣赏本实例的完成效果，如图15-1所示。

图15-1 欣赏实例完成效果

实例分析

（1）宣传片片头的第一制作要点，就是要突出表现主体的风格特点。安仁古镇保存了大量清末民初的川西旧式庄园建筑，有“川西建筑文化精品”的美称。还有中国最大的民间博物馆聚落、国家4A级旅游景区——建川博物馆聚落，其规模和数量在全国同类小镇中首屈一指。本实例即以“古朴的公馆庄园”、“集聚的现代博物馆”、“让人心醉的宁静小镇”3个方面来作为诉求要点进行宣传表现。

（2）在确定了影片内容的表现主题后，分别选择与3个宣传要点相对应的多个典型照片图像，在Premiere中进行动画影片的编排制作。通过应用色彩校正的变化处理，烘托出小镇庄园建筑的古朴气息。幻灯片式的图像切换动画，展示博物馆聚落的主要场馆；配合宁静优美的背景音乐，将小镇里淳朴安适的怀旧民风在轻描淡写一样的动画中舒缓地展现出来，最后以书法书写的标题文字进行点题。

上机实战 制作宣传片片头

（1）编辑图像展示动画

01 启动Premiere Pro CC，新建一个项目并命名为“安仁古镇”，将其保存到指定的文件目录。

02 按“Ctrl+N”快捷键，打开“新建序列”对话框并展开“设置”选项卡，在“编辑模式”下拉列表中选择“自定义”选项，然后设置视频帧大小为720×576，像素长宽比为方形像素，场序类型为“无场（逐行扫描）”，设置序列名称为“安仁古镇”后，单击“确定”按钮，如图15-2所示。

03 按“Ctrl+I”快捷键，导入本书配套光盘中\Chapter 15\Media目录下的所有素材文件。在弹出的“导入分层文件”对话框中，选择以“合并所有图层”方式导入该目录中的PSD图像文件，如图15-3所示。

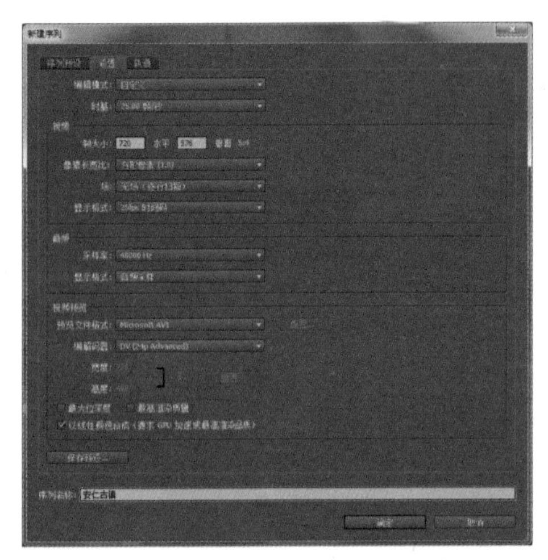

图15-2　新建合成序列

图15-3　导入素材

04 将“云.avi”加入到视频3轨道中的开始位置，修剪其持续时间到第7秒结束。将“渐变.jpg”加入到视频2轨道中，将其出点与“云.avi”的出点对齐。将“pic01.psd”拖入到时间轴出口中视频3轨道的上层，在释放鼠标后，将自动添加视频4轨道并放置该剪辑，同样将其出点与“云.avi”的出点对齐，如图15-4所示。

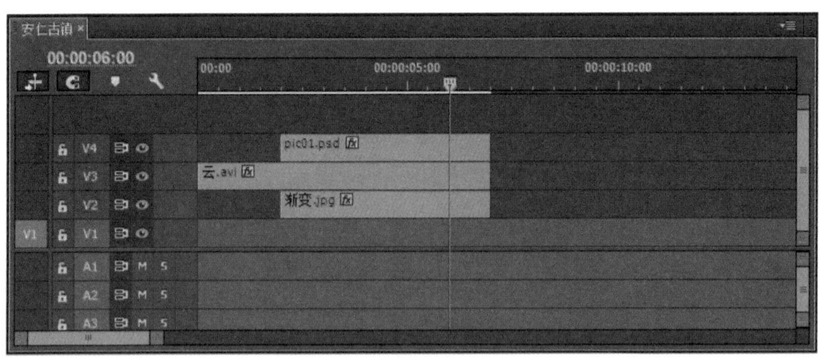

图15-4　编排素材并对齐出点

05 为“云.avi”剪辑创建从第2秒到第4秒，不透明度从100%降低到30%的关键帧动画，如图15-5所示。

06 为“pic01.psd”剪辑创建从第2秒到第5秒，从画面底部（360,920）逐渐移动到画面中（360,370）的位移关键帧动画，并在结束关键帧图标上单击鼠标右键，在弹出的命令菜单中选择“临时插值→缓入”，使位移动画产生先快后慢的减速效果，如图15-6所示。

图15-5 编辑关键帧动画

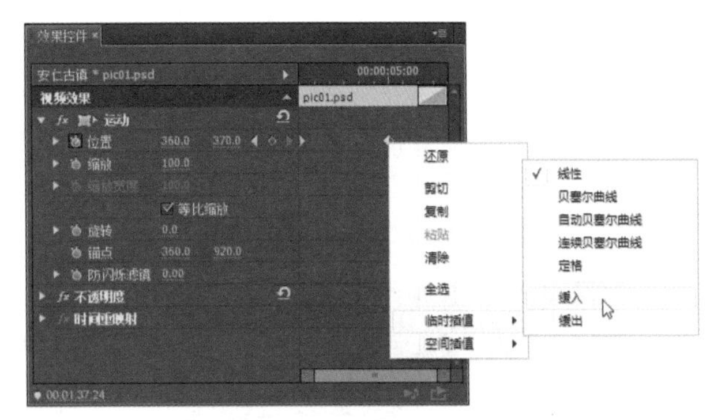

图15-6 编辑关键帧动画

07 将“pic02.jpg”素材加入到视频1轨道中，设置其持续时间为第6秒到第11秒。为其创建从第6秒到第9秒，从画面左边（80,288）逐渐向右移动到画面中（360,288）的位移关键帧动画，并同样为其设置“缓入”动画效果，如图15-7所示。

08 打开效果面板并展开“视频过渡”文件夹，视频2、3、4轨道中的剪辑在出点位置添加“交叉溶解”过渡效果，得到画面切换到底层图像的过渡动画，如图15-8所示。

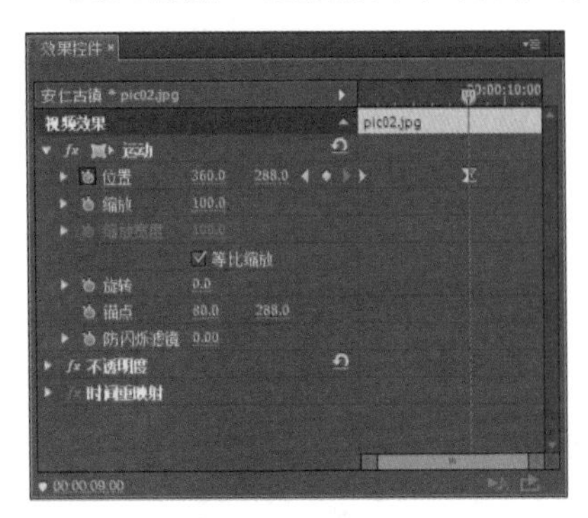

图15-7 编辑关键帧动画

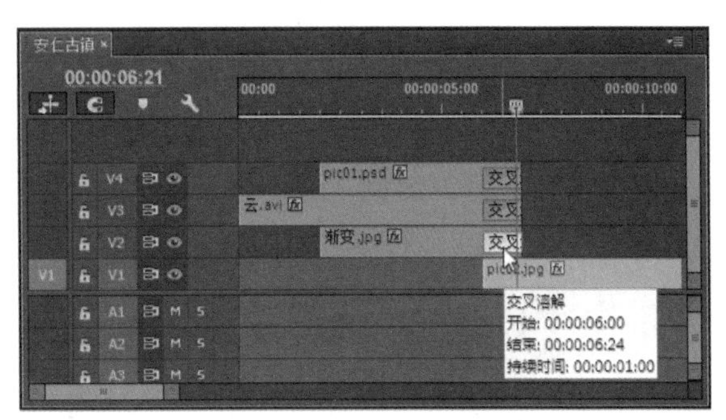

图15-8 添加过渡效果

09 将“pic03.jpg”素材加入到视频2轨道中，设置其持续时间为第10秒到第15秒。为其创建从第10秒到第13秒，从画面右边（690,288）逐渐向左移动到画面中（30,288）的位移关键帧动画，并为其设置“缓入”动画效果，如图15-9所示。

10 在视频2轨道中的“pic03.jpg”剪辑的开始和结束位置添加“交叉溶解”过渡效果。然后将“pic04.jpg”素材加入到视频1轨道中，设置其持续时间为第14秒到第19秒，如图15-10所示。

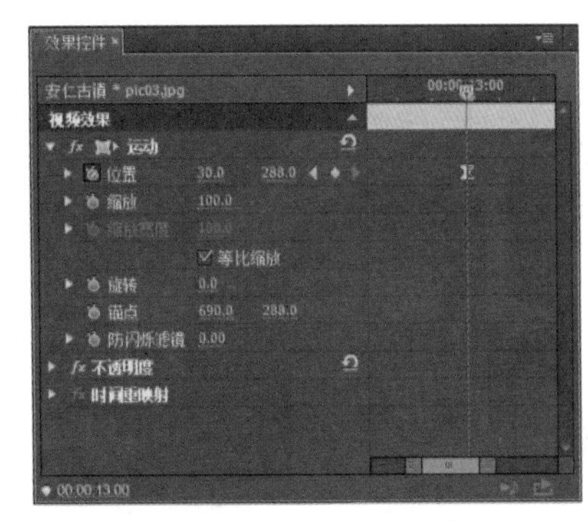

图15-9 编辑关键帧动画

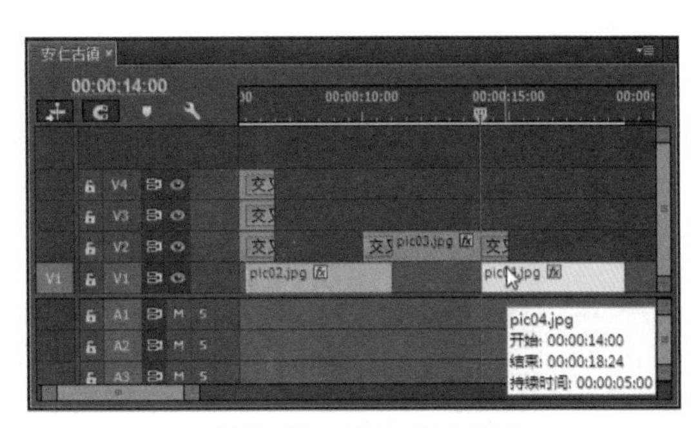

图15-10 添加过渡效果

⑪ 为“pic04.jpg”剪辑编辑从第14秒到第17秒，从画面底部（360,525）逐渐移动到画面中（360,52）的位移关键帧动画，并为其设置“缓入”动画效果，如图15-11所示。

⑫ 将“pic05.jpg”素材加入到视频2轨道中，设置其持续时间为第18秒到第23秒。为其创建从第18秒到第21秒，“缩放”参数从100%缩小到90%的关键帧动画，并为其设置“缓入”动画效果，如图15-12所示。

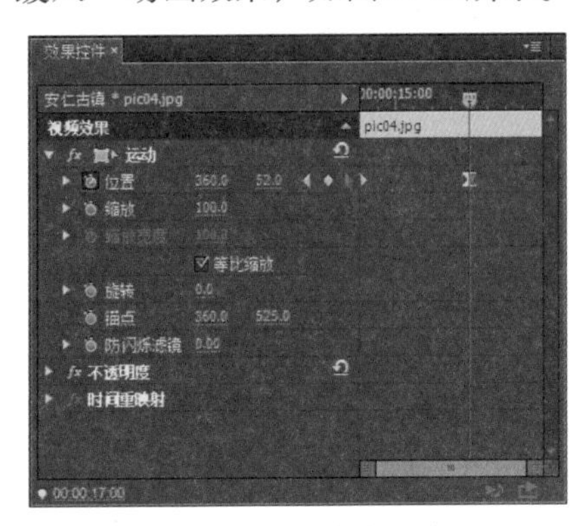

图15-11　编辑关键帧动画

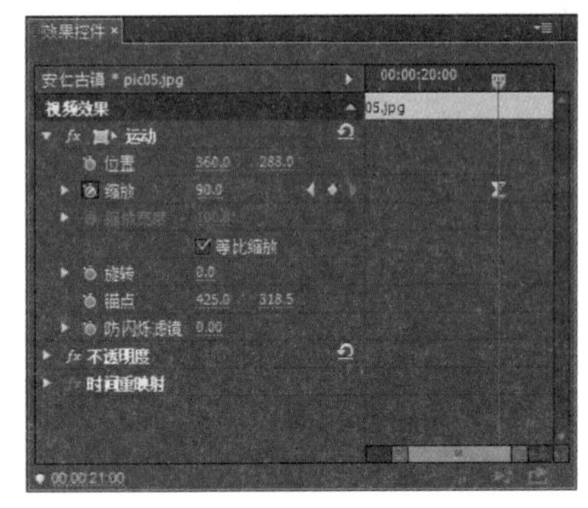

图15-12　添加过渡效果

⑬ 使用同样的编辑方法，依次将剩余的“pic06.jpg”~“pic24.jpg”加入到时间轴窗口中，在视频1和视频2轨道中依次前后相交1秒的状态进行编排，并根据素材的尺寸大小创建位移（与画面相比过长或过宽的图像）、缩放（宽度和高度都大于画面尺寸）动画，并为其结束关键帧设置“缓入”动画效果，然后在素材剪辑切换的重叠位置添加“交叉溶解”过渡效果，如图15-13所示。

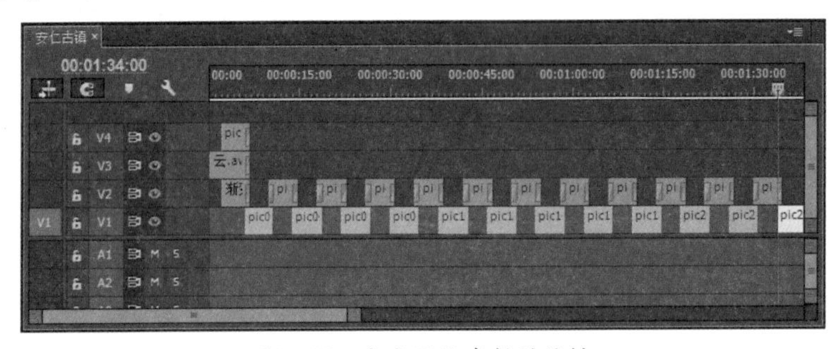

图15-13　完成图像素材的编排

⑭ 调整“pic24.jpg”剪辑的持续时间为1分34秒到1分44秒，为其创建在1分34秒到1分38秒之间，从画面左边（198,288）向右移动到画面中（705,288）的位移关键帧动画，并为其设置“缓入”动画效果，完成图像素材的关键帧动画编辑，如图15-14所示。

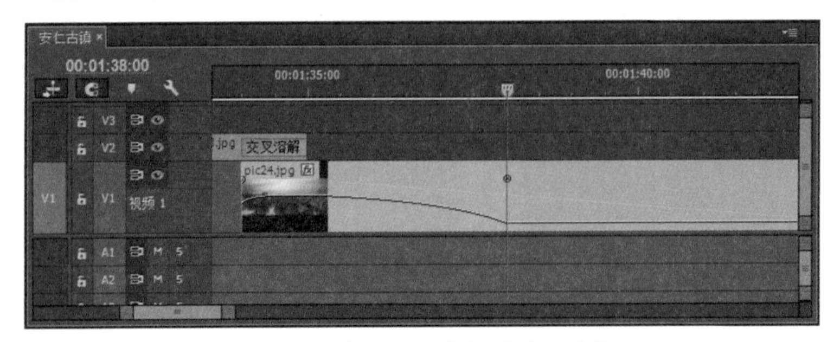

图15-14　完成图像素材的动画编辑

15 按“Ctrl+S”键保存文件。按空格键播放预览编辑完成的动画效果，对于需要调整的地方及时处理。

(2) 添加标题字幕

01 在时间轴窗口中将时间指针定位到开始位置，然后单击项目窗口下方的“新建项”按钮并选择“字幕”命令，新建一个字幕素材并命名为“字幕A”，如图15-15所示。

02 打开字幕设计器窗口后，输入文字“古朴的公馆庄园”，为其应用Adobe Garamond White 90字幕样式，然后设置字体为华文行楷，字号为50，行距为10，如图15-16所示。

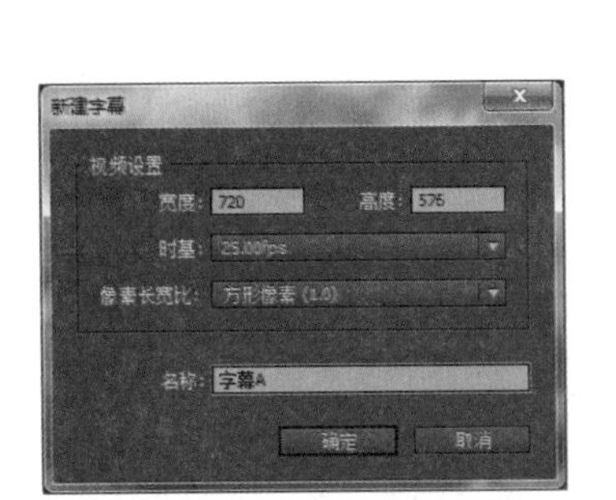

图15-15 新建字幕

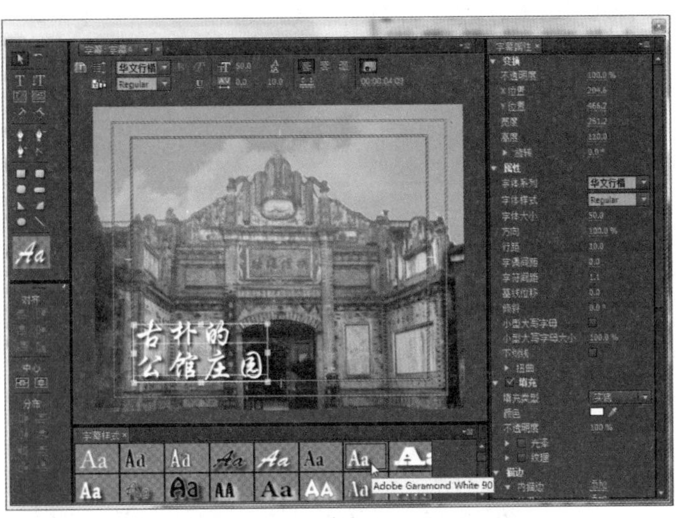

图15-16 编辑字幕文本

03 编辑好需要的字幕文本后，单击字幕设计器窗口右上角的“基于当前字幕新建字幕”按钮，在弹出的“新建字幕”对话框中为新建的字幕命名为“字幕B”，单击“确定”按钮，然后在字幕设计器窗口中将字幕文本修改为“集聚的现代博物馆”，如图15-17所示。

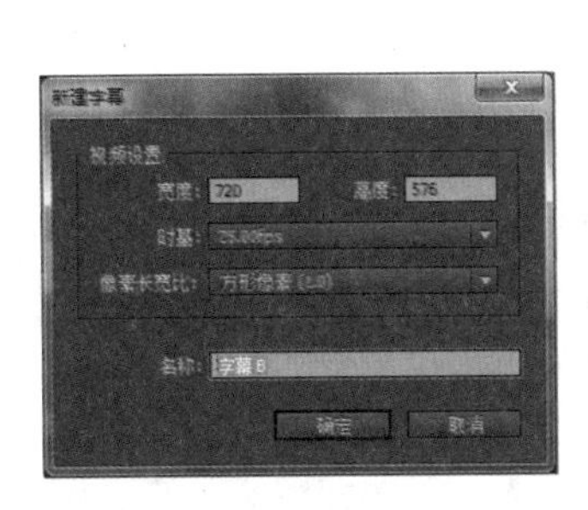

图15-17 编辑字幕文本

04 使用同样的方法，创建出“字幕C”并修改字幕文本为“让人心醉的宁静小镇”，如图15-18所示。

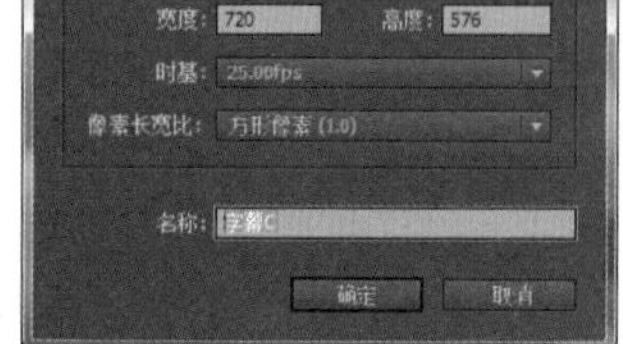

图15-18 编辑字幕文本

05 关闭字幕设计器窗口。在时间轴窗口中新建视频5轨道，分别将编辑好的字幕添加到对应的位置，将“字幕A”的持续时间设置为第5秒到第10秒，“字幕B”的持续时间为第42秒到第47秒，“字幕C”的持续时间为第1分6秒到第1分11秒，并为它们在剪辑的开始和结束位置都添加“交叉溶解”过渡效果，如图15-19所示。

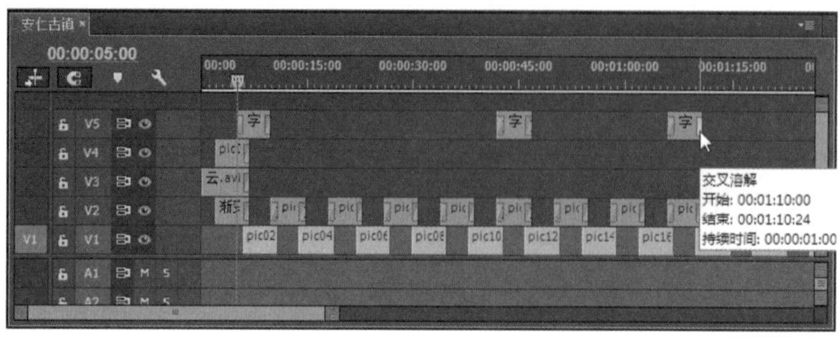

图15-19 编排字幕剪辑

06 按“Ctrl+S”键保存文件。

(3) 编辑影片标题文字动画

01 选择视频1轨道中的“pic24.jpg”剪辑，为其添加“视频效果→调整→ProcAmp”特效，为其中的“饱和度”选项编辑从00:01:34:00到00:01:38:00，其参数值从0到100的关键帧动画，得到最后的全景图片从灰度状态逐渐恢复色彩的变化效果，如图15-20所示。

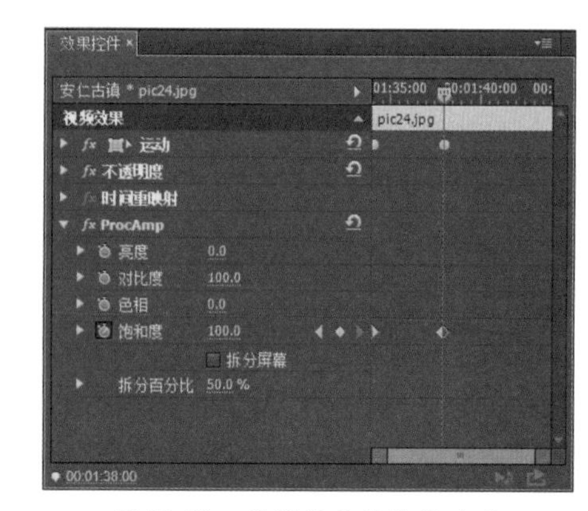

图15-20 编辑特效关键帧动画

02 在项目窗口中双击“字幕A”素材，在打开字幕设计器窗口后，单击“基于当前字幕新建字幕”按钮，创建“字幕D”，并修改文字内容为“中国博物馆小镇”，修改字号大小为35，如图15-21所示。

03 将“字幕D”加入到视频4轨道中，并设置其持续时间为00:01:38:00到00:01:44:00，为其在入点位置添加“交叉溶解”过渡效果，并调整过渡效果的持续时间为3秒。

04 将项目窗口中的“安仁.psd”加入到视频3轨道中，设置其持续时间为00:01:39:00到00:01:44:00，并为其在入点位置添加“交叉溶解”过渡效果。

05 在效果面板中展开“视频效果”文件夹，为其添加“颜色校正→更改为颜色”特效，将文字图像的颜色修改为白色，如图15-22所示。

图15-21 修改字幕文本

图15-22 设置“更改为颜色”特效

06 为“安仁.psd”剪辑添加“风格化→Alpha发光”特效，设置“起始颜色”、“结束颜色”为白色，“发光”参数为10，“亮度”为100，如图15-23所示。

07 为“安仁.psd”剪辑添加“透视→投影”特效，设置“阴影颜色”为黑色，“不透明度”为40%，“距离”为8，“柔和度”为5，如图15-24所示。

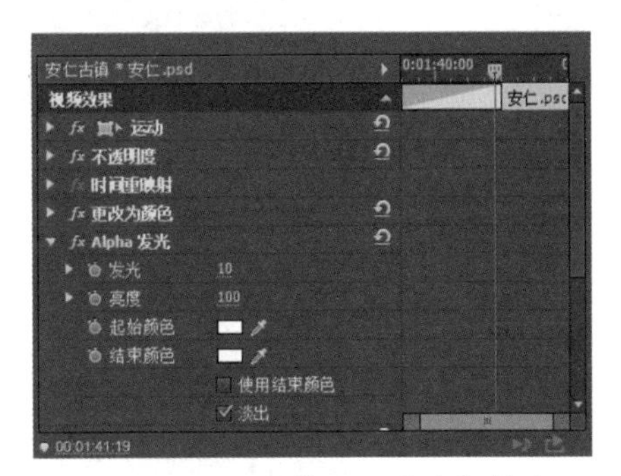

图15-23 设置“Alpha发光”特效

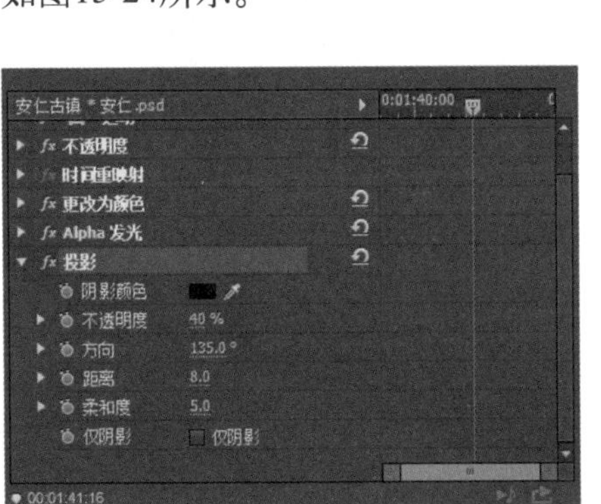

图15-24 设置“投影”特效

08 按“Ctrl+S”键保存文件。

(4) 添加音效

01 将项目窗口中的“bgmusic.wav”加入两次到音频1轨道中并且前后相邻排列，修剪第二段音频剪辑的出点到与视频轨道中的出点对齐。

02 打开效果面板，在第二段音频剪辑的结束位置添加“交叉淡化→恒定增益”音频过渡效果，得到背景音乐在结束时逐渐淡出的效果，如图15-25所示。

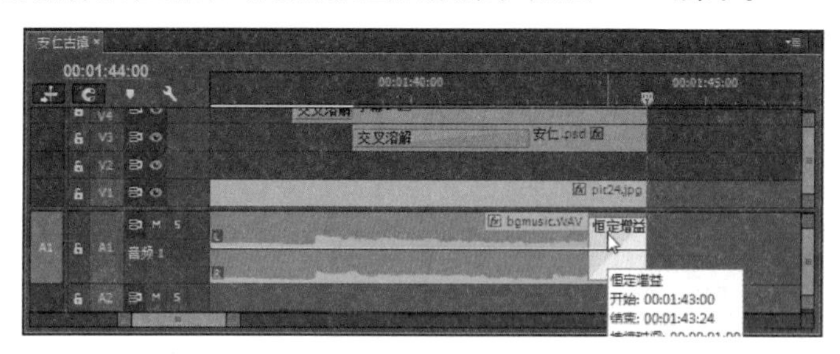

图15-25　为音频剪辑添加过渡效果

(5) 输出影片

01 按“Ctrl+S”键保存文件。执行“文件→导出→媒体”命令或按“Ctrl+M”快捷键，打开“导出设置”对话框。

02 在“格式”下拉列表中选择FLV，单击“输出名称”后面的文字按钮，在弹出的对话框中为输出影片设置好保存目录和文件名称，保持其他选项的默认设置，单击“导出”按钮，开始执行影片输出，如图15-26所示。

图15-26　影片导出设置

03 影片输出完成后，使用视频播放器播放影片的完成效果，如图15-27所示。

图15-27　欣赏影片完成效果